Energieeffizienz

Martin Pehnt
Herausgeber

Energieeffizienz

Ein Lehr- und Handbuch

Springer

Herausgeber
Dr. Martin Pehnt
ifeu
Institut für Energie-und Umweltforschung
Heidelberg GmbH
Wilckensstr. 3
69120 Heidelberg
Deutschland
martin.pehnt@ifeu.de

1., korrigierter Nachdruck

ISBN 978-3-642-14250-5 e-ISBN 978-3-642-14251-2
DOI 10.1007/978-3-642-14251-2
Springer Heidelberg Dordrecht London New York

Die Deutsche Nationalbibliothek verzeichnet diese Publikation in der Deutschen Nationalbibliografie; detaillierte bibliografische Daten sind im Internet über http://dnb.d-nb.de abrufbar.

Einbandentwurf: deblik, Heidelberg

Gedruckt auf säurefreiem Papier

Springer ist Teil der Fachverlagsgruppe Springer Science+Business Media (www.springer.com)

Vorwort

Weiser Verbrauch ist eine weit schwierigere Kunst als weise Produktion.
John Ruskin, britischer Maler und Sozialkritiker

Klimawandel, Ressourcenknappheit und der steigende Energiebedarf einer wachsenden Weltbevölkerung sind wesentliche Herausforderungen dieses Jahrhunderts. Energieeffizienz und Energieeinsparungen erweisen sich – heute mehr denn je – als energie-, umwelt- und klimapolitisch, aber auch volkswirtschaftlich attraktive Elemente einer zukünftigen Energiepolitik. Der verringerte Einsatz von Rohstoffen und deren sorgfältige, nach allen Regeln der Kunst optimierte Umwandlung erlauben es, Betriebskosten zu senken, die Emissionen von Treibhausgasen zu mindern und die Energie-Versorgungssicherheit zu erhöhen.

Die Notwendigkeit der Energieeffizienz schlägt sich auch in entsprechenden politischen Zielen nieder. Die Europäische Kommission verabschiedete im Jahr 2006 den Aktionsplan Energieeffizienz mit dem Ziel einer Energieeinsparung von 20% gegenüber einer Trendentwicklung. Auch Deutschland strebt eine Verdopplung der Energieeffizienz bis zum Jahr 2020 gegenüber 1990 an. Bemessen wird diese Energieeffizienz mit dem Indikator „Energieproduktivität".

Dieses Lehrbuch spannt einen breiten Bogen und versucht, das notwendige Orientierungs- und Handlungswissen für alle Bereiche der Energieeffizienz bereitzustellen. Dies betrifft die gesamte Wertschöpfungskette der Energiebereitstellung, alle Sektoren und gesellschaftlichen Bedürfnisfelder. Es ist somit zwangsweise ein interdisziplinäres Lehrbuch, dessen Vordergrund ein ingenieurtechnisches Verständnis der involvierten Technologien bildet, das aber zugleich auch ökonomische, sozialwissenschaftliche, umweltrechtliche und ökologische Grundlagen vermitteln möchte.

Ganz bewusst wird ein wichtiger energiepolitischer Baustein nicht vollständig, aber weitgehend ausgeblendet: die erneuerbaren Energien. Zwar sind sie von größter energiepolitischer Bedeutung. Daher hat sich Deutschland ambitionierte Ziele gesetzt: mindestens 18% unserer Energieversorgung im Jahr 2020 und sogar mindestens 30% unserer Strombereitstellung soll aus erneuerbaren Energieressourcen stammen.

Aber erneuerbare Energien werden in den letzten Jahren mit größerer Aufmerksamkeit bedacht als Energieeffizienz und -einsparung. Das hat auch mit einer stark auf die Energie*versorgung* ausgerichteten gesellschaftlichen Diskussion zu tun. Entsprechend vielfältig ist das verfügbare Informationsmaterial über erneuerbare Energien, sowohl für ein allgemeines Publikum (z. B. Pehnt et al. 2009), aber auch als Lehrbuch (z. B. Quaschning 2006, Kaltschmitt und Wiese 2006).

Dieses Buch folgt einer sektoralen Gliederung. Strom (Kap. 3, 4, und 5), Wärme (Kap. 6, 7, 8, und 9) und Verkehr (Kap. 10) strukturieren es in drei größere Blöcke. Behandelt wird jeweils die effiziente Bereitstellung der erforderlichen Energieform, also die Effizienz der *Energieumwandlung* in

- Kraftwerken (Kap. 3 und 4),
- Gebäuden (Kap. 6 und 7) und
- Antrieben (Abschn. 10.3),

aber auch die effiziente *Nutzung der Energie*

- in stromverbrauchenden Geräten (Kap. 5),
- Gebäuden (Kap. 6 und 8) und
- Mobilitätssystemen (Abschn. 10.2).

Flankiert werden diese Kapitel durch eine Einführung in Grundbegriffe (Kap. 1) und eine Systematik der energiepolitischen Effizienzmaßnahmen (Kap. 2).

Dieses Lehrbuch ist ein Gemeinschaftswerk, das ohne die tatkräftige Mitwirkung der Kapitelautoren nicht möglich gewesen wäre. Der Herausgeber dankt auch den Kolleginnen und Kollegen am IFEU-Institut, die die Herstellung unterstützt und durch konstruktive Kommentare bereichert haben. Genannt seien hier insbesondere Marc Bauer, Michaela Gigli und Sophie Müller-Godeffroy für intensive Mitarbeit bei Recherche, Layout und Grafiken.

Bei der Erstauflage dieses Lehrbuchs wurde mit großer Sorgfalt vorgegangen. Gleichwohl lässt es sich nicht gänzlich vermeiden, dass sich Fehler oder Unklarheiten einschleichen. Konstruktive Kritik, weitere Ideen, Hinweise oder Ergänzungen für zukünftige Auflagen sind daher willkommen und können an:
lehrbuchenergieeffizienz@ifeu.de
gerichtet werden.

Heidelberg
April 2010

Martin Pehnt

Inhaltsverzeichnis

Mitwirkende

Martin Becker Biberach

Lars-Arvid Brischke Berlin

Wolfgang Feist Innsbruck, Darmstadt

Alexander Floß Biberach

Michael Haibel Biberach

Jan Hanusch Heidelberg

Hinrich Helms Heidelberg

Wolfgang Irrek Mülheim an der Ruhr

Patrick Jochum Berlin

Roland Koenigsdorff Biberach

Udo Lambrecht Heidelberg

Martin Pehnt Heidelberg

Jörg Schneider Dessau

Stefan Thomas Wuppertal

Abkürzungsverzeichnis

a	Jahr
A	Fläche
a.a.O.	an anderem Ort
A/V-Verhältnis	Verhältnis von Oberfläche zu Volumen
ABB	Asea Brown Boveri
ABS	Antiblockiersystem
AID-EE	Active Implementation of the proposed Directive on Energy Efficiency
AkkP	Arbeitskreis kostengünstiger Passivhäuser
APU	Auxiliary Power Unit
ASHRAE	American Society of Heating, Refrigerating and Air-Conditioning Engineers
BAFA	Bundesamt für Wirtschaft und Ausfuhrkontrolle
BEP	Best Efficiency Point
BHKW	Blockheizkraftwerk
BIP	Bruttoinlandsprodukt
BMWi	Bundesministerium für Wirtschaft und Technik
Boa+	Braunkohlenoptimierte Anlagentechnik mit Kohlevortrocknung
Bq	Bequerel
C	Kohlenstoff
CADC	Common Artemis Driving Cycle
cal	Kalorie
CCFL	Cold Cathode Fluorescent Lamp
c_{CO2}	spez. Emissionsfaktor von CO_2
C_{CO2}	Emissionsfaktor von CO_2
CCS	Carbon Capture and Storage
CDM	Clean Development Mechanism
CEE	Consortium for Energy Efficiency
CEMEP	Comité Européen de Constructeurs de Machines
CEPHEUS	Cost Efficient Passive Houses as European Standards
CERT	Carbon Emissions Reduction Target
CFL-I	Energiesparlampe

CFL-Ni	Kompakt-Leuchtstoff-Lampe
CH_4	Methan
CHF	Schweizer Franken
cm	Zentimeter
CNG	Compressed Natural Gas; Erdgas
CO	Kohlenmonoxid
CO_2	Kohlenstoffdioxid
CoC	Code of Conduct
COP	Coefficient of Performance
$c_{p,Luft}$	Spezifische Wärmekapazität von Luft
CRT	Cathode ray tube
ct	Cent
d	Tag
d	Dicke, Dämmstärke
DCiE	Data Center Infrastructure Efficiency
DG	Dachgeschoss
DIN	Deutsches Institut für Normung
DR	Draft Risk
DSM	Demand Side Management
E	Energie
EAP	Energy Audit Programme
EBPG	Energie betriebene Produkte-Gesetz
$E_{Br,KWK}$	Brennstoffbedarf eines KWK-Systems
ECBM	Enhanced coal bed methane
EcoTransIT	The Ecological Transport Information Tool
EDV	Elektronische Datenverarbeitung
EE	Erneuerbare Energien
EEC	Energy Efficiency Committment
EEFL	External Electrode Fluorescent Lamp
EEG	Erneuerbares-Energien-Gesetz
EER	Energy Efficiency Ratio
EEWärmeG	Erneuerbares-Energien-Wärme-Gesetz
EG	Europäische Gemeinschaft
EG	Erdgeschoss
EL	extra leicht (bei Heizöl)
E_{LT}	Energiebedarf für den Lufttransport
EnEfG	Energieeffizienzgesetz
EnEG	Energieeinspargesetz
EnEV	Energieeinsparverordnung
EOR	Enhanced Oil Recovery
EPBD	Directive on Energy Performance of Buildings
EPS	expandiertes Polystyrol
ESD	Energy Service Directive
ESEER	European Seasonal Energy Efficiency Ratio
ESP	Elektronisches Stabilitäts-Programm

EU	Europäische Union
E_{Vg}	gemessener Energieverbrauch
EVG	elektronisches Vorschaltgerät
E_{VgH}	außentemperaturabhängiger Anteil am Energieverbrauch
E_{VH}	bereinigter Energieverbrauchs
E_{VP}	außentemperaturunabhängiger Anteil am Energieverbrauch
F&E	Forschung und Entwicklung
FC	Fuel Cell
FEMP	Federal Energy Management Program
$F_{i,j,k}$	Temperatur-Korrekturfaktor
f_P	Primärenergiefaktor
Fzg.	Fahrzeug
g	Gramm
Gbit	Gigabit
GED	Gemeinschaft Energielabel Deutschland
GHD	Gewerbe, Handel, Dienstleistungen
GJ	Gigajoule
Glg.	Gleichung
Gt	Gradtag
Gt	Gigatonne
GuD	Gas und Dampf
g-Wert	Gesamtenergiedurchlasswert
GWh	Gigawattstunde
H_2	Wasserstoff
ha	Hektar
HCHO	Formaldehyd
HH	Haushalt
H_i	Heizwert
HID	High Intensity Discharge
HKW	Heizkraftwerk
HOAI	Honorarordnung für Architekten und Ingenieure
H_s	Brennwert
H_T'	auf die wärmeübertragende Hüllfläche bezogener Transmissionswärmeverlust
HW	Heizwerk
H_{WB}	Wärmebrückenzuschlag
i.d.R.	in der Regel
IC	Intercity
ICE	Intercity Express
IE 1-4	Effizienzklassen von Motoren
IEA	International Energy Agency
IEC	International Electrotechnical Commission
IEKP	Integriertes Energie- und Klimaprogramm
IFEU	Institut für Energie- und Umweltforschung Heidelberg GmbH
IGBT	Insulated Gate Bipolar Transistor

IGCC	Integrated Gasification Combined Cycle
IKT	Information und Kommunikation
inkl.	inklusive
IPCC	Intergovernmental Panel on Climate Change
IT	Informationstechnologie
J	Joule
K	Kelvin
Kap.	Kapitel
kcal	Kilokalorie
Kd	Kelvintag
KfW	Kreditanstalt für Wiederaufbau
Kfz	Kraftfahrzeug
kg	Kilogramm
$\mathrm{k_{kwk}}$	spez. Stromgestehungskosten KWK
$\mathrm{K_{KWK}}$	Kosten der KWK-Anlage
km	Kilometer
KMU	kleine und mittlere Unternehmen
kPa	Kilopascal
ktoe	Kilotonne Öläquivalent
KVG	konventionelles Vorschaltgerät
kW	Kilowatt
KW	Kraftwerk
kWh	Kilowattstunde
KWK	Kraft-Wärme-Kopplung
L	Leuchtdichte
l	Liter
l_j	Länge der Wärmebrücke
LCD	Liquid Crystal Display
LED	Light Emitting Diode; Leuchtdiode
lm	Lumen
ln	Logarithmus naturalis
LOR	Light Output Ratio
LPG	Liquified Petroleum Gas; Flüssiggas
LTA	Long Term Agreement
m	Meter
m	Masse
$\mathrm{m^2}$	Quadratmeter
$\mathrm{m^3}$	Kubikmeter
MAID	Massive Array of Idle Disks
MAP	Marktanreizprogramm zur Förderung erneuerbarer Energien
$\dot{m}_{Br}$	Massenstrom des Brennstoffs
Mbit	Megabit
MEA	Monoethanolamin
min	Minute

Mio	Million
MJ	Megajoule
mK	Millikelvin
Mrd.	Milliarde
Mt	Millionen Tonnen
MURE	mesures d'utilisation rationelle de l'énergie
MW	Megawatt
MWh	Megawattstunde
N	Stickstoff
n	Luftwechselrate
n/a	not available
N_2	Stickstoff
NEEAP	Nationaler Energieeffizienz-Aktionsplan
NEEG	Negawatt-Einspeise-Gesetz
NEFZ	Neuer Europäischer Fahrzyklus
Nfz.	Nutzfahrzeug
NO_x	Stickoxide
NRW	Nordrhein-Westfalen
O_2	Sauerstoff
OE	Öläquivalent
OECD	Organisation for Economic Co-operation and Development
OFGEM	Office of the Gas and Electricity Markets
OG	Obergeschoss
OLED	Organic Light Emitting Diode; organische Leuchtdiode
ÖPNV	Öffentlicher Personennahverkehr
ORC	Organic-Rankine-Cycle
OSB	Oriented strand board
P	Leistung
P	Druck
Pa	Pascal
PAFC	Phosphoric Acid Fuel Cells
PC	Personal computer
PC-Material	Phase Change Material
p_D	Differenzdruck-Messung
P_{EB}	Eigenbedarfsleistung
PEE	Primärenergieeinsparung
PEFC	Polymerelektrolytmembran-Brennstoffzelle
$P_{el,\ brutto}$	Elektrische Bruttoleistung
$P_{el,netto}$	elektrische Nettoleistung
PHPP	Passivhaus-Projektierungspaket
P_{HY}	hydraulische Förderleistung
PJ	Petajoule
Pkm	Personenkilometer
Pkw	Personenkraftwagen
P_n	Nennleistung

PN-Übergang	Halbleiter-Übergang zwischen p- und n-dotierter Schicht
ppm	parts per million
PR	Public Relations
PUR	Polyurethan
Q	Wärme
$Q_{Abwärme}$	Abwärme
$\dot{Q}_B$	Brennstoff-Leistung
$Q_{Brennstoff}$	Energieinhalt des zugeführten Brennstoffs
Q_{Innere}	innere Gewinne
$Q_{Kühlung}$	Kühlbedarf
$\dot{Q}_N$	Nennleistung
Q_P	Primärenergiebedarf
Q_{Solar}	solare Gewinne
Q_T	Transmissionswärmeverluste
Q_{TW}	Energiebedarf für die Erwärmung von Trinkwasser
Q_V	Konvektions- oder Lüftungswärmeverluste
$\dot{Q}_V$	Lüftungswärmestrom in W
RAVEL	rationelle Verwendung von Elektrizität
R_e	Wärmeübergangswiderstand außen
RE	Regionalexpress
R_{ges}	Wärmeleitwiderstand
R_i	Wärmeübergangswiderstand innen
RLT-Anlage	raumlufttechnische Anlage
Rn	Radon
RÖE	Rohöleinheit
RP	Rear Projection
R_λ	Wärmedurchgangswiderstand des Bauteils
s	Sekunde
S	Schwefel
s	spezifische Entropie
SCR	Selective Catalytic Reduction
S_D	Dämmstoffdicke
SED	Surface Conduction Electron Emitter Display
SEER	Seasonal Energy Efficiency Ratio
SFP	Specific fan power
SIA	Schweizer Ingenieur- und Architektenverein
SKE	Steinkohleeinheit
SMART	Spezifisch, Messbar, Ambitioniert, Realistisch, Terminliche Begrenzung
SO_2	Schwefeldioxid
t	Tonne
t	Zeit
T	Temperatur
T_0	Verdampfungstemperatur

T_A	Temperatur des Arbeitsmediums
T_a	Temperatur Außenluft
$T_{aN.}$	Ausnutzungsdauer
T_C	Kondensationstemperatur
TEER	Total Energy Efficiency Ratio
$T_{Frischluft}$	Temperatur der nachströmenden Luft in K
T_i	Temperatur Innenluft
tkm	Tonnenkilometer
$t_{m,n}$	Tagesmittel der Außentemperatur eines Heiztages
T_Q	Wärmequelle
$T_{Raumluft}$	Temperatur der abströmenden Luft in K
Tsd.	Tausend
TSPF	Total Seasonal Performance Factor
T_U	Temperatur der Umgebung
TÜV	Technischer Überwachungsdienst
TWD	transparente Wärmedämmung
TWh	Terawattstunde
U	Umdrehung
U	Wärmedurchgangskoeffizient
u. U.	unter Umständen
u.v.m.	und viele mehr
UE	Unterhaltungselektronik
UK	United Kingdom
UN	United Nations
UNEP	United Nations Environmental Programme
$\boldsymbol{U_{opak}}$	Wärmedurchgangskoeffizienten opaker Außenbauteile
USDOE	US-Department of Energy
USV	unterbrechungsfreie Stromversorgung
V	Volumen
$\dot{V}$	Volumenstrom
V2G	Vehicle to grid
VDE	Verband der Elektrotechnik Elektronik Informationstechnik
VDI	Verein deutscher Ingenieure
VKM	Verbrennungskraftmaschine
$\boldsymbol{v_{Luft}}$	Luftgeschwindigkeit
$\dot{V}_{Luft}$	Luftvolumenstrom in m^3/s
VOC	Volatile organic compounds; flüchtige organische Verbindungen
VVG	verlustarmes Vorschaltgerät
VVS-System	Variables Volumenstrom-System
W	Arbeit
W	Watt
waf	wasser- und aschefrei
WDVS	Wärmedämmverbundsystem
W_{el}	elektrische Arbeit

WSchV	Wärmeschutzverordnung
WSVO	Wärmeschutzverordnung
XPS	extrudiertes Polystyrol
α	Wärmeausbeute
β	Jahresarbeitszahl, Stromverlustkennziffer
χ_k	Wärmebrückenverlustkoeffizient für punktförmige Wärmebrücken
ε	Allokationsfaktor
ε_C	Leistungszahl
η	Wirkungsgrad
η_{Carnot}	Carnot-Wirkungsgrad
η_{DE}	Wirkungsgrad des Dampferzeugers
η_{el}	elektrischer Wirkungsgrad
$\eta_{Generator}$	Wirkungsgrad des Generators
η_{th}	thermischer Wirkungsgrad
$\eta_{Turbine}$	Wirkungsgrad der Turbine
κ	Isentroper Exponent
ρ_{Luft}	Dichte der Luft = 1,2 kg/m^3
ρ	Stromkennzahl
ς	Exergieanteil
ω	Brennstoffausnutzungsgrad
Φ	Lichtstrom
β	Stromausbeute; Stromverlustkennziffer
η_F	Nutzungsgrad der Wärmegewinne
η_{ges}	Gesamtwirkungsgrad
Ψ_j	längenbezogener Wärmebrückenverlustkoeffizient
°C	Grad Celsius

Kapitel 1
Energieeffizienz – Definitionen, Indikatoren, Wirkungen

Martin Pehnt

Hinter den Begriffen „Energieeffizienz“ und „Energieeinsparen“ verbergen sich äußerst verschiedene Maßnahmen und Aktionsfelder. Sie betreffen unterschiedliche Bereiche: den Strom- und Wärmemarkt, den Verkehrssektor, die industrielle Produktion. Sie erfordern die Einbeziehung unterschiedlicher Kompetenzbereiche: physikalisch-technisches Wissen, angepasste Verhaltensweisen und innovative politische Instrumente. Sie verlangen in manchen Bereichen Erweiterungen – den Aufbau einer Infrastruktur beispielsweise –, in anderen Bereichen Einschränkungen, z. B. durch suffiziente Verhaltensweisen und Verzicht auf Bedürfnisse. Kurz: Energieeffizienz ist „heterogen und ubiquitär“ (Seefeldt 2007).

Dieses Kapitel versucht eine Klärung des Begriffs „Energieeffizienz“ und anderer, für das Verständnis der Energieeffizienz entscheidender Begriffe. Es ordnet Energieeffizienz in die Nachhaltigkeitsdebatte ein und beschreibt, wie sie sich messen lässt.

1.1 Energieeffizienz: eine Begriffsbestimmung

1.1.1 Effizienz und Effektivität

„Efficere“ bedeutet zu Stande kommen, bewirken, durchsetzen, eine Tat ausführen, fertig bringen oder hervor bringen. Die Übersetzung des lateinischen Verbs macht deutlich: Bei „Effizienz“ geht es zum einen um den Prozess des „Zustandekommens“ an sich, um eine erzielte Wirkung. Doch Effizienz erfordert neben der Wirkung auch ein angemessenes Verhältnis zwischen eingesetzten Mitteln und Wirkung.

In der Wirtschaftslehre wird davon ausgegangen, dass zur Erreichung eines bestimmten Nutzens – beispielsweise erwünschte Eigenschaften, Dienstleistungen oder Produkte – der Einsatz von unnützen Mitteln minimiert wird. Dies ist im

M. Pehnt (✉)
Institut für Energie- und Umweltforschung, 69120 Heidelberg, Deutschland
e-mail: martin.pehnt@ifeu.de

M. Pehnt (ed.), *Energieeffizienz*, DOI 10.1007/978-3-642-14251-2_1,

sogenannten „ökonomischen Prinzip“ zu Grunde gelegt. Das ökonomische Prinzip geht von der Annahme aus, dass, so die gängige Definition, Wirtschaftssubjekte aufgrund der Knappheit der Güter eingesetzte Mittel und Ergebnis in Verhältnis setzen und entsprechend ihren persönlichen Präferenzen (Nutzenmaximierung, Gewinnmaximierung oder Umsatzsteigerung) vernünftig handeln. Wenn der Mitteleinsatz (Input) vorgegeben ist, wird man nach dem ökonomischen Prinzip einen maximalen Output anstreben (das sogenannte „Maximumprinzip“). Falls das Ergebnis (Output) festgelegt ist, wird der Mitteleinsatz minimiert („Minimumprinzip“).

Effizienz ist von *Effektivität* abzugrenzen: Während Effektivität allgemein das Verhältnis von erreichtem zu definiertem Ziel unter Einsatz aller Mittel bezeichnet, ist für die Effizienz ein möglichst geringer Mitteleinsatz relevant. Effektivität beschreibt die Wirksamkeit, Effizienz die Leistungsfähigkeit und Wirtschaftlichkeit. Im Alltagssprachgebrauch wird dies häufig auch so formuliert: „Effektiv ist es, die richtigen Dinge zu tun; effizient ist es, die richtigen Dinge richtig zu tun.“

Effizienz als Maß für einen optimalen Mitteleinsatz setzt somit Effektivität als Maß für die Zielerreichung voraus und geht über diese hinaus. Effizienz beschreibt damit in der Regel das Verhältnis zwischen einem wie auch immer definierten Input und einer Outputgröße.

Dieses allgemeine Verständnis lässt sich auf das energiewirtschaftliche Verständnis von Effizienz übertragen. Wir setzen heute Energieträger ein, um bestimmte *Dienstleistungen* zu erfüllen. Beispiele für Dienstleistungen sind eine Lagerung von Speisen bei kalten Temperaturen, die Bereitstellung eines behaglichen Wohnraums, Lichtverhältnisse, in denen wir komfortabel arbeiten können, oder die Übertragung von Nachrichten (Tabelle 1.1).

Diese Dienstleistungen sind oftmals deshalb notwendig, weil wir einen Nicht-Gleichgewichtszustand aufrecht erhalten wollen, beispielsweise eine warme Wohnung mit erhöhter Innentemperatur gegenüber einer kalten Umgebung, eine kühlere und entfeuchtete Luft in einer klimatisierten Wohnung gegenüber einer heißen, schwülen Umgebung oder den Transport mit einer nicht-reibungsfreien Bewegung (Feist 2002).

Anstatt nun ein dynamisches Fließgleichgewicht zu schaffen, also unter Aufwand von Energie *aktiv* einem Gleichgewichtsbestreben entgegenzuwirken, beispielsweise durch Verbrennung von Heizöl, kann die Dienstleistung – der warme Raum – aufrecht erhalten werden, indem Barrieren errichtet werden, die das Erreichen des Gleichgewichtszustands *passiv* erschweren; beispielsweise durch konsequente Wärmedämmung.

Energieeffizienz bedeutet also, den Energieeinsatz in ein System zur Erbringung der Dienstleistung zu reduzieren. Dieses System kann ein Energiewandler sein, beispielsweise ein Fahrzeug oder ein Heizkessel, aber auch ein Gebäude, eine Firma oder eine gesamte Ökonomie.

Dieses Verständnis von Energieeffizienz entspricht auch der Auffassung der Europäischen Union in der sogenannten Energiedienstleistungsrichtlinie:

> Energieeffizienz ist das Verhältnis von Ertrag an Leistung, Dienstleistungen, Waren oder Energie zu Energieeinsatz. (EU 2006)

Tabelle 1.1 Energiedienstleistungen (Beispiele) und ihre Quantifizierung (Feist 2002)

Energiedienstleistungen (Beispiele)	Beschreibung	Quantifizierung
Heizen	Bereitstellung thermisch komfortabler Wohnräume in den kälteren Jahreszeiten	Wohnfläche * Zeitintegral der Temperaturdifferenz
Kühlen	Bereitstellung thermisch komfortabler Wohnräume in den wärmeren Jahreszeiten	Wohnfläche * Zeitintegral der Temperaturdifferenz
warmes Trinkwasser	warmes Wasser zum Duschen, Baden, Waschen, ...	Wassermenge * Temperaturdifferenz
Wäschewaschen	saubere, hygienisch einwandfreie Wäsche	Masse der Wäsche, evtl. mit Verschmutzungsgrad
Wäschetrocknen	schranktrockene Wäsche	Masse der Wäsche, evtl. mit Restfeuchte
Geschirrspülen	Reinigung des Ess- und Kochgeschirrs mit wenig manuellem Aufwand; hygienisch einwandfreies Geschirr	Zahl der Maßgedecke, evtl. mit Verschmutzungsgrad
Beleuchtung	Komfortable Lichtverhältnisse	Wohnfläche * Zeitintegral der Beleuchtungsstärke
Kommunikation	Übertragung von Nachrichten	Byte/s

1.1.2 Ebenen der Energieeffizienz

In der Diskussion um Energieeffizienz können drei Ebenen unterschieden werden:

- Auf der *gesamtwirtschaftlichen Ebene* wird Energieeffizienz entweder mit der *Energieintensität* oder mit dem Kehrwert, der *Energieproduktivität,* gemessen. Die Energieintensität kann z. B. in Primärenergieverbrauch je Einheit Bruttoinlandsprodukt oder Primärenergieverbrauch je Einwohner/-in angegeben werden, auf der sektoralen Ebene auch in Primärenergieverbrauch je Einheit wirtschaftlicher Produktion (siehe Abschn.1.5.3). Sie gibt an, wie viel Energie eingesetzt werden muss, um ein gewisses Ergebnis (z. B. die Bereitstellung einer gewissen Wirtschaftleistung) zu produzieren.
- In der *Energieumwandlung* wird unter Energie- bzw. Umwandlungseffizienz in der Regel der *Wirkungs-* bzw. *Nutzungsgrad* der Umwandlung verstanden, also z. B. das Verhältnis von erzeugter Endenergie oder Nutzenergie zu eingesetzten Energierohstoffen (z. B. Wirkungsgrad eines Kraftwerks, eines Heizungssystems oder einer Raffinerie; siehe Abschn.1.4.5).
- Auf der *Energienachfrage*seite wird unter Energie- bzw. Endenergieeffizienz das Verhältnis interpretiert, wie viel Energie für die Befriedigung energierelevanter Bedürfnisse, d. h. letztlich für ein bestimmtes Maß an Energie- oder Mobilitätsdienstleistungen benötigt wird (Irrek und Thomas 2005). Eine Steigerung der Endenergieeffizienz bedeutet demnach, *weniger* Energie für dasselbe Maß an Dienstleistung einzusetzen. Die Steigerung kann durch technische,

organisatorisch-institutionelle bzw. Struktur verändernde oder auch verhaltensbezogene Maßnahmen erreicht werden.

Die Steigerung der Energieeffizienz beruht in der Regel auf einem *Substitutionsprozess* (Erdmann und Zweifel 2007). Im Fall verbesserter Kraftwerkstechnik oder Gebäudedämmung wird Energie durch den Produktionsfaktor Kapital ersetzt: es wird investiert, um weniger Energie einsetzen zu müssen. Bei besserem Energiemanagement findet eine Substitution von Energie durch Humankapital statt: es wird geplant, kontrolliert und koordiniert, um den Energieeinsatz zu reduzieren.

Vielfach werden die Begriffe *Energieeffizienz und Energiesparen* synonym benutzt. Genaugenommen ist die Erhöhung der Energieeffizienz eine Teilmenge des Energiesparens (Abb. 1.1). Energiesparen beinhaltet zusätzlich auch den teilweisen oder vollständigen Verzicht auf die Inanspruchnahme von Energie- oder Mobilitätsdienstleistungen z. B. durch Genügsamkeit bzw. eine Substitution der Befriedigung von energierelevanten Bedürfnissen durch andere, weniger energieintensive Bedürfnisse (Irrek und Thomas 2007). Beispiele sind die Reduktion der Innentemperatur unter einen üblicherweise als angenehm empfundenen Wert oder der Ersatz einer sonntäglichen Ausflugsfahrt mit dem Auto durch einen Spaziergang in der näheren Umgebung.

1.1.3 Einflussgrößen des Energieverbrauchs

Die Energienachfrage wird auf allen Ebenen der Wertschöpfungskette beeinflusst. Analysiert man den Energiebereitstellungspfad rückwärts, so ist als erstes die Nachfrage nach Endenergie unter die Lupe zu nehmen. Diese ist geprägt von

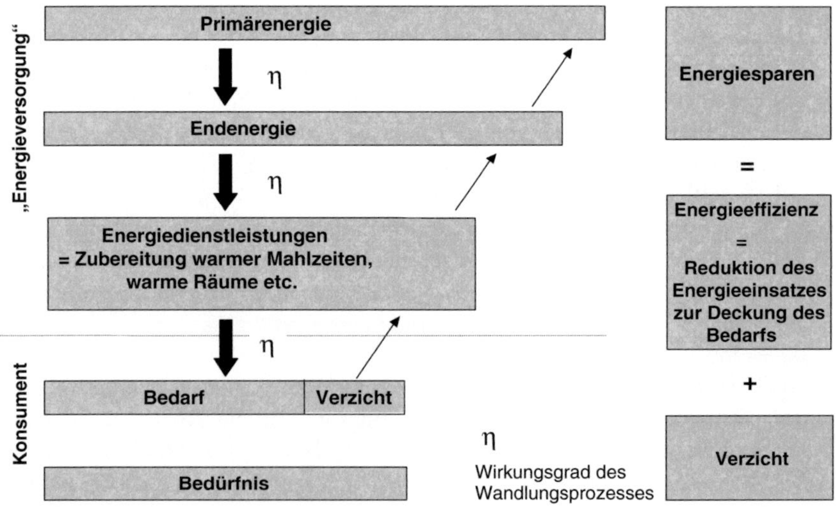

Abb. 1.1 Energiesparen und Energieeffizienz

verschiedenen Einflussgrößen (siehe auch Erdmann und Zweifel 2007; Prognos 2007):

- *Wirtschaftliche und gesellschaftliche Rahmengrößen*. Entscheidend für den Energiebedarf einer Gesellschaft sind zunächst deren strukturelle Rahmengrößen, insbesondere die Bevölkerung und die Wirtschaftsentwicklung.
- *Aktivitäten und Bedürfnisse*. Daraus abgeleitet werden können die Aktivitäten, die sich in der Gesellschaft ausprägen, und die oft in Form von Kennwerten angegeben werden: Wie viel Wohnfläche wird in Anspruch genommen, wie viel Fahrleistung erbracht oder wie viel Fernsehen geschaut?
- *Qualitäten*. Die nächste Frage ist, welche Qualitäten an Produkten oder Dienstleistungen angefordert werden: Wird das Haus auf 22 oder 20°C geheizt, ist der Fernseher groß oder klein, wird Pkw oder Bahn gefahren?
- *Technologien*. Welchen technologischen Standard haben die Produkte oder Prozesse, die diese Aktivitäten oder Bedürfnisse in der gewünschten Qualität abdecken? Ist das Haus auf Passivhausstandard oder nicht, hat der Fernseher einen niedrigen Stand-by-Verbrauch, ist das Fahrzeug sparsam. Letztendlich wird hier also das Verhältnis von Aufwand zu Nutzen charakterisiert.
- *Umwandlung*. Schließlich ist die Frage entscheidend, mit wie vielen Verlusten der Prozess der Bereitstellung des Endenergieträgers (siehe Abschn.1.4.2) behaftet ist. Dies ist eine Frage der Effizienz des „Umwandlungssektors".

Alle diese Faktoren werden wiederum durch äußere Rahmenbedingungen bestimmt: der Klimawandel beispielsweise senkt den Energiebedarf für die Heizung, und Energiepreissteigerungen wirken sich auf das Aktivitätsprofil aus und können einen längerfristigen Wertewandel induzieren.

1.1.4 Der Rebound-Effekt

Werden Maßnahmen zur Senkung des Energieeinsatzes ergriffen, so kommt es dennoch zu Effekten, die dieser Senkung entgegenwirken. Diese Effekte nennt man „Rebound-Effekte". Erstmalig wurde der Rebound-Effekt 1865 von William Stanley Jevons formuliert. Er stellte fest, dass durch die Einführung der Wattschen Dampfmaschine, die dreimal effizienter als die Vorgängermaschine war, der britische Kohleverbrauch deutlich anstieg. Die kohlebefeuerte Dampfmaschine war durch die Effizienzsteigerung wettbewerbsfähiger zu betreiben, weshalb insgesamt mehr als dreimal so viele neue Maschinen eingesetzt wurden (Jevons 1866).

Verschiedene Wirkungsmechanismen sind für einen Rebound-Effekt verantwortlich.

- *Direkter Rebound*: Unmittelbar ist der Rebound-Effekt wirksam dadurch, dass eine effizienter angebotene Dienstleistung stärker nachgefragt wird; beispielsweise, weil sie billiger wird. Das heißt, dass die Effizienzgewinne eines Produktes durch dessen vermehrte Nutzung geschmälert werden.

- *Indirekt* wirkt ein Rebound, weil eine Energiekosteneinsparung, die sich auf Grund von Effizienzmaßnahmen ergibt, eine erhöhte Nachfrage nach Gütern in anderen Bereichen bewirken kann. Wer beispielsweise Heizkosten einspart, hat mehr Geld für zusätzliche Autofahrten oder Konsumgüter (*Budget-Effekt*).
- *Energiepreiseffekt*: Außerdem steigt das Angebot an Energieträgern durch Effizienz. Das steigende Angebot senkt den Preis des Energieträgers, die Nachfrage steigt.[1]
- *Ansprüche*: Vielfach ergibt sich auch eine Erhöhung der Komfortansprüche und sozialen Normen. Während in einem schlecht gedämmten Haus niedrige Innentemperaturen im Winter hingenommen werden müssen, steigt in einem sanierten Gebäude der Anspruch an eine als angemessen empfundene Temperatur.
- *Struktureffekt*: Technische Effizienzsteigerungen können auch dazu führen, dass Strukturen geschaffen werden, die wiederum den Energieverbrauch antreiben. Effiziente Fahrzeuge haben beispielsweise erst eine Raumplanung ermöglicht, die auf Schlafstädte, ein „Leben auf dem Land", Einkaufscenter auf der grünen Wiese etc. setzt. Bei höheren Kraftstoffkosten würden sich funktionsdurchmischte, kleinräumig strukturiertere Raummuster durchsetzen.
- *Ökobilanzieller Rebound (sog. „graue Energie")*: Die Herstellung von Geräten und Maßnahmen der Energieeffizienz (beispielsweise wärmedämmende Materialien) verursacht seinerseits einen Energieverbrauch. Dieser liegt zwar in der Regel eine Größenordnung unterhalb des im Lebenszyklus eingesparten Brennstoffbedarfs, kann aber nicht ganz vernachlässigt werden.
- Im extremen Fall eines durch Effizienz erhöhten Energiebedarfs spricht man von *Backfire*.

Rebound-Effekte gibt es nicht nur in der Energiewirtschaft. Beispielsweise wurde in der Verkehrswissenschaft ein vergleichsweise konstantes persönliches Zeitbudget für Mobilität festgestellt. Erhöhte Geschwindigkeiten führen daher lediglich zu größeren Reisedistanzen, nicht zu eingesparter Zeit (Zeit-Rebound). Auch in anderen Bereichen treten ähnliche Rebounds auf, z. B. in der Computertechnik (Speicher-Rebound; Taktfrequenz-Rebound) und in der Verkehrs- und Arbeitssicherheit (riskanteres Verhalten bei größeren Sicherheitsstandards; Risiko-Rebound).

Die Höhe des Rebound-Effektes lässt sich experimentell schwer bestimmen. Verschiedene Studien kommen zu dem Schluss, dass die Energieeinsparung durch Effizienzmaßnahmen zwischen 0 und 30% durch den Rebound-Effekt gemildert wird (Madlener und Alcott 2007). In vielen Fällen werden Rebound-Effekte in einer Größenordnung von 10% ermittelt (UKERC 2008). In der Regel sind Rebound-Effekte dann höher, wenn der Ausgangszustand vor Durchführung der Effizienzmaßnahme

[1]Bei mangelhafter Ausgestaltung des Emissionshandels tritt der gleiche Effekt auf (durch die Effizienzmaßnahmen steigt das Angebot an Emissionshandelszertifikaten, dadurch sinken deren Kosten). Daher müssen Effizienzmaßnahmen bei der Bestimmung der zugeteilten Obergrenzen für CO_2-Mengen berücksichtigt werden.

besonders schlecht ist, wenn das Dienstleistungsniveau weiter vom Sättigungszustand entfernt ist und wenn die eingesparten Energiekosten einen spürbaren Anteil an den Gesamtkosten haben (Schriefl 2008).

1.2 Energieeffizienz als gesellschaftliche Notwendigkeit

Unabhängig von der Debatte über mögliche Rebound-Effekte ist die Steigerung der Energieeffizienz eine volkswirtschaftliche und gesellschaftliche Notwendigkeit. Energieeffizienz bedeutet vielfach einen Wettbewerbsvorteil, da Kosten reduziert werden können. Doch über diese unmittelbare Wettbewerbsfähigkeit der Unternehmen hinaus kann Energieeffizienz zu zahlreichen weiteren gesellschaftlichen Vorteilen führen, die Gegenstand dieses Kapitels sind.

1.2.1 Energieeffizienz, Versorgungssicherheit und Energiekosten

Versorgungssicherheit umfasst sowohl eine physische (Verfügbarkeit von Ressourcen) als auch eine ökonomische Versorgungssicherheit (Schutz vor Preisschwankungen) (SRU 2008). Zu beiden Dimensionen der Versorgungssicherheit leistet Energieeffizienz durch die Senkung des Energierohstoffbedarfs einen Beitrag. Hierzu gehört zunächst der Bereich der *Importabhängigkeit*: In Deutschland liegt der Anteil importierter Energieträger insgesamt bei über siebzig Prozent (Abb. 1.2). Während die Importabhängigkeit bei Uranerz bei 100% liegt, werden Naturgase zu über 80%, Mineralöl zu 96% und Steinkohle zu über 60% aus dem Ausland eingeführt (BMWi 2008). Dieser Trend wird sich fortsetzen. Durch sinkende inneeuropäische Vorräte und einen steigenden Bedarf wird in der europäischen Union die Importabhängigkeit im Trend von 41% auf knapp 70% im Jahr 2030 steigen (Adelphi 2007). Energieeffizienz kann diese Importabhängigkeit verringern.

Insbesondere der wachsende Energiebedarf der asiatischen Länder wie Indien und China verschärft die Verknappung der fossilen Energieträger erheblich. Einer größer werdenden Gruppe an Gas- und Ölkonsumenten steht eine schrumpfende

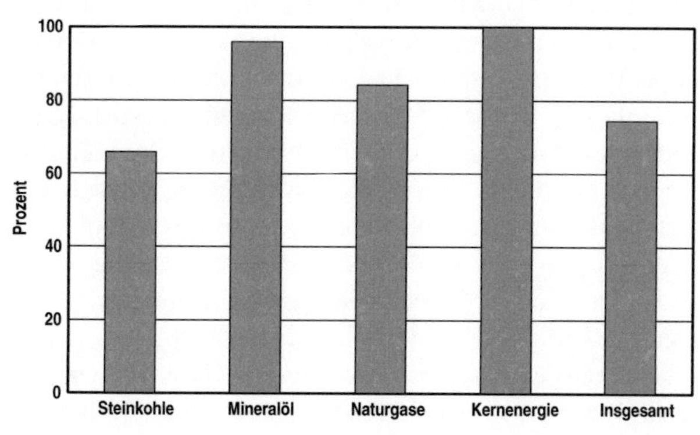

Abb. 1.2 Heutige Importabhängigkeit bei verschiedenen Energieträgern (BMWi 2008)

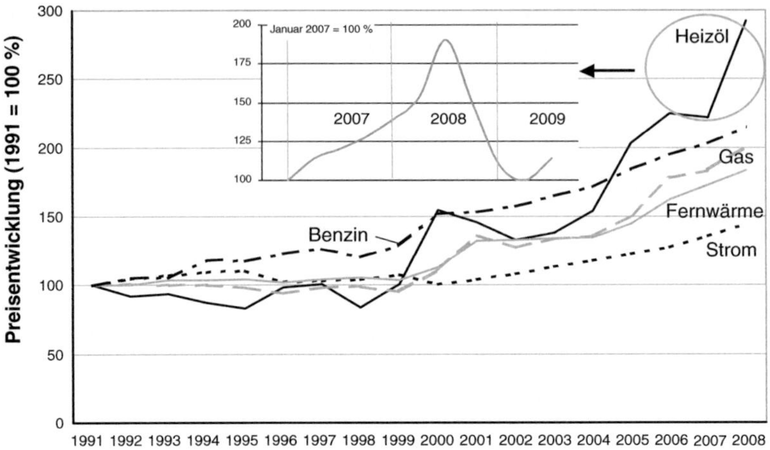

Abb. 1.3 Energiepreisentwicklung für Endkunden (BMWi 2009)

Zahl bedeutsamer Lieferanten gegenüber, was das Problem der Importabhängigkeit verstärkt.

Zugleich bedeutet Energieeffizienz eine Absicherung vor volatilen Energiepreisen. Die Energiepreise schwankten in den letzten Jahren stark. Verantwortlich hierfür waren kurzfristige Nachfrageschwankungen und ein durch die Wirtschaftskrise dauerhaft rückgängiger Energiebedarf, aber auch Spekulationen, Angebotsengpässen und andere Gründe. Zugleich zeigt der langfristige Trend für fossile Rohstoffe deutlich nach oben (Abb. 1.3). Durch Effizienzmaßnahmen können nicht nur hohe Energiepreise, sondern auch ein hohes Kostenrisiko gedämpft werden.

1.2.2 Energieeffizienz, Klima- und Umweltschutz

Es ist nicht nur die Begrenztheit der fossilen Ressourcen, die ein Umdenken bezüglich des Umgangs mit Energie erzwingt. Auch die vielfach erschöpfte Aufnahmefähigkeit unserer Umwelt für die Abfallprodukte der Energienutzung macht ein Umlenken notwendig. Dies gilt insbesondere für jene Abfälle, die in die Atmosphäre entlassen werden. Bei der Verbrennung von fossilen Energieträgern entstehen Luftschadstoffe wie Schwefeldioxid und Stickoxide, die zur Bildung des sauren Regens beitragen. Findet die Verbrennung nicht vollständig statt, werden Kohlenmonoxide, unverbrannte Kohlenwasserstoffe und Rußpartikel emittiert; bei festen Brennstoffen können darüber hinaus erhebliche Mengen an Staub auftreten. Diese Emissionen und noch eine Vielzahl anderer schädigen nicht nur die Umwelt, sondern sind für den Menschen auch direkt gesundheitsschädigend.

Neben diesen klassischen Luftschadstoffen wird bei der Verbrennung von kohlenstoffhaltigen Energieträgern immer auch Kohlendioxid freigesetzt. Dieses Gas ist zwar für Organismen nicht giftig, es verstärkt aber den Treibhauseffekt und führt damit zu einer Erhöhung der globalen Temperaturen. Seit Beginn der Industrialisierung ist die Kohlendioxid-Konzentration in der Atmosphäre um ein Viertel angestiegen und hat eine Erhöhung der mittleren bodennahen Lufttemperatur von 0,6 ± 0,2°C bewirkt. Werden keine deutlichen Gegenmaßnahmen zur Reduktion dieser und anderer klimarelevanter Emissionen ergriffen, so wird nach Szenarien des Intergovernmental Panel on Climate Change (IPCC) mit einem weiteren Anstieg der mittleren globalen bodennahen Lufttemperatur zwischen 1,1 und 6,4°C bis zum Jahr 2100 gerechnet, wobei regional die Änderungen durchaus unterschiedlich stark ausfallen können. Neben der Temperaturerhöhung sind in deutlich stärkerem Maße als bisher Änderungen der Niederschlagsverteilung, ein Anstieg extremer Wettersituationen wie Stürme und Starkregen, eine Verschiebung von Klima- und Vegetationszonen und die Verschlechterung der Böden mit fatalen Folgen für die ohnehin angespannte Welternährungssituation zu erwarten. Klimaänderungen haben in der Erdgeschichte häufig stattgefunden; bedrohlich an den heute zu beobachtenden Veränderungen ist, dass die Änderungen mit hoher Geschwindigkeit auftreten und weder den menschlichen Zivilisationen noch der Umwelt einen ausreichenden Zeitraum zur Anpassung lassen.

Energiebedingte CO_2-Emissionen tragen wesentlich zum menschlich verursachten Treibhauseffekt bei. Im Jahr 2007 lagen sie bei rund 30 Milliarden Tonnen. Der Anstieg dieser energiebedingten globalen Kohlendioxidemissionen in Folge des wachsenden Weltenergieverbrauchs hat dazu geführt, dass seit Beginn der Industrialisierung insgesamt zusätzliche 1 000 Milliarden Tonnen CO_2 in die Atmosphäre emittiert wurden, davon allein 80% in den letzten 50 Jahren.

Da das Wachstum vornehmlich in den Industrieländern stattfand, sind diese für rund 90% der bis heute durch den Energieeinsatz entstandenen CO_2-Emissionen verantwortlich (Abb. 1.4). Deutschland hat 2008 839 Millionen Tonnen

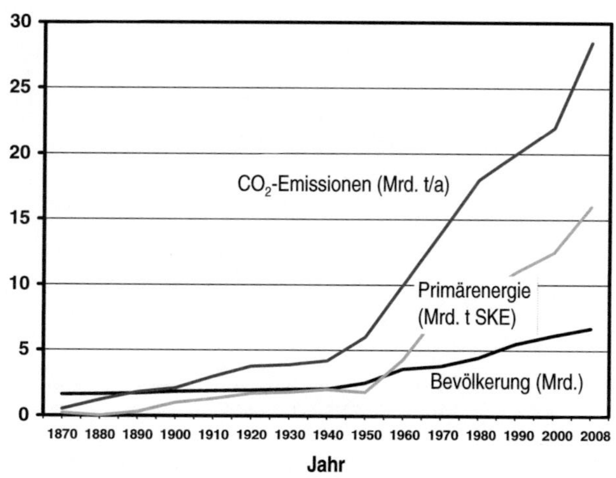

Abb. 1.4 Entwicklung der Bevölkerung, des Energiebedarfs und der CO_2-Emissionen (IEA 2008)

Kohlendioxid emittiert, das sind rund 3% der weltweiten Emissionen. Jeder Bewohner Deutschlands ist damit für den Ausstoß von über 10 Tonnen Kohlendioxid pro Jahr verantwortlich. Ein US-Amerikaner verursacht pro Jahr 20 Tonnen, ein Chinese 4,6 Tonnen und ein Inder eine Tonne. Die große Verantwortung der Industrieländer für den Treibhauseffekt wird hierdurch besonders deutlich. Allerdings steigen gerade in den Schwellenländern Energieverbrauch und Treibhausgasemissionen rasant.

Um eine Erwärmung von mehr als 2 Grad zu vermeiden, sollte die Konzentration von CO_2 in der Atmosphäre von derzeit 360 tausendstel Prozent (auch „parts per million“, ppm) bis zum Ende dieses Jahrhunderts höchstens auf 450 ppm steigen. Will man dies erreichen, so ist eine weltweite Reduktion der energiebedingten CO_2-Emissionen um mehr als die Hälfte bis zum Jahr 2100 unerlässlich.

Berücksichtigt man die weiter wachsende Bevölkerung, so darf jeder der dann voraussichtlich zehn Milliarden Erdenbürger durchschnittlich nur noch wenig mehr als eine Tonne CO_2 emittieren – etwa so viel wie ein Inder heute. Daraus abgeleitet ergibt sich für Deutschland das längerfristige Ziel, eine Senkung der nationalen CO_2-Emissionen auf höchstens ein Fünftel der Emissionen des Jahres 1990 zu erreichen.

Dieses Ziel ist ohne Energieeffizienz keinesfalls zu erreichen. Das zeigen verschiedene Szenarien sowohl für Deutschland als auch weltweit. Beispielsweise geht die Internationale Energieagentur in ihrem World Energy Outlook davon aus, dass die Steigerung der Endenergieeffizienz einen ähnlichen Beitrag zum Klimaschutz leisten wird wie erneuerbare Energien und andere Klimaschutzmaßnahmen zusammengenommen (Abb. 1.5).

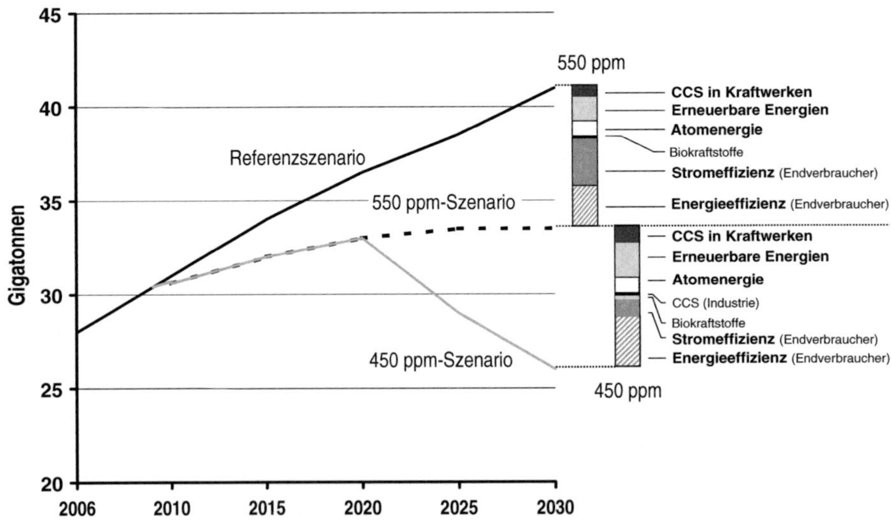

Abb. 1.5 CO_2-Emissionen in den Klimaschutzszenarien der IEA (IFEU nach IEA 2008)

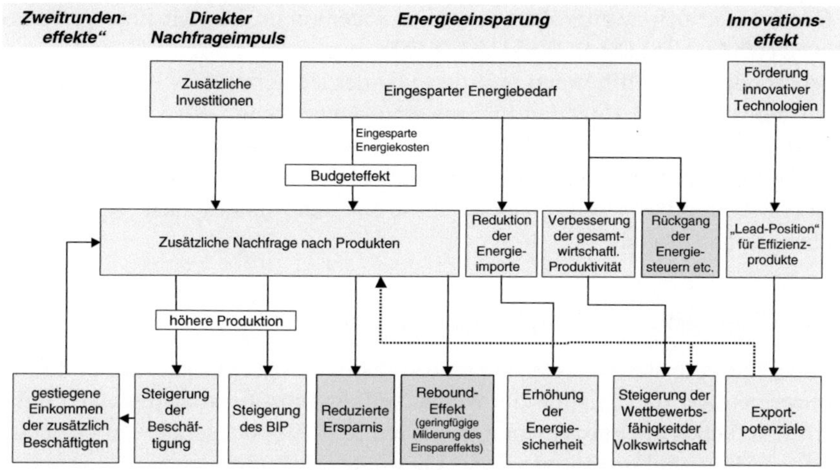

Abb. 1.6 Volkswirtschaftliche Effekte der Energieeffizienz (eigene Darstellung)

1.2.3 Weitere volkswirtschaftliche Vorteile der Energieeffizienz

Neben diesen Effekten gibt es weitere volkswirtschaftliche Folgen der Energieeffizienz, die mit den direkten Nachfrageimpulsen, dem eingesparten Energiebedarf, aber auch der frühzeitigen Entwicklung von Effizienztechnologien und dem dadurch bedingten Wettbewerbsvorsprung bei der Vermarktung der Technologien zu tun haben (Abb. 1.6).

1.2.3.1 Wettbewerbsfähigkeit der Unternehmen

Energieeffizienz ist in zweifacher Hinsicht von unternehmerischer Bedeutung: Sie kann dazu beitragen, dass durch die Senkung der unternehmerischen Energiekosten die Wettbewerbsfähigkeit der Produkte gesteigert werden kann. Zugleich stellt Energieeffizienz aber auch ein bedeutendes Absatzsegment für innovative Produkte dar.

Diese Märkte sind von besonderer Bedeutung auch und gerade, weil es sich bei Energieeffizienzprodukten – ähnlich wie bei Erneuerbare-Energie-Anlagen – um einen Wachstumsmarkt handelt. An diesem wachsenden Markt hat Deutschland einen entscheidenden Anteil. Der Welthandelsanteil Deutschlands an Effizienzprodukten betrug im Jahr 2004 17 Prozent (BMU und UBA 2009) – damit lag Deutschland noch vor den USA, Japan und Italien.

Gerade das Marktvolumen von Produkten der Energieeffizienz wird sich nach einer Studie der Unternehmensberatung Roland Berger stark erhöhen. Die Analyse geht von einer Verdopplung des gegenwärtigen globalen Marktvolumens (450 Mrd. Euro im Jahr 2005) bis 2020 aus (Berger 2007). Die aussichtsreichen zukünftigen Märkte spiegeln sich auch in den Entwicklungsaktivitäten wider: mit 20%

hat Deutschland den zweitgrößten Anteil an Patenten im Bereich Energieeffizienz weltweit (USA: 24%) (BMU und UBA 2009).

Insbesondere der Mittelstand profitiert von der steigenden Nachfrage nach Produkten der effizienten Energiewandlung und -anwendung. Rund 60 Prozent des Umsatzes von Umweltschutzgütern, zu denen auch Produkte der Energieeffizienz zählen, werden in Unternehmen erwirtschaftet, die weniger als 250 Beschäftigte haben (BMU und UBA 2009). Gerade diese Bereiche sind es auch, die besonders forschungsintensiv sind.

1.2.3.2 Arbeitsplatzeffekte und heimische Wertschöpfung

Energieeffizienz leistet auch deshalb einen positiven volkswirtschaftlichen Beitrag, weil Energieträger durch heimische Wertschöpfung substituiert werden. Vereinfacht gesprochen fließen die Euros nicht mehr in den Rohölimport, sondern in verbesserte Antriebs-, Mess- und Regel- oder Beleuchtungstechnologien.

Dadurch verbleibt die Wertschöpfung im Land. Die Bauwirtschaft, die beispielsweise durch vermehrte Investitionen in Gebäudesanierungen angeregt werden kann, hat einen sehr niedrigen Importanteil (Abb. 1.7 oben), ist aber arbeitsintensiv (Abb. 1.7 unten). In einer Studie wurden die zusätzlichen Arbeitsplatzeffekte

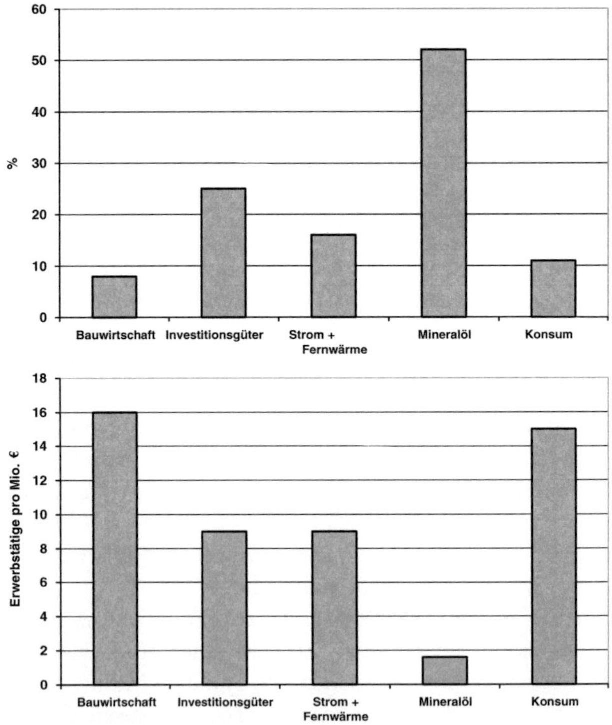

Abb. 1.7 Importanteile (oben) und Arbeitsintensitäten (unten) von unterschiedlichen Wertschöpfungsketten (kumulierte direkte und indirekte Effekte) (FhG-ISI et al. 2008)

von 33 Effizienzmaßnahmen gegenüber einer Referenzentwicklung beziffert. Das Ergebnis der Studie: rund 260 Tausend weitere Arbeitsplätze könnten netto durch diese Maßnahmen bis zum Jahr 2020 in Deutschland entstehen (Pehnt et al. 2009a).

1.2.3.3 Energieeffizienz und soziale Gerechtigkeit[2]

Energieeffizienz trägt nicht nur dazu bei, die heimische Wertschöpfung zu fördern, sondern reduziert Energiearmut und fördert soziale Gerechtigkeit. Vor dem Hintergrund stetig steigender Energiepreise gewinnt das Problem der „Energiearmut" immer mehr an Bedeutung. Der Energiepreisanstieg kann einerseits umweltpolitisch erwünschte Investitionsanreize bewirken. Andererseits belastet er aber besonders einkommensschwache Haushalte, die sich die Investition in Energieeffizienzmaßnahmen – wie eine energetische Gebäudesanierung, effiziente Haushaltsgeräte oder sparsame Fahrzeuge – oft nicht leisten können. Im Gegenteil mehren sich die Fälle, in denen Haushalten Strom oder Gas von Energieversorgungsunternehmen abgestellt wird, da Rechnungen nicht beglichen werden können. Von Energiearmut betroffene Haushalte können somit weder angemessen auf den Anstieg der Energiekosten reagieren noch wirksame Beiträge zum Klimaschutz leisten.

In Großbritannien wird Energiearmut wie folgt definiert: „Energiearmut (*fuel poverty*) herrscht in einem Haushalt, der für das angemessene Heizen der Wohnstätte mehr als 10 Prozent seines Einkommens für den gesamten Brennstoffverbrauch des Haushalts aufbringen müsste". Der Begriff schließt die Ausgaben für den gesamten Haushaltsenergieverbrauch inklusive Warmwasser und Elektrizität ein (Defra/BERR 2008).

Auch für Deutschland gilt, dass Menschen mit niedrigerem Einkommen proportional gesehen einen größeren Anteil ihres Einkommens für Energie ausgeben als einkommensstärkere (Tabelle 1.2). Hierzulande sind durchschnittlich etwa 14 Prozent der Gesamtbevölkerung arm oder von Armut gefährdet (Destatis 2009).

Energiearmut ist auf eine komplexe Kombination von Faktoren zurückzuführen. Die drei bedeutendsten sind ein geringes Haushaltseinkommen, hohe Energiekosten sowie ein hoher Haushaltsenergieverbrauch aufgrund mangelnder Energieeffizienz des Gebäudes. Letzteres wird beispielsweise durch keine oder ungenügende Wärmedämmung, veraltete Heizsysteme oder hohe Leerstandsraten im Gebäude verursacht. Zudem sind in diesen Haushalten ältere oder gebrauchte Haushalts-Großgeräte mit hohem Verbrauch überrepräsentiert. Darüber hinaus verbringen Menschen mit niedrigem Einkommen häufig mehr Zeit zuhause, beispielsweise bedingt durch Arbeitslosigkeit, die Betreuung anderer Haushaltsmitglieder, Alter oder Krankheit. Die Folgen der Energiearmut bestehen immer häufiger darin, dass sich ohnehin schon arme Haushalte zusätzlich verschulden oder die Strom- oder Heiz-

[2]Dieses Kapitel basiert auf Dünnhoff und Gigli (2008) und Dünnhoff et al. (2009).

Tabelle 1.2 Ausgabenanteile für Haushaltsenergie am Nettoeinkommen bzw. den Konsumausgaben. Auf Basis 9 300 nordrhein-westfälischer Haushalte der Einkommens- und Verbraucherstichprobe 2003, aktualisiert anhand des Statistischen Jahrbuchs NRW 2006 (FiFo 2007)

Einkommens-Dezile[a]	Anteil der Energieausgaben am Nettoeinkommen (%)	Anteil der Energieausgaben an den Konsumausgaben (%)
1	9,4	9,7
2	8,7	8,8
3	7,6	8,3
4	6,4	7,5
5	6,2	7,3
6	5,7	7,1
7	5,2	6,7
8	4,9	6,6
9	4,5	6,5
10	3,4	5,9
Durchschnitt	6,2	7,4

[a]Dezile: Verteilung der Einkommen in zehn gleich große Teile (nach Einkommen aufsteigend sortiert).

energieversorgung gekappt wird. Einige sehen sich gezwungen, die Heiztemperatur auf ein sehr niedriges Niveau zu reduzieren oder die Heizung gänzlich auszuschalten, wodurch sich wiederum die Wahrscheinlichkeit gesundheitlicher Probleme erhöht. In Großbritannien wird in diesem Zusammenhang immer häufiger von sogenannten „Winter-Todesfällen“ berichtet. Die Lebensqualität der von Energiearmut betroffenen Menschen wird also generell stark eingeschränkt.

Trotz der eher schleppend voranschreitenden EU-weiten Einigung über die Indikatoren von Energiearmut (Einkommen und Besteuerung, Bau- und anlagentechnische Situation der Wohnung, etc.), mittels derer die betroffenen Haushalte identifiziert und die Entwicklung und Auswirkungen des Phänomens bewertet werden können, werden in einigen Ländern Europas bereits verschiedene Maßnahmen gegen Energiearmut durchgeführt; diese reichen von Subventionen und Energiegutscheinen bis hin zu staatlichen Sozialtarifen (Frankreich, Belgien) und garantierter Mindestversorgung (Italien) für diese Gruppe der einkommensschwachen Verbraucher. In Deutschland ist die Einführung von Sozialtarifen aufgrund des damit verbundenen gesetzgeberischen Eingreifens des Staates in die Preisgestaltung der Energieversorgungsunternehmen sehr unwahrscheinlich. Zudem garantieren in einigen deutschen Regionen bereits vorhandene, von Energieversorgungsunternehmen deklarierte Sozialtarife nicht, dass dem Haushalt wirklich der günstigste Tarif zu Gute kommt. Die meisten Kunden würden statt dessen durch einen Anbieterwechsel noch günstigere Konditionen erhalten (Dünnhoff und Gigli 2008). Wenn die Einführung von Sozialtarifen nicht zu Lasten der Unternehmensgewinne der Energieversorger gehen soll, so müsste es Umlagen auf die übrigen Strompreise und Preiserhöhungen im Rahmen der Grundversorgungstarife geben. Dies würde zu Mehrkosten an anderer Stelle führen.

Der effektivste Weg zur Bekämpfung der Energiearmut besteht darin, Energieeffizienzmaßnahmen flächendeckend umzusetzen. Dazu gehört, Wohnungen von einkommensschwachen Haushalten umfassenden Modernisierungsmaßnahmen zu unterziehen. Ein energetisch saniertes Gebäude erfordert zum Erreichen einer angemessenen Raumtemperatur einen deutlich geringeren Einsatz an thermischer Energie, was wiederum die Budgets armer Haushalte entlastet. Da in Deutschland der Anteil an Mietern unter den Haushalten des untersten Einkommensquartils sehr hoch ist und von Armut betroffenen Haushalten staatliche Sozialwohnungen zur Verfügung gestellt werden, sind vornehmlich Handlungen der privaten Wohnungsunternehmen oder der Kommunen bzw. des Staates gefragt.

Infobox 1.1 Energieeffizienzmaßnahmen in einkommensschwachen Haushalten in Europa

Die EU plant zukünftige Programme für energetische Sanierungen in einkommensschwachen Haushalten mitzufinanzieren, auf nationaler Ebene, aber auch auf Ebene der Länder und Kommunen (Europäische Kommission 2008).
In Großbritannien existieren bereits zwei Energieeffizienz-Programme zur Bekämpfung von Energiearmut: Im *WarmFront* Programm werden in Wohnungen von Verbrauchern mit niedrigen Haushaltseinkommen staatlich finanzierte Modernisierungsmaßnahmen umgesetzt (z. B. verschiedenste Wärmedämm-Maßnahmen bis zu einem Wert 3 500 £, zur Installation von Zentralheizungen sogar bis zu 6 000 £).

Das Programm *Carbon Emissions Reduction Target (CERT)* verpflichtet Energieversorger zur Umsetzung von Energieeffizienzmaßnahmen, deren Einspareffekte einer festgelegten Menge an Tonnen Kohlendioxid entsprechen muss. So müssen etwa in der Phase von 2008–2011 CO_2-Äquivalente des jährlichen Energieverbrauchs von 700 000 Gebäuden eingespart werden. Die Energieversorger verpflichten sich, 40 Prozent dieser Effizienzmaßnahmen in Haushalten von Sozialleistungsempfängern und Menschen über 70 Jahren durchzuführen.

Für Abhilfe innerhalb sehr kurzer Zeiträume sind höchstwahrscheinlich integrative Strategien notwendig. In diesem Zusammenhang wird über die Aufstockung zu geringer Haushaltseinkommen oder die Regulierung von Energiepreisen für die ärmsten Haushalte (z. B. Sozialtarife, garantierte Mindestversorgung) verbunden mit der gleichzeitigen Förderung von Energieeffizienz diskutiert. Andere Möglichkeiten sind etwa zielgruppenspezifische Energieberatungen („Stromspar-Check", siehe Infobox 1.2) oder das Vorantreiben von Contracting-Modellen durch Energieversorger. Als Voraussetzung kann eine zukünftig zu entwickelnde EU-weite Definition der Energiearmut dienen, welche die Indikatoren zum Feststellen der von Energiearmut betroffenen Haushalte festlegt.

Infobox 1.2 Der Stromsparcheck

Im Projekt „Stromspar-Check“, das Ende 2008 an den Start ging und bundesweit in etwa 60 Kommunen umgesetzt wird, werden Langzeitarbeitslose zu “Stromsparhelfern“ geschult. Sie geben ihre Kenntnisse über Einsparmöglichkeiten im Bezug auf Strom-, aber auch Heizenergie- und Wasserverbrauch an Personen weiter, die ebenfalls sogenannte „Hartz-IV“-Empfänger sind. Zusätzlich werden in den Haushalten kostenlose Strom- und Wassersparartikel (Energiesparlampen, schaltbare Steckerleisten, Spar-Duschköpfe etc.) installiert.

Durch diese energieeffizienten Geräte und die Umsetzung der Verhaltenstipps können sowohl die Haushalte als auch die Kommunen, die Heiz- und Wasserkosten der Empfänger übernehmen, Kosten reduzieren. Ausführende Kooperationspartner sind u. a. der Deutsche Caritasverband, ein vor allem in einkommensschwachen Haushalten akzeptierter Akteur, und die regionalen Energieagenturen, die ihre Experten für die Schulungen der Stromsparhelfer zur Verfügung stellen. www.stromspar-check.de

1.3 Energieeffizienz im Kontext der Nachhaltigkeitsdebatte

Der Begriff „Nachhaltige Entwicklung“ prägt seit etwas mehr als zwei Jahrzehnten die Diskussionen, wenn es um einen schonenden Umgang mit unserer natürlichen Umwelt, um eine gerechtere Verteilung des Wohlstands in der Welt und um eine humane Gestaltung der Lebensgrundlagen für alle Menschen geht. Nachhaltigkeit umfasst somit sowohl ökologische als auch ökonomische und soziale Aspekte, die in ihrer Wechselwirkung betrachtet werden müssen. Eine umfassende Definition von Nachhaltigkeit wurde erstmals von der Brundtland-Kommission erarbeitet und von der Rio-Konferenz 1992 aufgegriffen:

> Nachhaltige Entwicklung befriedigt die Bedürfnisse der heutigen Generationen, ohne die Fähigkeiten künftiger Generationen zu gefährden, ihre eigenen Bedürfnisse zu befriedigen und ihre eigenen Lebensstile zu wählen.

Auf der politischen Agenda hatte jahrzehntelang die Bereitstellung ökonomisch und ökologisch verträglicher Erzeugungsanlagen Priorität. Wurden anfangs zusätzliche Verbraucher für vorhandene Erzeugungsanlagen gesucht – besonders offenbar wird dies am Beispiel der Nachtspeicherheizungen, die die nächtliche Auslastung von Atomkraftwerken verbessern sollten –, wurde erstmals im Rahmen des „Least Cost Planning“ Effizienz als Aspekt energiepolitischer Entscheidungsprozesse berücksichtigt. Dahinter stand die Überlegung, dass in bestimmten Entscheidungssituationen Effizienzmaßnahmen auch aus Sicht eines Energieversorgers betriebswirtschaftliche Vorteile bieten können – etwa, weil Neubauten von Leitungen oder Kraftwerken vermieden werden.

Eine Präferenz für Maßnahmen, die auf der Versorgungsseite ansetzen, zeigt sich auch heute. Viele Klimaschutzprojekte wie beispielsweise Bioenergiedörfer, die sich zum Ziel gesetzt haben, die CO_2-Emissionen drastisch zu senken, erfüllen

Infobox 1.3 Konsistenz und Suffizienz

Als konstituierende Elemente einer Strategie der Nachhaltigkeit werden vielfach neben der Effizienz Suffizienz und Konsistenz genannt.

Suffizienz bedeutet eigenverantwortliches Handeln in Bezug auf Lebensstile und Konsumgewohnheiten; Suffizienz ist „Maßhalten, von nichts zuviel wollen, damit für anderes, das man ebenfalls braucht, noch Platz bleibt. Die Logik der Suffizienz liegt deshalb in der Regel, von mehreren Zielen, die allesamt wichtig sind, keines zu maximieren, sondern für jedes das rechte Maß zu suchen, um sie in Balance zu bringen" (Scherhorn 2002). Ein individueller Energieverbrauch kann somit entweder durch einen umsichtigen Umgang mit den „richtigen" Konsumgütern, Nahrungs- oder Verkehrsmitteln oder aber durch einen Verzicht auf energieintensive Produkte oder übertriebene Mobilität erreicht werden.

In einer Strategie der *Konsistenz* geht es nicht darum, die Mengen an Energie- oder Stoffeinsatz zu verändern. Vielmehr wird die Frage nach der Qualität der eingesetzten Güter gestellt. Das Ziel sind Stoffströme, die „den biogeochemischen Kreisläufen und der Verarbeitungskapazität der Ökosysteme angepasst sind" (Behrendt et al. 1998). Beispiele hierfür sind Kreislaufsysteme, in denen durch Wiederverwertung oder nachwachsende Rohstoffe möglichst keine neuen Ressourcen benötigt werden. Während Effizienz also eine Strategie des „besser" umschreibt, könnte man Suffizienz und Konsistenz auch mit den Adjektiven „weniger" und „anders" belegen (Winterfeld 2007).

diese Zielsetzung durch Installation von Anlagen mit biogenen Brennstoffen. Ob die Haushalte, die mit Wärme und Strom versorgt werden, sparsam damit umgehen, ist in diesen Konzepten oft zweitrangig. Bioeffizienzdörfer, oder „Energiebalance"-Kommunen (dieses Wort spielt auf die richtige Balance zwischen erneuerbaren Energien und Effizienz an, siehe Pehnt et al. 2009b), sind eigentlich gefordert. Denn auch erneuerbare Energien sollten nicht verschwenderisch genutzt werden, da auch ihre Nutzung begrenzt ist; sei es durch limitiert vorhandene Brennstoffe wie Biomasse; limitiert vorhandene Flächen, wie Windvorranggebiete oder Dachflächen für Sonnenkollektoren; oder limitiert vorhandene Finanzmittel, die möglichst nutzbringend eingesetzt werden sollten.

1.3.1 *Effizienz als „Tonnenideologie"?*

Gegen eine Strategie der Effizienz wird eingewendet, dass sie mit fortschreitender Realisierung schnell an ihre Grenzen stoße, weil der „Grenznutzen" abnehme: mit zunehmenden Verbesserungen nehme der Fortschritt der Effizienzverbesserungen ab. Effizienzsteigerung habe die Struktur einer S-Kurve, d. h. sie laufe in einer Etablierungsphase eines Produktes in eine Sättigung. Die Systeme seien dann ausgereizt. Effizienz folge zudem einem „vereinseitigten und unkonkreten ökonomischen Mengendenken" (Huber 2000). Auch der Rebound-Effekt (siehe Abschn. 1.1.3) vereitele alle Erfolge der Effizienz.

> Eine Effizienz- oder Suffizienz-Strategie, die diese Sachlage [einer qualitativen Veränderung] nicht zu ihrem Ausgangspunkt nimmt, gerät zur Tonnenideologie; dieser erscheint „alles irgendwie viel zu viel". (...) Das Grundproblem liegt aber nicht darin, exemplarisch gesprochen, den Gebrauch von Kohle und Öl zu rationieren (Suffizienz) oder zu rationalisieren (Effizienz), sondern ihren Gebrauch zu erübrigen durch Übergang zu einer anderen Energiebasis, die auch in großen Volumina umweltverträglich genutzt werden kann.
>
> Zum Beispiel kann man beim Heizen mit einer Variation von 1 °C ... 3–6 Prozent Energieverbrauch beeinflussen.... Weitergehende Reduktionen beinhalten bereits Nutzenverzicht. Aber selbst radikalere Verzichtsformen, ohnedies eine Tugendübung für wenige, können kaum zu mehr führen als 20–40 Prozent Verbrauchsreduktion. Wollte man mehr erreichen, müsste man die Leute bei Minimumdiät im Nullenergiebunker immobilisieren. (Huber 2000)

Huber führt eine andere Strategie ins Feld, die der „Konsistenz" oder der „industriellen Ökologie". Es werde ein grundlegend neuer Ansatz benötigt, der die ökologische Qualität der Stoffströme so verändert, „dass sie sich in den Naturstoffwechsel besser einfügen". Nach konkreten Beispielen befragt, werden biotechnische Produktionsverfahren mit gentechnisch veränderten Organismen genannt, Solar-Wasserstoff oder naturverträgliche Anbaumethoden, die nachwachsende Rohstoffe produzieren.

Eine solche eindeutige Prioritätensetzung von Huber zugunsten einer Konsistenzstrategie scheint jedoch verschiedene Aspekte zu verkennen:

- Die Beispiele verdeutlichen: Konsistente Produkte sind bei weitem nicht zwangsläufig „nachhaltige" Produkte. Die Debatte um die Naturverträglichkeit gentechnisch veränderter Organismen oder sozialer und ökologischer Verwerfungen im Zusammenhang mit der Nutzung von Bioenergieträgern offenbaren die Nebenwirkungen einer Konsistenzstrategie.
- Effizienz sollte Leitgedanke auch und gerade für die Nutzung „konsistenter Stoffströme" sein. Die Vorstellung, dass beispielsweise biogene Rohstoffe unbegrenzt verfügbar sind, ist spätestens durch die Diskussion um Flächenkonkurrenzen bei der Biomasse („Food or Fuel") in Frage gestellt worden. Gleiches gilt auch für solare Ressourcen, die auf Flächen und kapitalintensive Umwandlungsanlagen zurückgreifen. Den Beweis, dass bei heutigem Konsumniveau und steigender Weltbevölkerung naturverträgliche Stoffströme machbar sind, bleiben die Konsistenz-Befürworter schuldig.
- Hinzu kommt: „vieles Wichtige in der Entwicklung dieser [Konsistenz-] Strategien ist Zukunftsmusik" (Linz 2006).
- Effizienzsteigerung verläuft nicht zwangsläufig entlang einer S-Kurve. Technologische Sprünge zwischen Produkten desselben Nutzens erlauben Effizienzsteigerungen um Größenordnungen: Auf die Effizienzsteigerung der Glühbirne folgt die Energiesparlampe, gefolgt von Leuchtdioden, organischen Leuchtdioden usf. Die Warnung vor der Inkompatibilität von Effizienz und Genuss („Nullenergiebunker") wird durch modernste Baukonzepte widerlegt, die zeigen, dass effizientes Wohnen gerade ein behagliches Wohnen ist (siehe Kap. 8); analoges gilt in anderen Handlungsfeldern.

- Effizienz umfasst nicht nur den Wirkungsgrad einer Anlage, sondern gleichermaßen den Umwandlungsprozess von einem Rohstoff in eine Dienstleistung. Damit gerät übrigens auch die Grenze zur Suffizienz fließend. Eine Verlagerung einer Mobilitätsdienstleistung auf den öffentlichen, gut ausgelasteten Verkehr ist zugleich eine Verhaltensänderung wie auch eine Effizienzerhöhung des Quotienten Energieeinsatz zu Mobilitätsbereitstellung.

1.3.2 Effizienz als „Strategie der Anschmiegsamkeit"?

Verschiedene Kritiker der gegenwärtigen Nachhaltigkeitsdebatte übertragen die Kritik, die Effizienzprotagonisten gegenüber versorgungs-fokussierten „end-of-the-pipe"-Strategien artikulieren, auch auf die Effizienz. Sie sehen in der Effizienz einen Bestandteil eines „technischen Weges", der „das vorherrschende Wachstumsparadigma nicht Frage [stellt], sondern dessen Negativeffekte über technische, prozessuale oder systemische Vorkehrungen [abmildert]" (Paech 2006). In der Effizienzstrategie gehe es um eine Optimierung der Bedarfsbefriedigung, nicht um das Ausmaß der Bedürfnisse. Dieses Ausmaß in Frage zu stellen sei aber Aufgabe einer austarierten Nachhaltigkeitsdiskussion. „Das Problem ist, dass der Verzicht nicht von den Menschen, sondern den Dingen erwartet wird" (Gronemeyer 1998).

Eine Suffizienzstrategie hingegen stellt heutige Konsummuster und damit auch die Wachstumsursachen in Frage. In einer „Postwachstumsökonomie" wird verstärkt auf Eigenarbeit und Genügsamkeit gesetzt, es wird „entrümpelt" und „entschleunigt" (Paech 2006).

Das Hauptproblem einer Suffizienzstrategie ist nicht deren technische Machbarkeit, sondern Schwierigkeiten, dieses Modell jenseits einer Verzichtsrhetorik gesellschaftlich zu vermitteln. Gerade das macht sie in der politischen Arena unbeliebt.

1.3.3 Effizienz, Suffizienz und Konsistenz als komplementäre Strategiesäulen

Aller kritischer Äußerungen zu einer Effizienzstrategie ist gemein: Sie wenden sich nicht gegen Effizienz als solche, sondern thematisieren kritisch, welchen Beitrag Effizienz leisten kann und ob gesellschaftliche Aufmerksamkeit und Ressourcen richtig gewichtet sind.

Während reine Strategien der Konsistenz, der Suffizienz und der Effizienz scheitern, liegt es nahe, diese Säulen als komplementäre Säulen einer Nachhaltigkeitsstrategie zu begreifen. Vereinfacht gesprochen: Effizienz und Suffizienz verschaffen Konsistenz zeitliche und räumliche Spielräume durch vorherige Senkung des noch zu deckenden Bedarfs. Suffizienz kann auftretende Rebound-Effekte einer Effizienzstrategie mildern und durch die Infragestellung einer einseitigen Wachstumsorientierung qualitative Veränderungsprozesse anstoßen. Und Konsistenz verspricht eine naturverträgliche Lösung des verbleibenden Bedürfnisresiduums und auch – wie die äußerst dynamische Entwicklung erneuerbarer Energien zeigt – zeitlichen Spielraum für die unter Beharrungskräften und Hemmnissen leidende Effizienzstrategie. Die kontroverse Debatte um die Rolle einzelner Strategieelemente, um einen „technischen“ und einen „kulturellen“ Weg, mündet nicht in ein Entweder-Oder, sondern in eine Frage der Akzente.

> Die begründete Skepsis gegenüber der Wachstums- und Innovationsorientierung des technischen Weges unterminiert nicht die Bedeutung seiner vier Prinzipien – Effizienz, Konsistenz, Vermeidung und Risikominimierung –, wohl aber dessen Alleinvertretungsanspruch. Vieles spricht deshalb für eine Akzentverlagerung zugunsten des kulturellen Weges (Paech 2006).

Dabei verlangt die Suffizienz vermutlich die größte Abkehr von gegebenen Strukturen. Sie tut dies auf einer individuellen Ebene; mit ihrer Infragestellung der Wachstumsdynamik wirkt sie aber auch gesellschaftlich.

Die Effizienzstrategie steht dieser Entwicklung nicht im Weg, sie befördert sie allerdings auch nicht: sie ist komplementär zu Suffizienz und Konsistenz.

1.4 Begriffsdefinitionen

Nach diesem Exkurs in die Nachhaltigkeitsdebatte und der Rolle der Effizienz in dieser Diskussion soll der folgende Abschnitt, pragmatischer an den energiewirtschaftlichen und -technischen Bedingungen der Energieeffizienz orientiert, die Voraussetzungen für ein begriffliches Verständnis der weiteren Kapitel dieses Buches schaffen. Er ersetzt jedoch nicht das detaillierte Studium von Standardwerken der Thermodynamik, der Energietechnik oder Verfahrenstechnik.

1.4.1 Energie und Leistung

Zentral für ein Verständnis von Energieeffizienz ist die Unterscheidung zwischen Energie und Leistung. Ein häufiger Fehler ist deren Verwechslung gerade in der Presse, wo man häufig die Einheit kW anstelle von kWh, gelegentlich sogar – in Anlehnung an km/h – auch kW/h findet.

Energie ist die Fähigkeit, Arbeit zu leisten. Die Maßeinheit der Energie ist ein Joule ($1\ \mathrm{J} = 1\ \mathrm{kg\ m^2/s^2}$). Eine ältere Energieeinheit ist die Kalorie. Sie entspricht der Wärmemenge, die man aufwenden muss, um 1 g Wasser bei Normaldruck (101,325 kPa) von 14,5 auf 15,5°C zu erwärmen. 1 Kalorie (cal) entspricht 4,1868 J. Im Laufe der Zeit haben sich verschiedene Energieeinheiten eingebürgert, die mittels Tabelle 1.3 ineinander umgerechnet werden können.

Dass mechanische und thermische Energie ineinander umgewandelt werden können, ist erst seit Entdeckung des Energieerhaltungssatzes bekannt. Die Forscher Robert Mayer, James Prescott Joule und Hermann Helmholtz erarbeiteten unabhängig voneinander verschiedene Aspekte des Energieerhaltungssatzes (Pehnt und Nast

Tabelle 1.3 Umrechnungsfaktoren für Energieeinheiten. Um von der Ausgangseinheit (z. B. TWh) in die Zieleinheit (z.B. Mio. t SKE) umzurechnen, muss der Ausgangswert mit dem Tabellenwert (im Beispiel: 0,123) multipliziert werden (BMWi 2009)

Ausgangseinheit \ Zieleinheit	PJ	Mio. t SKE	Mio. t RÖE	Mrd. kcal	TWh
1 Petajoule (PJ)	–	0,034	0,024	238,8	
1 Mio. t Steinkohleeinheit (SKE)	29,308	–	0,7	7 000	8,14
1 Mio. t Rohöleinheit (RÖE)	41,869	1,429	–	10 000	11,63
1 Mrd. Kilokalorien (kcal)	0,004187	0,000143	0,0001	–	0,001163
1 Terawattstunde (TWh)	3,6	0,123	0,0861	859,2	–

2001). Dieser heute als erster Hauptsatz der Thermodynamik formulierte Erfahrungssatz besagt, dass die Energie in einem geschlossenen System konstant bleibt. Es kann keine Energie erzeugt oder verbraucht werden – auch wenn der alltägliche Sprachgebrauch dies nahe legt.

Mayer führte diese Erkenntnisse zusammen und folgerte, dass es „eine unveränderliche Größenbeziehung zwischen Wärme und Arbeit“ geben müsse. Mayer erkannte auch die praktische Konsequenz aus dem Energiesatz und wird damit zum Vater des Effizienzgedankens: man müsse nun daran gehen, bei kohlebetriebenen Dampfmaschinen den ungewünschten Effekt der Verbrennung, nämlich die „Wärmeentbindung nach außen“, möglichst klein zu machen.

Energie tritt in verschiedenen Erscheinungsformen auf:

- als Wärme, also ungeordnete Bewegung der Atome,
- als mechanische Bewegungsenergie, also geordnete Bewegung von Körpern,
- als potenzielle (Lage-) Energie (gespeicherte Energie, z. B. durch Anheben eines Gegenstandes gegen die Schwerkraft),
- als elektromagnetische Energie,
- als elektromagnetische Strahlungsenergie,
- als chemische Energie (Bindungsenergie von Atomen zu Molekülen) und
- als Kernenergie, also Bindungsenergie von Kernbausteinen, Protonen und Neutronen zu Atomkernen.

Arbeit ist die Energiedifferenz, die bei Übergang zwischen zwei Energiezuständen aufgewandt werden muss, zum Beispiel um einen Körper zu beschleunigen oder einen Körper anzuheben. Die mechanische Arbeit ergibt sich aus dem Produkt aus der Kraft, die auf einen Körper längs der Wegstrecke ausgeübt wird, und der Wegstrecke.

Von Energie und Arbeit abzugrenzen ist die *Leistung P*. Leistung ist die pro Zeiteinheit t verrichtete Arbeit, also die zeitliche Ableitung der Arbeit:

$$P = \frac{dE}{dt} \tag{1.1}$$

Sie wird in Watt gemessen, wobei

$$1W = 1 \text{ J/s} = 1 \text{ kg m2/s}^3.$$

Mit dieser Festlegung des Watt ergibt sich die übliche Energieeinheit kWh aus dem Joule:

$$1 \text{ kWh} = 3600 \text{ kWs} = 3,6 \text{ Millionen J} = 3,6 \text{ MJ}.$$

1.4.2 Energieformen

Am Anfang des Energiegewinnungsprozesses steht die in der Natur vorkommende Primärenergie, die entweder in freier oder in gebundener Form vorliegt, z. B. fossile Energie (wie Braunkohle, Steinkohle, Erdgas und Erdöl), erneuerbare Energie (wie Biomasse, Wasserkraft, Sonnenenergie, Erdwärme, Windenergie) und Kernenergie (hauptsächlich Uran).

Primärenergie ist also der rechnerische Energiegehalt eines natürlich vorkommenden Energieträgers, bevor er – zum Beispiel durch Verbrennung – umgewandelt wird (Abb. 1.8). Zu den Primärenergieträgern zählen fossile Energieträger wie Stein- und Braunkohle, Erdöl und Erdgas sowie erneuerbare Energien (Sonnenenergie, Windkraft, Wasserkraft, Erdwärme und Gezeitenenergie). In Deutschland war 2008 Mineralöl mit 34,8% der wichtigste Primärenergieträger, gefolgt von Erdgas (22,1%), Steinkohle (13,1%), Braunkohle (11,1%) und Kernenergie (11,6%) (BMWi 2009).

Die Primärenergie wird durch verlustbehaftete Prozesse wie Verbrennung, Kernspaltung oder Raffinieren in sogenannte *Sekundärenergie*träger (engl. secondary energy) umgewandelt. Sekundärenergie ist daher die Energie, die als Ergebnis eines Umwandlungsprozesses aus Primärenergie gewonnen wird. Dabei vermindert sich

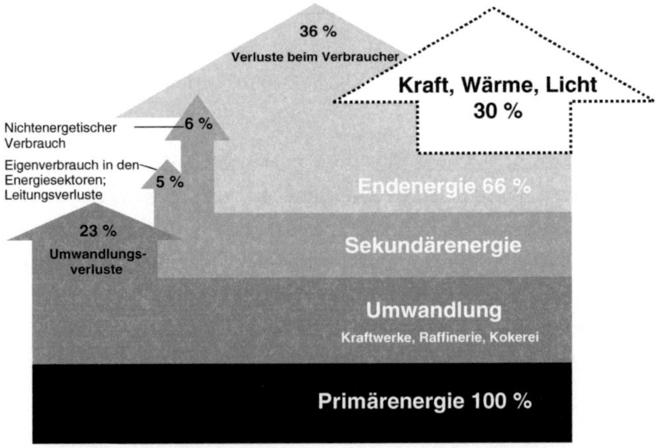

Abb. 1.8 Primärenergie, Sekundärenergie, Endenergie, Nutzenergie: die Energiebilanz in Deutschland stark vereinfach (eigene Darstellung nach FfE München)

die nutzbare Energiemenge durch Umwandlungs- und Transportverluste. Sekundärenergieträger sind entweder leitungsgebunden wie Strom, Fernwärme und Stadtgas oder die veredelten Produkte Benzin, Heizöl, Koks, Briketts etc.

Bevor der Energieträger in der letzten Umwandlungsstufe beim Kunden in Nutzenergie umgewandelt wird, bezeichnet man ihn als *Endenergieträger* (engl. final energy). Beispiele hierfür sind beim Verbraucher angeliefertes Heizöl, Benzin oder Strom. Die *Nutzenergie* umfasst hingegen gemäß der Definition der VDI 4608 die technischen Formen der Energie, die der Verbraucher benötigt – beispielsweise Wärme, Licht oder mechanische Energie.

1.4.3 Brennwert und Heizwert

Der Energiegehalt eines Brennstoffes wird durch den *Brennwert* H_s (s: superior), früher oberer Heizwert H_o genannt, bzw. den *Heizwert* H_i (früher: unterer Heizwert H_u) beschrieben. Der Brennwert (engl. Higher Heating Value oder Gross Calorific Value) gibt die bei vollständiger Verbrennung einer Brennstoffmenge freigesetzte Reaktionswärme an, wenn das bei der Verbrennung gebildete Wasser in flüssigem Zustand anfällt. Definitionsgemäß beträgt die Temperatur des Brennstoffes und der Verbrennungsprodukte 25°C. Werden der Brenn- oder Heizwert auf eine Massen- oder Volumeneinheit bezogen, so schreibt man diese spezifischen Größen klein (h_i und h_s).

Zur Nutzung des gesamten Brennwertes, insbesondere der Kondensationswärme des Wasserdampfes, muss das Abgas abgekühlt werden. Dies ist oftmals nicht möglich. Der Heizwert (engl. Lower Heating Value oder Net Calorific Value) gibt die Reaktionswärme an, die genutzt werden kann, wenn das Wasser in gasförmigem Zustand anfällt. Die Differenz aus Brennwert und Heizwert entspricht der Verdampfungsenthalpie des Wasserdampfes.

Das Verhältnis H_i/H_s beträgt bei typischem Erdgas 0,903, bei Heizöl 0,94, bei Steinkohle 0,958 und bei Braunkohle 0,93. Bei gasförmigen Brennstoffen bezieht man den spezifischen Heiz- und Brennwert auf das Volumen des vollständig verbrannten Gases im Normzustand bei Umgebungsdruck und 0°C.

Die Höhe der Brenn- und Heizwerte wird von der Zusammensetzung des Brennstoffes bestimmt. Wenn ein Brenngas beispielsweise hohe Mengen inerter – also nicht mehr mit anderen Reaktionspartnern reagierender – Substanzen wie beispielsweise Stickstoff oder Kohlendioxid besteht, ist sein Brennwert geringer. Dies ist beispielsweise bei Biogas der Fall, das neben Methan größere Mengen Kohlendioxid enthält (Tabelle 1.4, vgl. Biogas mit Erdgas). Auch ein hoher Wassergehalt senkt den Brennwert (Tabelle 1.4, vgl. feuchte Rohbraunkohle mit Steinkohle).

Der Heizwert eines Brennstoffes war in früheren Zeiten deshalb wichtig, da es zwingend notwendig war, den Wasserdampf im Abgas durch hohe Abgastemperaturen gasförmig zu belassen, um eine mögliche Korrosion des Heizkessels oder ein Versotten des Schornsteines zu verhindern.

Tabelle 1.4 Stoffzusammensetzung, Heiz- und Brennwerte verschiedener fester und gasförmiger Brennstoffe. waf: wasser- und aschefrei

Brennstoff	Elementaranalyse (waf) in [Massen-%]					Wasser [Massen-%]	Brennwert Δh_s [MJ/kg]	Heizwert Δh_i [MJ/kg]
Feste Brennstoffe	C	H	S	O	N			
Steinkohle	88	5	1	4,5	1,5	0–10	29,3–35,2	27,3–34,1
Rohbraunkohle	68	5,5	2,5	23	1	50–60	10,5–13,0	6,4–11,3
Holz	50	6	0	44	0	10–20	15,9–18,0	14,7–16,8
Flüssige Brenn-und Treibstoffe	Zusammensetzung in [Massen-%]						Brennwert	Heizwert
	C	H	S	O+N			Δh_s [MJ/kg]	Δh_i [MJ/kg]
Methanol	37,5	12,5	–	50			22,3	19,6
Benzin	85,0	15,0	–	–			46,7	42,5
Diesel	86,3	13,4	0,3	–			45,9	43,0
Heizöl EL	86,3	13,0	0,3	0,4			45,5	42,7
Brenngase	Zusammensetzung in [Volumen-%]						Brennwert	Heizwert
	CH_4	C_xH_y	CO_2	N_2			Δh_s [MJ/Nm^3]	Δh_s [MJ/Nm^3]
Erdgas (Russland)	82,1	8,8	0,5	7,3			42,0	38,0
Erdgas (Norwegen)	85,8	12,3	1,5	0,5			44,5	40,2
Biogas	60–80	–	20–40	ca 2,0			24–32	21–28
Wasserstoff	–	–	–	–			12,8	10,8

Infobox 1.4 Verdampfungsenthalpie

Die Verdampfungsenthalpie kennt man vom umgekehrten Prozess: Wird ein Topf mit heißem Wasser auf einer Herdplatte erwärmt, steigt zunächst die Temperatur auf 100°C. Wird dann weitere Wärme zugeführt, steigt die Temperatur nicht mehr weiter. Stattdessen wird die zugeführte Energie genutzt, um die Wassermoleküle aus ihren Bindungen zu befreien und das flüssige Wasser in Wasserdampf zu verwandeln.

Wenn umgekehrt der Wasserdampf wieder kondensiert, wird die Verdampfungsenthalpie freigesetzt. Darauf beruht der Brennwerteffekt.
Um den gesamten Brennwert zu nutzen, müssen Abgase im Heizsystem unter die Taupunkttemperatur (ca. 58°C bei Erdgas und ca. 48°C bei Heizöl) abgekühlt werden.

1.4.4 Exergie und Anergie

Während Energie nach dem Energieerhaltungssatz nicht verbraucht oder eingespart werden kann – auch wenn landläufig, wie auch in diesem Buch, von „Energieverbrauch“ und „Energieeinsparung“ gesprochen wird –, kann die Erscheinungsform der Energie verändert werden. Beispielsweise kann chemische oder Lageenergie in

Bewegungsenergie oder elektrische Energie umgewandelt werden. Dabei wandelt sich auch die „Arbeitsfähigkeit" der Energie. Ein Maß hierfür ist die Exergie.

Exergie ist der Teil der Energie, der sich in einer vorgegebenen Umgebung in jede andere Energieform umwandeln lässt. *Anergie* ist der Teil der Energie, der sich nicht in Exergie umwandeln lässt.

Der exergetische Anteil der Wärme Q entspricht dem optimalen Wirkungsgrad, der mit einer sogenannten „Carnot-Maschine" erzielt werden kann (siehe hierzu Abschn. 3.3.1 sowie Lehrbücher der Thermodynamik).

Dieser Carnotfaktor hängt ab von der Temperatur des Arbeitsmediums T_A und der Temperatur der Umgebung T_u, auf die das Arbeitsmedium abgekühlt werden könnte:

$$\text{Exergie der Wärme} = Q \cdot \eta_{\text{Carnot}} = Q \cdot \left(1 - \frac{T_u}{T_A}\right) \tag{1.2}$$

Je höher also die Temperatur des Mediums, desto höher dessen Exergie. Hieraus kann man einen „Energiequalitätsgrad" bestimmen. Er bewertet den Exergieanteil eines Energieträgers:

$$\zeta = \frac{\text{Exergie}}{\text{Energie}} = \begin{cases} \eta_{\text{Carnot}} \text{ (Wärme)} \\ \text{ca.}1 \text{ (Brennstoffe)} \\ 1 \text{ (Strom)} \end{cases} \tag{1.3}$$

Elektrische Energie beispielsweise kann zu 100% in andere Energieformen überführt werden. 1 kWh elektrische Energie entspricht daher 1 kWh Exergie. Wärme bei Umgebungstemperatur hingegen lässt sich in keine andere Energieform umwandeln. Sie ist reine Anergie.

Exergie und Anergie können thermodynamisch fundiert abgeleitet werden. Dies ist z. B. in Baehr (2009) nachzulesen.

1.4.5 Wirkungsgrad und Nutzungsgrad

Als *Wirkungsgrad* η wird der Quotient aus einer nutzbaren abgegebenen Leistung und einer zugeführten Leistung verstanden. Der Wirkungsgrad ist damit eine „Blitzlicht-Aufnahme" eines Umwandlungsprozesses zu einem gegebenen Zeitpunkt. Typische Wirkungsgrade verschiedener Prozesse fasst Tabelle 1.5 zusammen.

Anders der *Nutzungsgrad*: dieser ist ein mittlerer Wirkungsgrad über längere Zeiträume, in der Regel ein Jahr. Ein elektrischer Nutzungsgrad ist beispielsweise der Quotient aus der innerhalb eines Jahres erzeugten Strommenge eines Kraftwerks und der über ein Jahr zugeführten Brennstoffmenge.

Der Unterschied zwischen Wirkungsgrad und Nutzungsgrad kann beträchtlich sein. In letzterem sind beispielsweise Verluste durch Stillstand und Leerlauf oder Anfahr- und Abfahrvorgänge enthalten. Auch ungünstige Betriebszustände

Tabelle 1.5 Typische Wirkungsgrade verschiedener Energiewandler

Energiewandler	Energieformen	Wirkungsgrad [%]
Generator	m → e	98–99
Staubfeuerungen für Steinkohle	c → t	98–99,5
Rostfeuerungen für Steinkohle	c → t	95–98
Dampferzeuger	c → t	92–97
Großer Elektromotor	e → m	90–96
Wasserturbinen	m → m	90–95
Heizungskessel	c → t	90–94
Trocken-Batterien	c → e	85–95
Kleiner Elektromotor	e → m	60–75
Brennstoffzellen	c → e	60–70
Windturbinen	m → m	40–50
Kombi-Kraftwerk	c → e	42–57
Dampfturbinen	t → m	45–50
Dampf-Kraftwerk	c → e	36–44
Gasturbinen	t → m	30–35
Diesel-Motor	c → m	30–35
Otto-Motor	c → m	25–30
Photozellen (Pilotausführungen)	s → e	20–25
Ofenheizung	c → t	15–20
Photozellen (Serienprodukt)	s → e	5–10
Elektroleuchten	e → s	2–30
Produktion von Biomasse	s → c	1–2
Globale Bioproduktion (Mittelwert)	s → c	0,4

m: mechanische Energie; e: elektrische Energie; c: chemische Energie; s: Strahlungsenergie; t: thermische Energie.

führen dazu, dass der Nutzungsgrad einer Anlage niedriger ist als der maximale Wirkungsgrad.

Dies ist insbesondere bei dem Vergleich verschiedener Anlagen zu berücksichtigen. Vielfach geben Hersteller nur den Wirkungsgrad in einem bestimmten Betriebspunkt an; dieser muss aber nicht unbedingt repräsentativ für das reale Betriebsverhalten des Gerätes sein.

Berechnung eines Nutzungsgrades. Ein Mehrfamilienhaus mit zehn Wohneinheiten (Stromverbrauch 48 000 kWh/a) wird mit einem kleinen Blockheizkraftwerk (BHKW) mit Strom und Wärme versorgt. Jährlich werden 12 770 Kubikmeter Erdgas (entsprechend norwegischer Qualität) im Blockheizkraftwerk eingesetzt. Das BHKW deckt 56% des Strombedarfs des Wohngebäudes. Außerdem werden 11 500 kWh in das öffentliche Netz eingespeist. Berechnen Sie mit diesen Angaben und Tabelle 1.4 den elektrischen Nutzungsgrad bezogen auf den Heizwert.
Neben dem Strom erzeugt das BHKW rund 87 000 kWh Wärme. Berechnen Sie nun auch den thermischen Nutzungsgrad. Wieviel Prozent der Wärme des Mehrfamilienhauses kann das BHKW bei einem typischen Energiestandard abdecken? Nutzen Sie hierzu Informationen aus Kap. 4 und 6.
Wie könnte man die Effizienz der Energieversorgung des Gebäudes insgesamt steigern? Welche Auswirkungen hätte dies auf die Wirtschaftlichkeit des BHKW? Warum? Welche weiteren Maßnahmen könnten Sie ergreifen, um das Gesamtsystem zu optimieren?

Infobox 1.5 Wirkungsgrad und Nutzungsgrad in der Praxis: Das Beispiel Brennwertkessel

Bei Gas-Brennwertkesseln werden sogenannte Normwirkungsgrade definiert, die bei Standardbedingungen auf einem Prüfstand gemessen werden. Typische Wirkungsgrade liegen bezogen auf den Heizwert des Erdgases bei 109% (warum der Wirkungsgrad über 100% liegen kann, erläutert Abschn. 1.4.3) oder 98% bezogen auf den Brennwert.

Im Jahresmittel – dies zeigen Praxistests – liegt der Nutzungsgrad bei lediglich 96 bzw. 86%. Eine ganze Reihe von Faktoren sind dafür verantwortlich, beispielsweise die hydraulische Einbindung, die Rücklauftemperatur (wenn sie zu hoch ist, kann der Wasserdampf im Abgas nicht kondensieren) und der Aufstellort der Heizung (innerhalb oder außerhalb der beheizten Gebäudehülle). (Siehe hierzu: Jagnow und Wolf 2005)

1.5 Energieeffizienz-Indikatoren

Energieeffizienz zu messen ist schwierig, aber erforderlich für eine Analyse der aktuellen energiepolitischen (Effizienz-) Situation und zur Bewertung der erforderlichen Maßnahmen. Es ist – anders als bei erneuerbaren Energien – nicht möglich, einen „Zähler“ oder ein „Messgerät“ an eine Effizienzeinrichtung anzuschließen. Vielmehr muss immer eine Situation „Vorher“/„Nachher“ bzw. „mit“ und „ohne Effizienz“ verglichen werden. Dafür sind Indikatoren notwendig, die aus den vorhandenen Daten auf verschiedenen Ebenen und in unterschiedlichen Sektoren die Entwicklung der Energieeffizienz angemessen darstellen.

1.5.1 Anforderungen an Energieeffizienzindikatoren

Effizienz ist das Ergebnis vielfältiger Entwicklungen. Viele Faktoren wirken sich gegenseitig verstärkend oder schwächend auf die gleiche zu messende Energiegröße aus. Betrachtet man die Entwicklung einer absoluten Energiegröße, wie beispielsweise den jährlichen deutschen Primärenergieverbrauch, so kann man eine Beschreibung des Verlaufs liefern, ohne weitere Aussagen über die Gründe dieser Dynamik zu treffen. Außerdem ergibt sich die Schwierigkeit, dass verschiedene exogene Entwicklungen, beispielsweise das Klima oder die wirtschaftlichen Aktivitäten, Einfluss auf diesen Verbrauch gehabt haben.

Indikatoren sind Hilfsmittel, die Informationen liefern, Zustände beschreiben und durch die Beschreibung sich verändernder Zustände im Zeitablauf dynamische Entwicklungen wiedergeben sollen. Indikatoren haben unterschiedliche Aufgaben (angelehnt an DIW und ISI 1997), beispielsweise die Information über den Entwicklungsstand, der Vergleich zwischen Ländern, Sektoren oder Maßnahmen (Benchmark), die Prognose oder Strategiebewertung und Evaluation.

Generell müssen Indikatoren unterschiedliche Anforderungen erfüllen (DIW und ISI 1997): Sie müssen eine hohe Erklärungskraft haben und die Komplexität des Energieversorgungssystems differenziert beschreiben. Nur auf diesem Weg ist die

Bewertung von politischen und wirtschaftlichen Zielen und Strategien hinsichtlich der gemessenen Energieeffizienz möglich. Eine energiewirtschaftliche Analyse, die auf die Messung und Prognose von Energieeffizienz ausgerichtet ist, muss somit in der Lage sein, relevante Wechselwirkungen zwischen Ursachen, Entwicklung, Struktur und Folgen des Energieverbrauchs deutlich zu machen.

Dabei sollen Energieeffizienzindikatoren einerseits ausreichend differenzierte Aussagen ermöglichen, aber andererseits eine Zerfaserung ins Detail von gesamtwirtschaftlich ausgerichteten Trends vermeiden. Wichtig ist daher auch die Verfügbarkeit von qualitativ ausreichenden, aktuellen und konsistenten Daten.

1.5.2 Bereinigung der Indikatoren

Damit Indikatoren eine Aussagekraft haben, müssen sie bereinigt werden, um Entwicklungen, die nicht im Zentrum der Analyse stehen, herauszufiltern. Geht es beispielsweise um eine Analyse des Gebäudeenergiebedarfs, so kann ein kalter Winter die Aussage der Analyse verfälschen. Eine „Bereinigung" von Indikatoren hilft, verschiedene Einflussfaktoren auf Indikatoren voneinander zu trennen.

1.5.2.1 Temperaturbereinigung

Von besonderer Bedeutung ist die Temperaturbereinigung. Eine Temperaturbereinigung erlaubt die Umrechnung und Vergleichbarkeit des Energiebedarfs eines besonders warmen oder kalten Jahres auf das langjährige Mittel. So lag die Erhöhung der Energieproduktivität der deutschen Volkswirtschaft im Jahr 2006 bei 1,4% – temperaturbereinigt jedoch nur bei 0,8%.

Um eine Temperaturbereinigung vorzunehmen, wird in den folgenden Schritten vorgegangen. Zunächst wird der gemessene Energieverbrauch E_{Vg} in einen außentemperaturabhängigen Anteil E_{VgH} und einen außentemperatur-unabhängigen (beispielsweise Warmwasser-Bereitstellung) Anteil E_{VP} aufgeteilt. Letzterer kann beispielsweise in den Sommermonaten ermittelt werden.

Zur Temperaturbereinigung von E_{VgH} – oder anderen Indikatoren – werden vielfach die „*Gradtage*" herangezogen. Gradtage beschreiben die Summe aller Temperaturdifferenzen zwischen Außentemperatur und Heizgrenztemperatur für alle Tage einer Heizperiode. Die Heizgrenztemperatur ist die Temperatur, unterhalb derer die Heizung angeschaltet werden muss, weil die internen Wärmegewinne des Gebäudes nicht mehr zur Erwärmung ausreichen (typisch für durchschnittliche Bestandsgebäude: 15°C).

Vereinfacht können die Gradtage eines Jahres dargestellt werden als

$$Gt = \sum_{n=1}^{365} (20°\text{C} - t_{m,n}) \tag{1.4}$$

wobei $t_{m,n}$ das Tagesmittel der Außentemperatur eines Heiztages in °C darstellt. Für alle Tage mit einer Außentemperatur größer der Heizgrenztemperatur (z. B.

15°C) ist $t_{m,n}$ mit 20°C anzusetzen; das bedeutet, diese Tage liefern keinen Beitrag zu den Gradtagen. Die Einheit von Gradtagen sind sog. Kelvintage (Kd) bzw. °C-Tage (dies ist gleichbedeutend, da eine Temperaturdifferenz von 1 K der von 1°C entspricht).

Beispiel: Liegen an drei Tagen mittlere Außentemperaturen von 5°C, 0°C und –3°C vor, so betragen die Gradtagszahlen für diese drei Tage 58 Kd.

Die Gradtage sind also ein Maß für den erforderlichen Energieaufwand zur Beheizung eines Gebäudes in einem gegebenen Jahr und an einem gegebenen Standort. Im Internet sind diese Werte als Zeitreihen für viele Standorte in Deutschland, Österreich, Schweiz und weltweit erhältlich. Beispielsweise betragen die mittleren Gradtage eines typischen Jahres für Heidelberg 3 300 K∗d/a, für Berchtesgaden 4 598 K∗d/a, für Berlin 3 784 K∗d/a und für Hannover 3 998 K∗d/a.

Die Berechnung des bereinigten Verbrauchs E_{VH} erfolgt dann nach der Formel:

$$E_{VH} = E_{VgH,\,\mathrm{Jahr\ x}} \cdot \frac{Gt_{\mathrm{mittel}}}{Gt_{\mathrm{Jahr\ x}}} \tag{1.5}$$

(Index mittel: Mittelwert eines Zeitraums; Jahr x: Wert im Jahr x). Der bereinigte Energieverbrauch ergibt sich dann aus der Summe von E_{VH} und E_{VP}. Nach einem analogen System können andere Indikatoren temperaturbereinigt werden.

1.5.2.2 Inflationsbereinigung

Wichtig bei der Betrachtung einer Bezugsgröße ist auch die Inflationsbereinigung. Wenn beispielsweise der Ölpreis ähnlich wie die Löhne und die Preise anderer Güter gestiegen ist, so ist zwar der Eurobetrag des Ölpreises angestiegen. Real kann aber mit einem typischen Tageslohn die gleiche Menge Öl erworben werden.

Man unterscheidet daher zwischen *nominalen* und *realen* Größen. Während nominale Größen die aktuelle Preisentwicklung beinhalten, bezeichnen reale Größen eine um die Preisentwicklung bereinigte Variable. Reale Größen filtern somit den Effekt der Preisentwicklung (Inflation oder Deflation) heraus. Dazu muss man die nominale Größe durch einen Preisindex dividieren.

Verschiedene Indizes können für die Inflationsbereinigung herangezogen werden. Ein üblicher Indikator ist der Verbraucherpreisindex, der ein Maß für die Preisentwicklung der von einem typischen Konsumenten gekauften Waren und Dienstleistungen („Warenkorb") ist. Er wird von den jeweiligen statistischen Ämtern (in Deutschland: Destatis) ausgerechnet.

Beispiel: Der Ölpreis lag im Jahr 1980 bei 40 Dollar pro Barrel – fiel danach aber wieder deutlich ab. War das Öl damals teurer als heute? Recherchieren Sie dazu den Verbraucherpreisindex.

1.5.3 Gesamtwirtschaftliche Indikatoren

Makroökonomische Indikatoren nähern sich der Energieeffizienz auf volkswirtschaftlichem Wege. Eine besonders wichtige Gruppe von Energieeffizienzindikatoren sind die *Energieintensitäten*. Diese sind eine Relationsgröße, die den Energieeinsatz in Verhältnis zu einer wirtschaftlichen oder gesellschaftlichen Bezugsgröße setzen. Es wird also ein Quotient aus dem Energieverbrauch (gemessen in Energieeinheiten) und einem wirtschaftlichen Indikator (gemessen in Geldeinheiten) geschaffen. Als *Energieproduktivität* bezeichnet man den Kehrwert der Intensität (Abb. 1.9).

Von besonderer Bedeutung ist eine Bestimmung einer Maßzahl für die Energieintensität auf gesamtwirtschaftlicher Ebene. Hierzu wird der Primärenergiebedarf oft auf das Bruttoinlandsprodukt (BIP) bezogen. Dieses bezeichnet den Mehrwert aller für den Endverbrauch hergestellten Güter und Dienstleistungen, die in einem Land zu einem bestimmten Zeitabschnitt hergestellt werden. Das BIP berechnet sich als Summe aus dem Konsum der Haushalte, den Investitionen der Firmen, der Staatsausgaben und der Nettoexporte. In Deutschland lag die Primärenergieintensität im Jahr 2008 bei 6,168 Gigajoule (GJ) je Tausend Euro Bruttoinlandsprodukt (in den Preisen von 2000) (BMWi 2009).

Zeitreihen geben darüber hinaus Auskunft über die Entwicklung des Effizienzindikators. Die Steigerungsraten bei der Verbesserung der Energieintensität sind seit Anfang der neunziger Jahre in Deutschland, der EU und der OECD deutlich gesunken. Gerade in Deutschland sind die Raten der Verbesserung der Energieintensität

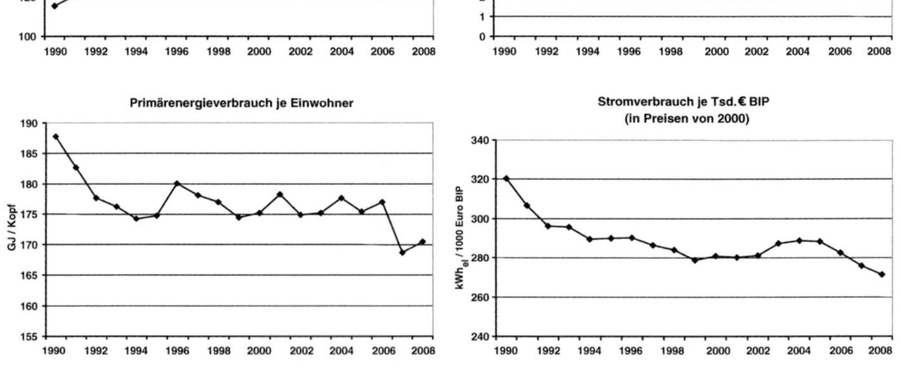

Abb. 1.9 Ausgewählte makroökonomische Indikatoren der Energieeffizienz (basierend auf Daten in BMWi 2009)

seit 2000 fast stagniert (nachdem sie schon von 2,1% in der ersten Hälfte auf 0,9% in der zweiten Hälfte der neunziger Jahre gefallen waren). Dennoch liegt Deutschland in der EU auf Platz vier und somit weit unter dem Durchschnitt der EU 15 und der EU 25 (SRU 2008:107).

In den vergangenen Jahren ist die Energieproduktivität in Deutschland angestiegen (siehe Abb. 1.9). Das *Ziel der Bundesregierung*, die Energieproduktivität in Deutschland zu verdoppeln (auf 230 €/GJ in Abb. 1.9), ist allerdings noch lange nicht erreicht. In den letzten Jahren hat sich die Energieproduktivität bis 2009 um rund 41 Prozent gesteigert – gemittelt entspricht dies einer jährlichen Steigerung um 1,8 Prozent. Damit das Ziel der Verdopplung der Energieproduktivität gehalten werden kann, reicht dies nicht aus: knapp 3 Prozent jährlicher Produktivitätssteigerung sind hierfür erforderlich. Die steigende Produktivität geht vor allem darauf zurück, dass das preisbereinigte BIP seit 1990 um 26% gestiegen ist. Der Primärenergiebedarf ist in diesem Zeitraum um 11% zurückgegangen.

Infobox 1.6 Wirtschaftskrise und Energieeffizienz (basierend auf Lehr und Lutz 2009)

Welchen Einfluss hat die Wirtschafts- und Finanzkrise der Jahre 2008/2009 auf die Energieeffizienz? Hierbei sind Struktureffekte, Energiepreiseffekte, Investitionseffekte, Niveaueffekte und Wirkungen staatlicher Konjunkturprogramme zu unterscheiden, die teilweise wechselseitig voneinander abhängen.

Kurzfristig geht die energieintensive Investitionsgüterproduktion deutlich stärker zurück als die weniger energieintensive Konsumgüterherstellung. Zugleich ist der private Konsum von der Wirtschaftskrise bisher kaum betroffen. Entsprechend kommt es zu einem *Struktureffekt* weg von energieintensiver Produktion, der für sich dazu führt, dass die Energienachfrage stärker zurückgeht als das Bruttoinlandsprodukt. Dieser Struktureffekt verbessert kurzfristig die Energieeffizienz. Durch die Unterauslastung der Produktion etwa in der Stahlindustrie verschlechtert sich umgekehrt die Energieeffizienz.

Die Wirtschaftskrise hat zu einem starken Einbruch der *Energiepreise* wie der CO_2-Zertifikatspreise geführt. Bei Erdgas tritt der Effekt aufgrund der Ölpreisbindung um etwa 6 Monate verzögert auf.

Viel wichtiger ist der *langfristige* Wirkungszusammenhang. Die Investitionstätigkeit der Unternehmen wie der Kauf langlebiger Konsumgüter der Haushalte wird durch die Wirtschaftkrise reduziert. Da neue Anlagen und Geräte in der Regel deutlich energieeffizienter sind als Vorgängerprodukte, senkt der *Investitionseffekt* vor allem langfristig die Energieeffizienz. Verstärkt wird diese Wirkung durch die niedrigen Energiepreise, die weniger energieeffiziente Produkte relativ günstiger werden lassen. Als Folge der Finanzkrise sind dauerhaft verschlechterte Investitionsbedingungen zu befürchten.

Bestandteile staatlicher *Konjunkturprogramme* wie die Ausweitung des Gebäudesanierungsprogramms in Deutschland („Effizient sanieren") und die Nationale Klimaschutzinitiative erhöhen dagegen langfristig die Energieeffizienz.

Zusammengenommen dürften sich die kurzfristigen Effekte weitgehend ausgleichen. Mit der Wirtschaftsleistung wird in jedem Fall der Energieverbrauch kurzfristig deutlich sinken.

Infobox 1.6 (Fortsetzung)

Der Energieverbrauch liegt dadurch höher. Dieser Energiepreiseffekt reduziert die Energieeffizienz kurzfristig (an der Tankstelle). In der Statistik der Energiebilanzen wird dieser Effekt durch Lagerhaltung (verstärkte Nachfrage nach Heizöl zum Jahresbeginn 2009) allerdings überzeichnet.

Wenn sich der Struktureffekt längerfristig wieder reduziert, wird der negative Investitionseffekt stärker sein als die positive Wirkung der staatlichen Konjunkturmaßnahmen. Die Energieeffizienz wird durch die Wirtschaftskrise dauerhaft niedriger sein. Diese Einschätzung wird z.B. auch von der Internationalen Energieagentur geteilt.

Statistische Artefakte: Bei der Berechnung der Energieproduktivität ist ein statistisches Artefakt zu beachten: In der Energiebilanz wird bei der Erzeugung von Strom aus Energieträgern, denen kein Heizwert zugeordnet werden kann (beispielsweise Wind- und Wasserkraft oder Fotovoltaik), ein Wirkungsgrad von 100% angesetzt. Welche Auswirkungen hat dann eine hohe Durchdringung von erneuerbaren Energien auf die Energieproduktivität?

Sektorale Indikatoren. Zur besseren Analyse der Gründe für die Entwicklungen einer gesamtwirtschaftlichen Effizienzentwicklung ist eine weitere Disaggregation auf einzelne Sektoren oder sogar Subsektoren hilfreich. Man unterscheidet zwischen den Sektoren der Haushalte, GHD (Gewerbe, Handel, Dienstleistungen) und der Industrie, die eine grundsätzlich unterschiedliche Struktur beim Energieverbrauch und somit auch sehr verschiedene Einsparmöglichkeiten haben.

Eine Abgrenzung der einzelnen Sektoren kann sich als schwierig heraus stellen: So ist bei der Berechnung der Endenergie, zum Beispiel dem Treibstoffverbrauch des Straßenverkehrs, schwer fassbar, ob der Verkehr auf unternehmerische Tätigkeiten zurückzuführen ist oder ob er den Haushalten zugerechnet werden sollte. Auf sektoraler Ebene kann zum Beispiel der oben dargestellte Primärenergieverbrauch je Einheit Bruttowertschöpfung differenziert nach Produktionsbereichen betrachten werden (sektorale Energieintensität). Des weiteren können Energieintensitätsgrößen wie der temperaturbereinigte Energieverbrauch auf disagreggierter Ebene gemessen werden.

Abbildung 1.10 stellt beispielhaft die Entwicklung im industriellen Sektor dar. Die Energieintensität sinkt im allgemeinen, insbesondere in den Sektoren Chemie und Maschinenbau. Einzelne Sektoren, wie beispielsweise die Papier- und Zellstoffindustrie, weisen hingegen steigende Energieintensitäten auf, während die Effizienz im besonders energieverbrauchsintensiven Eisen- und Stahlsektor starken Schwankungen unterliegt.

1.5.4 Technische Indikatoren

Im Gegensatz zu makroökonomischen Indikatoren bewerten technische Indikatoren Energieeffizienz im Sinne der Entwicklung einzelner Technologien. Energieeffizienz wird wie auch bei gesamtwirtschaftlichen Energieintensitäten als Relationsgrös-

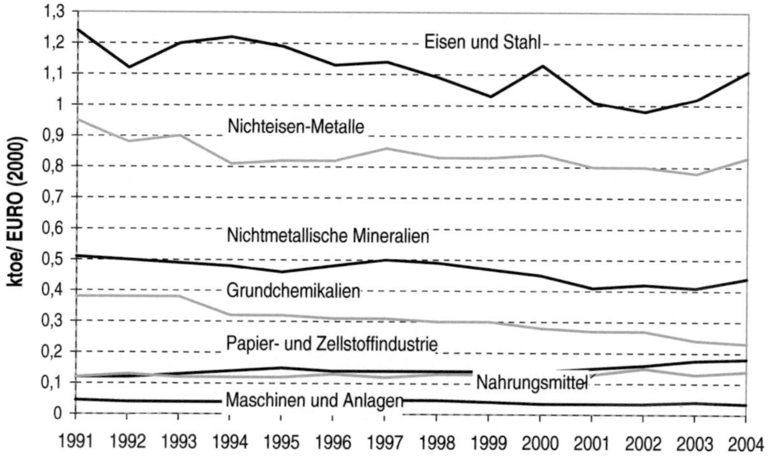

Abb. 1.10 Energieintensität des industriellen Sektors (Eichhammer et al. 2008) (ktoe: Kilotonnen Öläquivalent)

se betrachtet, bei der man versucht, die Inputgröße in Verhältnis zu einem Output zu setzen. Der Unterschied zwischen makroökonomischen und technischen Indikatoren liegt am Bezug des technischen Indikators auf eine Technologie (z. B. Dampfkraftwerke) oder Technologiegruppe (z. B. Leuchtmittel oder Pkw).

Technische Indikatoren beschreiben oftmals größere Kohorten von Systemen. Sie setzen sich dann zusammen aus den Eigenschaften der Einzelanlagen und den Anteilen dieser Anlagen an der Gesamtflotte der Systeme (Abb. 1.11).

Die Eigenschaften des einzelnen Systems wird wiederum bestimmt von den Wirkungsgraden der einzelnen Aggregate. In den Wirkungsgrad einer Druckluftanlage beispielsweise gehen der Wirkungsgrad des Motors, aber auch der Wirkungsgrad der mechanischen Teile und der Druckluftverteilung ein.

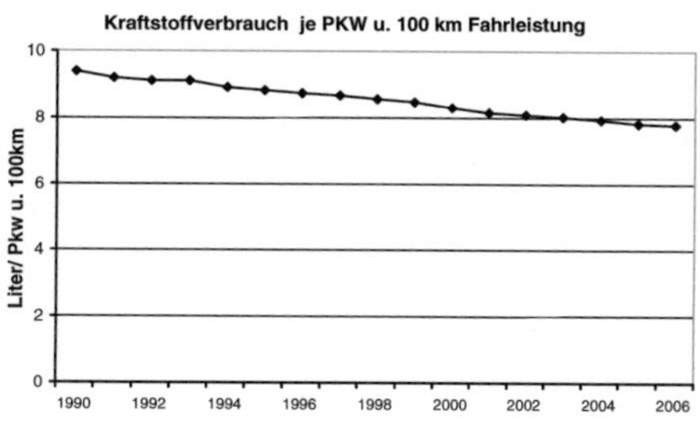

Abb. 1.11 Ausgewählte technische Indikatoren der Energieeffizienz (basierend auf Daten in BMWi 2009)

Effizienz eines Pkw: Beschreiben Sie ausgehend von Abb. 1.11, wie sich die Energieeffizienz der Pkw entwickelt hat. Welche Faktoren gehen in den Wert ein? Welchen Einfluss haben kürzliche Entwicklungen (z. B. Ölpreis, Abwrackprämie, etc.) auf diese Entwicklung? Überprüfen Sie Ihre Vermutung anhand der aktuellsten zur Verfügung stehenden Zahlen. Wie würden Sie diese Kurve bis 2020 extrapolieren?
Im sogenannten „Meseberg-Papier“ wird eine Effizienz-Strategie für Pkw definiert. Versetzen Sie sich in die Lage eines Referenten des Verkehrsministeriums, der diese Strategie erarbeiten soll. Was würden Sie vorschlagen?

Kapitel 2
Markttransformation und politische Instrumente

Wolfgang Irrek und Stefan Thomas

2.1 Zur Notwendigkeit politischer Rahmensetzungen, Institutionen und Förderinstrumente

Was die Energieabnehmerinnen und -abnehmer in privaten Haushalten, öffentlichen Einrichtungen und Unternehmen im Grunde benötigen, ist nicht Energie, sondern die Befriedigung ihrer energierelevanten Bedürfnisse (z. B. eine warme Wohnung, kühles Bier, Informationsübertragung oder Kraftanwendung). Dies sind im eigentlichen Sinne Energiedienstleistungen. Energie (Primärenergie, Endenergie) ist dabei nur ein Zwischenprodukt, von dem die Endverbraucher nicht direkt profitieren.

Aus Sicht von Endverbrauchern und Gesamtwirtschaft geht es daher darum, die energierelevanten Bedürfnisse mit möglichst geringem Schaden für die Gesundheit und die Umwelt und mit möglichst geringen Kosten zu befriedigen. Folglich muss der Markt von einem Energiemarkt zu einem Markt für die kostengünstig und umweltschonend erbrachte Befriedigung energierelevanter Bedürfnisse weiterentwickelt werden. Deshalb ist es nicht sinnvoll, getrennte Märkte für Energie einerseits und Energieeffizienz andererseits etablieren zu wollen. Politische Rahmensetzungen, Institutionen und Förderinstrumente sollten so gestaltet werden, dass sie diese zentralen Zusammenhänge berücksichtigen.

Vor der Frage der Gestaltung von Politiken und Maßnahmen steht jedoch die Frage, welche Faktoren den heutigen und zukünftigen Energieverbrauch beeinflussen und inwieweit diese überhaupt gestaltbar sind. Besteht überhaupt die Möglichkeit, Verbrauch generierende Strukturen und Prozesse nachhaltig zu verändern und Energieverbrauch dauerhaft zu mindern? Wesentliche Einflussbereiche liegen in

W. Irrek (✉)
Hochschule Ruhr West, 45407 Mülheim an der Ruhr und 46236 Bottrop, Deutschland
e-mail: Irrek.wolfgang@hs-ruhrwest.de

S. Thomas (✉)
Wuppertal Institut für Klima, Umwelt, Energie GmbH, 42103 Wuppertal, Deutschland
e-mail: stefan.thomas@wupperinst.org

M. Pehnt (ed.), *Energieeffizienz*, DOI 10.1007/978-3-642-14251-2_2,

- der wirtschaftlichen Dynamik von Wachstum und technischem Fortschritt,
- den Mechanismen der auf kurzfristige Ertragssteigerungen ausgerichteten Kapitalmärkte,
- den vorhandenen Infrastrukturen und ihrer Veränderbarkeit über die Zeit,
- den versorgungsökonomischen Strukturen und Prozessen der meist unbezahlten Haushaltsproduktion (z. B. Kochen, Kinder zu Freizeitaktivitäten bringen, Waschen, etc.),
- Wissen und Handlungsmöglichkeiten zu effizienteren technischen Lösungen und ihrer Realisierung, ggf. unterstützt durch adäquate Dienstleistungsangebote,
- der Gestaltung von Anreizstrukturen,
- der Art und Weise des Denkens der politischen und wirtschaftlichen Akteure, d. h. insbesondere inwieweit sie die beschriebenen Interdependenzen in ihrem Denken berücksichtigen.

Viele dieser Zusammenhänge der Verbrauchsgenerierung und der Einflussmöglichkeiten auf eine effizientere Energieverwendung sind noch nicht ausreichend erforscht (vgl. beispielsweise die aktuelle Diskussionen zum so genannten „Rebound"-Effekt, Abschn. 2.2.5). Besser ist dagegen der Kenntnisstand bezüglich der vorhandenen Energieeffizienzpotenziale und ihrer Erschließungsmöglichkeiten. Diese Themen stehen im Mittelpunkt dieses Kapitels.

2.2 Energieeffizienzpotenziale und Hemmnisse ihrer Erschließung

2.2.1 *Potenzialbegriff*

In der Diskussion um Energieeffizienz-Potenziale werden folgende Begriffe unterschieden (nach Enquete 1995):

- Das *theoretische Potenzial* beschreibt die theoretisch physikalisch in einer Region in einem bestimmten Zeitraum nutzbaren Energieeffizienzsteigerungsmöglichkeiten. Es markiert damit eine Obergrenze des realisierbaren Energieeinsparpotenzials. Aufgrund technischer, wirtschaftlicher und ökologischer Restriktionen kann dieses Potenzial meist nur zu einem geringen Teil erschlossen werden. Dieser Potenzialbegriff hat in der Regel keine praktische Relevanz.
- Das *technische Potenzial* beschreibt den Teil des theoretischen Potenzials, der unter gegebenen technischen Rahmenbedingungen nutzbar ist. Dabei ist zwischen heutigem und erwartetem zukünftigem technischen Potenzial zu unterscheiden. Im zweiten Fall ist zu berücksichtigen, dass die Markteinführung schon vorliegender Prototypen bzw. absehbarer Innovationen noch aussteht.
- Das *wirtschaftliche Potenzial* beschränkt das technische Potenzial auf den Anteil, der unter Einbeziehung definierter ökonomischer Randbedingungen und betrachtet über die gesamte Lebensdauer einer Technologie bzw. Energiedienstleistung

gegenüber dem jeweils konkurrierenden System („Baseline"; Referenzentwicklung) wirtschaftliche Vorteile aufweist. Das wirtschaftliche Potenzial kann aus unterschiedlicher Perspektive betrachtet werden, z. B. aus gesamtwirtschaftlicher Sicht, aus gesellschaftlicher Sicht, bei der zusätzlich zur gesamtwirtschaftlichen Perspektive externe Kosten in der Wirtschaftlichkeitsrechnung Berücksichtigung finden, aus Sicht der Endabnehmer, oder auch aus Sicht der Anbieter von Energieeffizienz-Technologien und -Dienstleistungen.
- Das *Erwartungspotenzial* oder realisierbare Potenzial grenzt das wirtschaftliche Potenzial auf das Potenzial ein, das innerhalb einer definierten Zeitspanne unter Beachtung von Faktoren wie Markteinführungsgeschwindigkeiten, Hemmnissen und eingesetzten Politikinstrumenten und Maßnahmen ausschöpfbar erscheint.

2.2.2 *Warum existieren nicht ausgeschöpfte wirtschaftliche Potenziale?*

Zunächst einmal ist es verwunderlich, dass unausgeschöpfte wirtschaftliche Potenziale in großem Umfang vorhanden sind. Eine funktionierende Marktwirtschaft müsste doch dazu führen, dass wirtschaftliche Lösungen auch umgesetzt werden. Hierbei ist jedoch zu beachten, dass die Entscheidung über den Einsatz von Energieeffizienz-Technologien und -Dienstleistungen nicht allein durch die Wirtschaftlichkeit von Effizienzmaßnahmen über ihre gesamte Lebensdauer beeinflusst wird. Vielmehr hängt eine Entscheidung auch von folgenden Faktoren ab (Irrek 2004, vgl. auch Drillisch 1996):

- die relative Rangordnung von Energieeffizienz bzw. Energiekosteneinsparung auf einer Nutzenskala, geprägt durch die jeweilige Entscheidungssituation und die in ihr wirkenden sozialen Einflüsse (z. B. Priorität von Maßnahmen im Kerngeschäft von Unternehmen angesichts sich dynamisch verändernder Märkte und weltwirtschaftlicher Krisen anstelle von Maßnahmen zur Energieeinsparung);
- den nicht-energetischen Nutzen von Endenergieeinsatz wie auch von Energieeffizienzmaßnahmen (z. B. erwünschte Komfort-Gewinne);
- Risikoaspekte von Effizienzmaßnahmen (Amortisationszeit; Einschätzung der Wahrscheinlichkeit, dass die erwartete Energieeinsparung auch eintritt; Risiko-Minimierungseffekte von Effizienzmaßnahmen; etc.) und
- die Überwindung existierender Marktbarrieren und -hemmnisse, auf die weiter unten näher eingegangen wird.

Die Wirtschaftlichkeit einer Effizienzmaßnahme ist dabei nur eine zumeist notwendige, keine hinreichende Bedingung für die Entscheidung eines Wirtschaftssubjekts, die Maßnahme aufzugreifen und entsprechende Energieeffizienz-Technologien und -Dienstleistungen nachzufragen. Zu berücksichtigen sind vielfältige Einflüsse im Verlauf der Impuls-, Aktivierungs-, Entscheidungsvorbereitungs- bzw. Planungs- und eigentlichen Entscheidungsphase eines Umsetzungsprozesses.

Hauptgrund für die Nicht-Ausschöpfung der umfangreichen wirtschaftlichen Energieeffizienzpotenziale sind mannigfaltige strukturelle, ökonomische und sozial-psychologische Umsetzungshemmnisse, die durch verschiedenste Untersuchungen belegt sind (vgl. z. B. Enquete 1995; IEA 2000; Nilsson und Wene 2002). Zu den wichtigsten dieser *Hemmnisse* gehören:

- *fehlende Motivation und Information*, nicht nur bei den Verbraucherinnen und Verbrauchern, sondern auch bei Anbietern von Geräten, Anlagen und Gebäuden (z. B. Handwerk, Handel, Planungsbüros, Herstellerfirmen), verstärkt durch die Zersplitterung der Energieeffizienz-Potenziale in eine Vielzahl kleinerer bis mittlerer Maßnahmen;
- *finanzielle Restriktionen*, sei es als Geldmangel bei privaten und öffentlichen Haushalten, sei es als Priorität für Investitionen in das Kerngeschäft bei Unternehmen;
- *gespaltene Anreizsysteme* – wer investieren könnte, hätte nicht den Nutzen eingesparter Energiekosten und umgekehrt, sowie
- *Risikoaversion*, wiederum sowohl auf der Nachfrage- als auch der Anbieterseite in den Technikmärkten. Die Risikoaversion führt dazu, dass Maßnahmen gar nicht mit Blick auf die Wirtschaftlichkeit über ihre gesamte Lebensdauer betrachtet werden. Vielmehr wird – gestützt auf verzerrte Risikoeinschätzungen – häufig eine oft sehr viel kürzere Amortisationszeit als Maßstab für die Beurteilung von Investitionen zugrunde gelegt. Durch die Anforderung kurzer Amortisationszeiten für Effizienzinvestitionen verkürzt sich das vorhandene wirtschaftliche Effizienzpotenzial drastisch und es klafft eine große Lücke zwischen der wirtschaftlichen Bewertung aus betriebswirtschaftlicher und gesamtwirtschaftlicher Sicht (Leprich 2009).

Alle diese Markthemmnisse tragen dazu bei, dass das eigentlich wirtschaftliche Potenzial zur Energieeinsparung durch Endenergieeffizienz von den Technikmärkten selbst nur zu einem eher kleineren Teil ausgeschöpft wird. Es verbleibt also ein nicht genutztes Potenzial zusätzlicher Energieeinsparung und CO_2-Minderung, das aus Sicht der Gesamtwirtschaft wie auch der Endverbraucher oft wirtschaftlich ist.

2.2.3 Potenzialausschöpfung bis zum „Least Cost Minimum"

Aus ökonomischer Sicht geht es letztlich um die Frage, wie eine bestimmte Menge nachgefragter Bedürfnisbefriedigung am kostengünstigsten erreicht werden kann (Abb. 2.1).

Für die Betrachtung relevant ist die Summe der Kosten für höhere Investitionen in Energieeffizienzmaßnahmen und die dadurch erreichte Kosteneinsparung bei der Endenergie. Eine Energiesparlampe hoher Qualität kostet beispielsweise ca. zehnmal so viel wie eine normale Glühbirne. Dafür besitzt sie allerdings eine zehnmal so lange Lebensdauer und benötigt vier bis fünf mal weniger Energie. Über ihre Lebensdauer hinweg ist sie also erheblich günstiger als die herkömmliche Glühbirne. Entscheidend sind also die über die gesamte Lebensdauer der Energieeffizienz-Technologien niedrigeren Rechnungen.

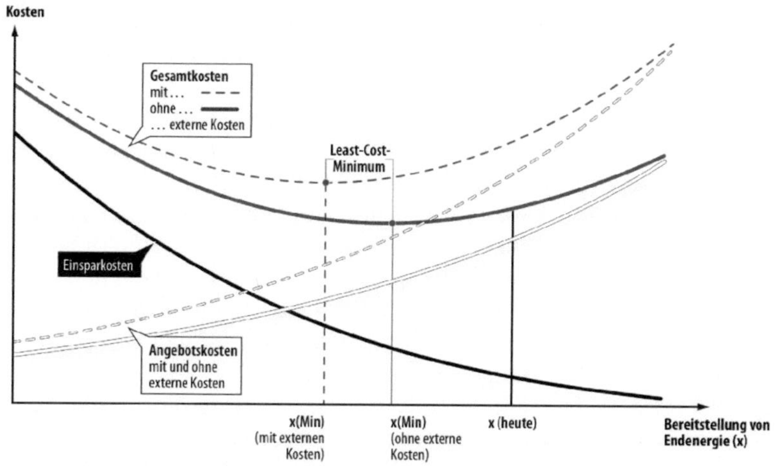

Abb. 2.1 Das Optimum der Gesamtkosten als Ergebnis des Substitutionsverhältnisses („trade-off") zwischen (End-) Energieversorgung und Energieeffizienz (Wuppertal Institut 2002, nach Hennicke und Seifried 1996)

Wie aus Abb. 2.1 ersichtlich ist, ist die heutige Situation vom Kostenminimum entfernt, da dem Absatz von Endenergie noch immer der Vorrang gegeben bzw. zu wenig in Energiesparmaßnahmen investiert wird: Wir befinden uns auf der Gesamtkostenkurve rechts vom Minimum. Der Wettbewerb auf der Angebotsseite sorgt hier also offensichtlich nicht für ein zufriedenstellendes Ergebnis.

Die mittels Energieeffizienz langfristig vermeidbaren Kosten der Energiebereitstellung, zumal unter Berücksichtigung vermeidbarer externer Kosten, sind noch immer höher als die Kosten der Steigerung der Energieeffizienz. Die Frage lautet, wie groß der Abstand zwischen diesem volkswirtschaftlich ineffizienten Zustand und einem „Least Cost Minimum" ist und wie dieser Abstand verringert werden kann.

2.2.4 Energieeffizienzpotenziale in Deutschland und Europa

In den letzten Jahren haben unterschiedliche Studien bedeutende wirtschaftliche Potenziale zur Reduktion von Energieverbrauch und CO_2-Emissionen durch Energieeffizienz in verschiedenen Ländern und Weltregionen aufgezeigt (McKinsey 2009; IPCC 2007; Stern 2007; Wuppertal Institut 2006; IEA 2008). Da viele Möglichkeiten der Energieeinsparung bzw. Energieeffizienzsteigerung heute bereits unter gegebenen Rahmenbedingungen wirtschaftlich sind, können mit der resultierenden Nettokosteneinsparung weiter gehende Emissionsreduktionen finanziert werden, die heute noch nicht wirtschaftlich erscheinen, wie z. B. Maßnahmen in den Bereichen Kraft-Wärme-Kopplung und erneuerbare Energien. Der Steigerung der Energieeffizienz kommt daher in den nächsten ein bis zwei Jahrzehnten weltweit eine besondere Bedeutung zu. Aus den neuesten wissenschaftlichen Erkenntnissen der Klimaforscher ist ableitbar, dass wir mittel- bis langfristig mit der Hälfte des heutigen Energie- und Rohstoffbedarfs auskommen müssen. Inwieweit ist dies möglich?

Trotz unterschiedlicher Annahmen, Datengrundlagen und Detailergebnisse belegen verschiedenste Studien (vgl. FhG-ISI et al. 2009, McKinsey 2007, Prognos 2006, FhG-ISI und FfE 2003, Lechtenböhmer et al. 2005, Lechtenböhmer et al. 2006, Wuppertal Institut 2006), dass in Deutschland und in der Europäischen Union insgesamt etwa 30 Prozent Endenergieeinsparung gegenüber dem Trend mit heute verfügbaren Technologien und organisatorischen Lösungsansätzen in den nächsten etwa 20 Jahren wirtschaftlich umsetzbar sind. Dazu müsste lediglich bei ohnehin stattfindenden Sanierungen oder beim Ersatz alter Anlagen und Geräte jeweils eine effiziente, wirtschaftliche Lösung gewählt werden.

Hinzu kommen umfassende Energieeffizienzsteigerungspotenziale durch Verbesserung von Kraftwerkswirkungsgraden und insbesondere durch die Nutzung der Kraft-Wärme-(Kälte-)Kopplung (vgl. z. B. Mc Kinsey 2007; Ziesing 2008).

In einer Studie des Wuppertal Instituts wurden 70 Technologien bzw. Maßnahmen in Bezug auf ihr Potenzial zur CO_2-Reduktion und Einsparung oder Substitution von Endenergie in Deutschland untersucht (Wuppertal Institut 2006). Die ermittelten Potenziale wurden anschließend sowohl aus einzelwirtschaftlicher Sicht (Kalkulationszinssatz: 8%) als auch aus gesamtwirtschaftlicher Sicht (Kalkulationszinssatz: 4%) ökonomisch bewertet. Die Analysen wurden jeweils für die Zeitpunkte 2005 (dem Jahr der Erstellung der Studie), 2010 und 2015 unter Beachtung normaler Reinvestitionszyklen durchgeführt. Wechselwirkungen zwischen Maßnahmen wie Wärmedämmung und Heizungserneuerung wurden berücksichtigt.

Das Ergebnis der Betrachtung aller Einzeltechnologien und Systemlösungen lässt sich in verschiedener Weise darstellen. Abbildung 2.2 bezeichnet man als „Kosten-Potenzial-Kurven".

In dieser Darstellung wurden die Maßnahmen, die auf die gleiche Endanwendung zielen und in den gleichen Technikmärkten erbracht werden, zusammengefasst. Die CO_2-Minderung der einzelnen Maßnahmen wurde dabei jeweils addiert, für die Kosten eingesparter Energie oder der CO_2-Vermeidung wurde das mit der CO_2-Minderung gewichtete Mittel gebildet. So ist ein übersichtlicher Vergleich der CO_2-Minderungspotenziale und der Nettokosten der Einsparung bei den verschiedenen Endanwendungen und Technikmärkten möglich.

In den Kurven für die Einsparkosten (kräftigere Linie) und die CO_2-Vermeidungskosten (dünne Linie) sind die Maßnahmen in der Reihenfolge aufsteigender durchschnittlicher Netto-Einsparkosten in Cent pro kWh eingesparter oder substituierter Ausgangsenergie (Strom oder Wärmeenergieträger) bzw. in Euro pro vermiedene Tonne CO_2-Emissionen aus gesamtwirtschaftlicher Perspektive aufgetragen. Als Netto-Einsparkosten sind die Mehrkosten der jeweiligen Technik abzüglich der langfristig vermeidbaren Systemkosten für die Bereitstellung von Strom bzw. Wärmeenergieträgern zu verstehen. Dabei ist zu berücksichtigen, dass es sich hier um Mittelwerte für Mehrkosten und um Aussagen handelt, die für den Durchschnittsfall gelten. Als konkrete Planungsgrundlage muss dagegen gerade bei den komplexeren Maßnahmen immer der Einzelfall betrachtet werden.

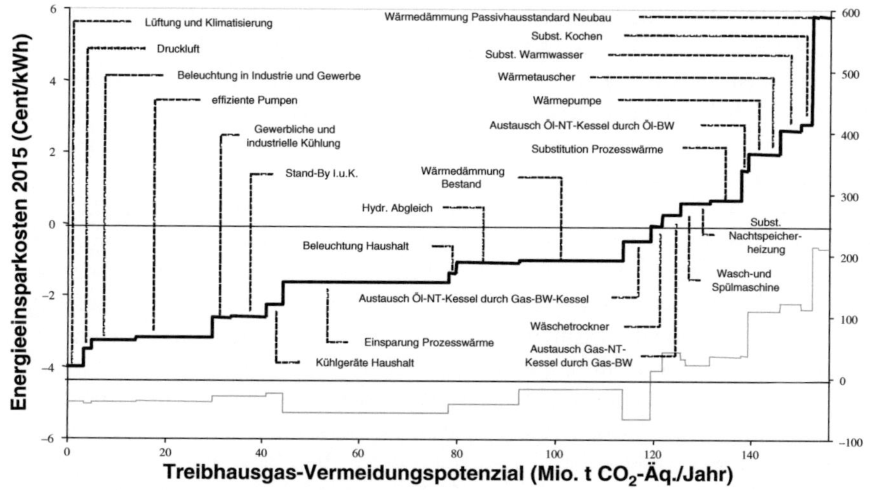

Abb. 2.2 Energie- und CO_2-Einsparung durch 70 technische Endenergieeinsparmöglichkeiten und deren Kosten aus gesamtwirtschaftlicher Sicht (Wuppertal Institut 2006)

Alle Maßnahmen, deren so definierte Kosten eingesparter oder substituierter Energie niedriger als null liegen, sind aus gesamtwirtschaftlicher Sicht rentabel. Maßnahmen, deren Kosten über null liegen, verursachen dagegen Mehrkosten.

Es ist also mit den untersuchten Effizienztechnologien und Maßnahmen gesamtwirtschaftlich rentabel, innerhalb von zehn Jahren über 120 Millionen Tonnen CO_2 pro Jahr einzusparen. Besonders hohe Beiträge können die Wärmedämmung im Gebäudebestand, der hydraulische Abgleich in privaten Haushalten und Gewerbe- / Handels- / Dienstleistungsbereich (GHD) sowie Prozesswärmeeinsparung und Ausrüstung von Pumpen mit Frequenzumrichtern im GHD-Sektor und in der Industrie liefern.

Zusätzlich sind die CO_2-Vermeidungskosten in Euro pro Tonne für die jeweilige Einspartechnik aus gesamtwirtschaftlicher Perspektive dargestellt (dünnere Linie). Bei diesem Indikator sind ebenfalls die meisten untersuchten Potenziale wirtschaftlich, d. h. sie weisen CO_2-Vermeidungskosten unter null bzw. unter einem erwarteten Zertifikatspreis von 10 Euro pro Tonne auf. Jedoch gibt es mathematische Probleme gerade bei Ressourcen mit negativen Werten der CO_2-Vermeidungskosten, die insbesondere den Vergleich zwischen Maßnahmen zur Einsparung der Endenergie und Maßnahmen zum Energieträgerwechsel nicht erlauben.

2.2.5 *Warum die Förderung der Energieeffizienz alleine nicht ausreicht*

Mit Effizienzsteigerungen können auch so genannte Rebound-Effekte verbunden sein, die erzielte Effizienzgewinne schmälern, aber in der Regel nicht aufheben (siehe Abschn. 1.3). Rebound-Effekte (wörtlich: Abprall, z. B. beim Basketball) sind Phänomene bei der Nutzung von Gütern (Infrastrukturen, Produkten oder Dienstleistungen), bei denen erzielte Effizienzgewinne pro Gut (relative Betrachtung) Mehrverbräuche desselben oder anderer Güter induzieren (absolute Betrachtung von Mengeneffekten). Dadurch werden die erzielten Effizienzgewinne teilweise oder vollständig wieder aufgezehrt.

Letztlich handelt es sich um zusätzliche Energie- und Materialverbräuche durch zusätzliche Investitionen oder zusätzlichen Konsum aufgrund der Nettokosteneinsparungen. Gesamtwirtschaftliche Abschätzungen und empirische Erhebungen zeigen jedoch, dass die induzierten Zusatzverbräuche in der Regel wesentlich geringer sind als die erzielten Effizienzgewinne. Beispielsweise würde der indirekte Rebound-Effekt der Einführung eines vom Wuppertal Institut vorgeschlagenen EnergieSparFonds in Deutschland nur etwas mehr als fünf Prozent der durch den Fonds induzierten Endenergieeinsparungen aufzehren. Darin eingeschlossen sind zum einen der Mehrverbrauch an Energie für die Herstellung der Energieeffizienztechnologien, zum anderen zusätzlicher inländischer Konsum aufgrund der Vermeidung von Energieimporten. Direkte Reboundeffekte können durch entsprechende Programmgestaltung minimiert werden (Irrek und Thomas 2006; für einen Überblick vgl. auch IEA 2005 sowie Dimitropoulos 2007).

Insgesamt wurde zwar in einigen Ländern wie Deutschland eine gewisse partielle Entkopplung von Wirtschaftswachstum und Energieverbrauch erreicht, jedoch keine absolute Reduktion des Energieverbrauchs. Dies zeigt, dass die allgemeinen Effekte von Innovation und Wirtschaftswachstum sowie Rebound-Effekte und weitere Grenzen von Energieeffizienzsteigerungsmöglichkeiten einen bedeutenden Einfluss haben.

Eine weitere und dauerhafte Entkopplung von Wirtschaftswachstum und Energieverbrauch ist zukünftig nur dann möglich, wenn die Energieeffizienzsteigerung gesamtwirtschaftlich dauerhaft höher ist als das Wirtschaftswachstum. Wachstum, Effizienzsteigerung und absoluter Ressourcenverbrauchsrückgang können nur dann gleichzeitig erreicht werden, wenn die durch den technischen Fortschritt ausgelösten Effizienzsteigerungen nicht durch das Wirtschaftswachstum aufgefressen werden. Neben technologischen Entwicklungen ist für die absolute Senkung des Ressourceneinsatzes außerdem eine grundlegende Veränderung der Produktions- und Konsummuster in Richtung Nachhaltigkeit notwendig. Neben die Effizienzstrategie („mit weniger Input den gleichen Output") muss dafür auch eine Suffizienzstrategie („weniger") treten und eine Renaissance der nachwachsenden Rohstoffe und erneuerbaren Energien („anders"; Konsistenzstrategie) (siehe Abschn. 1.3).

Die grundsätzlichen Ansatzpunkte zur Veränderung und die realisierbaren Potenziale und erzielbaren Nettovorteile (auch nach Berücksichtigung von Rebound-Effekten) leiten über zu der Frage, welche Akteure mit Hilfe welcher Politiken und Maßnahmen die Potenzialerschließung unterstützen können. Bevor hierauf näher eingegangen wird, lenkt das folgende Kapitel zunächst den Blick auf allgemeine Grundlagen der Politik- und Maßnahmengestaltung.

2.3 Theoretische Grundlagen

2.3.1 Marktdiffusion und Politikintervention

Die Einführung und Verbreitung innovativer, d. h. für die jeweilige Zielgruppe als neu empfundener Energieeffizienz-Technologien und -Dienstleistungen in einem sozialen System wie dem Markt kann als gestaltbarer „Diffusionsprozess" verstanden werden. Diffusions- und Lebenszyklusmodelle versuchen die entsprechenden Wachstums- und Sättigungsprozesse und ihre Stellschrauben zu beschreiben. Diffusionsmodelle können im übrigen auch genutzt werden, um die Verbreitung politischer Ideen bzw. konkreter Politikinstrumente und Maßnahmen – z. B. im Energieeffizienzbereich – zu beschreiben (Sabatier 1999, 171 ff.) (Abb. 2.3).

Rogers (2003) bietet mit seiner Diffusionstheorie heuristische Schemata an, die eine Einteilung der Phasen des individuellen Entscheidungsprozesses einer Übernahme von Innovation (Adoptionsprozess), aber auch des gesamtwirtschaftlichen Diffusionsprozesses erlauben. Er unterscheidet auch zwischen verschiedenen Kategorien von Entscheidern, die eine Innovation übernehmen („Adopter Categories").

Individuelle Entscheider müssen zunächst von einer Innovation erfahren („Knowledge Stage"), dann von ihr überzeugt werden („Persuasion Stage"), dann sich für sie entscheiden („Decision Stage"). Danach müssen sie die Innovation umsetzen („Implementation Stage") und anschließend die Innovationsentscheidung bestätigen und weiter nutzen oder rückgängig machen („Confirmation Stage"). Energieeffizienz-Politiken und -Maßnahmen können in allen diesen Phasen Einfluss nehmen.

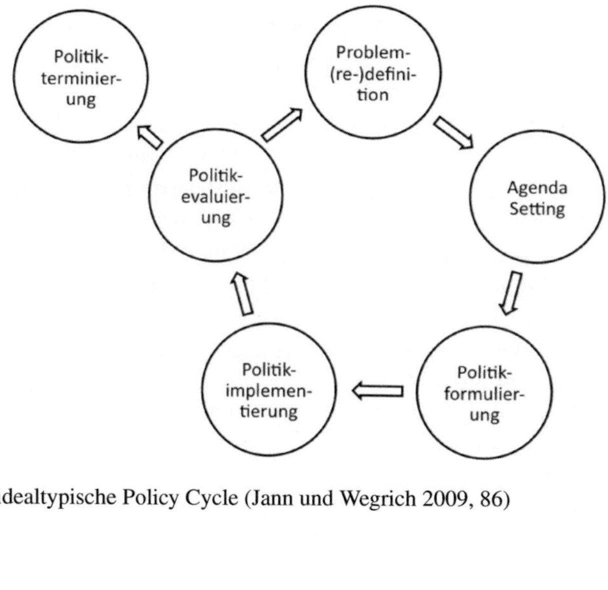

Abb. 2.3 Der idealtypische Policy Cycle (Jann und Wegrich 2009, 86)

In Verbindung mit weiter gehenden umweltpsychologischen, wirkungspsychologischen, soziologischen und ökonomischen Erkenntnissen können Diffusionsmodelle mit derartigen heuristischen Schemata politischen Entscheidern eine Orientierung für eine adäquate Gestaltung von Energieeffizienz-Politiken und -Maßnahmen bieten. Dabei geht es nicht allein um die Beeinflussung individueller Entscheidungen zur Übernahme von Energieeffizienz-Technologien und -Dienstleistungen, sondern vor allem auch um die Gestaltung sozialer Prozesse in sozialen Netzen und die Rolle persönlicher Kommunikation, die auf diese individuellen Entscheidungen Einfluss haben (vgl. hierzu auch Böde und Gruber 2000).

2.3.2 Politikzyklus

Die verschiedenen Phasen des Policy-Making können in idealtypischer Form als ein Politikzyklus dargestellt werden, der mit der Problemdefinition beginnt, über das Agenda Setting und die Politikformulierung zur Politikimplementierung und Politikevaluation kommt und dann – sofern er nicht beendet wird – in eine neue Schleife übergeht, die mit einer Problemredefinition auf Basis der Evaluationsergebnisse beginnt (Jann und Wegrich 2009) (Abb. 2.3).

Politische Ökonomie und Implementationsforschung haben jedoch verdeutlicht, dass die Orientierung an einem solchen Phasenmodell zu einem zu einfachen und damit unrealistischen Weltbild führt (Jann und Wegrich 2009). Es scheint nur darauf anzukommen, in rationaler Art und Weise Politiken und Maßnahmen zu entwickeln und am Laufen zu halten, die identifizierte Probleme lösen helfen. Verkannt wird hierbei, dass (ebenda)

- eine eindeutige Trennung der Phasen in der politischen Praxis nicht stattfindet und es teilweise sogar zu einer Umkehrung der Reihenfolge kommt, einzelne Phasen fehlen oder zusammen fallen;
- das Modell des Politikzyklus kein Kausalmodell darstellt, das beispielsweise Übergänge zwischen den einzelnen Phasen erklären kann;
- dem Politikzyklus eine hierarchische top-down Perspektive der politischen Steuerung durch den Gesetzgeber zu Grunde liegt, bei der die Interaktion zahlreicher politischer, wirtschaftlicher und gesellschaftlicher Akteure, Programme, Gesetze und Normen und deren parallele Entwicklung und Implementation außer Acht bleibt;
- das Phasenmodell die Bedeutung von Ideen, Wissen, Information und Lernen in politischen Prozessen ignoriert und
- ein großer Teil politischer Aktivitäten eher symbolischen und rituellen Charakter aufweist; es geht oft um Handlungsfähigkeit und Machterhalt, d. h. darum, Politiken und Maßnahmen so zu gestalten, dass die Chancen erhöht werden, wiedergewählt zu werden (ökonomisch rationales Handeln der politischen Entscheider; „Public Choice"-Theorie; Brennan und Buchanan 1993, Buchanan und Tullock 1962).

So kann das Phasenmodell lediglich als Heuristik dienen („Phasenheuristik"; Mayntz und Scharpf 1995), anhand derer zentrale Fragestellungen gegliedert werden können.

2.3.3 Neue Institutionenökonomie und „New Governance"

Teilantworten auf die Frage, welche politischen Steuerungsmechanismen bzw. Institutionen (Regelwerke) geeignet sind, zur verstärkten Ausschöpfung der vorhandenen wirtschaftlichen Energieeffizienzpotenziale beizutragen, können nicht zuletzt die neue Institutionenökonomie (North 1992, Williamson 1990, Richter 1990) und die politikwissenschaftliche „Governance"-Forschung (vgl. z. B. Sanden 2009) beisteuern. Die neue Institutionenökonomie bietet beispielsweise folgende Möglichkeiten:

- Prinzipal-Agent-Ansätze helfen, Lösungsmöglichkeiten zum Umgang mit dem bereits genannten Hemmnis gespaltener Anreizsysteme zu entwickeln.
- Die Transaktionskostenökonomik kann die Rolle politischer Instrumente und Maßnahmen zur Reduktion von Transaktionskosten individueller Entscheider erläutern.
- Zertifikatslösungen im Energieeffizienzbereich („Weiße Zertifikate") können mit Hilfe der Theorie der Verfügungsrechte unter Einschluss der Transaktionskostenökonomik kritisch diskutiert werden (vgl. hierzu auch Abschn. 2.6.2.2).

„New Governance"-Ansätze beschäftigen sich damit, wie politische Prozesse im komplexen politischen Mehrebenensystem von der kommunalen bis zur internationalen Ebene koordiniert gesteuert werden können.

2.4 Marktakteure und Träger der Energieeffizienzpolitik

2.4.1 Marktakteure

Wird die Verbreitung energieeffizienten Handelns als sozialer Diffusionsprozess im Markt verstanden, auf den Politik Einfluss nehmen kann, so müssen politische Entscheider und Gestalter die jeweiligen Akteure im Markt gut kennen, um Instrumente und Maßnahmen adäquat gestalten zu können. Die übliche statistische Differenzierung unterscheidet die Sektoren Industrie, Gewerbe/Handel/Dienstleistungen (GHD) und private Haushalte, wobei im GHD-Sektor u. a. auch die öffentlichen Einrichtungen enthalten sind. Für die konkrete Gestaltung von Politiken und Maßnahmen ist eine solche Differenzierung nicht ausreichend.

Letztlich sollte jeder Gestaltung politischer Instrumente und Maßnahmen eine Untersuchung ihrer Wirkungsbereiche und der darin enthaltenen spezifischen Anreize und Hemmnisse für Marktakteure zugrunde liegen, beispielsweise (vgl.

Thomas 2007, Abschn. 2.1.2) auf der Seite der Nachfrage nach Energieeffizienz-Technologien und -Dienstleistungen für

- Investoren in Energieeffizienz, die gleichzeitig auch Nutzer sind;
- Investoren in Energieeffizienz, die nicht gleichzeitig Nutzer sind (z. B. Vermieter, Projektentwickler, Leasinggesellschaften, Wohnungsbaugesellschaften) und
- Nutzer, die nicht gleichzeitig auch Investoren in Energieeffizienz sind (z. B. Mieter, Käufer fertig gestellter Gebäude),

sowie auf der Angebotsseite für

- Hersteller von Produkten, die an Endabnehmer verkauft werden;
- Hersteller von Produkten, die an Weiterverarbeiter oder Installateure verkauft werden;
- Planer;
- Installateure;
- Händler (Groß- und Einzelhandel).

2.4.2 Akteure der nationalen und internationalen Energieeffizienzpolitik

Einige der Marktakteure spielen auch in den politischen Entscheidungsprozessen im Mehrebenensystem (d. h. von der lokalen über die deutsche und europäische bis hin zur internationalen Politikebene) eine gewichtige Rolle, beispielsweise über Lobbyorganisationen der Wirtschaft, Berufsverbände o. ä. Eigentliche Träger der Energieeffizienzpolitik im europäischen Mehrebenensystem sind:

- Europäisches Parlament, Europäische Kommission und Ministerrat auf EU-Ebene;
- Nationale Parlamente und Regierungen (z. B. Bundesregierung, Bundestag, Bundesrat);
- Subnationale Parlamente und Regierungen (z. B. Bundesländer, Kommunen).

Auf allen diesen Ebenen hat das Thema „Energieeffizienz“ bzw. „Energiesparen“ in den letzten Jahren eine größere Aufmerksamkeit erfahren. Zusätzliche Politikinstrumente und Maßnahmen sind durch die genannten Träger der Energieeffizienzpolitik beschlossen, eingeführt und umgesetzt worden.

Auf internationaler Ebene ist die Internationale Energieagentur (IEA) von besonderer Bedeutung. Sie ist eine Unterorganisation der OECD und analysiert Potenziale und Politikinstrumente der Energieeffizienz und organisiert den Wissensaustausch und Dialog zwischen den Mitgliedsländern (überwiegend Industrieländer) und anderen Ländern. Dies erfolgt z. T. in Kooperationsprojekten schon seit geraumer Zeit, vor allem im IEA-DSM Implementing Agreement; in neuerer Zeit auch im

Infobox 2.1 Relevante Marktakteure beim Contracting

Verschiedene Marktakteure und deren Anreize für und Hemmnisse gegen Energieeffizienz sind nicht nur für Einsparhandlungen wichtig, die z. B. Gebäudeeigentümer selbst vornehmen oder finanzieren. Sie sind ebenso wichtig für Dienstleistungen Dritter wie das Einspar-Contracting (Irrek 2004).

Das Beispiel in Abb. 2.4 zeigt, welche Akteure an einem typischen Contracting-Projekt beteiligt sein können. Entsprechend müssen Politikmaßnahmen zur Förderung von Energieeffizienzsteigerungen durch Contracting dieses Akteursnetzwerk berücksichtigen und spezifizieren, bei welchen Akteursbeziehungen aus welchen Gründen wie angesetzt werden soll, um den gewünschten Fördereffekt zu erreichen.

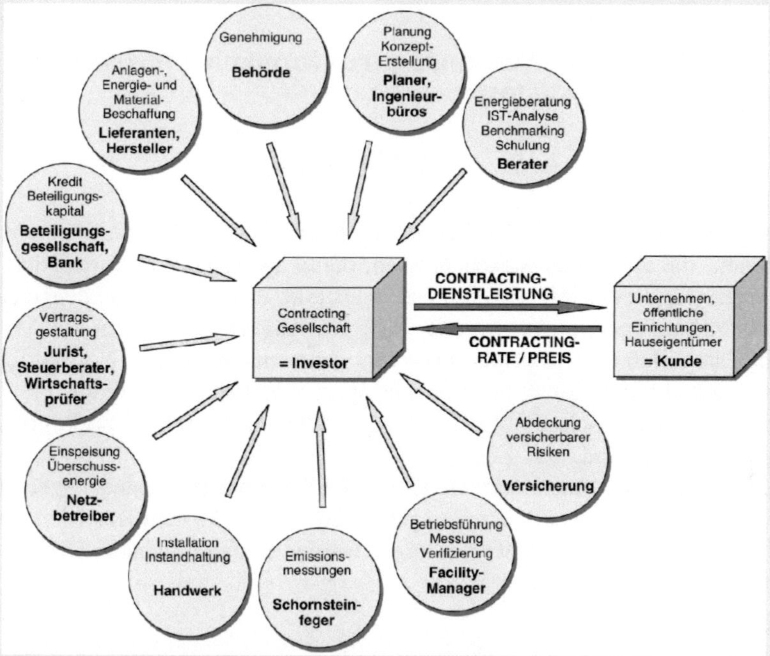

Abb. 2.4 Akteursgruppen, die an einem Contracting-Projekt beteiligt sein können (Beispiel) (Irrek 2004)

Auftrag der G8-Gipfel (Heiligendamm- und Lake Toya-Prozesse), für die die IEA Politikempfehlungen erstellt hat (IEA 2008).

Innerhalb der UN ist vor allem das Umweltprogramm UNEP aktiv im Bereich der Energieeffizienz, z. B. mit seiner Sustainable Buildings Initiative und den Cleaner Production Centres; Zielgruppe sind hier vor allem Entwicklungs- und Schwellenländer.

Auch in der internationalen Klimapolitik spielt Energieeffizienz eine Rolle, wenn auch noch eine zu geringe. Die Global Environmental Facility finanziert auch einige

Energieeffizienzprojekte, während sie im CDM nur eine Nebenrolle spielen. Der globale Klimarat IPCC erfasst die wissenschaftlichen Erkenntnisse zu Potenzialen, Nutzen und Kosten der Energieeffizienz in seinen Berichten.

In der internationalen und bilateralen Entwicklungszusammenarbeit kommt Energieeffizienz eine zunehmende Bedeutung zu. So hat die deutsche Bundesregierung in den vergangenen Jahren zwei mal 500 Mio. Euro an Krediten speziell für Energieeffizienz und erneuerbare Energien für Entwicklungsländer bereitgestellt.

Für weltweit gehandelte Produkte sind Energieeffizienzstandards ein wichtiges Instrument (s.u. Abschn. 2.6.3.3). Um die Energieeffizienz zu messen, werden Normen benötigt. Um deren Vereinheitlichung bemühen sich internationale Gremien, z. B. die IEC (International Electrotechnical Commission).

2.5 Leitlinien und Governance-Strukturen einer effektiven Energieeffizienzpolitik

2.5.1 Zielgruppenspezifische Politikgestaltung

In Abschnitt 2.4.1 wurde die Notwendigkeit betont, die Marktakteure in den Blick zu nehmen, die zusammenwirken müssen, damit Energieeffizienz realisiert wird. Die Anreize für diese Zielgruppen müssen gestärkt, die Hemmnisse, denen sie sich gegenübersehen, überwunden werden. Hilfreich kann es zudem sein, die Marktakteure in Kategorien von Anwendern von Innovationen aufzuteilen. Notwendig ist es in jedem Fall, die Politikinstrumente zielgruppenspezifisch zu gestalten.

Zielgruppenspezifische Politikgestaltung heißt, dass verschiedene Politikinstrumente notwendig sind, um Energieeffizienzsteigerungen zu unterstützen. Diese sollten idealtypisch in einem umfassenden, effektiven und effizienten, abgestimmten Politikinstrumente-Bündel zusammen gebunden werden. Wesentliche Elemente und Strukturen eines solchen „Policy Package" werden in den folgenden Unterkapiteln näher erläutert. Erforderlich sind:

- *Zielsetzung und Politikplanung*: Eine klare, verbindliche Zielsetzung mit Berichtspflichten und klaren Methoden zur Berichterstattung und Ergebniskontrolle im Rahmen einer koordinierten Politikplanung (Abschn. 2.5.2);
- *Infrastruktur für Energieeffizienz*: Die Einbindung von Energieagenturen und anderen Programmakteuren zur von Einzelinteressen möglichst unabhängigen, kontinuierlichen, zentralen Bündelung und Koordination verschiedenster Energieeffizienzaktivitäten (Abschn. 2.5.3);
- *Finanzierung*: Eine ausreichende (Anschub-) Finanzierung der Unterstützungsaktivitäten (Abschn. 2.5.4).

Letztlich müssen der Policy Mix und die Aktivitäten anderer gesellschaftlicher Akteure Energieeffizienz für die relevanten Marktakteure auf der Anbieter- und der

Infobox 2.2 Zielgruppendifferenzierung bei kleinen und mittleren Unternehmen (KMU)

Zielgruppenspezifische Gestaltung von Energieeffizienzpolitiken und -maßnahmen für kleine und mittlere Unternehmen (KMU) kann beispielsweise heißen, zwischen folgenden Typen von KMU zu differenzieren (Ramesohl 2001):

- „Fortgeschrittene" (suchen aktiv nach Handlungsmöglichkeiten, die Energiekosten zu reduzieren; Pioniere),
- „motiviertes Management" (fehlende Erfahrung und unzureichende Kenntnisse, aber hohe Motivation des Managements, Energiekosten zu reduzieren),
- „einsame Techniker" (energietechnische Kompetenz vorhanden, aber nur be-schränktes Interesse der Geschäftsleitung) und
- „Einsteiger" (fehlende organisatorische und technische Kompetenz; Anstöße von außen werden immer wieder benötigt).

Zudem sind – insbesondere dann, wenn es über den Anwendungsbereich der Querschnittstechnologien hinausgeht – die Besonderheiten der jeweiligen Branche zu berücksichtigen.

Nachfragerseite einfach („Make it easy!"), umsetzbar („Make it possible!") und vorteilhaft machen („Make it rewarding!") und damit zur Entwicklung des Marktes für Energieeffizienztechnologien und -dienstleistungen beitragen. Deutlich muss auch sein, dass Energieeffizienz politisch und gesellschaftlich gewollt und wichtig ist („Make it a policy!").

2.5.2 Zielsetzung und Politikplanung

Am Anfang der Gestaltung von Politik sollte ein Ziel stehen. Das Ziel muss gemessen werden können, braucht also Erfolgsindikatoren. Das Ziel muss erreichbar sein, es braucht also eine Information über die Potenziale. Dann müssen die Politikpakete zielgruppenspezifisch auf die Marktakteure zugeschnitten werden. Ihre Wirkung muss ex ante abgeschätzt und ex post gemessen werden. Eventuell müssen einige dieser Schritte mehrfach gegangen werden. Die Politikinstrumente müssen umgesetzt und von Zeit zu Zeit revidiert werden. Wie alle diese Schritte in einem idealen Prozess zusammenwirken, zeigt Abb. 2.5.

Grundsätzlich wird folgende Vorgehensweise bei der Gestaltung neuer oder der Überarbeitung bestehender Politikinstrumente empfohlen (vgl. auch Abb. 2.5 sowie Ecofys et al. 2006):

- Analyse der Wertschöpfungskette im Teilmarkt für Energieeffizienz: welche Hersteller, PlanerInnen, HandwerkerInnen, HändlerInnen, VerkäuferInnen, ProjektentwicklerInnen, EigentümerInnen und NutzerInnen müssen was tun, um die Energieeffizienz zu steigern?
- Welche Hemmnisse und Anreize haben sie, das zu tun, was sie tun müssten?
- Welche Instrumente bestehen bereits, die auf diese Akteure und ihre Hemmnisse und Anreize wirken?

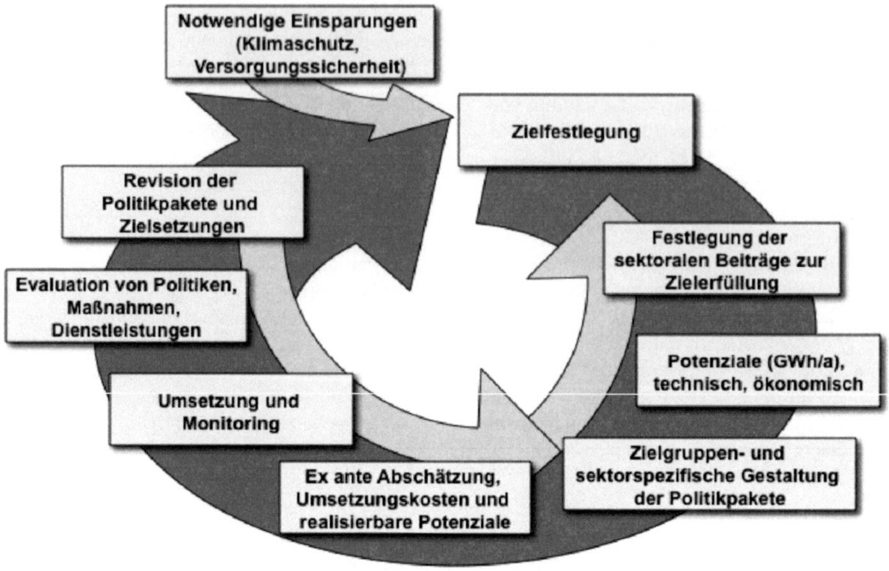

Abb. 2.5 Wechselseitiger Lernprozess von Zielsetzung, Analysen, Politikgestaltung, Umsetzung, Monitoring und Evaluation (Wuppertal Institut und Ecofys 2009)

- Erarbeitung einer adäquaten, realitätsnahen Vorstellung von der Wirkungsweise des Instruments auf Basis aller vorliegenden Erkenntnisse (z. B. auch auf Basis von Evaluationen zu Vorgängerinstrumenten oder ähnlichen Instrumenten in anderen Ländern);
- Organisation von Stakeholder-Workshops, um das Instrument und seine Wirkungsweise mit den Marktakteuren, relevanten Programmakteuren und politisch-administrativen Entscheidungsträgern zu diskutieren;
- Identifizierung der Hemmnisse und Barrieren, die der Einführung des Politikinstruments gegenüberstehen;
- Einordnung des Politikinstruments in den Politik-Mix bzw. Verknüpfung von Politikinstrumenten zu geeigneten Paketen von Politiken und Maßnahmen unter Berücksichtigung aller wesentlicher Interaktionen zwischen den Instrumenten der Energieeffizienzpolitik sowie zwischen diesen und weiteren Politikinstrumenten in Politikfeldern außerhalb der Energieeffizienz- bzw. Energiepolitik;
- Bestimmung der Grenzen und vorläufigen Ziele des Instruments und erste grobe ex ante-Abschätzung der Effekte und der Effizienz;
- Klare Zielsetzung nach dem SMART-Prinzip. SMART steht für (i) Spezifisch: so konkret wie möglich: was sollte mit dem Instrument erreicht werden?; (ii) Messbar: die Ziele sollten quantifiziert werden; qualitative Ziele können später nicht mehr gemessen werden; (iii) Ambitioniert: übertrifft das Ziel das Business-as-usual? (iv) Realistisch und akzeptabel: Ist das Ziel in dem vorgegebenen Zeitrahmen mit dem verfügbaren Budget erreichbar? Wird das Ziel von der Zielgruppe akzeptiert? (v) Terminliche Begrenzung: Werden die Ziele

für ein bestimmtes Jahr festgelegt? Werden Zwischenziele festgelegt, um den Zielfindungsprozess zu überwachen?
- Festlegung von Monitoring und Evaluation;
- Nutzung von Erfahrungen mit ähnlichen Politikinstrumenten im In- und Ausland.

2.5.3 Infrastruktur für Energieeffizienz

Von Einzelinteressen möglichst unabhängige, organisatorisch eigenständige Energieagenturen oder ähnliche Organisationen können bei entsprechender Ausgestaltung und Ausstattung in einem Paket an Politikinstrumenten zur Steigerung der Energieeffizienz eine zentrale Rolle einnehmen (z. B. auch ein Energiesparfonds; vgl. die Vorschläge von Irrek und Thomas 2006). Sie können zum einen wichtige organisatorische Unterstützung bei der Umsetzung von Energiesparmaßnahmen geben, z. B. durch Beratung über Maßnahmen, Technikanbieter, Ausschreibungstexte, Vertragsgestaltung, Nachweis der Einsparung, Herstellung einer Verknüpfung zwischen Beratung, Umsetzung und Umsetzungsbegleitung, etc. Sie können zum zweiten auch selbst finanzielle Förderprogramme abwickeln. Und zum dritten sind sie ein wichtiger Akteur für die Umsetzung von Programmen und Kampagnen zur Motivation, Information, Energieanalysen, Labelling, Bildung, Aus- und Weiterbildung (s. u.). Wichtig ist in diesem Zusammenhang, dass sie kontinuierlich aktiv sind und auf diese Art und Weise die notwendige „Infrastruktur" für die Entwicklung von Energieeffizienz-Aktivitäten, -Programmen und -Dienstleistungen bieten.

Welche Rolle können in diesem Zusammenhang Energieunternehmen spielen (vgl. hierzu ausführlicher Thomas 2007)? Energieunternehmen können Energieagenturen einrichten oder sich an deren Gründung und Finanzierung beteiligen. Beispiele hierfür existieren in Deutschland auf kommunaler Ebene (z. B. Bremen, Hannover). Sie können darüber hinaus auch als Programmakteur auftreten und selber Energieeffizienzdienstleistungen anbieten, zumal von Energieunternehmen – insbesondere von auf kommunaler Ebene tätigen Stadtwerken – zunehmend gefordert wird, sich aktiv an Klimaschutzaktivitäten vor Ort zu beteiligen. Die Erfahrungen aus anderen Ländern zeigen jedoch, dass ein breites und nachhaltiges Angebot von Energieeffizienz-Aktivitäten durch Energieunternehmen eines entsprechenden förderlichen Rahmens bedarf, um negative wirtschaftliche Anreize zu kompensieren und z. B. eine Entkopplung der Gewinne der Unternehmen von der abgesetzten oder durchgeleiteten Energiemenge zu erreichen (Thomas 2007, vgl. auch Abschn. 2.6.2).

2.5.4 Finanzierung

Um den Markt für Energieeffizienztechnologien und -dienstleistungen fördern und mit Hilfe integrierter Markttransformationspakete (z. B. Förderprogramme, Informations- und Qualifizierungsaktivitäten, kooperative Beschaffung, etc.) eine Steigerung der Energieeffizienz und des Energiesparens unterstützen zu können, bedarf es eines entsprechenden finanziellen Rahmens. Im Prinzip sind hier unterschiedliche Finanzierungsformen, Mittelherkünfte (z. B. Anteile an der Ökosteuer, Erlöse aus der Versteigerung von Emissionszertifikaten, Umlage über Netzentgelte) und Verfahren zur Mittelvergabe möglich, (vgl. Abschn. 2.6.2).

2.6 Instrumente der Energieeffizienzpolitik

2.6.1 Kategorisierungen der Politikinstrumente

Analysen wie die des Projektes „AID-EE" (Harmelink et al. 2006; Ecofys et al. 2006) zeigen, dass es so etwas wie ein "bestes" Politikinstrument nicht gibt. Die mit Energiepolitik erreichbaren Effekte beruhen oft mehr auf der Art und Weise der Ausgestaltung des Instrumentes, seiner Verknüpfung mit anderen Politikinstrumenten und Maßnahmen und der Art und Weise seiner Umsetzung, als auf dem Instrumententyp selbst. Jedoch sind bestimmte Politikinstrumente für bestimmte Ausgangs- und Problemlagen besser geeignet als andere. Zudem bestimmen unterschiedliche Merkmale den Erfolg eines Instrumentes.

Tabelle 2.1 Mögliche Kategorisierung von Politikinstrumenten

Politikinstrumente-Kategorie	Beispiel
Legislative, normative Maßnahmen	Energieeinsparverordnung mit Vorgaben für Neubauten und Sanierungen
Legislative, informatorische Maßnahmen	Energiekennzeichnung („EU-Label" z. B. für Haushaltsgeräte und Lampen)
Finanzielle Maßnahmen	KfW-Programme, Programme der nationalen Klimaschutzinitiative
Fiskalische bzw. preisliche/tarifliche Maßnahmen	Ökosteuer
Information, Bildung, Training	Informationskampagnen von CO2online
Kooperative Maßnahmen	Kooperative Beschaffung zur Nachfragebündelung bei Energieeffizienz-Technologien, z. B. im Projekt Energy+
Infrastrukturmaßnahmen	Planung einer energieeffizienten Wärmeversorgung einer Siedlung
Soziale Planung/Organisatorische Maßnahmen	Planungszellen zur Entwicklung von Energieeffizienz-Lösungen unter Beteiligung von Bürgerinnen und Bürgern
Quer liegende Maßnahmen (sektor-spezifisch oder sektor-übergreifend, z. B. marktbasierte Instrumente, allgemeine Energieeffizienz- oder Klimaschutzprogramme)	Handel von Energiesparzertifikaten („Weiße Zertifikate")
Nicht klassifizierte Politiken und Maßnahmen	

Quellen: Kategorisierung nach Eichhammer und Schlomann (2005), vgl. auch Ecofys et al. (2006), und Harmelink et al. (2006).

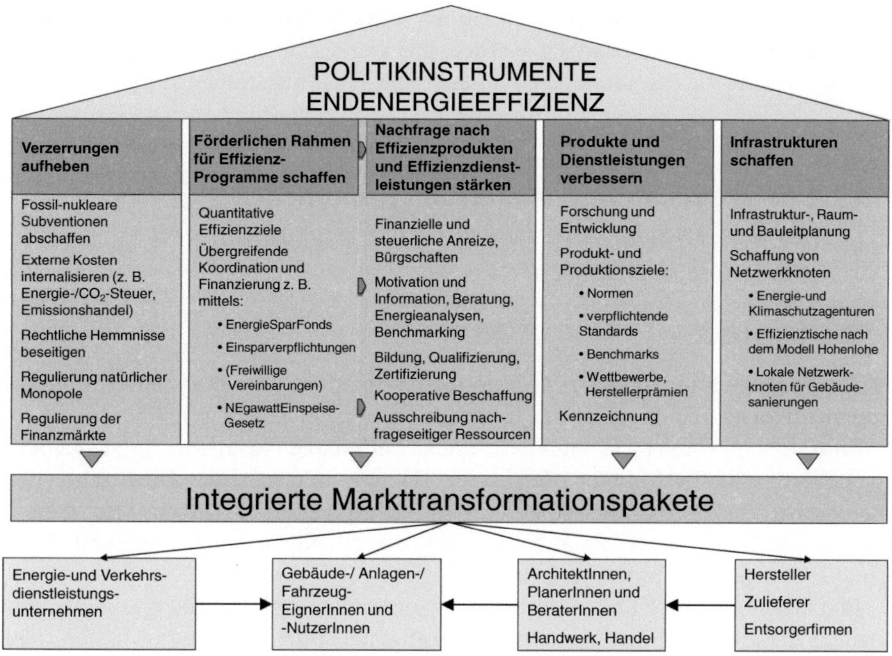

Abb. 2.6 Idealtypischer Politikinstrumentemix zur Steigerung der Endenergieeffizienz (eigene Darstellung)

In der Literatur werden verschiedene Möglichkeiten zur Kategorisierung von Politikinstrumenten entwickelt. Die im EU-Projekt „MURE" verwendete Kategorisierung wird in der folgenden Tabelle 2.1 dargestellt.

Abbildung 2.6 beschreibt ein idealtypisches Bündel von Politikinstrumenten im Endenergieeffizienz-Bereich, bei dem wiederum eine etwas andere Einteilung gewählt wird. Dieser Ansatz unterscheidet zwischen drei Gruppen von Politikinstrumenten und Maßnahmen:

- Einzelne übergreifende Querschnitts-Politikinstrumente, die ihre Wirkung über die Veränderung von Preisrelationen entfalten (Energie-/CO_2-Steuern, Emissionshandel, nachhaltige Reform der Subventionsvergabe);
- Energieeffizienzprogramme und -dienstleistungen, die gezielt Marktakteure, Anwendungsbereiche oder energieeffiziente Technologien ansprechen (z. B. finanzielle Anreizprogramme, Informationskampagnen, Bildungs- und Qualifizierungsmaßnahmen, Energie Audits) und einen förderlichen Rahmen benötigen;
- weitere einzelne förderliche Rahmensetzungen wie Produkt- oder Produktionsstandards und Produktkennzeichnungen (Label), Regulierung von natürlichen Monopolstellungen, raumplanerische Maßnahmen, Forschungs- und Entwicklungsförderung sowie Bildungsmaßnahmen.

Auf die Instrumente, die einen förderlichen Rahmen für die Umsetzung von Energieeffizienzprogrammen und -dienstleistungen schaffen können, sowie auf die verschiedenen Einzelinstrumente-Typen wird in den folgenden Unterkapiteln näher eingegangen. Tabellarisch werden die wesentlichen Instrumente, typische Einsatzbereiche, Erfolgsmerkmale und Praxisbeispiele zusammengefasst.

2.6.2 *Übergreifende Instrumente mit förderlicher Wirkung auf das Angebot von Energieeffizienzprogrammen und -dienstleistungen*

2.6.2.1 Überblick

Für die Finanzierung „integrierter Markttransformationspakete“ zur Steigerung der Energieeffizienz und des Energiesparens gibt es verschiedene Optionen.

Zum einen können Energielieferanten verpflichtet werden, ihren Kunden zu helfen, eine bestimmte Menge an Energie einzusparen. Dies wird beispielsweise in Großbritannien und Frankreich praktiziert. Dabei wird kartellrechtlich geduldet, dass die hieraus entstehenden Kosten der Energieeffizienz-Unterstützungsmaßnahmen eingepreist werden.

In Italien, Dänemark und Flandern hingegen werden nicht die Energielieferanten, sondern die Betreiber der Verteilnetze verpflichtet, ihren Kunden zu helfen, eine bestimmte Menge an Energie einzusparen. Sie dürfen die Programmkosten bei der Kalkulation der Netzentgelte im Rahmen der Anreizregulierung berücksichtigen.

Alternativ zu diesen Verpflichtungslösungen kann ein System fester Vergütungssätze für erzielte Energieeinsparungen etabliert werden. Dies ähnelt den Vergütungssätzen des Erneuerbare-Energien-Gesetzes, die jeder Betreiber einer Anlage auf Basis erneuerbarer Energien zugesagt bekommt. Vergütet würde dann beispielsweise die kWh eingesparter Elektrizität.

Schließlich ist auch eine direkte finanzielle Förderung möglich, die auf dem Wege einer staatlichen Fördermaßnahme oder Ausschreibung an Unternehmen mit viel versprechenden Programmaktivitäten verteilt wird – z. B. über einen EnergieSparFonds (Irrek und Thomas 2006).

Diese Instrumente werden im Folgenden näher erläutert.

2.6.2.2 Gesetzlich verpflichtende Zielvorgaben und Zertifikatslösungen

Marktakteure, beispielsweise Netzbetreiber oder Energieversorger (das können Stromversorger sein, aber auch Gaslieferanten oder Inverkehr-Bringer von Heizöl oder Kraftstoffen) können gesetzlich verpflichtet werden, bestimmte Zielvorgaben für Energieeinsparmengen in einem bestimmten Zeitraum einzuhalten. Die Allokation (Zuordnung) eines übergreifenden Einsparziels auf die quotenpflichtigen Unternehmen erfolgt dabei nach den jeweiligen Marktanteilen an den quotenpflichtigen Energieträgern. Die bei den Kunden erzielte Energieeinsparung durch Energiesparprogramme, -projekte und -dienstleistungen wird zertifiziert; die Zertifikate dienen dem Nachweis, dass die Verpflichtungen erfüllt wurden.

Infobox 2.3 EEC bzw. CERT in UK

In einem liberalisierten Markt mit zunehmender Eingriffstiefe beim „Unbundling" ist zu hinterfragen, inwieweit Netzbetreiber überhaupt noch über relevante Daten und Kontakte zu Kundinnen und Kunden verfügen, um selbst Aktivitäten zur Steigerung der Endenergieeffizienz durchführen zu können. Zudem hat ein Lieferant die Möglichkeit, Energielieferung und Energieeffizienz-Dienstleistungsgeschäft miteinander zu verknüpfen. In Großbritannien hat die Regierung daher im Rahmen des „Energy Efficiency Commitment (EEC)" entschieden, nicht die Verteilnetzbetreiber, sondern die Energielieferanten zu verpflichten, eine bestimmte Menge an Endenergie bei ihren Kundinnen und Kunden einzusparen. Das EEC wurde 2008 in das „Carbon Emission Reduction Target (CERT)" überführt.

Ziel der zweiten Verpflichtungsperiode des EEC für die Jahre 2005 bis 2008 war es, 130,2 TWh so genannter „fuel-standardised" Energie über die Lebensdauer der Energieeinsparmaßnahmen einzusparen. Die Allokation des Gesamtziels auf die zwölf existierenden Strom- und Gaslieferanten erfolgte entsprechend ihrer Absatzvolumina. Die Verpflichtungen der Energielieferanten waren in beschränktem Ausmaß untereinander handelbar.

Addressaten der Maßnahmen waren private Haushalte wobei 50% der Einsparungen bei Beziehern niedriger Einkommen erzielt werden sollten.

Die Evaluation hat ergeben, dass das Gesamtziel um 44% übertroffen und eine jährliche Endenergieeinsparung in Höhe von 3,5 TWh/a bzw. 0,69%/a des Verbrauchs bzw. eine jährliche Primärenergieeinsparung in Höhe von 0,47 Mtoe/a erreicht wurden (Eyre et al. 2009). Zwei Drittel der Zielgruppe nahmen an den Programmen teil und profitierten insbesondere von sechzehn Maßnahmen, die für 99% der Zielerreichung verantwortlich waren (Lees 2008). Hierzu gehörten Programme zu Energiesparlampen und brauner und weißer Ware. Nicht zuletzt durch die Installation von 45 000 neuen Heizungssystemen und 41 000 Wärmedämmmaßnahmen sowie die Verbesserung des Energiestandards von 400 000 Sozialwohnungen konnte ein bedeutender Beitrag zur Reduktion von „Energiearmut" geleistet werden. Nicht zu vernachlässigen sind erzielte Markttransformationseffekte.

Die Kontrolle des EEC obliegt der Regulierungsbehörde OFGEM, die für Monitoring und Evaluation der Maßnahmen Standard-Energieeinsparwerte für verschiedene Energieeffizienzlösungen ex ante festlegt. Sanktionen bei Nichterfüllung der Einsparziele können bis zu 10% des Umsatzes der Energieunternehmen betragen.

Für die nächste Verpflichtungsperiode, jetzt unter dem CERT, wurden die Energieeinsparziele in etwa verdoppelt, wobei die Übererfüllung aus der Vorperiode mit auf die Zielerreichung angerechnet werden darf (Eyre et al. 2009).

In manchen EU-Ländern können diese Zertifikate als so genannte „Weiße Zertifikate" gehandelt werden (vgl. die Beispiele in Tabelle 2.2). Als Instrument, das auf diese Art und Weise die Such- und Optimierungsfunktion des Marktes nutzt, können derartige Zertifikate prinzipiell zur Öffnung und Entwicklung eines Marktes für Energieeffizienz-Programme und -Dienstleistungen beitragen und das Erreichen des Einsparziels verbilligen. Ob eine solche Verpflichtung sinnvoll oder auch politisch gewünscht ist, hängt jedoch von den Bedingungen in den einzelnen Mitgliedsstaaten ab (vgl. Pehnt et al. 2009).

Tabelle 2.2 Gesetzlich verpflichtende Zielvorgaben und Zertifikatslösungen

Instrumententyp	Typischer Einsatzbereich	Erfolgsmerkmale (Zielerreichung, Kosteneffizienz)	Beispiele
Gesetzlich verbindliche Ziele / handelbare Zertifikate	Wenn die Zielgruppen sehr groß und schlecht zu erreichen sind. Wenn Hemmnisse (Wissen, Finanzierung, Institutionalisierung) eine Rolle spielen.	Geht das Ziel über business-as-usual hinaus? Sind die Ziele kosteneffizient zu erreichen und nachzuweisen? Ist die Weitergabe von Kosten an Endkunden offen und transparent? Gibt es Regelungen für die Nichterreichung von Zielen? Ist der Zertifikatemarkt transparent, verlässlich und ausreichend liquide? Gibt es ungewollte Überschneidungen mit anderen Instrumenten?	Energy Efficiency Commitments (UK) Weiße Zertifikate in Frankreich und Italien Verpflichtung von Energieunternehmen in Dänemark

Quelle: Wuppertal Institut, nach Ecofys et al. (2006).

Prinzipiell können verpflichtende Einsparzielvorgaben auch mit der Möglichkeit verknüpft werden, eine etwaige Nichterreichung der Zielvorgabe durch Zahlungen, z. B. in einen EnergieSparFonds, zu kompensieren. Notwendig ist in jedem Fall die Sanktionierung bei Nichterfüllung vorgegebener Ziele.

Eine Alternative zu verpflichtenden Vorgaben wären freiwillige bzw. verhandelte Vereinbarungen mit der Energiewirtschaft zur Erbringung von Energieeffizienzsteigerungen bzw. Energieeinsparungen bei Kunden. Diese sind im Gegensatz zu verpflichtenden Vorgaben in der Regel weniger geeignet, den notwendigen förderlichen Rahmen für das Angebot von Energieeffizienzprogrammen und Energiedienstleistungen zu schaffen (zur generellen Problematik freiwilliger Vereinbarungen vgl. Abschn. 2.6.3.2). Insbesondere in Deutschland spricht die Vielzahl und Heterogenität der Energieunternehmen dagegen, dass es wirksame freiwillige Vereinbarungen mit der Energiewirtschaft über Energieeinsparungen bei Kunden geben könnte.

2.6.2.3 „Einspeisetarife" für Energieeinsparungen

Während bei den verpflichtenden Zielvorgaben (Quotenregelungen, Mengensteuerung) eine Einsparmenge festgelegt wird und sich der Preis für die Einsparung im Markt ergibt, kann in so genannten Preissteuerungsmechanismen der Preis für eine Einsparung festgelegt werden, während sich die Einsparmenge im Markt ergibt (vgl. auch Tabelle 2.3). Das Erneuerbare-Energien-Gesetz (EEG) ist ein solches, in Deutschland bewährtes Instrument zur Förderung erneuerbarer Energien, bei dem die Steuerung über den Preis erfolgt. Der Vergütungs- und Wälzungsmechanismus des EEG ist prinzipiell rechtlich und praktisch auch auf den Endenergieeinsparbereich übertragbar.

Analog zum EEG wäre ein entsprechendes Politikinstrument als NEEG (NEgawatt-Einspeise-Gesetz) zu bezeichnen. Bei einem solchen NEEG könnten Endenergieeinsparungen pauschal vergütet werden, beispielsweise 1,5 Ct pro eingesparter Kilowattstunde Strom an Anbieter von Energiesparprogrammen, Hersteller oder Importeure energieeffizienter Technologien. In jedem Fall bedarf es einer Ergänzung eines NEEG um sektor- oder/und technologiespezifische Programme, die identifizierte Umsetzungshemmnisse gezielt adressieren und über die Förderung von Standardmaßnahmen bzw. Einzeltechnologien hinaus auf Systemoptimierungen abzielen (Pehnt et al. 2009).

Tabelle 2.3 „Einspeisetarife" für Energieeinsparungen

Instrumententyp	Typischer Einsatzbereich	Erfolgsmerkmale (Zielerreichung, Kosteneffizienz)	Beispiele
Einspeisevergütungen für Energieeinsparungen	Wenn Investitionsanreize fehlen und Planungssicherheit für Investoren oder Programmanbieter geschaffen werden soll (insbesondere hinsichtlich des Einsatzes energieeffizienter Querschnittstechnologien)	Ist die Höhe der Vergütung ausreichend, um Investitionen anzuregen, aber niedrig genug, um Überförderung und Ineffizienzen zu vermeiden? Ist das Vergütungssystem so angelegt, dass es z. B. über degressive Gestaltung der Vergütungssätze zu Weiterentwicklung und Innovation bzw. Kostendegressionseffekten anreizt? Ist festgelegt, wie der Nachweis der Einspeisung vollbracht werden kann? Ist eine zeitliche Anpassung an technologischen Fortschritt und Markttransformationen vorgesehen?	In Diskussion befindliches NEEG (Negawatt Einspeise Gesetz) nach dem Vorbild des EEG (Erneuerbare Energien Gesetz) (Pehnt et al. 2009)

Quelle: Wuppertal Institut, nach Ecofys et al. (2006).

2.6.2.4 EnergieSparFonds

Die dezentrale, privatwirtschaftliche Finanzierung kleinteiliger Energieeinsparmaßnahmen wie der Installation einer hocheffizienten Heizungsumwälzpumpe in einem Ein- oder Zweifamilienhaus im Contracting ist aufgrund der entstehenden Transaktionskosten schwierig bzw. wird kaum in der Breite gelingen. Um die bestehenden Hemmnisse und dadurch insbesondere die relativ hohen Transaktionskosten im Verhältnis zum Nutzen der Energieeinsparungen überwinden zu können, ist eine zentrale Anschubfinanzierung in vielen Fällen erforderlich. Sie hat vor allem auch Signalfunktion, signalisiert den Wert zusätzlicher Energieeffizienzmaßnahmen. Sie erfolgt am sinnvollsten bundesweit bzw. bundesweit koordiniert durch einen „EnergieSparFonds" (Irrek und Thomas 2006),

- um einen höheren Breiteneffekt zu erzielen und bundesweite strategische Energiesparziele zu erreichen,
- die Wirkung bestehender dezentraler Ansätze in diese Richtung zu verstärken und
- keine unterschiedliche Wettbewerbssituation in unterschiedlichen Regionen zu verursachen.

Für die Durchführung des nackten Förderinstrumentariums – in unserem Beispiel die direkten Zuschüsse zu der hocheffizienten Heizungsumwälzpumpe – scheint eine neue, eigenständige Organisationseinheit „EnergieSparFonds" nicht zwingend notwendig. Die direkten Zuschüsse könnten auch in bestehende Fördermaßnahmen integriert werden.

Jedoch reichen die klassischen Förderprogramme bei Weitem nicht aus, um das volle Potenzial der energieeffizienten Technologie zu erschließen. Der finanzielle Anreiz muss in der Regel gekoppelt werden mit den folgenden darauf abgestimmten Instrumenten:

- einer Informations- und Motivationskampagne, die über die Vorteile der energieeffizienten Technik und über das Förderprogramm mit seinen Beratungs- und Finanzierungsangeboten informiert;
- Internet basierten Informationsangeboten, z. B. Datenbanken effizienter Geräte und Anlagen, nach Möglichkeit mit einer Berechnung der Energiekosteneinsparung oder der Lebenszykluskosten (Anschaffung plus Betriebskosten);
- einer Kennzeichnung des Energieverbrauchs von Geräten und Anlagen, möglichst auf EU-Ebene;
- nach Möglichkeit einer individuellen Beratung für Interessierte;
- einer Einbindung der Anbieter der effizienten Technik, d.h. Hersteller, Handel, Handwerk, PlanerInnen, damit diese aktiv die effiziente Technik anbieten und auf die Fördermöglichkeit hinweisen;
- dem Angebot von Verkaufshilfen sowie Weiterbildung für diese Marktakteure, möglichst in Kooperation mit deren Verbänden;

Infobox 2.4 Der dänische Stromsparfonds (Elsparefonden)

Der dänische Stromsparfonds existiert seit 1997 als unabhängige Institution. Seine Aktivitäten zielen ausschließlich auf Stromeinsparung in den anvisierten Zielgruppen private und öffentliche Haushalte ab. Ziel war, durch Projekte des Fonds innerhalb von zehn Jahren (1998–2007) eine Stromeinsparung von 750–800 GWh pro Jahr zu erreichen. Dies entspricht einer Einsparung von 5% gegenüber dem Trend. Aufbauend auf einer Anschubfinanzierung aus Steuermitteln finanziert sich der Fonds seit 1998 durch eine Abgabe in Höhe von 0,08 Cent/kWh, die private Haushalte und der öffentliche Sektor auf ihren Stromverbrauch zu leisten haben. Hierdurch ergibt sich ein jährliches Budget von ca. 12 Mio. Euro (Thomas 2007).

Eine unabhängige Evaluation der Aktivitäten des Stromsparfonds ergab, dass die anvisierten Ziele mit einer tatsächlichen jährlichen Stromeinsparung von 1 000 GWh in 2007 deutlich übertroffen würden. Auch im Hinblick auf die Wirtschaftlichkeit aus Sicht der Verbraucher ist das Ergebnis sehr positiv: die erreichte Einsparung beträgt ca. das 10-fache der aufgewendeten Mittel (Ramboll Management 2004). Es ist ein erklärtes Ziel des Fonds, eine Plattform zu bieten, um innovative Ansätze entwickeln und testen zu können, auch wenn ggf. deren konkrete Einsparwirkung nur schwer messbar ist. Zu Beginn förderte der Fonds vor allem die Umstellung von Elektroheizungen auf Fernwärme, Gas und erneuerbare Energien, aber auch Prämienprogramme für Energiesparlampen, Kühlschränke und Umwälzpumpen, mit dem Ziel, einen Marktwandel für diese Technologien zu initiieren. Ein besonderer Fokus der Aktivitäten liegt auf der Zusammenarbeit mit und der Vernetzung von relevanten Marktakteuren.

Zu den neueren Initiativen des Fonds zählen freiwillige (jedoch verbindliche) Vereinbarungen, die zwischen dem Fonds und größeren Stromverbrauchern (z. B. Kommunen, Ministerien, Krankenhäuser, Schulen) geschlossen werden. Das Angebot findet großen Anklang; innerhalb von zwei Jahren haben sich knapp 100 Institutionen zu Einparungen von über 30 GWh/a verpflichtet. Zudem wurde mit dem Internetportal „My Home" ein individualisiertes, interaktives Tool geschaffen, das alle für Haushalte relevanten Informationen, Produktempfehlungen etc. bündelt und mit Feedback-Möglichkeiten über den tatsächlichen Stromverbrauch zu einem effektiven Instrument verknüpft.

Persönliche bzw. Vor-Ort-Beratung gehört nicht zum Portfolio des dänischen Fonds; es wird hingegen darauf gesetzt, dass – mittels der Fondsaktivitäten auf der Anbieterseite – Händler, Handwerker und andere Multiplikatoren aktiviert werden, und die Verbraucher somit im Rahmen ihrer normalen Aktivitäten beraten werden. Für den Zeitraum 2007–2009 wurde das Ziel verdoppelt, es wird nun eine jährliche zusätzliche Einsparung von 150 GWh/a angestrebt, was 1% des Verbrauchs der Zielgruppen entspricht. Diese Zielverschärfung geht einher mit einer Änderung der Strategie: statt der Fokussierung auf einzelne Handlungsfelder und auf finanzielle Förderung wird ein umfassenderer Ansatz gewählt, der verstärkt auf massive Kommunikations- und Marketinginitiativen setzt. Diese veränderte Schwerpunktsetzung zeigt sich auch deutlich in der Budgetverteilung, die mehr als ein Drittel der Gesamtmittel für Kampagnen in den Massenmedien, den Ausbau der Internetauftritte, PR u.ä. vorsieht.

- ggf. einer Nachfragebündelung, bei der für interessierte Nachfrager eine Großbeschaffung zu günstigen Preisen organisiert und damit den Anbietern ein erster größerer Markt geboten wird.

Der koordinierende „EnergieSparFonds" ist daher wesentlich mehr als nur ein Förderinstrument. Durch seine Koordinierungs- und Steuerungsfunktion bewirkt er Synergien und setzt Innovationsprozesse in Gang. Seine Konzeption als eigenständige Organisationseinheit auf Bundesebene mit finanzieller und organisatorischer Unabhängigkeit von Einzelinteressen garantiert die Umsetzung der anspruchsvollen Ziele.

2.6.3 Einzelinstrumente

Nach übergreifenden Instrumenten zur Förderung der Energieeffizienz werden im Folgenden relevante Einzelinstrumente kurz vorgestellt.

2.6.3.1 Energiebesteuerung, Abbau von Energiesubventionen und weitere allgemeine Rahmenbedingungen

Allgemeine staatliche Rahmenbedingungen können so gestaltet werden, dass sie für die Umsetzung von Energieeffizienzsteigerungen und das Erreichen absoluter Energieeinsparungen vorteilhaft sind. Hierzu gehören finanzpolitische Instrumente wie z. B. Steuern (Tabelle 2.4) oder der Abbau kontraproduktiver Subventionen fossiler und atomarer Energieträger (Lechtenböhmer et al. 2004, Diekmann und Horn 2007, Meyer et al. 2009) wie auch Veränderungen der Finanzmärkte, die so erfolgen sollten, dass die wachstumstreibende Kraft des Zinses gemildert wird.

2.6.3.2 Freiwillige Selbstverpflichtungen und verhandelte Vereinbarungen

Freiwillige Vereinbarungen mit Herstellern von energieverbrauchenden Geräten und Anlagen zur Einführung von Höchstverbrauchsnormen können als Alternative zu gesetzlich festgelegten Standards dienen (Tabelle 2.5). Entsprechende Selbstverpflichtungslösungen von Herstellern sind beispielsweise im Rahmen der Ökodesign-Richtlinie als Alternative zu Durchführungsmaßnahmen der Europäischen Kommission möglich. In diesen Durchführungsmaßnahmen werden die Anforderungen an ein Produkt festgelegt, die europaweit verbindlich sind.

Freiwillige Vereinbarungen über Energieeinspaarungen können aber auch mit größeren Energieverbrauchern geschlossen werden (Infotext 2.5).

2.6.3.3 Standards für Produkte, Prozesse, Gebäude

Höchstverbrauchsnormen können zumindest die energetisch ineffizientesten Produkte, Planungs- und Baupraktiken vom Markt nehmen, zuweilen auch ehrgeizigere Ziele verfolgen (Tabelle 2.6). Auch Höchstverbrauchsnormen können sowohl durch

Infobox 2.5 Freiwillige Vereinbarungen mit Unternehmen und Kommunen in Finnland

Finnland verfügt über langjährige Erfahrungen mit freiwilligen Energieeffizienz-Vereinbarungen und Energieaudit-Programmen. Im Zeitraum 1997–2007 wurden dann erstmals flächendeckend freiwillige Rahmenvereinbarungen zur Energieeinsparung zwischen Branchenverbänden oder einzelnen Unternehmen aus den Sektoren Industrie, Energie- und Gebäudewirtschaft sowie Kommunen einerseits und dem Staat auf der anderen Seite geschlossen.
Im Rahmen der Vereinbarungen verpflichten sich die Unternehmen/Kommunen, Energieaudits durchführen zu lassen, einen Energiesparplan zu entwickeln und wirtschaftliche Energieeffizienzmaßnahmen durchzuführen. Der Staat bezuschusst im Gegenzug die durchgeführten Energieaudits und fördert z.T. auch Investitionen in Effizienztechnologie (sofern bestimmte Kriterien erfüllt sind). Für die Subventionsvergabe sind das Handels- und Industrieministerium (für Industrie und GHD-Sektor) bzw. das Umweltministerium (für Wohngebäude) zuständig. Verwaltet und überwacht wird das System durch Motiva Oy, die finnischen Energieagentur.

Im Zeitraum 1998–2005 wurden Audits mit 12,1 Mio. Euro und direkte Investitionen mit 16,5 Mio. subventioniert. Insgesamt wurden hierdurch Investitionen in Energieeffizienzmaßnahmen in Höhe von 350 Mio. Euro ausgelöst, eine beachtliche Hebelwirkung (Ministry of Trade and Industry/Motiva 2006). Als Ergebnis der Abkommen konnten im Jahr 2007 jährliche Einsparungen von 9 TWh/a und 3 Mt CO_2 erzielt werden, was 2% des finnischen Energieverbrauchs und 3,5% der Treibhausgasemissionen entspricht (www.motiva.fi). Die Evaluation ergab außerdem, dass die beteiligten Akteure die Vereinbarungen sehr positiv bewerten. Zusätzlich wird die positive Wirkung auf die Außendarstellung (Image) betont. Unter dem Dach der freiwilligen Vereinbarungen haben sich auch zunehmend Netzwerke und gemeinsame Aktivitäten der Akteure entwickelt, von denen alle Seiten profitieren. Die Beteiligung an dem System ist besonders hoch im Industrie- und im Energiesektor (80–90%), aber auch im kommunalen Bereich (58%). Das System wird nun für die Periode 2008–2016 in weiterentwickelter Form weitergeführt.

Gesetz verpflichtend eingeführt als auch auf freiwilliger Basis (siehe vorheriges Kapitel) geschaffen werden. Voraussetzung für Höchstverbrauchsnormen ist, dass eine rechtsfeste Messnorm für den Energieverbrauch bzw. die Energieeffizienz existiert bzw. geschaffen wird.

2.6.3.4 Energiekennzeichnung, Labelling

Energielabel informieren die Konsumenten über die Energieeffizienz von Gebäuden, Geräten und Anlagen im Vergleich zu anderen Produkten mit gleicher Funktion. Sie erhöhen so die Markttransparenz und dadurch die Nachfrage nach energieeffizienten Produkten und Lösungen (vgl. auch Tabelle 2.7). Energielabel können sowohl durch Gesetz verpflichtend eingeführt (z. B. EU Energiekennzeichnung und ihre Ergänzung und Veränderung im Rahmen der EU-Ökodesign-Richtlinie) als auch auf freiwilliger Basis geschaffen werden (z. B. „Blauer Engel").

Tabelle 2.4 Energiebesteuerung

Instrumententyp	Typischer Einsatzbereich	Erfolgsmerkmale (Zielerreichung, Kosteneffizienz)	Beispiele
Energiesteuer	Wenn eine große Zielgruppe angesprochen werden soll. Wenn die Internalisierung externer Kosten vorgenommen werden soll. Wenn die Preiselastizitäten ausreichend hoch sind.	Ist die Zielgruppe ausreichend über Existenz und zukünftige Entwicklung des Instruments informiert? Ist die Verwendung des Steueraufkommens genau begründet (z. B. für sektor- und technologiespezifische Instrumente zur Steigerung der Energieeffizienz)? Inwieweit werden europäische und globale Wettbewerbsaspekte berücksichtigt? Inwieweit dienen etwaige Energiesteuerbefreiungen von Zielgruppen als Anreiz für die Einführung von Energieeffizienzmaßnahmen?	Ökosteuer / Stromsteuer in vielen Ländern weltweit, z. B. schrittweise Erhöhung von Mineralölsteuer und Stromsteuer in Deutschland bei gleichzeitiger Entlastung der Kosten des Faktors Arbeit

Quelle: Wuppertal Institut, nach Ecofys et al. (2006).

Tabelle 2.5 Freiwillige Vereinbarungen

Instrumententyp	Typischer Einsatzbereich	Erfolgsmerkmale (Zielerreichung, Kosteneffizienz)	Beispiele
Freiwillige bzw. verhandelte Verpflichtungen zur Energieeinsparung oder Energieeffizienzsteigerung	Wenn die Zielgruppe überschaubar ist und Verhandlungen mit einem straff organisierten Sektor möglich sind. Wenn ausreichend Potenzial zur Zielerreichung vorhanden ist.	Ist die Zielgruppe zur Teilnahme motiviert? Geht das Ziel über business-as-usual hinaus? Gibt es verbindliche Regelungen für den Fall der Nichteinhaltung? Gibt es ein gutes Monitoring System? Liegen unterstützende Instrumente vor?	ACEA (European Automobile Manufacturers Association agreement) (Bongardt 2006) LTA (Long Term Agreements) in den Niederlanden

Quelle: Wuppertal Institut, nach Ecofys et al. (2006).

Infobox 2.6 EU-Ökodesign-Richtlinie

Im Zuge der Umsetzung der Ökodesign-Richtlinie (2009/32/EG) findet auf EU-Ebene eine Festsetzung von Mindeststandards für eine große Anzahl Energie betriebener und energieverbrauchsrelevanter Produkte statt. Die Vorgaben sind teilweise auch verbunden mit Empfehlungen zur Energieverbrauchskennzeichnung sowie mit weiter gehenden Vorschriften zum Schutz von Umwelt und Verbraucherinnen und Verbrauchern.

Bis September 2009 wurden entsprechende Verordnungen zu Leerlauf- und Bereitschafts- inkl. Schein-Aus-Verlusten von Geräten, zu externen Stromversorgungseinheiten, Fernsehgeräten, einfachen Settop-Boxen, Haushaltskühl- und -gefriergeräten, Elektromotoren und Umwälzpumpen sowie zur Haushaltsbeleuchtung, Büro- und Straßenbeleuchtung beschlossen. Weitere sind in der Vorbereitung. Am bekanntesten ist sicherlich die Verordnung zu nicht-gerichteten Lampen für den Haushaltsgebrauch, die letztlich schrittweise zu einem Verkaufsverbot einer großen Anzahl von Glühbirnen führt.

Tabelle 2.6 Höchstverbrauchs- bzw. Mindestenergieeffizienzstandards

Instrumententyp	Typischer Einsatzbereich	Erfolgsmerkmale (Zielerreichung, Kosteneffizienz)	Beispiele
Energiestandards im Gebäudebereich, Fahrzeuge, Haushaltsgeräte	Wenn die Zielgruppe nicht handelt oder schwierig zu fassen ist (Mieter-Vermieter Problematik). Wenn die Einsparung pro Gerät etc. klein, aber deren Zahl groß ist. Wenn die schlechtesten Produkte / Dienstleistungen vom Markt genommen werden sollen.	Ist der Standard ausreichend begründet? Ist die Zielgruppe in der Lage, den Standard umzusetzen? Ist die Umsetzung des Standards gesichert? Gibt es ausreichende Regelungen für die Nichtumsetzung? Wird die richtige Umsetzung vor und nach der Fertigstellung überwacht? Ist der Standard an die Technologieentwicklung angepasst?	Minergie-Standard (Gebäude, Schweiz) Top Runner (Haushaltsgeräte, Fahrzeuge, Japan) (Wuppertal Institut / CSCP 2007) Standards in vielen Ländern weltweit In Durchführungsmaßnahmen der EU-Ökodesignrichtlinie derzeit festgelegte Standards energieverbrauchsrelevante Produkte

Quelle: Wuppertal Institut, nach Ecofys et al. (2006).

Tabelle 2.7 Energiekennzeichnung

Instrumententyp	Typischer Einsatzbereich	Erfolgsmerkmale (Zielerreichung, Kosteneffizienz)	Beispiele
Labelling	Wenn ein Wissens- / Informationshemmnis vorliegt. Wenn die Zielgruppe (Konsumenten, Dienstleistungsbereich) sehr groß ist. Wenn es um ähnliche Produkte geht.	Ist eine zeitliche Anpassung an technologischen Fortschritt und Markttransformationen vorgesehen? Wird die Zielgruppe (einschließlich der Angebotsseite der Produkte) frühzeitig und ausreichend informiert? Ist das Label klar und transparent? Gibt es ergänzende Instrumente?	EU-Energie-Label EnergyStar Blauer Engel (Umweltbundesamt, Deutschland)

Quelle: Wuppertal Institut, nach Ecofys et al. (2006).

Energielabel können klassifizierend sein (vgl. die Energieklassen des EU-Labels für Hausgeräte) oder nur die energieeffizientesten Geräte und Gebäude hervorheben (vgl. das GED-Label für sparsame Geräte der Unterhaltungs-, Informations- und Kommunikationselektronik).

Im Rahmen der europäischen Ökodesign-Richtlinie soll die bestehende Verpflichtung zur Energiekennzeichnung einer Reihe von Haushaltsgeräten und Lampen auf weitere Energie betriebene Produkte ausgeweitet werden. Für welche Produkte welche Art von Label gelten wird, stand Ende 2009 noch nicht endgültig fest.

Energielabel sind auch eine gute Grundlage für Prämienprogramme und verstärken sich mit diesen wechselseitig in ihrer Wirkung. Zumindest auch für die gesetzlich verpflichtende Energiekennzeichnung ist Voraussetzung, dass eine rechtsfeste Messnorm für den Energieverbrauch bzw. die Energieeffizienz existiert bzw. geschaffen wird.

2.6.3.5 Finanzielle Anreize

Finanzielle Anreize über fiskalische Maßnahmen oder über – z. B. im Rahmen eines EnergieSparFonds gebündelte – Förderprogramme gehören zu den klassischen Instrumenten, um bestimmten Energieeffizienz-Technologien oder Energie-Dienstleistungen zum Durchbruch zu verhelfen, d. h. den Marktanteil energieeffizienter Technologie zu erhöhen bzw. den Gebäude- und Anlagenbestand beschleunigt auf den Stand dieser Technik nachzurüsten (vgl. auch Tabelle 2.8).

Infobox 2.7 „Aktion Helles NRW"

Unter dem gemeinsamen Motto „Aktion Helles NRW" führten insgesamt 79 Energieunternehmen in Nordrhein-Westfalen (NRW) von Oktober 1996 bis März 1997 verschiedene Förderprogramme zur beschleunigten Markteinführung von Energiesparlampen in privaten Haushalten durch. Die Aktion wurde vom Ministerium für Wirtschaft und Mittelstand, Technologie und Verkehr des Landes NRW initiiert und finanziell unterstützt.
Insgesamt wurden von den Energieunternehmen etwa 498 000 Energiesparlampen verschenkt oder durch Zuschüsse gefördert, d. h. etwa 9% der Haushalte im Aktionsgebiet nahmen an der Aktion teil.
Hiervon hätte etwa ein Fünftel die Energiesparlampen im Aktionszeitraum oder beim nächsten Lampenersatz ohnehin gekauft (Mitnahme- und Vorzieheffekte), weitere 10% haben die Lampe zu Hause nicht eingesetzt. Die von der Aktion insgesamt ausgehenden Impulse führten aber auch zu zusätzlichen Energiesparlampenverkäufen an Nicht-Teilnehmerinnen und -Teilnehmer. Diese verdreifachten den direkten Einspareffekt der „Aktion Helles NRW".
Insgesamt erzielte die „Aktion Helles NRW" eine Einsparung an elektrischer Arbeit von etwa 553 GWh in neun Jahren. Damit verbunden war eine CO_2-Reduktion in Höhe von etwa 408 000 t.
Quelle: MWMTV NRW 1998

Tabelle 2.8 Finanzielle Anreize

Instrumententyp	Typischer Einsatzbereich	Erfolgsmerkmale (Zielerreichung, Kosteneffizienz)	Beispiele
Finanzielle / fiskalische Instrumente wie Zuschüsse, gestützte Kredite, Freibeträge, Nachlässe	Wenn ein finanzielles Hemmnis vorliegt. Wenn über einen finanziellen Anreiz eine Signalwirkung und damit ein Anstoß zur Umsetzung erreicht werden soll.	Ist die Zielgruppe über die Existenz des Instruments informiert? Ist das Prozedere einfach und verständlich? Ist der finanzielle Anreiz ausreichend? Ist das jährliche Budget des Instruments mit dem Ziel gekoppelt? Ist klar dargelegt, welche Technologien gefördert werden? Wird diese Liste regelmäßig auf den neuesten Stand gebracht, um den Energieeffizienz-Fortschritt zu berücksichtigen? Ist das Instrument langfristig angelegt, um Planungssicherheit für die Investoren zu gewährleisten?	Über Umlagen finanzierte Zuschläge für Kraft-Wärme-Kopplungsanlagen gemäß KWKG KfW-Effizient-Sanieren-Programm (Deutschland) Programm „Helles NRW" (Deutschland) Steuergutschriften für EnergyStar-Häuser, -Produkte (USA)

Quelle: Wuppertal Institut, nach Ecofys et al. (2006).

Anstelle direkter Zuschüsse oder Kredite können energieeffiziente Technologien und Dienstleistungen auch über Steuernachlässe oder einen ermäßigten Satz der Mehrwertsteuer gefördert werden. Im Sinne von „feebates“ könnten andererseits Geräte oder Anlagen mit einem hohen Energieverbrauch mit einem erhöhten Steuersatz belegt werden, wie es z. B. von der Enquetekommission des Deutschen Bundestages für PKW vorgeschlagen wurde (Enquete 2002).

2.6.3.6 Planerische Instrumente

Zur Steigerung der Energieeffizienz können im Rahmen öffentlich-rechtlicher Planungsverfahren beispielsweise

- Gebäude und Infrastrukturen so angelegt werden, dass die Nutzerinnen und Nutzer von Gebäuden und Infrastruktur möglichst wenige und kurze Wege zurücklegen müssen (Vermeidung von Verkehr);
- Quartiersentwicklungen gezielt energetische Sanierungen mit berücksichtigen;
- langfristige Wärmepläne mit Leitlinien für die zukünftige Wärmeversorgung von Kommunen bzw. Stadtteilen erarbeitet werden, um Gebäudesanierungs-, Neubau- und Wärmeversorgungsaktivitäten aufeinander abstimmen und so Energie- und CO_2-Einsparungmaßnahmen effizienter und effektiver gestalten zu können, und
- Vorranggebiete für die Nah- und Fernwärmeversorgung festgelegt werden.

2.6.3.7 Energieberatung, Energie-Audit

Energieberatung und Energieanalysen wie (Energie-Audits) auch Vor-Ort-Messung, individuelle Energiesparberatung über das Internet, Planungsunterstützung, verbesserte Information zur Energierechnung und ähnliche Angebote helfen den Energieabnehmern, mögliche Energieeffizienzmaßnahmen zu erkennen und zu entwickeln (Tabelle 2.9 und Infotext 2.8).

2.6.3.8 Information und Kommunikation, Motivationskampagnen

Kampagnen zur Motivation und Information können eine wichtige Rolle bei der Bewusstseinsbildung für die Potenziale und Möglichkeiten der Energieeffizienz spielen (vgl. auch Tabelle 2.10).

Es ist allerdings darauf zu achten, dass mit den Kampagnen auch tatsächlich Möglichkeiten zum Handeln bereitgestellt werden, z. B. durch Einbindung von Marktpartnern wie Handel und Handwerk und durch Verwendung von aussagekräftigen Energielabels und informativen Datenbanken bzw. Produktlisten. Andernfalls besteht die Gefahr, dass solche Kampagnen Ratlosigkeit und Enttäuschung bei ihren Zielgruppen erzeugen.

Motivations- und Informationskampagnen können sowohl von staatlichen Stellen, Energieagenturen, Umwelt- und Verbraucherverbänden als auch von Energieunternehmen realisiert werden, oft auch in Kooperation solcher Partner.

Infobox 2.8 Stromsparberatung der dänischen Netzbetreiber für Industrie und GHD-Sektor

Bereits seit 1995 waren die dänischen Energieversorger gesetzlich verpflichtet, nachfrageseitige Energiesparmaßnahmen bei allen Endverbrauchern zu planen und durchzuführen. Mit der Entflechtung der Versorger im Zuge der Liberalisierung ging die Verpflichtung auf die nicht-kommerziellen Netzgesellschaften über. Zunächst waren nur Stromverteiler verpflichtet, seit 2001 gilt die Vorgabe auch für andere Energieträger. Die Umsetzung der Verpflichtung wird durch den Branchenverband der Stromversorger ELFOR koordiniert. Erst seit 2006 werden vom Staat konkrete jährliche Einsparziele festgelegt. Es wird explizit verfügt, dass sowohl allgemeine Information als auch individuelle Beratung angeboten werden müssen. Hauptzielgruppe der Beratungsaktivitäten zur Stromeinsparung sind Industrie- und andere private Unternehmen. Die Netzgesellschaften sind verpflichtet, jährlich bei mindestens 10% ihrer Geschäftskunden mit einem Stromverbrauch von mehr als 20 000 kWh/a eine Energieanalyse (Initialberatung zur Identifizierung der individuellen Einsparpotenziale und -optionen) durchzuführen (Thomas 2007). So wurden im Jahr 2006 zwei Drittel der Einsparung der Stromnetzbetreiber in Industrie und GHD-Sektor erreicht (Togeby et al. 2007). Um eine effiziente Umsetzung anzustoßen, sind die Netzbetreiber verpflichtet, relevante Informationen zu Energieverbrauch, Einspartechnik, durchgeführte Programme und Beratungen und Prämienauszahlungen in Datenbanken zu erfassen. Finanziert werden die Energieanalysen als gemeinwirtschaftliche Verpflichtung über die Netzentgelte, d.h. die Kosten tragen letztlich alle Endverbraucher. Detailberatungen hingegen, etwa zum Einsatz bestimmter Technologien, werden i.d.R. von den betroffenen Endkunden selbst bezahlt (Thomas 2007). Im Jahr 2005 haben die dänischen Stromnetzgesellschaften rund 22 Millionen Euro für DSM-Aktivitäten ausgegeben (dies entspricht € 0,67 â je abgesetzter MWh). Der Großteil dieser Summe wurde für individuelle Beratung verwendet, z. B. für Energieaudits in Industrieunternehmen und im GHD-Sektor. Der Verband der Energieunternehmen (Dansk Energi) schätzt, dass durch die Programme der Stromverbrauch um 3,7% verringert werden konnte (Togeby et al. 2007).

2.6.3.9 Partizipation, Kooperation und Vernetzung

Vernetzende Kommunikation, Kooperation und Partizipation sind Ansatzpunkte, über die Möglichkeit der Mitgestaltung und auch über die Nebeneffekte der Aktivitäten (z. B. Mitbestimmung in Planungsprozessen, kennen lernen anderer Menschen, usw.) Akteure für die Mitwirkung an Prozessen zur Steigerung der Energieeffizienz und zum Energiesparen zu interessieren (Infobox 2.9). Drei wesentliche Parameter sind bei der Gestaltung derartiger vernetzender Kooperations- und Partizipationsprozesse zu beachten (Böde und Gruber 2000):

- die Art und Weise, wie die Akteure miteinander kommunizieren;
- welche Vereinbarungen explizit und implizit für den Prozess getroffen sind und
- auf welche internen und externen Ressourcen zurückgegriffen werden kann.

Für einen nachhaltigen Erfolg derartiger Prozesse ist es zentral, die Vernetzung durch adäquate Institutionen zu fördern.

Tabelle 2.9 Energieberatung, Energie-Audit

Instrumententyp	Typischer Einsatzbereich	Erfolgsmerkmale (Zielerreichung, Kosteneffizienz)	Beispiele
Energieberatung Energie-Audit (Grobanalyse, ggf. Feinanalyse)	Wenn ein Informationsdefizit bezüglich Energieverbrauch und/oder Energieeinsparpotenzialen im Gebäude- oder Produktionsbereich vorliegt.	Ist die Zielgruppe über die Existenz sowie Nutzen und Kosten des Instruments informiert? Bezieht das Instrument alle relevanten Endenergieverbräuche ein? Führt das Instrument zu einer Abschätzung von Energie(kosten)einspa-rungen und notwendigen Investitionen? Ist das Instrument an Dienstleistungsangebote oder Politiken und Maßnahmen zur Umsetzungsunterstützung angebunden?	Finnisches Energie Audit Programm (EAP) der Energieagentur MOTIVA mit geschickter Verknüpfung von freiwilligen Vereinbarungen, Energieberatung, Energieanalyse und Umsetzung im Contracting; Internationale Beispiele z. B. aus Indonesien, Indien, China

Quelle: Wuppertal Institut, nach Ecofys et al. (2006).

Tabelle 2.10 Information und Kommunikation, Motivationskampagnen

Instrumententyp	Typischer Einsatzbereich	Erfolgsmerkmale (Zielerreichung, Kosteneffizienz)	Beispiele
Information, Motivation	Wenn ein Informations- oder Wissensdefizit vorliegt. Wenn die Motivation zur Energieeinsparung gesteigert werden soll.	Ist die Information für die jeweilige Zielgruppe spezifisch aufbereitet? Bestehen klare Verknüpfungen zu anderen Instrumenten?	Informationskampagnen von und Beratungen durch Energieagenturen, Verbraucherzentralen, Programmakteure und weitere Nichtregierungsorganisationen Informationsaktivitäten von Ländern, Kommunen, Handwerk, Handel, Energieunternehmen und weiteren Industrieunternehmen

Quelle: Wuppertal Institut, nach Ecofys et al. (2006).

Infobox 2.9 Modell Hohenlohe

Mit dem Energiemodell Hohenlohe wurden im Auftrag des Ministeriums für Umwelt und Verkehr Baden-Württemberg die in der Schweiz gewonnenen positiven Erfahrungen eines lokalen lernenden Netzwerkes im Bereich Energieeffizienz in Form eines Demonstrationsvorhabens zunächst auf eine Region in Baden-Württemberg übertragen. An dem Projekt nahmen 17 kleine und mittlere Unternehmen (KMU) aus mehreren Branchen teil. Das gemeinsam definierte Ziel war es, durch Erfahrungsaustausch unter den Teilnehmern sowie durch externe technische Unterstützung die Nutzung bisher brachliegender Energieeffizienz-Potenziale zu fördern und eine CO_2-Minderung als Beitrag zur Erreichung der weltweiten Klimaziele zu leisten. Zu Beginn des Projekts erfolgte eine energietechnische Bestandsaufnahme der Betriebe mit Betriebsbegehungen, Initialberatungen und einer schriftlichen Empfehlung möglicher Effizienzmaßnahmen. Der Erfahrungsaustausch erfolgte in regelmäßigen Treffen der beteiligten Firmen, welche von einem energietechnischen Experten moderiert wurden. Als Gesamtziel wurde eine Verbesserung der Energieeffizienz für die 20 Betriebe um 7% und eine CO_2-Minderung um 8% binnen vier Jahren bis 2005 formuliert.

Erste Erfolge des Energiemodells zeigten sich bereits in den Zwischenergebnissen zwei Jahre nach Projektstart. Während sich der temperaturbereinigte Gesamtenergiebedarf um 8,1 GWh (oder 4,0%) in den zwei Jahren erhöhte, stagnierte der Strombedarf auf dem Niveau von 140 GWh. Die CO_2-Emissionen stagnierten aufgrund der hohen spezifischen Stromeinsparungen in 2002 bei gut 95 000 t CO_2 und nahmen in 2003 lediglich um 1 600 t CO_2 zu (oder rund 1,7% bei gut 4% Umsatzwachstum). Die Energieeffizienz, d.h. der spezifische Energiebedarf der beteiligten Betriebe, verbesserte sich in den zwei beobachteten Jahren um jeweils 1,4% und somit pro Jahr etwa doppelt so schnell wie im Durchschnitt der Industrie in den letzten 10 Jahren. Da die Gesamtzielsetzung zur Verbesserung der Energieeffizienz über den Bewilligungszeitraum hinausreichte, können auf der Basis von neun Unternehmen auch Daten zur Energieeinsparung im Modell Hohenlohe bis 2007 genannt werden: Im Jahr 2007 liegt die realisierte Energieeinsparung im Vergleich zum Bezugsjahr 2001 bei 20,1%, geplant waren lediglich 10%. Die CO_2-Reduktion beträgt ab 2007 ca. 17 000 t pro Jahr, die Energiekostenreduktion beläuft sich ab 2007 auf ca. 120 000 € pro Jahr und der Gewinn pro reduzierter Tonne CO_2 liegt bei 10 bis 20 € (Bradke 2009).

2.6.3.10 Öffentliche Beschaffung/Kooperative Beschaffung

Dieses Instrument betrifft einerseits öffentliche Verwaltungen und Einrichtungen, andererseits aber auch größere private Unternehmen. Neben den eigenen Energie- und Kosteneinsparungen kann insbesondere die öffentliche Hand dieses Instrument auch nutzen, um mit der eigenen Marktmacht das Angebot an Produkten und Baupraktiken für den allgemeinen Markt in Richtung mehr Energieeffizienz zu bewegen (vgl. Borg et al. 2003) (vgl. auch Tabelle 2.11 und Infobox 2.10).

Denn die Entwicklung und Markteinführung neuer, noch energieeffizienterer Produkte und technischer Lösungen und die Verbreitung der besten verfügbaren Technik auf dem Markt kann sehr gut von der Nachfrageseite her stimuliert werden („demand pull" gegenüber dem klassischen „supply push" der finanziellen Förderung von Forschung, Entwicklung, Demonstration). Ein solcher Nachfragesog kann neben der energieeffizienten öffentlichen Beschaffung auch durch Bündelung

Tabelle 2.11 Öffentliche Beschaffung/Kooperative Beschaffung

Instrumententyp	Typischer Einsatzbereich	Erfolgsmerkmale (Zielerreichung, Kosteneffizienz)	Beispiele
Kooperative Beschaffung, öffentliche Beschaffung, „Technology Procurement"	Wenn ausreichende Möglichkeiten zur Bündelung von Nachfrage zur Einflussnahme auf das Angebot von Energieeffizienz-Technologien oder -Dienstleistungen bestehen.	Wird das Beschaffungsprogramm qualifiziert und engagiert gemanagt? Können Käufer- und Anbietergruppen motiviert werden? Können Entwicklungen hin zu neuen energieeffizienteren Technologien oder neuen Energieeffizienz-Dienstleistungen angestoßen werden?	Energy+

Quelle: Wuppertal Institut, nach Ecofys et al. (2006).

der Nachfrage verschiedener Unternehmen und Behörden ausgelöst werden. Die Methode der Nachfragebündelung wurde besonders in Schweden, aber auch auf europäischer Ebene erfolgreich erprobt (vgl. z. B. das Projekt Energy+ im Auftrag der Europäischen Kommission). Sie erfordert einen unabhängigen Moderator und Koordinator.

Infobox 2.10 Federal Energy Management Program (FEMP) der USA

Das FEMP des US-amerikanischen Energieministeriums (USDOE) unterstützt seit 1973 US amerikanische Bundesbehörden darin, ihren Energieverbrauch zu reduzieren und Energiekosten und Emissionen in öffentlichen Gebäuden zu senken. Die Bundesbehörden müssen in Bezug auf Energieeffizienz und Wassereinsparungen sowie den Verbrauch von erneuerbaren Energien bestimmte Anforderungen erfüllen. Um die Behörden bei ihrer Zielerreichung zu unterstützen, koordiniert das USDOE/FEMP die staatlichen Energierichtlinien, stellt technische Unterstützung zur Verfügung, fördert die Umsetzung und Finanzierung im Rahmen von Einspar-Contracting, misst und erstellt Berichte über die erreichten Ziele und vergibt jährlich Auszeichnungen. Zudem nimmt die Behörde im Rahmen des FEMP unabhängige Verifizierungen der erreichten Energieeinsparungen vor und führt Programme zur Bewusstseinsbildung der Angestellten durch.

Durch die regierungsweite Anwendung übernimmt das FEMP-Programm eine Vorreiterrolle für andere Gebäudeeigentümer und ermöglicht den Markteintritt für neue Technologien und Energieanbieter. Durch das Programm sank der Energieverbrauch in den Regierungsgebäuden von 1985 bis 2004 um 25,6%. Der Verbrauch von erneuerbarer Energie stieg von 0,05% auf mehr als 2,5% (2005) an und die Kohlenstoffemissionen konnten um 19% vermindert werden. Insgesamt wurden seit 1985 6,8 Mrd. Dollar in die Energieeffizienzverbesserung investiert, wodurch jährlich 1,4 Mrd. Dollar an Energiekosten eingespart werden konnten. Das heißt, jeder investierte Dollar brachte letztendlich vier Dollar ein (Harris und Shearer 2006).

Eine weitere Form freiwilliger Kooperation sind Partnerschaften für energieeffizientere Technik, z. B. Herstellerkonsortien oder Partnerschaften zwischen Regierungen und Herstellern. Ein Beispiel ist das Consortium for Energy Efficiency (CEE) in den USA.

2.6.3.11 Forschung und Innovation

Die finanzielle Förderung von Forschung und Entwicklung hat letztlich drei Ziele:

- (Weiter-) Entwicklung innovativer Energieeffizienz-Technologien und -Dienstleistungen;
- Erforschung von Umsetzungsbedingungen und Umsetzungsprozessen;
- Verknüpfung von Entwicklungs-, Umsetzungs- und Umsetzungsbegleitforschung.

2.6.3.12 Bildung und Qualifizierung

Das Einbeziehen von Energieeffizienz-Themen in der Schule wie in der Berufsausbildung und Weiterbildung (vgl. Infobox 2.11) insbesondere von Handwerkern, Architekten sowie Ingenieuren (z. B. hinsichtlich der Methoden der integralen Planung zur Energieverbrauchsminimierung) ist von großer Bedeutung für die Verbreitung von Energieeffizienz-Technologien und -Dienstleistungen sowie für den Aufbau von Know how zur Entwicklung von Energieeffizienz-Innovationen.

2.6.3.13 Abbau rechtlicher Hemmnisse

Produkt- und Produktionsstandards werden auch durch Rahmenregelungen geschaffen, die auf den ersten Blick nichts mit Energieeffizienz zu tun haben. Hierzu gehören z. B. die Honorarordnung für Architekten und Ingenieure (HOAI) und die Handwerksordnungen.

In der HOAI existiert zwar mittlerweile die Möglichkeit, für besondere Beratungsleistungen zum Energiesparen ein gesondertes Honorar zu vereinbaren und so einen Anreiz für die Planerinnen und Planer zur Minimierung des Energiebedarfs zu setzen. Allerdings ist dies nur eine Kann-Leistung. Das Honorar für die „normalen" Leistungen ist jedoch immer noch an die Investitionssumme gekoppelt. Damit besteht weiter ein Anreiz, möglichst viel Technik einzubauen. Viel Technik verbraucht jedoch oft auch viel Energie.

Die Handwerksordnung verhindert z. T. immer noch Angebote aus einer Hand, so dass mehrere Firmen koordiniert werden müssen. Dies ist ein Transaktionshemmnis für Energieeffizienzmaßnahmen in Gebäuden und Anlagen. Hier ist offensichtlich der Gesetzgeber gefordert, die Anreize für Planer und Handwerk kompatibler mit mehr Energieeffizienz zu machen.

Infobox 2.11 Das RAVEL-Programm in der Schweiz

Das Impulsprogramm RAVEL – Rationelle Verwendung von Elektrizität – war Teil des schweizerischen Aktionsprogramms „Bau und Energie“, das von 1990 bis 1995 in enger Kooperation von Wirtschaft, Schulen und Politik durchgeführt wurde. Im Zentrum des Programms stand die berufsbegleitende Information und Weiterbildung von Fachleuten. Im Rahmen von RAVEL wurden zunächst zahlreiche Forschungs- und Untersuchungsprojekte über Möglichkeiten der rationellen Stromverwendung in Industrie, Dienstleistung und Haushalt initiiert, um die Wissensbasis zu diesem Themenkomplex zu verbreitern. Die in diesen Projekten gewonnenen Erkenntnisse dienten dann als Basis für die Entwicklung von allgemeinen Informations- und insbesondere Aus- und Weiterbildungsmaterialien. Die Wissensvermittlung erfolgte in erster Linie durch Publikationen, Weiterbildungskurse und Informationsveranstaltungen (z. B. jährlich eine großangelegte Tagung zu einem bestimmten Thema) und legte besonderen Wert auf die praxisgerechte Aufarbeitung des Wissens und folglich die direkte Anwendbarkeit in der täglichen Praxis.

Ziel war es, mit relativ geringem Mitteleinsatz (ca. 25 Mio. CHF) eine große Wirkung zu erzielen, indem der Impuls über den Weg der beruflichen Weiterbildung gesetzt wurde. Auch wenn eine Quantifizierung der durch RAVEL ausgelösten Stromeinsparungen nicht möglich war, konnte im fünften Jahr des Programms dennoch eine positive Bilanz gezogen werden: 300 Ideenträger haben als Projektleiter und Referenten zur Verbreiterung und Aufbereitung des Wissens beigetragen, über 4 000 Fachleute wurden animiert, sich in mehr als 10 000 Kurstagen eine neue Kompetenzgrundlage zu erarbeiten, mehr als 100 000 RAVEL-Fachbücher fanden interessierte Käufer. Dadurch konnten in verschiedenen, für den Energieverbrauch relevanten Branchen Kerngruppen aktiviert werden, die groß genug sind, um in ihrem Umfeld eine eigendynamische Wissensverbreitung auszulösen. Als weiterführendes Ziel wurde 1995 festgelegt, dass RAVEL in die Erstausbildung auf allen Stufen der Fach- und Berufsschulen integriert werden soll.

2.7 Instrumentenpakete der Energieeffizienzpolitik

2.7.1 Instrumentenpakete als Antwort auf die Vielfalt der Akteure, Hemmnisse und Anreize

Wie in Abschn. 2.6.1 bereits herausgearbeitet wurde, können die Hemmnisse der Energieeffizienz nur durch die gezielte Kombination verschiedener Instrumente (Politikpakete) überwunden werden. Um sie breit zu überwinden, reichen in der Regel einzelne Politikinstrumente – seien es Vorschriften, Informations- und Beratungsangebote oder Zuschüsse – alleine nicht aus. Auch die Internalisierung externer Kosten in die Energiepreise ist zwar eine notwendige, aber keine hinreichende Bedingung. Viele Hemmnisse sind nämlich nicht allein mit Hilfe des Preismechanismus zu überwinden – insbesondere dann nicht, wenn die Preisentwicklung kontinuierlich in kleinen Schritten erfolgt.

Trotz viel versprechender Ansätze ist eine breite Überwindung der in Abschn. 2.1.3 dargestellten Hemmnisse erst in einigen Ländern in manchen Bereichen

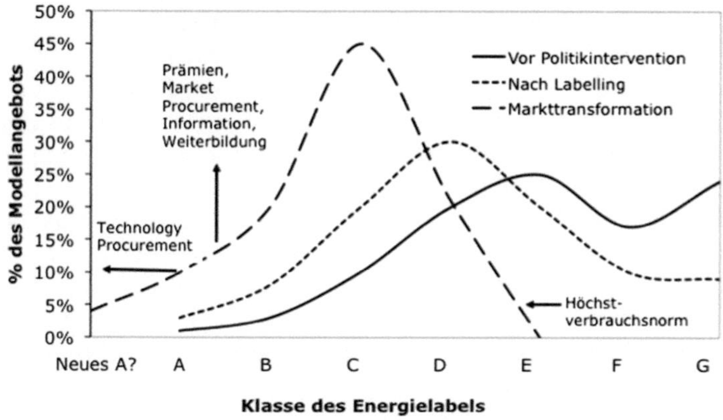

Abb. 2.7 Die Bedeutung von Energielabels, Höchstverbrauchsnormen, Prämien und Nachfragebündelung für die Markttransformationeigene Übersetzung und Aktualisierung nach ECU 1997

gelungen. Für ein solches Bündel von Politikinstrumenten und Maßnahmen muss in der Regel eine Vielzahl von Akteuren eingebunden werden, die gemeinsam an unterschiedlichen Punkten ansetzen und erst damit die verschiedenen Zielgruppen adäquat erreichen können.

Am weitesten fortgeschritten ist die Diskussion diesbezüglich sicher im Bereich der elektrischen Haushaltsgroßgeräte (vgl. z. B. ECU 1997, 9 ff.; OECD/IEA 2003, 147 f.). Das Politikinstrumente-Paket, das sich aus dieser Diskussion herauskristallisiert hat, kombiniert Information, Motivation und Weiterbildung, ökonomische Anreize, Regulierung und Unterstützung für die Marktakteure. Es enthält insbesondere die folgenden Instrumente, deren Zusammenwirken in Abb. 2.7 verdeutlicht wird:

Die Information, die von einem Energielabel bereitgestellt wird (z. B. dem EU-Label für Hausgeräte mit den Klassen A bis G oder dem GED-Label für Unterhaltungs-, Informations- und Kommunikationselektronik), unterstützt die Verbraucherinnen und Verbraucher bei der Auswahl energieeffizienter Geräte und kann somit eine erste Veränderung des Markts in Richtung mehr Energieeffizienz bewirken (vgl. schematische Kurve „nach Labelling“ in Abb. 2.7).

Regierungen, Energieunternehmen, Verbraucherverbände und andere können diesen Effekt durch Informations- und Weiterbildungsprogramme – für Konsumenten sowie Verkäufer im Einzelhandel – verstärken. Dabei geht es darum, die Kenntnis des Labels zu erhöhen und die ökonomischen Vorteile des Kaufs und Verkaufs sparsamerer Geräte herauszustellen.

Ein Prämienprogramm von Regierung oder Energieunternehmen kann die Aufmerksamkeit der Kunden noch stärker auf die wirtschaftlichen Vorteile der sparsamsten Geräte lenken, so dass sie sich auch im Geschäft während der Kaufentscheidung daran erinnern. Ein gutes Beispiel ist das von 2000 bis 2003 von der niederländischen Regierung realisierte Förderprogramm für Geräte mit dem EU-Label

Klasse A, ab 2003 bei Kühl- und Gefriergeräten nur noch A+ und A++. Eine solche Prämie wirkt bei weitem nicht nur als einfacher finanzieller Anreiz, sondern erheblich stärker als zusätzliches „Gütezeichen“ für die Kundinnen und Kunden (Wuppertal Institut/BEM 1995). Ein Prämienprogramm sollte auf einem Energielabel aufsetzen, um die Kriterien einfach zu vermitteln, und Informations- und Weiterbildungskampagnen umfassen.

Umweltfreundliche bzw. nachhaltige Beschaffung durch die öffentliche Hand und durch private Unternehmen kann ebenfalls den Marktanteil der sparsamsten Modelle – möglicherweise erheblich – ausweiten. Das Federal Energy Management Program (FEMP) der Bundesregierung der USA zeigt, wie die Politik die dezentralen Beschaffungsstellen dabei unterstützen kann, energieeffiziente Lösungen auszuwählen (Borg 2003; Infobox 2.10).

Eine gesetzlich verordnete oder freiwillig vereinbarte Höchstverbrauchsnorm wird ebenfalls den Effekt eines Energielabels verstärken. In der EU war es aufgrund der politischen Prozesse der Aushandlung von Richtlinien oder freiwilligen Vereinbarungen bisher in der Regel nur möglich, mittels Höchstverbrauchsnormen die am wenigsten energieeffizienten Produkte vom Markt zu nehmen. Es gibt aber auch Beispiele für ehrgeizigere Ziele, die mit Höchstverbrauchsnormen erreicht wurden, z. B. die Top Runner Standards in Japan, die sich an den zum Zeitpunkt der Formulierung effizientesten Modellen orientieren (OECD/IEA 2000, 157 ff), oder die US-amerikanische Höchstverbrauchsnorm für Kühl- und Gefriergeräte von 2001 (OECD/IEA 2003, 81; 89 f.). Mit den Durchführungsmaßnahmen der Ökodesign-Richtlinie wird es der EU wahrscheinlich gelingen, die Höchstverbrauchsnormen für Haushaltsgeräte stärker in Richtung einer Minimierung der Lebenszykluskosten aus Verbrauchersicht zu verschieben und somit ein ähnliches oder sogar niedrigeres Energieverbrauchsniveau zu erreichen als der Top Runner Standard in Japan.

Schließlich kann die Politik die Entwicklung neuer, noch effizienterer Geräte fördern. Neben der klassischen Forschungs- und Entwicklungsförderung („Supply push“) bringt oft die Unterstützung für die Markteinführung durch Nachfragebündelung (co-operative procurement, entweder als market procurement bezogen auf die besten bereits auf dem Markt verfügbaren Modelle oder als technology procurement bezogen auf neue, noch effizientere Geräte) bessere Erfolge. Erfolgreiche Beispiele sind das europäische Energy+ Projekt (Energy+ 2005) und das Projekt des US-amerikanischen Energieministeriums zu kurzen Energiesparlampen (Sub-CFLs; Holloman 2002, 6.129 ff.).

Abbildung 2.7 zeigt schematisch am Beispiel des europäischen Hausgerätemarkts, wie eine solche Kombination von Politikinstrumenten den Markt zu den energieeffizientesten Modellen verschiebt, die zum Zeitpunkt der Einführung des Energielabels verfügbar waren (Energieklasse A), und sogar darüber hinaus zu noch besserer Energieeffizienz (A+ und A++ bei Kühl-Gefriergeräten). Energielabel und Höchstverbrauchsnorm sollten nach einigen Jahren angepasst werden, um den erreichten Fortschritt zu berücksichtigen und weitere Bewegung zu ermöglichen.

Infobox 2.12 Mögliches Politik-Paket zur Förderung des Einsatzes hoch effizienter Heizungsumwälzpumpen

In vielen Fällen macht die Optimierung des Heizungsnetzes durch eine Optimierung von Steuerung und Regelung inklusive des so genannten hydraulischen Abgleichs einen Großteil der eingesetzten Heizungsumwälzpumpen überflüssig. Weitere umfangreiche Energieeinsparungen ergeben sich durch den Ersatz der verbleibenden Pumpen durch Hocheffizienzpumpen.

Die Energieeinsparung durch die Hocheffizienzpumpe und die parallel durchgeführten Optimierungsmaßnahmen liegt bei einem Ein- oder Zweifamilienhaus jedes Jahr bei bis zu 400 Kilowattstunden Strom und 2 500 Kilowattstunden Wärmeenergieträger. Das entspricht einer Kosteneinsparung von etwa 250 Euro pro Jahr – bei steigenden Energiekosten entsprechend mehr. Die Maßnahmen rechnet sich nach etwa drei bis vier Jahren und bei größeren Gebäuden nach etwa vier bis sieben Jahren (Irrek und Thomas 2006, Stadt Wien 2007a / 2007b, Stiftung Warentest 2007).

Diese vorteilhafte Lösung wird in vielen Fällen aber noch nicht realisiert, da immer noch wenige Handwerksbetriebe die energieeffiziente, nur in der Anschaffung teurere Pumpe anbieten. Zum Teil liegt dies an unzureichender Kenntnis, zum Teil am Aufwand, die Kunden bei der Pumpenwahl zu beraten und sie davon zu überzeugen, dass eine Optimierung des Heizkreislaufs im Zuge des Pumpentauschs sinnvoll ist.

Die Hersteller und Händler können zudem nicht unbedingt eine höhere Marge durch den Verkauf der teureren Pumpen im Markt erzielen, solange die Stückzahlen gering sind und die Herstellung teuer ist.

Gebäudeeigentümer kennen die Optimierungsmöglichkeiten bei einer Heizungs- und Warmwassererzeugungsanlage nicht und machen sich nicht die Mühe, sich über mögliche Pumpen für ihre Heizungsanlagen zu informieren, deren Kosten zu vergleichen und schließlich diejenige Lösung mit den niedrigsten Lebenszykluskosten zu wählen. Schließlich eilt es oft, wenn die Heizungsumwälzpumpe im Winter plötzlich ausfällt und ersetzt werden muss.

An diesen Hemmnissen kann die Politik ansetzen, aber auch andere gesellschaftliche Akteure, und Energieeffizienz-Aktivitäten entfalten. Wie die Erfahrungen aus Förderprogrammen in Hannover und Bremen zeigen, reichen befristete finanzielle Zuschüsse zur Anschaffung der hoch effizienten Pumpen und zur Durchführung des hydraulischen Abgleichs alleine nicht aus. Sie müssen, um in der Breite wirksamer zu werden, mit flankierenden Maßnahmen verknüpft werden wie beispielsweise Schulungen, Informationskampagnen, Veränderungen der öffentlichen Beschaffungsrichtlinien, kooperativen Beschaffungsaktionen, etc. So kann es gelingen, den Marktanteil der effizienten Pumpen schrittweise zu erhöhen. Dann sind Mindesteffizienzstandards möglich, die diese Pumpen letztlich zur Standardtechnik machen. Auch Produktkennzeichnungen sind dann weiterhin sinnvoll.

Auch nach erfolgreicher Markttransformation bei den Pumpen selbst bleibt jedoch die Aufgabe, die Heizsysteme insgesamt zu optimieren, vor allem in größeren Gebäuden. Das Paket aus Werbung, Beratung, Förderung, Aus- und Weiterbildung sollte hier also weiterhin wirken, bis alle Gebäude optimiert sind. Das kann 10 bis 20 Jahre dauern.

2.7.2 Politikinstrumenten-Pakete in Deutschland und Europa

2.7.2.1 Europäische Energieeffizienzpolitik

Das Thema „Energieeffizienz" ist in den letzten Jahren auf europäischer Ebene verstärkt diskutiert worden – es ist in der EU jedoch nicht neu. Bereits 1992 wurden Richtlinien über die Wirkungsgrade von Warmwasserheizkesseln (92/42/EG) sowie über die Energiekennzeichnung (92/75/EG) erlassen.

Nach dem derzeitigen „Aktionsplan für Energieeffizienz: Das Potenzial ausschöpfen" vom 19. Oktober 2006 (KOM/2006/545), der bis Anfang 2011 spätestens überarbeitet werden soll, hat die EU sich verpflichtet, im Vergleich zu den Prognosen 20 Prozent ihres jährlichen Verbrauchs an Primärenergie bis zum Jahr 2020 einzusparen. Der Aktionsplan enthält die folgenden wesentlichen Elemente, zu denen zahlreiche Einzelmaßnahmen geplant wurden:

- Mit einem umfassenden Regelwerk von Richtlinien und Verordnungen sollen dynamische Anforderungen an die Energieeffizienz von Energie verbrauchenden Produkten, Gebäuden und Energiedienstleistungen gesetzt werden.
- Mit Hilfe des EU-Emissionshandels, der Richtlinie 2004/8/EG über die Förderung der Kraft-Wärme-Kopplung und weiteren Maßnahmen soll die Effizienz von Stromerzeugung und -verteilung erhöht werden. Allgemeines Ziel ist die Verbesserung der Energieumwandlung.
- Im Verkehrsbereich soll durch die Verbesserung der Effizienz von Pkw, Vorschriften bzw. Normen bezüglich Bereifung und Reifendruck und weiteren Maßnahmen die Energieeffizienz gesteigert werden.
- Finanzielle Hemmnisse sollen abgebaut und wirtschaftliche Anreize gesetzt werden, da viele Maßnahmen wegen finanzieller Hindernisse nicht ergriffen würden, auch wenn sie im Prinzip wirtschaftlich erscheinen. Dies gelte nicht zuletzt für kleine und mittlere Unternehmen.
- Eine generelle Änderung im Umgang mit Energie soll nicht zuletzt durch Sensibilisierung der Öffentlichkeit, Bildungsmaßnahmen und die Vorbildfunktion der öffentlichen Hand erreicht werden.
- Die EU soll darüber hinaus ihre bilaterale und internationale Handels- und Entwicklungspolitik, Abkommen und Verträge sowie andere Instrumente (einschließlich Dialog) darauf ausrichten, die Entwicklung und den Einsatz energieeffizienter Technologien und Verfahren zu fördern.

Bedeutende Richtlinien zur Steigerung der Energieeffizienz sind derzeit (Stand: August 2010):

- Kraft-Wärme-Kopplungs-Richtlinie vom 11. Februar 2004 (2004/8/EG),
- Richtlinie über Endenergieeffizienz und Energiedienstleistungen vom 5. April 2006 (2006/32/EG), die die Rolle von Energieunternehmen und von Energiedienstleistungen für das Erreichen von Endenergieeffizienzsteigerungen betont. Die Richtlinie gibt den Mitgliedstaaten als unverbindliches Ziel vor, im Zeitraum

2008 bis 2016 mindestens 9% Endenergieeinsparung gegenüber dem jährlichem Durchschnittsverbrauch vor Umsetzung der Richtlinie in den von der Richtlinie betroffenen Bereichen (ohne dem Emissionshandel unterworfene Industrie und Teilen des Militärs) durch Energiedienstleistungen und andere Energieeffizienzmaßnahmen zu erreichen und über das Erreichen oder Nichterreichen dieses Ziels und die in diesem Rahmen durchgeführten Maßnahmen in einem Nationalen Energieeffizienz-Aktionsplan (NEEAP) zu berichten. Die mögliche zukünftige Festlegung eines verbindlichen Energieeffizienzziels ist derzeit noch umstritten.
- Richtlinie vom 16. Dezember 2002 über die Gesamtenergieeffizienz von Gebäuden (2002/91/EG), die im Jahr 2010 überarbeitet wurde (2010/31/Eu). Die Anforderungen der „Gebäude-Richtlinie“ (Obergrenzen für den Energieverbrauch von Neubauten für Heizung sowie in Nichtwohngebäuden für Lüftung, Klima und Beleuchtung; Anforderungen auch bei umfangreichen Renovierungen größerer Gebäude; Einführung von Energieausweisen und Pflicht, sie bei Vermietung und Verkauf auf Verlangen vorzuzeigen; Pflichten zur regelmäßigen Überprüfung von Heiz- und Klimaanlagen) werden in Deutschland letztlich durch die Energieeinsparverordnung (EnEV) umgesetzt, die in Folge der Überarbeitung der ‚Gebäude-Richtlinie' etwa im Jahr 2012 novelliert werden muss.
- Besondere Wirkungen in Bezug auf zukünftige Energieeffizienzsteigerungen bei Geräten und Anlagen sind von der *Ökodesign-Richtlinie* (Energie betriebene Produkte-Richtlinie, 2005/32/EG, neugefasst als Richtlinie 2009/125/EG für die Festlegung von Anforderungen an die umweltgerechte Gestaltung energieverbrauchsrelevanter Produkte) zu erwarten. Im Rahmen der Ökodesign-Richtlinie legt die EU-Kommission Anforderungen an Energieeffizienz und andere Umweltwirkungen von energiebetriebenen Produkten (z. B. Strom betriebene Geräte, Heizungen und Warmwasserbereiter) und zukünftig auch von energieverbrauchsrelevanten Produkten (z. B. Fenster, Wärmedämmstoffe) fest. Sie greift damit die bisherige Praxis vereinzelter Ansätze zur Festlegung von Höchstverbrauchsnormen und Vorschriften zur Energiekennzeichnung in verschiedenen Richtlinien auf und plant die Festlegung von Anforderungen an alle Energie betriebenen und energieverbrauchsrelevanten Produkte, von denen jährlich mehr als 200 000 Stück in der EU verkauft werden.

2.7.2.2 Energieeffizienzpolitik in Deutschland

In Deutschland werden Politiken und Maßnahmen zur Steigerung der Energieeffizienz auf allen Ebenen des föderalen Systems umgesetzt, sowohl auf Bundesebene, auf Ebene der Bundesländer und auf kommunaler Ebene.

Im folgenden beschränkt sich die Darstellung auf das Integrierte Energie- und Klimaprogramm (IEKP) und den Nationalen Energieeffizienz-Aktionsplan (NEEAP) der Bundesregierung. Länderaktivitäten sowie kommunale Aktivitäten sind teilweise erforderlich, um die in den Bundesprogrammen enthaltenen Ziele zu erreichen und die Energieeffizienzsteigerungen vor Ort auch umzusetzen. Teilweise ergänzen oder verstärken sie die Bundesmaßnahmen und setzen zusätzliche Impulse in von Bundesprogrammen noch nicht abgedeckten Bereichen.

Das Integrierte Energie- und Klimaprogramm (IEKP) der deutschen Bundesregierung vom 5. Dezember 2007 umfasst 29 Maßnahmen vor allem zugunsten von Energieeffizienz und Erneuerbaren Energien. Es soll dazu beitragen, dass die Ziele der Bundesregierung (u.a. 40% Treibhausgasminderung von 1990 bis 2020, 11% niedrigerer Stromverbrauch in 2020 gegenüber 2006, etwa 15% weniger Wärmeenergieverbrauch in 2020 gegenüber 2005) erreicht werden. Wesentliche Elemente im Bereich Energieeffizienz sind:

- Der Ausbau der Kraft-Wärme-Kopplung (KWK) bis 2020 auf ca. 25% Anteil hoch effizienter KWK-Anlagen an der Stromproduktion;
- Schrittweise Erhöhung der energetischen Anforderungen der Energieeinsparverordnung (EnEV) auf Basis des Energieeinspargesetzes (EnEG) im Rahmen des wirtschaftlich Vertretbaren;
- Energetische Sanierung von Bundesbauten;
- Einsatz der Bundesregierung für ambitionierte Standardsetzungen im Rahmen der Ökodesign-Richtlinie, deren Rahmen mit dem Energie betriebene Produkte-Gesetz (EBPG) in Deutschland bereits umgesetzt wurde;
- Förderprogramme zu Maßnahmen an gewerblichen Kälteanlagen und zu Klimaschutzmaßnahmen in sozialen, kulturellen und öffentlichen Einrichtungen, sowie zur energetischen Sanierung von Gebäuden (Verstetigung und Weiterentwicklung des KfW-CO_2-Gebäudesanierungsprogramms);
- Novelle der Heizkostenverordnung mit Erhöhung des verbrauchsabhängigen Anteils bei der Abrechnung und Ausnahme für Passivhäuser. Eine Novelle des Mietrechts zur (Wieder-) Ermöglichung von Contracting im Mietwohnungsbau steht noch aus;
- Einführung moderner Energiemanagement-Systeme;
- Förderung von Forschung und Entwicklung;
- Einführung intelligenter Stromzähler, wobei die Wirkungen auf den Energieverbrauch hier noch unklar sind;
- Novelle des Lkw-Mautgesetzes und der Mauthöhenverordnung.

Darüber hinaus enthalten die Politikinstrumente zur Förderung erneuerbarer Energien verzahnende Elemente mit dem Energieeffizienzbereich. Beispielsweise können Anforderungen hinsichtlich des Einsatzes erneuerbarer Energien zur Wärmeversorgung von Neubauten (Erneuerbare Energien Wärme Gesetz - EEWärmeG) durch Energieeffizienzsteigerungen kompensiert werden und es existieren Boni für Energieeffizienzmaßnahmen im Marktanreizprogramm zur Förderung erneuerbarer Energien (MAP) (zu diesen und weiteren Verzahnungen zwischen erneuerbaren Energien und Energieeffizienz, ihrer Analyse und Kritik vgl. auch Pehnt et al. 2009).

Der Nationale Energieeffizienz-Aktionsplan (NEEAP) der deutschen Bundesregierung wurde aufgrund der Berichterstattungspflicht gegenüber der EU in Bezug auf die Richtlinie über Endenergieeffizienz und Energiedienstleistungen vom 5. April 2006 (2006/32/EG, ESD-Energy Service Directive) erstellt. Die Anforderungen der Richtlinie selbst sind in Deutschland noch nicht vollständig umgesetzt worden. Hierzu soll das derzeit (Stand: August 2010) geplante und bereits im Entwurf vorliegende Gesetz über Energiedienstleistungen und andere Energieeffizienzmaßnahmen (EDL-G) dienen.

Der NEEAP wurde im September 2007 an die EU gesandt und anschließend notifiziert und publiziert. Er enthält insgesamt 65 nach Sektoren strukturierte Maßnahmen, die bereits implementiert sind, und 32 Maßnahmen, deren Umsetzung für den Erfüllungszeitraum der ESD geplant ist. Die für die Umsetzung und Weiterentwicklung des Plans verantwortliche Institution ist das Bundesministerium für Wirtschaft und Technik (BMWi). 2008 wurde eine Energieeffizienzstelle beim Bundesamt für Wirtschaft und Ausfuhrkontrolle (BAFA) eingerichtet.

Der Plan enthält ein Einsparziel an Endenergie von 9% auf der Basis des Mittelwerts des jährlichen Endenergieverbrauchs in der Periode 2001–2005 (BMWI 2007). Abhängig vom verwendeten Konversionsfaktor für Strom liegt das Einsparziel für 2016 bei 833 PJ (Faktor 1) bzw. 1 080 PJ (Faktor 2,5). Das Zwischenziel für 2010 beläuft sich anteilig abgeleitet aus dem 9%-Gesamtziel auf 510 PJ (Faktor 1) bzw. 659 PJ (Faktor 2,5).

Der Anteil bereits bestehender Maßnahmen („early actions") und der daraus bis 2008 schon erzielten Einsparungen im bundesdeutschen NEEAP wird mit 45% des Einsparziels angegeben (BMWI 2007). Dies würde bedeuten, dass in den Jahren 2008 bis 2016 zum Erreichen des Richtwerts der ESD nur noch 55% des Einsparziels, also eine Endenergieeinsparung in Höhe von 5% bzw. 0,6%/a des jährlichen Verbrauchs der Jahre 2001 bis 2005 zusätzlich noch erschlossen werden müsste.

Dies soll mit Hilfe der 65 bestehenden und 32 neuen Maßnahmen in allen Sektoren geschehen (BMWi 2007).

2.8 Monitoring und Evaluation

2.8.1 Monitoring und Evaluation von Politiken und Maßnahmen

Monitoring und Evaluation von Politiken und Maßnahmen sind erforderlich, um deren Wirkung zu kennen: Haben sie ihre Ziele erreicht? Wo gibt es Bedarf und Ansatzpunkte zur Verbesserung der Instrumente? Generell sind daher bei Evaluationen Wirkungs- und Prozessanalysen zu unterscheiden:

- Wirkungsanalysen schauen auf Effektivität, Effizienz, Verteilungsfragen und Akzeptanz, Nebeneffekte und Wechselwirkungen von Politiken und Maßnahmen.
- Prozessanalysen blicken auf die Prozesse der Zielsetzung, Instrumentenauswahl, Implementierung und Situationsanpassung während der Umsetzung.

Wie sieht es in der Praxis aus? Gesetzesfolgenabschätzungen ex ante werden in Deutschland bisher nicht so systematisch betrieben wie in angelsächsischen Ländern und auf EU-Ebene mit dem sogenannten „Impact Assessment" (http://ec.europa.eu/governance/impact/index_en.htm). Auch findet i. d. R. keine systematische Evaluation von in einem Bereich wirksamen Politiken und Maßnahmen und kein systematisches Datenmonitoring in Bezug auf Energieeffizienzsteigerungen statt.

Evaluationen, die für einzelne Politikinstrumente durchgeführt werden, berücksichtigen Interaktionen zwischen den verschiedenen Instrumenten und den unterschiedlichen Ebenen im Mehrebenensystemen bisher zumeist nur unzureichend.

Zudem sind Qualität von und Budgets für Evaluationen sehr unterschiedlich und Evaluationen oft sehr stark vom Auftraggeber gesteuert. Monitoring und Evaluation erfolgen oft auch nur da, wo dies in Gesetzen oder Verordnungen von vorne herein festgelegt ist, wie beispielsweise die Messung der Zielerreichung bei der EU-Richtlinie zur Endenergieeffizienz und zu Energiedienstleistungen.

Insgesamt bedarf es daher in Deutschland einer systematischeren und umfassenderen Abschätzung der Folgen von Politiken und Maßnahmen im Energieeffizienzbereich sowohl im Rahmen von ex ante-Evaluationen als auch im Rahmen von ex post-Monitoring und -Evaluation.

Ein ureigener Wirkungsbereich von Politiken und Maßnahmen im Energieeffizienzbereich steht im folgenden im Mittelpunkt, nämlich die erzielten Energieeinsparungen bzw. Energieeffizienzsteigerungen. Anschließend wird kurz auf Nutzen-Kosten-Evaluationen von Politiken und Maßnahmen eingegangen.

2.8.2 Messbarkeit von Energieeinsparungen

Während sich Strom- und Wärmeverbräuche mit Hilfe konventioneller oder elektronischer Zähler messen lassen, können Energieeinsparungen nicht direkt abgelesen werden. Hinzu kommt, dass eine Differenz von Energieverbräuchen noch nichts über die Faktoren aussagt, die zu ihr geführt haben.

Beispielsweise kann ein gesunkener Gasverbrauch eines privaten Haushaltes verschiedenste Ursachen haben:

- Aus einer vierköpfigen Familie ist eines der Kinder ausgezogen, um in einer anderen Stadt zu studieren und zu wohnen. Folge ist ein geringerer Heizbedarf, weil ein Kinderzimmer kaum noch geheizt wird.
- Die Familie hat beschlossen, dass 20° Celsius Raumtemperatur anstatt bisher 22 ° Celsius für sie immer noch angenehm genug ist und zieht im Winter in der Wohnung einen dickeren Pullover an.
- Ein milder Winter bedeutet einen geringeren Heizbedarf.
- Ein bisher vorhandener Gasherd wurde durch einen Elektroherd ersetzt.
- Die Rohrleitungen des Heizungssystems wurden gedämmt und effizientere Heizkörper angeschafft.
- Ein hydraulischer Abgleich des Heizungssystems wurde durchgeführt.
- Die Brennereinstellungen der Heizung wurden optimiert.

- Ein bisher vorhandener Niedertemperaturkessel wurde durch ein Brennwertgerät ersetzt.
- Das Wohnhaus wurde wärmegedämmt.

Insgesamt wirken hier also neben durchgeführten Energieeffizienzsteigerungen klimatische und strukturelle Faktoren sowie Substitutionseffekte. Während es insgesamt in Bezug auf Versorgungssicherheit und Klimaschutz darauf ankommt, allein die absolute Nettowirkung, d. h. die Entwicklung der Energieverbräuche der verschiedenen Energieträger zu beobachten, ist es für die Beurteilung der Effektivität und Effizienz von Politiken und Maßnahmen erforderlich, die Effekte zu separieren: was ist die Wirkung von Politiken und Maßnahmen, die zusätzliche Energieeinsparungen durch Energieeffizienz unterstützen sollen? Welche Einsparungen wären dagegen auch ohne die Politiken und Maßnahmen durch den technischen Fortschritt entstanden? Und hat ein Strukturwandel innerhalb von Industriebranchen oder von der Industrie zum Dienstleistungssektor den Energieverbrauch reduziert?

2.8.3 Messung und Verifizierung von Energieeinsparungen und Energieeffizienzsteigerungen im Mehrebenensystem

Monitoring und Evaluation von Energieeinsparungen und Energieeffizienzsteigerungen kann auf unterschiedlichen Ebenen je nach Interesse der jeweiligen Akteure stattfinden. Letztlich möchten einzelne Programmakteure (z. B. ein Energieunternehmen, die KfW oder eine Kommune mit einem Förderprogramm, oder auch eine Landesregierung oder Bundesregierung) wissen, was ihre Aktivitäten vor Ort bewirken und ggf. ihre Aktivitäten verbessern bzw. an veränderte Rahmenbedingungen und Marktentwicklungen anpassen; zudem möchten sie die durch ihre Aktivitäten erzielten Erfolge gut darstellen.

Im Rahmen der Umsetzung der EU-Richtlinie zu Endenergieeffizienz und Energiedienstleistungen (2006/32/EG, ESD) besteht die Notwendigkeit zur Entwicklung eines bundesweiten Monitoringsystems zum Nachweis im Zeitraum 2008–2016 erzielter Endenergieeinsparungen. Diese müssen zwar nur in der Summe für das ganze Land nachgewiesen werden. Aus Kostengründen wird hier aber eine Arbeitsteilung unterschiedlicher Akteure zu erwarten sein. Die vom zuständigen Bundeswirtschaftsministerium (BMWi) eingerichtete Bundesstelle für Energieeffizienz beim BAFA wird dazu neben der Deutschen Energie Agentur, mit der sie bereits ein freiwilliges Meldesystem betreibt, sicherlich auch weitere Akteure wie etwa Bundesministerien, Landeseinrichtungen, Energieunternehmen und -dienstleister in die Führung der Einsparnachweise einbinden. Für die Effektivität von Monitoring und Evaluation ist es nicht entscheidend, welcher Akteur den Nachweis der Einsparungen vornimmt, solange die Qualität des Verfahrens durch entsprechende Regelungen und Maßnahmen der Qualitätssicherung gesichert wird.

Die prinzipiellen Methoden zum Nachweis von Endenergieeinsparungen werden in „Top down“- und „Bottom-up“-Methoden unterschieden (vgl. Thomas et al. 2009):

- *Bottom-up-Ansätze* zur möglichst exakten Beschreibung der Wirkungen einzelner Maßnahmen(pakete) und der durch sie erzielten Energieeffizienz-Steigerungen. Sie eignen sich insbesondere für Monitoring und Evaluation von Maßnahmen bei Gebäuden, im Industrie- und Tertiärsektor sowie im Verkehrssektor bei Verschiebungen der Verkehrsträgerverteilung („Modal shift“) bzw. bei der Bewertung von Kursen zum energiesparenden Fahren im Verkehrssektor. Für diese Endverbräuche können Struktureffekte oftmals nicht durch top-down Indikatoren erfasst werden oder es bedarf kostspieliger bottom-up Modellierungen um notwendigen Korrekturen durchzuführen.
- Mit *Top-down*-Berechnungsmethoden ist insbesondere die Berechnung von Endenergieeinsparungen durch Elektrogeräte und Fahrzeuge gut möglich, da für diese gut definierte statistische Indikatoren des durchschnittlichen jährlichen Energieverbrauchs pro Geräte- oder Fahrzeugeinheit vorliegen. Jedoch sind auch bottom-up-Methoden für diese Bereiche einsetzbar.
  Darüber hinaus können Top-Down-Methoden auch zur Berechnung von erzielten Effekten aus Energiesteuern genutzt werden.
  Je nach Güte der vorliegenden Daten können Top-down-Ansätze schließlich möglicherweise zur Quantifizierung nicht bottom-up ermittelter aggregierter Einzeleffekte sowie zur Plausibilisierung der Gesamteffekte in einem Land nach Korrektur exogener Faktoren eingesetzt werden.

2.8.4 „Bottom-up“-Methoden zum Nachweis von Endenergieeinsparungen

Die Energiedienstleistungsrichtlinie verlangt, dass das nationale Grundmodell zum Nachweis von Endenergieeffizienzmaßnahmen einen Anteil an „Bottom-up“-Evaluierungen enthält, der Endenergieeinsparungen in 20–30% desjenigen jährlichen Endenergieverbrauchs erfasst, der durch die ESD betroffen ist (d. h. des gesamten Endenergieverbrauchs abzüglich des Emissionshandelsbereichs, d. h. der größeren Industrieunternehmen, die von der Emissionshandelsrichtlinie betroffen sind, und von Teilen des Militärs). Das heißt, dass für diesen Teil der Einsparungen detaillierte Bottom-up Untersuchungen durchzuführen sind. Bis zum 1.1.2012 ist ein „signifikant“ höherer Anteil an „Bottom-up“-Evaluierungen zu erreichen.

Die ESD definiert eine Bottom-up Methode zur Bewertung von Energieeffizienzmaßnahmen wie folgt: „Unter einer Bottom-up-Berechnungsmethode ist zu verstehen, dass die Energieeinsparungen, die mit einer bestimmten Energieeffizienzmaßnahme erzielt werden, in Kilowattstunden (kWh), in Joules (J) oder in

Kilogramm Öläquivalent (kg OE) zu messen sind und mit Energieeinsparungen aus anderen spezifischen Energieeffizienzmaßnahmen zusammengerechnet werden. Die Behörden gewährleisten, dass eine doppelte Zählung von Energieeinsparungen, die sich aus einer Kombination von Energieeffizienzmaßnahmen (einschließlich Energieeffizienzmechanismen) ergeben, vermieden wird."

Dabei können sechs verschiedene Typen von Bottom-up-Berechnungsmethoden unterschieden werden:

- Direkte Verbrauchsmessung vorher/nachher (mit/ohne Normierung z. B. mit Hilfe von Gradtagszahlen, Benutzungsstunden, Belegungsdaten von Gebäuden);
- Analyse von Energierechnungen oder Verkaufsdaten (Stichprobe oder alle Teilnehmerinnen und Teilnehmer) (mit/ohne Normierung) (mit/ohne Analyse von Korrekturfaktoren; z. B. auch Vergleich mit Kontrollgruppe oder durch Discrete-Choice-Modellierung);
- vertiefte ingenieurstechnische Analyse für einzelne Gebäude oder Anlagen (z.B. kalibrierte Simulation);
- Abschätzung ex ante, z. B. basierend auf Verkaufsdaten oder Stichproben vor Einführung der Politiken und Maßnahmen;
- Kombination aus einer Abschätzung ex ante für manche Parameter und einer ex post-Schätzung für andere (z. B. aufbauend auf Verkaufsdaten, Auswertung von Erhebungen/Stichproben/Umfragen oder Beobachtung der von Teilnehmenden gekauften Geräte und Anlagen);
- Bestandsmodellierung (aufbauend auf Bestandsdaten, Marktstatistiken und Erhebungen über durchgeführte Maßnahmen zur Steigerung der Energieeffizienz bei Endverbraucherinnen und -verbrauchern und deren Ursachen). Letztere können als top-down Evaluationen angesehen werden, wenn sie einen gesamten Sektor oder Verbrauchsbereich analysieren, aber unbekannt ist, wodurch Einsparhandlungen ausgelöst wurden.

2.8.5 „Top down"-Methoden zum Nachweis von Endenergieeinsparungen

Top-down bedeutet hingegen, von globalen Daten auszugehen (z. B. nationalen Statistiken zu Energieverbräuchen oder Geräteverkaufszahlen) und dann, so weit notwendig und möglich, die Daten zu disaggregieren (z. B. Energieeffizienz-Indikatoren zu bilden) und auf Basis einer Regressionsanalyse die Wirkung von Politikmaßnahmen zu berechnen.

Die ESD definiert eine Top-down-Methode zur Bewertung von Energieeffizienzmaßnahmen wie folgt: „Unter einer Top-down-Berechnungsmethode ist zu verstehen, dass die nationalen oder stärker aggregierten sektoralen Einsparungen als Ausgangspunkt für die Berechnung des Umfangs der Energieeinsparungen verwendet werden. Anschließend werden die jährlichen Daten um Fremdfaktoren wie Gradtage, strukturelle Veränderungen, Produktmix usw. bereinigt, um einen Wert abzuleiten, der ein getreues Bild der Gesamtverbesserung der Energieeffizienz vermittelt. Diese Methode liefert keine genauen Detailmessungen und zeigt auch nicht die Kausalzusammenhänge zwischen den Maßnahmen und den daraus resultierenden Energieeinsparungen auf. Sie ist jedoch in der Regel einfacher und kostengünstiger und wird oft als „Energieeffizienzindikator" bezeichnet, weil sie Entwicklungen anzeigt. Bei der Entwicklung der für dieses harmonisierte Berechnungsmodell verwendeten Top-down-Berechnungsmethode muss sich der Ausschuss so weit wie möglich auf bestehende Methoden wie das Modell ODEX ... stützen".[1]

Bei einer Top-down-Methode handelt es sich um einen statistischen Ansatz, der soweit wie möglich auf amtliche Statistiken Bezug nimmt, diese aber geeignet ergänzt durch zusätzliche Statistiken (wie Verbandsstatistiken) und im begrenzten Maß durch Ergebnisse aus einzeltechnischen Untersuchungen bzw. Ingenieursschätzungen. Dieser Ansatz ist bereits europaweit im o. g. Odyssee-Projekt einheitlich ausgearbeitet und steht daher bereits als harmonisierte Top-down-Methode, wie in der Richtlinie angesprochen, zur Verfügung. Die größte Anstrengung wird bei diesem Ansatz darin bestehen müssen, autonome Entwicklungen sowie direkte und indirekte Reboundeffekte angemessen zu identifizieren und zu quantifizieren und von der Politik-induzierten Einsparung zu trennen.

Es kann zwischen vier Typen von Top-down-Berechnungsmethoden unterschieden werden:

- Zwei Arten von Top-down-Methoden zur Evaluation einer bestimmten Art von Energieffizienz-Verbesserungsmaßnahme bei EndverbraucherInnen (1. Überwachung der Marktdurchdringungsindikatoren von spezieller Anwendungstechnik; 2. Spezifische Energieverbrauchsindikatoren für Geräte, Anlagen oder Fahrzeuge auf Basis einer Analyse der Verkaufsdaten). Diese beiden Arten von Methoden können auch als bottom-up Evaluationen angesehen werden, wenn die Energieeinsparungen ausschließlich durch unterstützende Maßnahmen bedingt sind;
- Top-down-Methoden zur Evaluation von Maßnahmenpaketen anhand von spezifischen Energieverbrauchsindikatoren für ganze Sektoren / Endverbrauchsbereiche;
- Top-down-Methoden zur Auswertung der Wirkungen der Energiebesteuerung oder anderer Instrumente, die die Preisrelationen im Markt durch Mengen- oder Preissteuerung beeinflussen (ökonomische / ökonometrsche Modelle).

[1]ODEX hat sich jedoch als ungeeignet erwiesen, vgl. auch Thomas et al. (2009) sowie das Odyssee-Projekt unter www.odyssee-indicators.org.

2.8.6 Bewertung der ökonomischen Effizienz von Politiken und Maßnahmen zur Steigerung der Energieeffizienz

Nutzen-Kosten-Analysen der Wirkungen von Politiken und Maßnahmen zur Steigerung der Energieeffizienz und zum Energiesparen können aus unterschiedlichen Perspektiven erfolgen:

- Perspektive der Gesellschaft oder Gesamtwirtschaft, mit oder ohne Berücksichtigung externer Kosten;
- Perspektive des Staates (der Regierung);
- Perspektive der Akteure, die Energieeffizienzaktivitäten durchführen (z. B. Energieunternehmen, Energieagenturen);
- Perspektive der Endkundinnen und Endkunden, hier noch unterschieden nach den Nutznießerinnen und Nutznießern der Maßnahmen und denjenigen, die die Maßnahmen nicht in Anspruch nehmen.

Sie werden beispielsweise in der Form von Nutzen-Kosten-Tests durchgeführt, bei denen der Quotient aus Nutzen und Kosten gebildet wird. Je nach Perspektive sind dabei unterschiedliche Nutzen- und Kostenbestandteile zu berücksichtigen, aber auch unterschiedliche Zinssätze für die Abdiskontierung zukünftiger Kosten und Erträge anzulegen.

Auf der Kostenseite sind je nach Perspektive folgende Kostenarten in die Rechnung einzubeziehen: Aufwendungen für Konzeption der Politikinstrumente und Maßnahmen, Marketing, Beratung, Administration, Effizienztechnik (hier aber nur die Mehrkosten gegenüber einer herkömmlichen Lösung), Installation, Wartung, Zahlung von Prämien, Monitoring und Evaluierung. Der Nutzen setzt sich zusammen aus den (langfristig) vermiedenen Kosten für Energieerzeugung bzw. Bezug, Energieübertragung und -verteilung sowie -belieferung. Hinzu kommen die schwer quantifizierbaren vermiedenen externen Kosten der Energieversorgung. Außerdem können unter Umständen eine Komfortsteigerung bei den Kunden sowie Verbundeffekte bei den Energieeffizienzaktivitäten durchführenden Akteuren (z. B. Kundenbindungseffekte bei Energieunternehmen) als Zusatznutzen gewertet werden.

Tabelle 2.12 fasst zusammen, welche Nutzen- und Kostenbestandteile bei einem Förderprogramm zur Stromeinsparung (z. B. Prämienprogramm für energieeffiziente Kühlgeräte) zu berücksichtigen sind, und zwar aus den Perspektiven eines Stromunternehmens, das das Programm durchführt und die Förderprämie an Kundinnen und Kunden zahlt, aus der Perspektive der Programmteilnehmerinnen und -teilnehmer (Kundinnen und Kunden des Unternehmens, die die Zuschüsse in Anspruch nehmen und die Stromeinsparungen bei sich vornehmen), sowie der Gesamtwirtschaft.

Tabelle 2.12 Nutzen-Kosten-Perspektiven von Stromsparprogrammen

Nutzen-Kosten-Perspektiven bei einem Stromsparprogramm eines Energieunternehmens	Nutzenkomponenten			Kostenkomponenten		
	Energieunternehmen	Kundin/Kunde		Energieunternehmen		Kundin/Kunde
	Vermiedene Kosten der Strombereitstellung (inkl. Erzeugung)	Stromkosteneinsparungen	Prämien	Programmkosten ohne Prämien	Prämien	Mehrkosten der Stromsparlösung[a]
Perspektive der Teilnehmerinnen und Teilnehmer		X	X			X
Perspektive der Gesamtkosten des Energieunternehmens	X			X	X	
Gesamtwirtschaftliche Perspektive	X			X		X

[a]Gegenüber einer herkömmlichen Lösung, z. B. Mehrkosten eines Kühlschranks mit Energieeffizienzklasse A++ gegenüber einem Kühlschrank mit Energieeffizienzklasse A.

Quelle: MWMTV NRW (1998, 74).

Kapitel 3
Effizienzsteigerung in konventionellen Kraftwerken

Jörg Schneider und Martin Pehnt

Der Dampf kam nur in die Welt, um dem allgegenwärtigen, allmächtigen Strom den Weg zu bereiten, und wir treten ein in die Epoche der Elektrizität.

(Lanier 1894)

3.1 Einführung

Die Steigerung des Wirkungsgrades ist seit Beginn der Kraftwerkstechnik eine der größten Herausforderungen für alle Akteure auf diesem Gebiet. Waren am Anfang die Einsparungen von Brennstoff, Transportleistungen etc., also wirtschaftliche Gründe, die treibenden Elemente, so sind heute mit Umwelt- und Klimaschutz weitere Triebkräfte dazugekommen.

Der Wirkungsgrad von Kraftwerken hat in den vergangenen hundert Jahren eine rasante Entwicklung durchlaufen (Tabelle 3.1). Wurden zu Beginn der Entwicklung der Stromerzeugung lediglich 5% der Energie der Brennstoffe in Strom umgesetzt, werden in modernen Kraftwerken mehr als zehnmal höhere Wirkungsgrade erzielt. Diese Steigerung der Wirkungsgrade ist Ergebnis vieler Einzelmaßnahmen.

Kraftwerksstilllegungen bzw. -neubauten, insbesondere in den neuen Bundesländern haben den elektrischen Wirkungsgrad des Kraftwerksparks in den letzten dreißig Jahren erheblich gesteigert: von unter 38% im Jahr 1990 auf über 40% im Jahr 2006 (siehe Abschn. 1.5.3). Die Erhöhung des Wirkungsgrades geht mit einer entsprechenden Reduzierung der Kohlendioxidemissionen einher (Abb. 3.1).

Ein erstes Rüstzeug für das Verständnis dieses Prozesses vermittelt das nachfolgende Kapitel. Um in der komplizierten Thematik der Effizienz bei der

J. Schneider (✉)
Umweltbundesamt, 06813 Dessau-Roßlau, Deutschland
e-mail: joerg.schneider@uba.de

M. Pehnt (✉)
Institut für Energie- und Umweltforschung, 69120 Heidelberg, Deutschland
e-mail: martin.pehnt@ifeu.de

M. Pehnt (ed.), *Energieeffizienz*, DOI 10.1007/978-3-642-14251-2_3,

Tabelle 3.1 Entwicklung des Wirkungsgrads von Kraftwerken über die Jahrzehnte

Jahr	Anlage	Wirkungsgrad
15.08.1885	Berlin-Markgrafenstraße (erstes deutsches Kraftwerk-660 kW)	ca. 8%
bis 1900	500 kW bis 5 MW Kraftwerksleistung (Gleichstromkraftwerke)	ca. 5%
1900	Dresden (erstes HKW in Europa)	
bis 1925	Kraftwerksblockleistungen bis 15 MW (Ersatz der Kolbendampfmaschine durch Dampfturbinen, bewegte Roste)	ca. 15%
bis 1955	Kraftwerksblockleistung bis 100 MW (ab 1925-Einführung der Kohlenstaubfeuerung)	ca. 25%
bis 1975	Kraftwerksblockleistung bis 600 MW (Zwangsdurchlaufkessel)	ca. 33%
1975 bis 1989	Einsatz und Verbesserung von Verfahren zur Vermeidung von luftverunreinigenden Emissionen. In den neuen Bundesländern bis 1996 für Kraftwerke mit unbefristetem Genehmigungsbescheid	konstanter Wirkungsgrad wegen 1 bis 2%-Punkte Erhöhung des Kraftwerkseigenbedarfs
03.10.1990	Kraftwerkspark alte BundesländerKraftwerkspark neue Bundesländer	37%[a] 30%[a]
bis 1999	Kraftwerksblockleistungen bis 800/900 MW (Kraftwerke mit überkritischen Dampfparametern, 270 bar und 550°C) Kombikraftwerke	42% 55%
2000	Gas- und Dampfturbinenkraftwerke	58%
2010	Gas- und Dampfturbinenkraftwerke	60%
2020	Kraftwerke mit Carbon Capture	Wirkungsgradverluste von 7 bis 12%-Punkten

[a]Mittlerweile erreicht durch zahlreiche Kraftwerksstillegungen und -neubauten der Kraftwerkspark in den neuen Bundesländern einen höheren elektrischen Wirkungsgrad.

Stromerzeugung zu navigieren, ist das Einprägen von Fachdefinitionen, das Erkennen von Symbolen und das Lesen von Schaltbildern unerlässlich (Abschn. 3.2). In einem weiteren Schritt werden Grundschaltungsbeispiele von Kraftwerksarten dargestellt und die thermodynamischen Grundprozesse dazu erläutert (Abschn. 3.3). Die folgenden Kapitel stellen verschiedene Maßnahmen der Energieeffizienz dar: Verbesserung von Kraftwerkskomponenten (Abschn. 3.4), GuD-Kraftwerke (Abschn. 3.5) und neue Kraftwerkskonzepte (Abschn. 3.6). Ein Spezialfall der Effizienzsteigerung ist Carbon Capture and Storage. Abschnitt 3.7 diskutiert diese Kraftwerkslinie. Kraft-Wärme-Kopplung als wichtige Maßnahme der Effizienzsteigerung ist Gegenstand von Kap. 4.

Dieses Kapitel ersetzt kein Lehrbuch der Kraftwerkstechnik. Für eine Vertiefung der Grundlagen sei auf Strauß (2006) oder Zahoransky (2007) verwiesen.

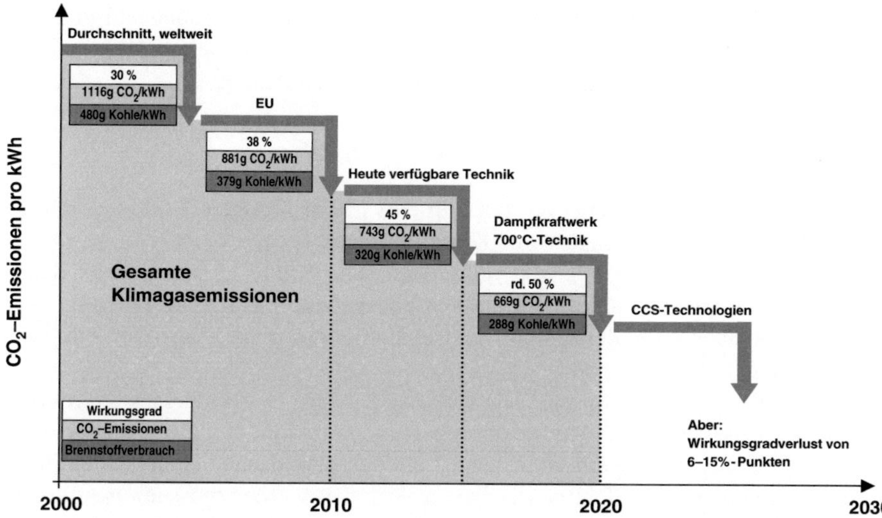

Abb. 3.1 CO_2-Reduzierung von Steinkohlekraftwerken durch Wirkungsgradsteigerung (angepasst nach VGB)

3.2 Definitionen und Symbole[1]

3.2.1 Allgemeine Definitionen

Kraftwerk (KW). Ein Kraftwerk ist eine Anlage, die elektrische Energie erzeugt. Ein Kraftwerk kann aus mehreren Blöcken bestehen oder als Sammelschienenkraftwerk ausgeführt sein.

Nach Art der Energiequelle und -wandlung im Kraftwerk unterscheidet man Wasser-, Wind-, Photovoltaik-, Brennstoffzellen- und Wärmekraftwerke. Bei Wärmekraftwerken wird nach fossiler (Kohle, Öl, Gas) und nuklearer Brennstoffbasis differenziert. Darüber hinaus kommen Biomasse, Solarthermie und Geothermie sowie Abfälle aus Entsorgungs- und Produktionsprozessen zum Einsatz.

Blockwirkungsgrad η_{el}. Bei der Definition des Blockwirkungsgrades betrachtet man den gesamten Kraftwerksblock. Der Blockwirkungsgrad ist dann das Verhältnis der elektrischen Nettoleistung $P_{el,netto}$ (üblicherweise die Leistung an der Oberspannungsseite des Blocktrafos) zu der mit den Brennstoffen zugeführten Leistung $\dot{Q}_B$.

$$\eta_{el} = \frac{P_{el,netto}}{\dot{Q}_B} \tag{3.1}$$

[1] Siehe hierzu die Normen VDI 3986, 4602, 4608, 4660 und DIN 1942.

Ausnutzungsdauer T_{aN}. Die Ausnutzungsdauer, auch Volllaststundenzahl genannt, ist gleich dem Quotienten aus der abgegebenen Energiemenge (W) in einer Zeitspanne und der Nennleistung P_N der betrachteten Anlage.

$$T_{aN} = \frac{W}{P_N}. \tag{3.2}$$

Oft wird die Ausnutzungsdauer auf ein Jahr (=8 760 h) bezogen. 7 000 h/a würden einer Auslastung der Anlage von 80% entsprechen.

Elektrische Bruttoleistung $P_{el,\, brutto}$. Die elektrische Brutto-Leistung eines Kraftwerks ist die an den Generatorklemmen abgegebene elektrische Leistung. Die Integration über eine Zeitspanne, wie eine Stunde, einen Tag oder ein Jahr, entspricht der Brutto-Arbeit.

Elektrische Nettoleistung $P_{el,\, netto}$. Die elektrische Netto-Leistung eines Kraftwerks ist die an der Oberspannungsseite des Maschinentransformators abgegebene elektrische Leistung, die bereits reduziert ist um den elektrischen Bedarf aller Hilfs- und Nebenanlagen des Kraftwerks, bzw. vermindert werden muss um den für den Eigenbedarf von anderen Kraftwerken oder dem öffentlichen elektrischen Netz bezogenen Strom. Die Integration über eine Zeitspanne, wie eine Stunde, einen Tag oder ein Jahr, entspricht der Netto-Arbeit.

Elektrischer Eigenbedarf. Die Eigenbedarfsleistung P_{EB} eines Kraftwerksblockes oder eines Kraftwerkes ist die elektrische Leistung, die für den Betrieb seiner Neben- und Hilfsanlagen (z. B. Kesselspeisepumpen, Kühlwasserpumpen, Ventilatoren, Kohlemühlen, Brennstoffförderanlagen, Abgasreinigungsanlagen, Kühlanlagen der Transformatoren, Erregerleistung bei einer Fremderregung des Generators usw.) benötigt wird, zuzüglich der Verlustleistung der Maschinentransformatoren. Nicht zur Eigenbedarfsleistung gehört der Betriebsbedarf. Der Betriebsbedarf eines Kraftwerks ist der Bedarf in den zugehörigen Einrichtungen, z. B. Verwaltungsgebäude, Werkstätten, Schalt- und Umspannanlagen für Licht, Heizungsanlagen, Kühlung. Der Betriebsbedarf zählt zur nutzbaren Abgabe.

3.2.2 Symbole

Um verschiedene Schaltungsvarianten von Kraftwerken in einem prozesstechnologischen Schaltbild mit Angabe der Parameter Druck in bar, Temperatur in °C, Enthalpie in kJ/kg und Massenstrom in kg/s zu beschreiben, werden die folgenden Grundsymbole verwendet (Abb. 3.2).

3.3 Der Kraftwerksprozess: ein Exkurs in die Thermodynamik

Konventionelle Dampfkraftwerke sind thermodynamische Maschinen, die im wesentlichen aus vier Komponenten bestehen: einem Dampfkessel, einer Turbine mit Generator, einem Kondensator und einer Kesselspeisepumpe (Abb. 3.3). Diese vier Komponenten sorgen für eine zyklische Abfolge von Prozessschritten der Verdichtung, Wärmezufuhr, Expansion und Wärmeabgabe des Arbeitsmediums –

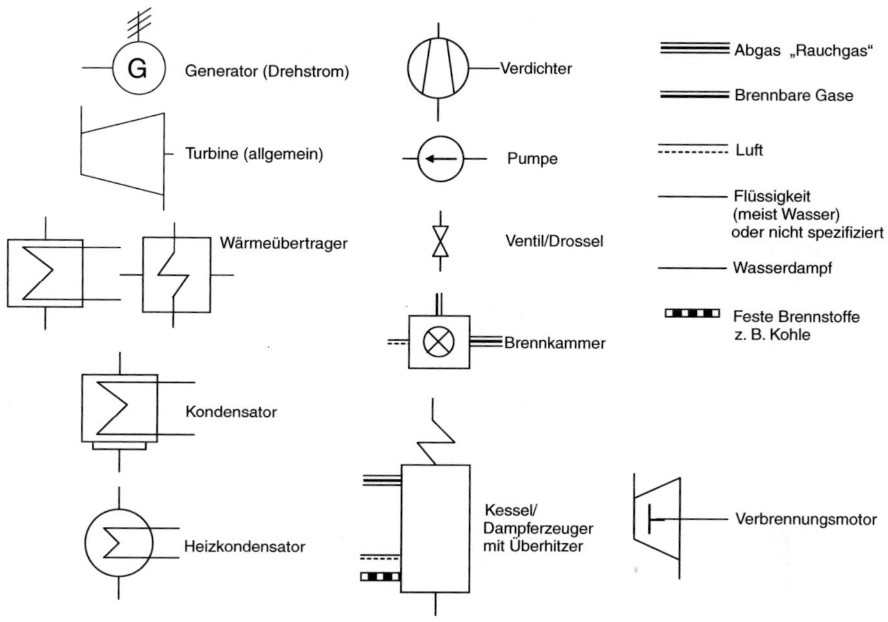

Abb. 3.2 Verfahrenstechnische Symbole

in einem konventionellen Kraftwerk ist dieses Medium der Dampf bzw. das flüssige Wasser. Eine solche Abfolge heißt in der Thermodynamik „Kreisprozess".

Im Dampfkraftwerk wird zunächst ein Brennstoff, beispielsweise Kohle, in einem Dampfkessel verbrannt. Dabei entsteht aus zugeführtem Wasser Dampf, der in einem Überhitzer weiter erwärmt wird. Dieser Dampf wird dann in Rohren zu einer Turbine geführt. Dort gibt der Dampf einen Teil seiner Energie an die Turbinenschaufeln ab. Die Turbine wird dadurch in Rotation versetzt und treibt einen Generator an. Der Dampf ist nun abgekühlt und kondensiert in einem großen Wärmeübertrager zurück zu Kondensat – dabei gibt er Wärme ab und wird mit Hilfe der Speisepumpe zurück in den Dampferzeuger gepumpt.

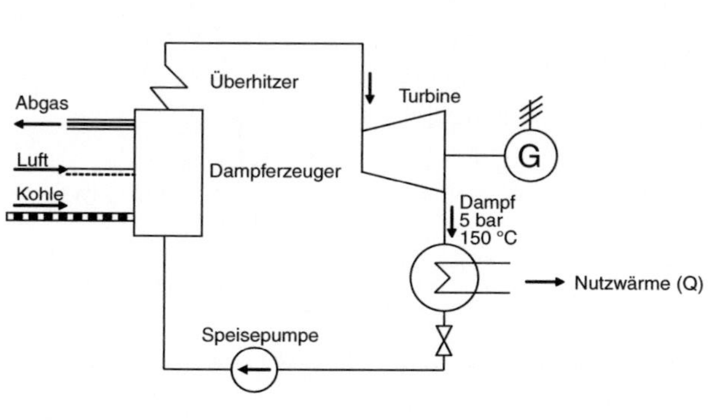

Abb. 3.3 Dampfturbinenheizkraftwerk (in sogenannter Gegendruckschaltung)

Zum genaueren Verständnis der Kraftwerksprozesse ist Thermodynamik erforderlich – diese kann hier nur rudimentär dargestellt werden. Lehrbücher der Kraftwerkstechnik müssen herangezogen werden, sobald es um Details der Prozesse geht.

Kreisprozesse werden in der Thermodynamik oft in Zustandsdiagrammen gezeigt. Solche Zustandsdiagramme zeigen Paare von Variablen, wie Druck p und Volumen V oder Temperatur T und spezifische Entropie s des Arbeitsmediums, mit dem der Kreisprozess geführt wird. In der Kraftwerkstechnik wird insbesondere auf das sogenannte T-s-Diagramm zurückgegriffen. Isothermen (Linien gleicher Temperatur) verbinden jeweils alle Zustände, die untereinander im thermischen Gleichgewicht stehen und somit die gleiche Temperatur haben.

Die Bedeutung dieses Diagramms liegt darin, dass die bei reversibler Prozessführung aufgenommene oder abgegebene Wärmemenge der Fläche unter der Kurve entspricht.

Eine besondere Kurve ist das T-s-Diagramm von *Dampf*. Es entspricht der Glockenkurve in Abb. 3.5. Im linken Teil der Kurve liegt die Siedelinie. Diese kennzeichnet, bei welcher Temperatur und spezifischen Entropie die Flüssigkeit zu verdampfen beginnt. Der rechte Ast der Haube ist die Taulinie, die den vollständigen Übergang des Wassers in den gasförmigen Zustand charakterisiert. Im Bereich dazwischen liegt der sogenannte Nassdampf, ein Flüssigkeits-Dampf-Gemisch.

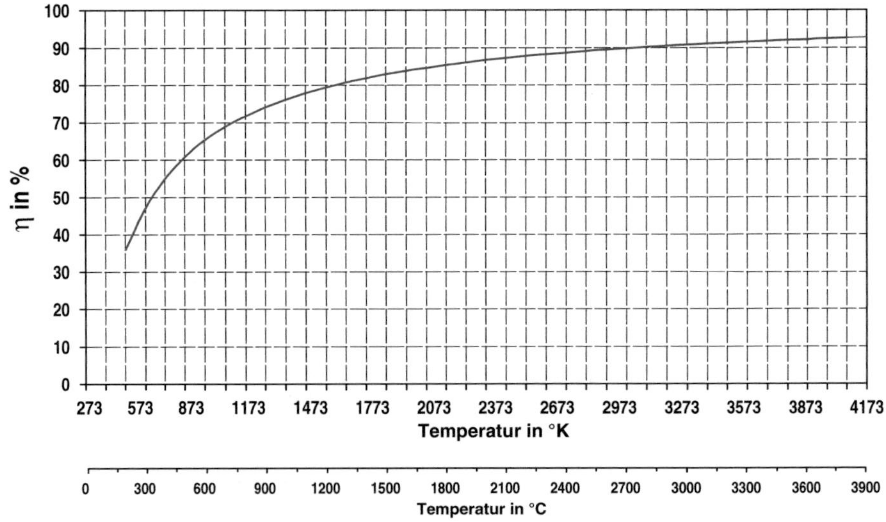

Abb. 3.4 Carnot-Wirkungsgrad des reversiblen Wärmekraftprozesses als Funktion der Temperatur T_1

3.3.1 Der Carnot-Wirkungsgrad

Die Thermodynamik zeigt (siehe z. B. Baehr et al. 2006), dass es einen maximalen Wirkungsgrad einer Wärmekraftmaschine gibt, der nicht überschritten werden kann: der Carnot-Wirkungsgrad η_C. Kein thermodynamischer Kreisprozess übersteigt diesen Wirkungsgrad. Der Carnot-Wirkungsgrad wird nur bei vollständig reversiblen (umkehrbaren) Prozessen erreicht. In der Wirklichkeit ist er wegen der Irreversibilität der Prozesse nicht zu realisieren.

Der Carnot-Wirkungsgrad, der aus den zu- und abgeführten Wärmemengen berechnet werden kann (Baehr 2009), ist gegeben durch

$$\eta_{Carnot} = \frac{T_1 - T_2}{T_1}, \tag{3.3}$$

wobei T_1 die Temperatur in Kelvin ist, bei der die zur Bereitstellung nutzbarer Energie erforderliche Wärme zugeführt wird, und T_2 die Temperatur, bei der die nicht weiter nutzbare Wärme abgegeben wird (Abb. 3.4).[2]

Gleichung (3.3) und Abb. 3.4 zeigen: je höher die obere Temperatur T_1 ist, desto höher der Wirkungsgrad – im Extremfall einer unendlich großen Temperatur ist der Wirkungsgrad 1. Auf der anderen Seite ist eine möglichst niedrige untere Temperatur T_2 anzustreben, bei der die Wärme abgegeben wird. Läge T_2 beim absoluten Nullpunkt (0 K), also bei minus 273,15°C, so wäre der Wirkungsgrad ebenfalls 1. Daher ist man bei Kraftwerken bestrebt, den Dampf möglichst weit abzukühlen – mit Kühltürmen oder Durchlaufkühlung (Abb. 3.8).

3.3.2 Der Clausius-Rankine-Prozess

Der im konventionellen Dampfkraftwerk verwirklichte Prozess heißt Clausius-Rankine-Prozess. Im T-s-Diagramm hat der Prozess die in Abb. 3.5 gezeigte Gestalt.

Die Kesselspeisewasserpumpe erhöht den Druck des Wassers isentrop (d. h. ohne Änderung der Entropie) (1–2). Im Kessel wird Wärme zugeführt, ohne dass sich der Druck des Wassers erhöht; d. h. der Prozess folgt einer sogenannten Isobaren (Linie gleichen Drucks) (Linie 2–3). Sie durchläuft unterschiedliche Phasen: erst wird das Wasser auf die Sattdampftemperatur gebracht. Dann erfolgt der Phasenwechsel von flüssigem Wasser zu Wasserdampf (2'-2''); bei diesem bleibt die Temperatur konstant, aber die Entropie – die ein Maß für die „Unordnung" des Systems ist – steigt. Bildlich gesprochen: viele Wasserdampfmoleküle sind ungeordneter als die H_2O-Moleküle in der flüssigen Phase. Wenn die Kurve Punkt 2'' erreicht hat und weiter Wärme zugeführt wird, entsteht sogenannter überhitzter Dampf. Die Überhitzung im Dampferzeuger führt zu einer Erhöhung des mittleren oberen Temperaturniveaus

[2] Um eine Temperatur von Grad Celsius in Kelvin umzurechnen, muss man 273,15 hinzurechnen.

Abb. 3.5
Clausius-Rankine-Prozess (unterkritischer Dampfkraftprozess mit Überhitzung)

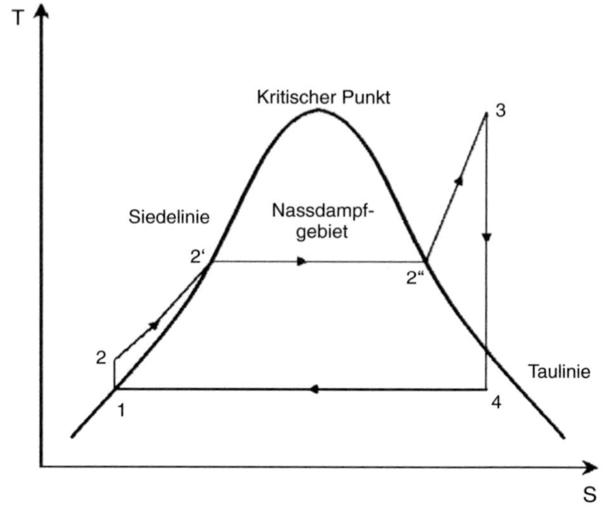

$\bar{T}_{zu}$ und somit zu einem höheren thermischen Wirkungsgrad η_{th}. Die Entspannung des Dampfes unter Arbeitsabgabe erfolgt in der Dampfturbine vom Zustand 3 bevorzugt bis in das Nassdampfgebiet 4 und bis zu einer Feuchte von 10%. Um den Entspannungsendpunkt im Nassdampfgebiet zu halten, geht die Eintrittstemperaturerhöhung mit einer Frischdampfdruckerhöhung einher. Die Verflüssigung des Dampfes erfolgt bei konstantem Druck im Kondensator bis zum Zustand 1 auf dem Temperaturniveau $\bar{T}_{ab}$. Insgesamt ergibt sich folgender thermodynamischer Ablauf:

$1 \rightarrow 2$: Isentrope Verdichtung in der flüssigen Phase,
$2 \rightarrow 3$: Isobare Wärmezufuhr (Vorwärmung, Verdampfung und Überhitzung),
$3 \rightarrow 4$: Isentrope Expansion,
$4 \rightarrow 1$: Isobare Wärmeabfuhr und Kondensation.

3.4 Effizienzsteigerungen von Kraftwerkskomponenten

Ein Kraftwerk besteht aus mehreren Komponenten oder Hauptaggregaten. Nur eine aufeinander abgestimmte optimierte Auslegung führt zu einer Verbesserung des Gesamtprozesses. Der Nettowirkungsgrad eines Kraftwerks ergibt sich aus den Wirkungsgraden der Einzelkomponenten:

$$\eta_{el} = \eta_{th} \cdot \eta_{DE} \cdot \eta_{Turbine} \cdot \eta_{Generator} \cdot \eta_{Eigenbedarf} \tag{3.4}$$

Jeden dieser Wirkungsgrade gilt es zu optimieren. Der thermodynamische Wirkungsgrad des Kreisprozesses η_{th} hängt von den Drücken und mittleren Temperaturen des Prozesses ab. Man kann zeigen, dass der Wirkungsgrad η_{th} des Clausius-Rankine-Prozesses immer kleiner ist als der des Carnot-Prozesses; das Ziel ist es daher, das reale Dampfkraftwerk dem Carnot-Prozess anzunähern. Aus Sicht des thermodynamischen Wirkungsgrades wäre es besonders vorteilhaft,

- die obere Temperatur des Prozesses und den Dampfdruck insgesamt zu steigern oder durch eine Zwischenüberhitzung den Mittelwert der oberen Temperatur zu erhöhen;
- den Kondensationsdruck zu mindern (siehe Abschn. 3.4.6) oder
- das Speisewasser vorzuwärmen (siehe Abschn. 3.4.7).

Die obere Temperatur ist durch das Temperaturverhalten der Werkstoffe von Kessel und Turbinen nach oben begrenzt. Die Dampfeintrittstemperaturen an der Turbine betragen bei modernen Dampfkraftwerken etwa 600°C (bei 250 bar Dampfdruck). Bei einer Dampfeintrittstemperatur von 580°C und einer Dampfaustrittstemperatur von 20°C kann ein theoretischer Wirkungsgrad von 66% erreicht werden. Bei höheren Temperaturen sind für Teile des Kraftwerks teurere Stahlsorten erforderlich. Auch bei höheren Prozessdrücken ist ein größerer apparativer Aufwand hinsichtlich der Pumpen und Leitungen erforderlich. Der Wirkungsgradsteigerung stehen daher materialtechnische und wirtschaftliche Gründe gegenüber.

Infolge von Verlusten (Verbrennungsverluste, Wärmeverluste bei der Dampferzeugung sowie an Dampfturbine, Generator und Blocktransformator, Eigenenergiebedarf des Kraftwerkes etc.) können jedoch in der heutigen Praxis bei modernen Dampfkraftwerken Wirkungsgrade von nicht mehr als 45% erzielt werden. Der mittlere Wirkungsgrad fossil befeuerter deutscher Kraftwerke betrug 2008 etwa 40%.

Für den Gesamtwirkungsgrad dienlich ist aber auch die Steigerung des Wirkungsgrades des Dampferzeugers η_{DE}, der Turbine $\eta_{Turbine}$ und des Generators $\eta_{Generator}$. Der Eigenbedarf des Kraftwerks hängt u. a. auch von den Anforderungen an die Luftreinhaltung ab.

3.4.1 Dampferzeuger

Der Dampferzeuger ist die wichtigste und teuerste Komponente eines Kraftwerkes (Abb. 3.6). Somit war er schon immer Gegenstand innovativer Entwicklungsansätze, wobei sich dies vornehmlich auf die Anhebung des Druck- und Temperaturniveaus konzentriert. Ein weiterer Ansatzpunkt ist die Feuerungsoptimierung.

Bei innovativen Lösungen sollen auch der Eigenbedarf und die Abgasverluste minimiert werden. Dies erfolgt inzwischen durch fluiddynamische Computersimulationen. Durch Realisierung dieser Maßnahmen und einer eventuellen Zwischenüberhitzung (durch eine Zwischenüberhitzung des Dampfes nach dem Hochdruckteil steigt die mittlere obere Prozesstemperatur und somit die Turbinenleistung) kann der Wirkungsgrad um etwa 0,5%-Punkte erhöht werden.

Ein weiterer Schritt zur Prozessoptimierung wird in der Online-Flammenüberwachung bzw. dem Einsatz von „bionischen Rohrbögen" gesehen. Diese strömungsoptimal geformten und angepassten Rohrbögen im Primärluftkanal

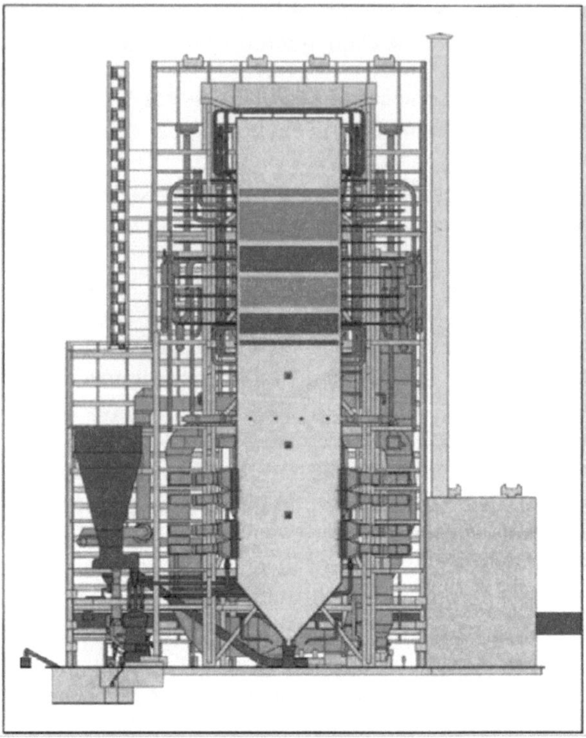

Abb. 3.6 Seitenansicht eines in Planung befindlichen steinkohlebefeuerten Dampferzeugers für ein 800-MW Dampfkraftwerk (Alstom), siehe auch (Schütz et al. 2009)

eines Dampferzeugers sollen den energetischen Aufwand für die Luftförderung um 15–20% reduzieren und somit die Gesamteffizienz des Kraftwerks erhöhen.

Zum Erhalt hoher Kesselleistungen ist eine hocheffiziente und intelligente Kesselreinigung mittels Rußbläsern zur Entfernung von Rückständen aus der Verbrennung von festen und flüssigen Brennstoffen erforderlich. Der Bedarf für Kesselreinigungen wird durch hoch moderne Diagnosetechniken ermittelt. Es wird festgestellt, wann, wo und wie zu reinigen ist. Rußbläser werden mit Wasser oder Dampf betrieben.

Spezielle Anforderungen an zukünftige moderne Dampferzeuger sind hohe Laständerungsgeschwindigkeit (bis zu ± 6% der Last pro Minute), die Zulässigkeit von Lastsprüngen und Lastfolgebetrieb, kurze Anfahrzeiten, aber auch geringe Temperatur- und Druckschwankungen, hohe Wirkungsgrade, lange Reisezeiten (d.h. eine Betriebszeit zwischen Stillständen von wenigstens zwei Jahren) und hohe Verfügbarkeiten. Revisionen des Dampferzeugers sind in der Regel monatlich durchzuführen.

3.4.2 Turbinen

In Turbinen entstehen sowohl mechanische Verluste durch undichte Wellendichtungen und Reibung in den Axial- und Traglagern wie auch weitere, sogenannte „innere“ Wirkungsgradminderungen u. a. durch Verluste an den Turbinenschaufeln,

Abb. 3.7 Links: Die Gasturbine SGT5-8000H (Siemens) ist mit einer Leistung von 340 MW derzeit die leistungsstärkste der Welt. Rechts: Die größte Dampfturbine „Arabella" der > 1 500 MW-Klasse für nukleare Kraftwerke (Alstom)

Spaltverluste und Reibungsverluste (Strauß 2006:267). Der Turbinenwirkungsgrad $\eta_{Turbine}$ in Gl. (3.4) liegt zwischen 92 und 94%.

Bei Dampfturbinen sind durch den Austausch der Beschauflung durch computeroptimierte 3D-Schaufeln, reduzierte Spaltverluste, Titan-Endschaufeln und eine optimale Strömungsgestaltung der Leitgitter ca. 4%-Punkte im Wirkungsgrad gewinnbar.

Bei Gasturbinen stehen die Entwicklung neuer Kompressoren mit optimiertem Schaufeldesign, die Erprobung neuer Schaufelmaterialien zur Nutzung höherer Verbrennungsgaseintrittstemperaturen sowie die Reduzierung von Leckagen beim Schaufelkühlsystem im Vordergrund.

Weitere Wirkungsgradgewinne speziell für Gas- und Dampfturbinenkraftwerke (siehe Abschn. 3.5.2) sind durch die Entwicklung einer Dampfturbine der nächsten Generation in Verbindung mit modernster Gasturbinentechnik zu erwarten. Beim Einsatz der Gasturbine SGT5-8000H wird voraussichtlich erstmals durch die hocheffiziente Gasturbine, die im Solobetrieb einen elektrischen Gesamtwirkungsgrad von 40% erreicht, in einem Gas- und Dampfturbinenkraftwerk ein elektrischer Nettowirkungsgrad von 60% realisiert.

3.4.3 Luftvorwärmer

Eine Effizienzsteigerung bei Luftvorwärmern ist durch die Verbesserung der Dichtungssysteme erreichbar. Eine Minderung der Leckagen hat unmittelbare Auswirkungen auf die Lüfterleistung, aber auch auf die Leistung von nachgeschalteten Kraftwerkskomponenten wie Elektrofilter, Entschwefelungsanlage etc. Eine Erhöhung der Betriebssicherheit und damit der Anlagenverfügbarkeit ist voranzutreiben. Mittels Fernüberwachung der Vorwärmerleistung können die Betriebssicherheit erhöht und die Betriebskosten gesenkt werden.

Innovative Dichtsysteme verringern die Leckage, erhöhen die Verbrennungslufttemperatur und können zu einer Wirkungsgradsteigerung von bis zu 0,3%-Punkten führen.

3.4.4 Elektrofilter

Maßnahmen zur Effizienzverbesserung von Elektrofiltern zielen derzeit hauptsächlich auf die Modernisierung der Hochspannungsregler zur Optimierung des Energieverbrauchs und die Optimierung der Reinigungszyklen. Einen neuartigen Ansatz bildet die Bi-CORONA-Technologie. Bei dieser Technologie wird der Filter in getrennte Zonen für die Staubionisierung und die Staubabscheidung getrennt. Somit wird der Energieverbrauch weiter minimiert.

Weiterhin ist die Filteranströmung so zu optimieren, dass geringe Druckverluste auftreten. Dadurch wird der Abscheidegrad verbessert. Die Energieoptimierung kann den Wirkungsgrad um 0,1%-Punkte erhöhen.

3.4.5 Wärmeverschiebesysteme

Wärmeverschiebesysteme haben sich bereits seit einigen Jahren in Braun- und Steinkohlekraftwerken bewährt. Bei derartigen Systemen wird an einer bestimmten Stelle im Kraftwerksprozess nicht benötigtes Temperaturniveau abgebaut und an anderer Stelle genutzt. Ein Anwendungsfall ist die Kühlung von Abgas vor der Abgasentschwefelungsanlage durch Kondensat. Die Nutzung des in den Abgasen enthaltenen Wärmepotenzials wird sich weiter durchsetzen, da beispielsweise bei der Abgasentschwefelung eine Wirkungsgradsteigerung zwischen 0,5 und 1%-Punkten möglich ist. Allerdings ist dabei die Installation eines Abgaskühlers sowie weiterer Wärmetauscher erforderlich.

3.4.6 Kaltes Ende

Als „Kaltes Ende" bezeichnet man in der Regel ein aus Kondensator und Kühlturm bestehendes System, das der Kraftwerkskühlung dient. Eine Übersicht über die Kühlsysteme zeigt Abb. 3.8. Eine Vielzahl von Kühlsystemen ist bekannt. Prinzipiell wird in Durchlauf- und Umlaufsysteme unterschieden. Eine niedrige Kühlwassereintrittstemperatur in den Kondensator führt zu geringeren Kondensatordrücken und einer geringeren mittleren Prozessaustrittstemperatur und somit zu einer Erhöhung des thermischen Wirkungsgrades.

Moderne Turbinenkondensatoren sind durch thermohydraulisch optimierte Bündelgeometrien gekennzeichnet (Abb. 3.9), die einen möglichst geringen Abdampfdruck am Ausgang der Niederdruckturbine garantieren. Eine effiziente Absaugung der nichtkondensierbaren Gase durch entsprechend hocheffiziente Lüfterkonzepte (Frischlüfter) ist sicherzustellen. Die Anzahl der Rohre in einem Kondensator kann dabei sehr groß sein. Gerade bei Kernkraftwerken ist der Einsatz bemerkenswert. Hier werden bis zu 20 000 Stück von je 10 m Länge genutzt. Für die Rohre ist eine Nennweite von 15 mm bis 30 mm typisch. Zur Veranschaulichung: pro 100 MW elektrischer Bruttoleistung strömen etwa 3 bis 4 m^3 Kühlwasser je Sekunde durch den Kondensator.

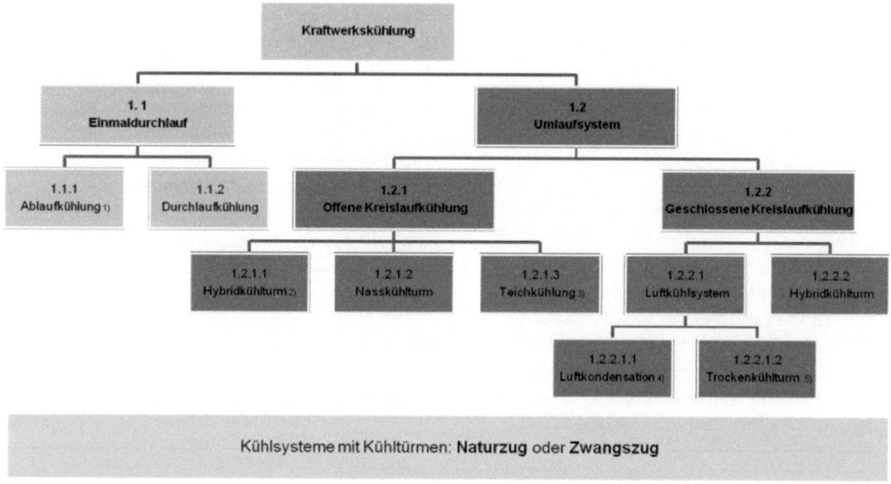

Abb. 3.8 Konzepte der Kraftwerkskühlung (Nitsche und Schneider 2009)

Die Rohrreinigung der Turbinenkondensatoren ist eine zeitraubende und sehr schmutzige Tätigkeit. Diese Reinigung muss bei stillstehender Turbine vorgenommen werden, wobei das Kraftwerk während dieser Stillstandszeit keine elektrische Energie ins Stromnetz abgeben kann.

Andererseits ist die sorgfältige Beseitigung von Verschmutzungen vom Inneren der Rohre außerordentlich wichtig für ein hohes Vakuum im Kondensator und somit für den optimalen Wirkungsgrad der Stromerzeugung durch Wasserdampf.

Zur Minimierung der Kühltemperatur sind innovative Kühlturmeinbauten (Tropfenabscheider, Sprühdüsen etc.) zu realisieren. Es ist anzustreben, das System Turbinenkondensator und Kühlturm gemeinsam zu optimieren. Nur somit ist ein verfahrenstechnisches und betriebswirtschaftliches Optimum des „Kalten Endes" und damit Wirkungsgradgewinne von 0,5 bis 1%-Punkten erzielbar.

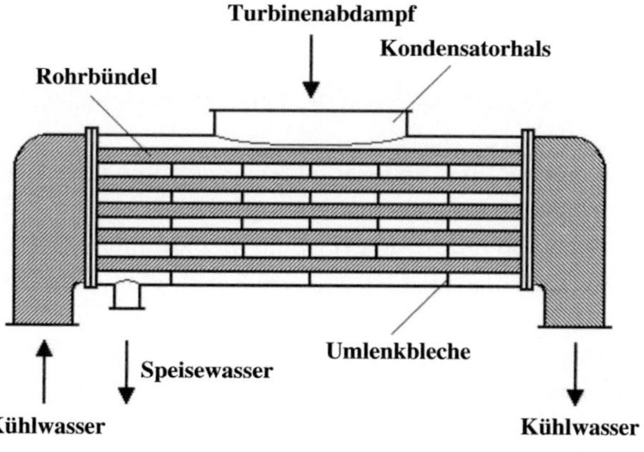

Abb. 3.9 Kondensator

Infobox 3.1 Kondensatorreinigung

Zur Vermeidung wirtschaftlicher Einbußen erfand Josef Taprogge eine kontinuierlich arbeitende Reinigungsanlage, die während des Betriebes der Dampfturbine den Kondensator von Verschmutzungen frei hält.
Das Taproggeverfahren sieht Schwammgummikugeln vor, die vor dem Eintritt in den Kondensator in den Strom des Kühlwassers (1) eingespeist werden. Der Durchmesser der Kugeln ist etwas größer als die Nennweite der Kondensatorberohrung.

Durch ihre Elastizität erzeugen sie auf ihrem Weg durch die Kondensatorrohre einen Anpressdruck, der die Rohre zuverlässig reinigt. Am Austritt des Kondensators befindet sich in der anschließenden Rohrleitung ein Sieb (2), das die Kugeln aus dem Wasserstrom zurück hält und in eine anschließende Rohrleitung der Nennweite DN 80 führt. Von dort aus werden sie durch eine Kreiselpumpe (3a) mit einer Leistung von vier kW und über eine Rohrleitung wieder an den Ausgangsort zurückgepumpt.

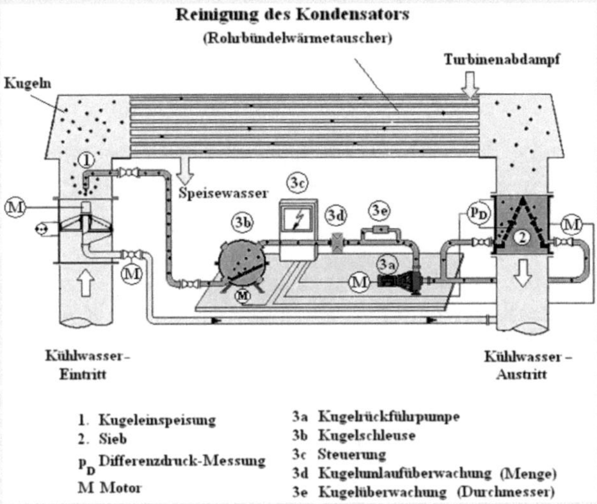

Abb. 3.10 Taproggeverfahren zur Kondensatorreinigung

3.4.7 Regenerative Speisewasservorwärmung

Die regenerative Speisewasservorwärmung nähert den Clausius-Rankine-Prozess dem Carnot-Prozess an. Dies geschieht, indem Anzapfdampf in verschiedenen Druckstufen der Dampfturbine entnommen wird, um das Speisewasser durch prozessinternen Wärmeaustausch auf eine wesentlich über der Kondensationstemperatur liegende Temperatur zu heben. Der Anzapfdampf kondensiert in den Wärmeübertragern der Vorwärmsäule und gibt seine fühlbare und latente Wärme an das Speisewasser ab, welches auf etwa 250°C erwärmt wird.

Eine Erhöhung der Speisewasserstufenzahl sowie eine Verbesserung der Entlüftung können zu Wirkungsgradgewinnen von bis zu 0,15%-Punkten führen. Aktuell wird ein alternatives Speisewasservorwärmsystem, der „Master cycle", als Teil der 700°C-Technologie entwickelt (Schütz et al. 2009).

3.4.8 Topping

Rüstet man ein Dampfkraftwerk mit einer zusätzlichen Gasturbine aus – dem sogenannten „Topping" – wird eine Leistungssteigerung von 5–7%-Punkten erreicht. Diese Technik bietet den Vorteil der Nachrüstbarkeit in jedem Kraftwerk einfacher Ausführung. Neben der bedeutenden Wirkungsgradanhebung besteht ein besonderer Vorteil dieser Schaltung in der Möglichkeit einer getrennten Fahrweise von Gasturbine und Dampfturbine. Somit ist ein sehr flexibler Kraftwerksbetrieb möglich.

3.4.9 Verbundblock

Bei dieser Nachrüstungsmöglichkeit erhält die Gasturbine einen eigenen Abhitzekessel für eine separate Dampferzeugung. Der Dampf wird dann in den bestehenden Dampfkreislauf eines konventionellen Dampfkraftwerkes eingebunden. Bei hohen Gasturbinenanteilen ist eine Erhöhung der Kraftwerkseffizienz gegeben, die nur wenig unter der Toppingvariante liegt.

3.5 Gasturbinen- und GuD-Kraftwerk

3.5.1 Der Gasturbinenprozess

Ein weiterer Kraftwerkstyp ist das Gasturbinenkraftwerk. Das Gasturbinenkraftwerk besteht im wesentlichen aus einem Verdichter, einer Brennkammer und einer Turbine, in der das Gas entspannt wird.

Die Idee des Gasturbinenkraftwerks ist folgende: Gäbe es verlustfreie Maschinen, so könnte man ein Gas durch einen Verdichter schicken, der es komprimiert, und anschließend in eine Turbine, wo das Gas entspannt wird. Die Turbine könnte den Verdichter antreiben. Wenn man zwischen Verdichter und Turbine das Gas zusätzlich durch Verbrennung mit Luft erwärmt, so übersteigt die abgegebene mechanische Energie der Turbine die zum Antrieb des Verdichters erforderliche. Es kann also zusätzlich ein Generator betrieben werden.

In der Thermodynamik wird die Gasturbine mit dem sogenannten Joule-Brayton-Prozess beschrieben: Zunächst wird Luft in einem Turbokompressor vom Umgebungszustand 1 auf den oberen Prozessdruck 2 (in der Praxis zwischen 8 und 32 bar) verdichtet. Dadurch steigt die Temperatur. In der Brennkammer wird der komprimierten Luft Brennstoff zugeführt, das Gemisch verbrannt und die Temperatur 3 erreicht. In der Gasturbine wird unter Arbeitsabgabe das heiße Abgas auf den Umgebungsdruck 4 entspannt. Die Atmosphäre kühlt das Abgas bei gleichbleibendem Druck bis auf die Temperatur 1 ab. Insgesamt folgt der Prozessverlauf den Schritten

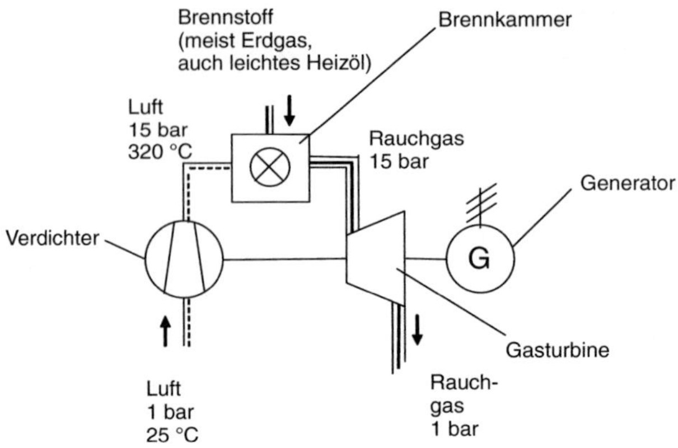

Abb. 3.11 Ein beispielhafter offener Gasturbinenprozess

1 → 2: Isentrope Verdichtung mit Arbeitszufuhr,
2 → 3: Isobare Wärmezufuhr,
3 → 4: Isentrope Entspannung mit Arbeitsabgabe,
4 → 1: Isobare Wärmeabfuhr.

Den Wirkungsgrad dieses Prozesses kann man aus der Energiebilanz und mit Hilfe der sogenannten Isentropengleichung ausrechnen (siehe beispielsweise Strauß 2006)

$$\eta_{th} = 1 - \frac{T_1}{T_2} = 1 - \left(\frac{p_1}{p_2}\right)^{\frac{\kappa-1}{\kappa}} \tag{3.5}$$

Dabei ist κ der sogenannte isentrope Exponent eines Gases; er beträgt 1,4 für Luft und 1,6 für Edelgas. Der thermodynamische Wirkungsgrad ist also allein eine Funktion des Druckverhältnisses.

Man kann den Wirkungsgrad des in Abb. 3.11 gezeigten Prozesses steigern durch *einen inneren Wärmeaustausch mit Rekuperatoren*: dabei wird das Gas am Verdichteraustritt durch das Turbinenabgas, das eine höhere Temperatur aufweist, vorgewärmt. Erforderlich ist dafür ein Rekuperator zwischen Frischluft und Abgas.

Wegen des deutlich niedrigeren Wirkungsgrades im Vergleich zu Dampfturbinenkraftwerken werden reine Gasturbinenkraftwerke vor allem als Spitzenlastkraftwerke oder – in Kombination mit einer Nutzung der Abwärme (siehe Abschn. 4.4) – als industrielle Heizkraftwerke eingesetzt.

3.5.2 Effizienzsteigerung durch Kopplung von Gas- und Dampfturbinenprozessen

Ein weiterer großer Schritt zur Steigerung der Effizienz ist die Kopplung des Gas- und Dampfturbinenprozesses. Die grundsätzliche Idee ist, die Abwärme, die im Gasturbinenprozess in beträchtlicher Menge anfällt, zur Dampferzeugung

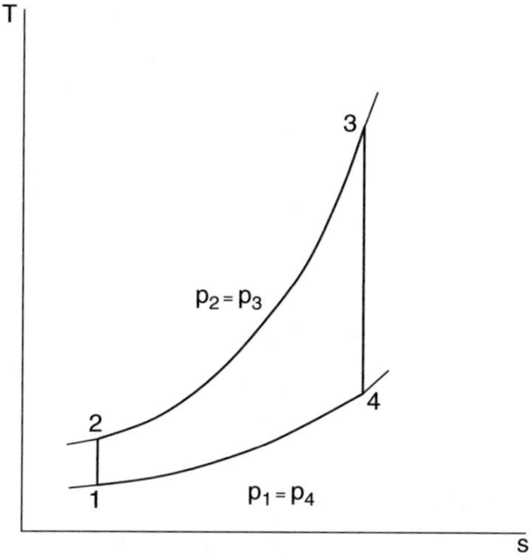

Abb. 3.12 Joule-Brayton-Gasturbinenprozess im T, s-Diagramm (eigene Darstellung)

für einen Dampfkraftprozess zu nutzen. Kombiniert man eine Gas- mit einer Dampfturbine zum Gas- und Dampfturbinen-Prozess, so erreicht man durch das entstandene größere Temperaturgefälle von über 1 000 K einen Wirkungsgradsprung, der schließlich dazu führt, dass die Brennstoffenergie mit einem Wirkungsgrad zwischen 50 und 60% zur Bereitstellung von Strom genutzt werden kann.

Thermodynamisch besteht er aus der „Übereinanderschaltung" der vorweg eingeführten Joule-Brayton- und Clausius-Rankine-Prozesse (Abb. 3.13).

Vertiefende Ausführungen in die Grundlagen der Thermodynamik, speziell in die Kreisprozesse, die Technologien und die technische Umsetzung sind (Baehr et al. 2006; Strauß 2006; Schneider 2003) zu entnehmen.

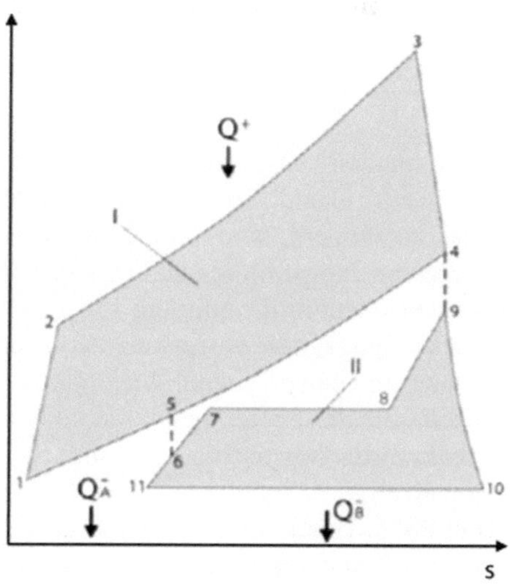

Abb. 3.13 Kombinierter Joule-Brayton-Clausius-Rankine-Prozess (Gas- und Dampfturbinenprozess) im T,s-Diagramm

Zwei Drittel der Leistung entfallen auf den Gasturbinenprozess, ein Drittel auf den Dampfturbinenprozess. Von diesem Verhältnis kann abgewichen werden, wenn der Abhitzekessel eine Zusatzfeuerung erhält, welche eine flexiblere Einsatzweise ermöglicht – auch als GuD bezeichnet. Gas- und Dampfturbinenkraftwerke erreichen Wirkungsgrade bis 60%. Sie werden typischerweise ab einer elektrischen Leistung von 350 MW gebaut und als Mittel- und Grundlastkraftwerk eingesetzt.

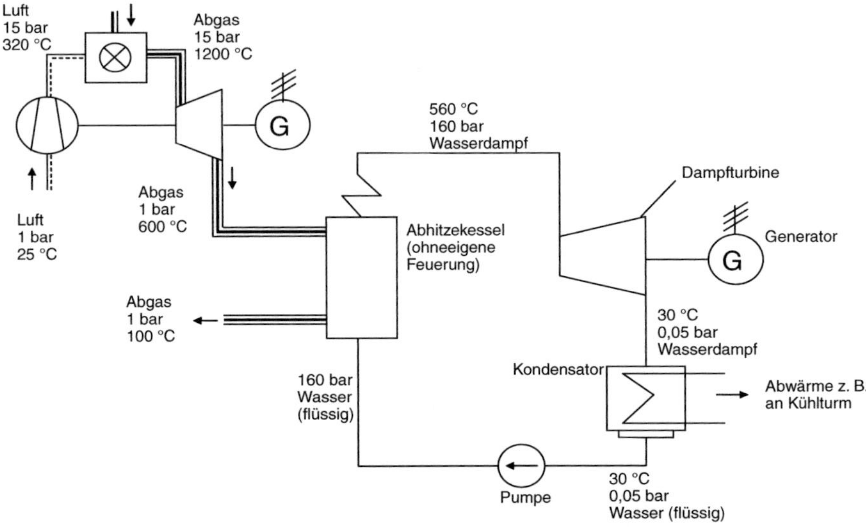

Abb. 3.14 Gas- und Dampfturbinenprozess mit unbefeuertem Abhitzekessel (GUD) (eigene Darstellung)

3.6 Effizienzsteigerung in neuen Kraftwerkskonzepten

3.6.1 Überkritische Kraftwerke

Die momentan betriebenen Kraftwerke arbeiten in der Regel mit Dampftemperaturen von 600°C und Dampfdrücken von bis zu 280 bar. Um den Wirkungsgrad noch weiter zu steigern, sind Temperaturen von 700°C und 350 bar Druck Vorraussetzung. Hohe Temperaturen und Drücke wirken sich vorteilhaft auf den Wirkungsgrad aus, weil dadurch die mittlere Prozess-Eintrittstemperatur erhöht wird und somit Blockwirkungsgrade von etwa 50% erreicht werden.

Dazu sind entsprechende Materialien für Kessel, Leitungen und Turbinen zu entwickeln, die diesen Temperaturen und Drücken gewachsen sind. Die Tendenz geht zu optimierten ferritischen, austenitischen und Nickelbasislegierungen.

Im Kraftwerk Scholven läuft die Testphase für wichtige erste Komponenten seit Mitte 2005. Unter dem Projektnamen Comtes 700 werden Rohre und andere Teile mit einer Temperatur bis über 750°C beaufschlagt. Die Inbetriebnahme des ersten 700°C-Kraftwerkes wird für das Jahr 2014 erwartet (Schütz et al. 2009).

3.6.2 Braunkohlenoptimierte Anlagentechnik mit Kohlevortrocknung (Boa+)

Braunkohlekraftwerke besitzen einen etwas geringeren Wirkungsgrad als Steinkohlekraftwerke. Dies liegt an dem hohen Wassergehalt der Braunkohle (51 bis 59%) im Vergleich zur Steinkohle, weswegen die Verbrennung etwas ineffizienter ist. Mit neuen Verfahren kann die Braunkohle vor der Verbrennung getrocknet werden (Boa+). Bei den Trocknungsverfahren wird das Kohlewasser durch Brüden (aus der Kohle ausgetriebener Wasserdampf), interne Wärmenutzung oder Abwärme verdampft. Bei anderen Entwässerungsverfahren wird das in der Kohle gebundene Wasser durch Kohlenmahlung, Temperaturerhöhung auf ca. 150°C und abschliessende Pressung reduziert. Ziel beider Verfahren ist es, einen Endwassergehalt von 15 bis 20 Prozent zu erzielen. Damit werden Wirkungsgradsteigerungen bei Braunkohle von ca. 4 Prozentpunkten erreicht; der Wirkungsgrad nähert sich denen von Steinkohlenkraftwerken an.

3.6.3 Druckaufgeladene Wirbelschicht

Bei Kombianlagen mit Druckwirbelschichtfeuerung wird eine Kohle/Wasser-Suspension mit Pumpen in eine unter einem Druck von etwa 12 bar stehende Wirbelschicht eingebracht. Durch Kalkzugabe wird der Brennstoffschwefel gebunden. Als Ersatz für das Heizkraftwerk in Cottbus hat man sich für ein Kraftwerk auf Basis der stationären druckaufgeladenen Wirbelschicht (P-200-Modul von ABB) entschieden. Die druckaufgeladene Wirbelschichtfeuerung arbeitet mit einem Brennkammerdruck von 12,5 bar. Durch Veränderung der Schichthöhe des Wirbelbettes wird die Leistung des Kessels geregelt. Die Wirbelschichtfeuerung fungiert als „externe Brennkammer“ einer nachgeschalteten Gasturbine. Derzeit wird dieses Konzept nicht weiter verfolgt. ABB Kraftwerke als Lieferer der Anlage ist im Kraftwerksbau nicht mehr tätig (Blohm et al. 2006).

3.6.4 Brennstoffzellen

In Brennstoffzellen dreht sich kein Generator; statt dessen finden elektrochemische Prozesse statt. Brennstoffzellen nutzen die Energie der Reaktion von Wasserstoff und Sauerstoff zu Wasser. Anders als bei der explosionsartigen Knallgasreaktion verhindert aber eine Trennschicht, der Elektrolyt, dass der Wasserstoff direkt zum Sauerstoff gelangt und das Gasgemisch explodiert.

Wie finden die elektrochemischen Reaktionen also konkret im Inneren einer Brennstoffzelle statt? Die Polymerelektrolytmembran-Brennstoffzelle, auch PEFC („FC“ steht für das englische Fuel Cell) genannt, kann als Anschauungsobjekt dienen (Abb. 3.15). Von außen kommen die Reaktionsgase Wasserstoff und Sauerstoff. Im Prinzip würden die beiden Gase nun zu Wasser reagieren, denn diese Reaktion ist energetisch günstig. Sie können aber nicht, denn die Membran, eine

Abb. 3.15 Das Prinzip der Brennstoffzelle: durch „kalte Verbrennung“ von Wasserstoff und Sauerstoff wird die chemische Energie des Wasserstoffs in elektrischen Strom umgewandelt (Pehnt 2003)

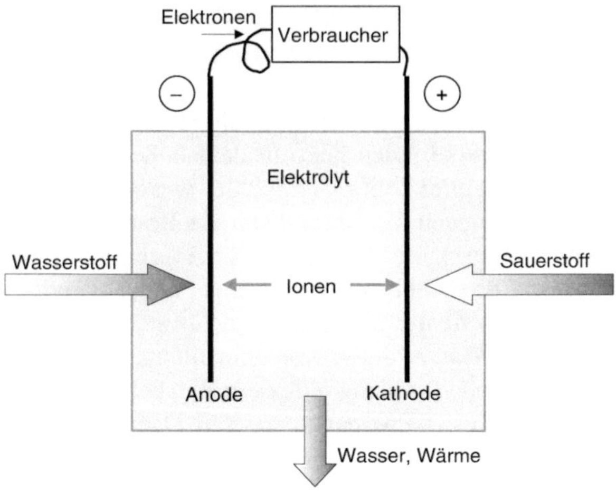

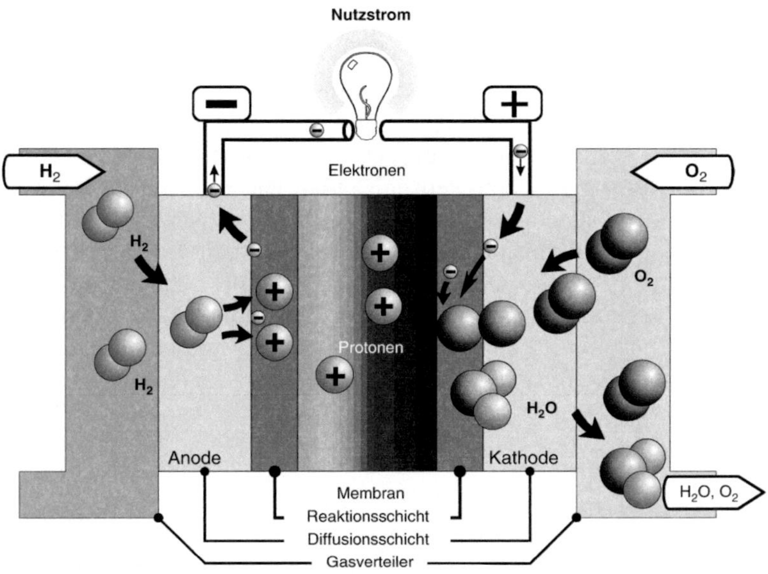

Abb. 3.16 Eine dünne Membran trennt Wasserstoff vom Sauerstoff: die Funktionsweise einer Polymerelektrolytmembran-Brennstoffzelle (Pehnt 2003)

hauchdünne Plastikfolie mit einer dem Teflon ähnlichen Struktur, ist so präpariert, dass sie nur die Protonen leitet, also die Wasserstoff-Teilchen, die ihre Elektronen schon abgestreift haben.

Der Wasserstoff muss sich daher an der Anode in seine Bestandteile, zwei Protonen und zwei Elektronen, aufspalten. Dabei sind feinkörnig verteilte Katalysatorpartikel behilflich, an die die Wasserstoffmoleküle andocken und die dem

Molekül einen kleinen „Tritt“ zur Spaltung geben. Nun können die gespaltenen Moleküle als Protonen durch die Membran wandern. Die Elektronen müssen den Umweg über den elektrischen Verbraucher wählen.

Auf der anderen Seite der Membran, der Kathode, stoßen Protonen und Elektronen wieder aufeinander. Dort treffen sie auf den Sauerstoff und können sich zu Wasser verbinden. Diese Reaktionen sind allerdings sehr langsam. Daher braucht man auch auf der Kathodenseite einen Katalysator.

Bei der Reaktion wird nicht nur Elektrizität erzeugt. Die Gase, die die Zelle verlassen, nehmen auch die Wärme mit, die durch die Verluste bei der Reaktion entsteht. Wichtig ist zudem der Wasserhaushalt der Zelle: Die Membran muss immer befeuchtet sein, um gut zu funktionieren. Aber wiederum nicht zu sehr, denn die Brennstoffzelle ertrinkt im Wasser, wenn die Luft es nicht hinausbefördern kann. Den richtigen Mittelweg für den Wasseranteil zu finden ist eine der großen Herausforderungen dieser Technologie.

Eine PEFC-Zelle hat eine Dicke von nicht einmal einem Fünftel Millimeter. Und trotzdem erzeugt ein Quadratzentimeter dieser Konstruktion ein halbes Watt. Auf der Fläche einer Hand mit der Dicke von zehn Seiten Papier kann eine PEFC genug elektrische Leistung für zehn Energiesparlampen produzieren. Um nun die Spannung beziehungsweise die Leistung der Zelle weiter zu erhöhen, schaltet man einfach viele Zellen hintereinander. Es entsteht ein Stapel, ein sogenannter Stack.

Die PEFC ist lediglich ein Beispiel für eine Brennstoffzelle. Die Funktion des Elektrolyten kann auch durch andere Materialien erfüllt werden, z. B. keramische Stoffe, flüssige Laugen oder Säuren oder eine Schmelze aus Karbonaten. In diesen Materialien müssen es nicht in jedem Fall die Protonen, also die positiven Wasserstoffteilchen sein, die den Strom zwischen den Elektroden leiten. In der alkalischen Brennstoffzelle kommt diese Funktion hingegen den OH^--Ionen zu. Bei Schmelzkarbonat-Brennstoffzellen leiten Karbonat-Ionen (CO_3^{2-}) die Elektrizität, und in den Keramiken einer Festoxid-Brennstoffzelle gewährleisten Sauerstoff-Ionen den Stromfluss.

Die Elektrolytmaterialien bestimmen auch die Betriebstemperatur. Während die Membran schon bei niedrigen Temperaturen arbeitet – im Gegenteil, hohe Temperaturen schaden der Kunststofffolie –, leiten beispielsweise die Karbonate nur in flüssigem Zustand die Ionen. Dazu müssen sie auf 650°C betrieben werden. Die Festoxid-Keramik, die in der SOFC zum Einsatz gelangt, wird auf 800°C geheizt. Man teilt die Brennstoffzellen daher auf in Nieder-, Mittel- und Hochtemperatur-Brennstoffzellen. Dabei eignen sich Hochtemperatur-Brennstoffzellen wegen ihrer hohen Wirkungsgrade und der Möglichkeit, Wärme auf hohem Temperaturniveau auszukoppeln, vor allem zum Einsatz im Kraftwerkssektor, wohingegen die Niedertemperatur-Brennstoffzellen im Auto, im Laptop oder als Kraftwerk gleichermaßen eingesetzt werden können.

Beim Einsatz als Kraftwerk (mit oder ohne Wärmeauskopplung) wird es in der Regel keinen Wasserstoff geben. Diesen muss man zunächst herstellen. Erdgas und Heizöl, aber auch andere Kohlenwasserstoffe enthalten Wasserstoff, den man in einer Reaktion, der sogenannten Reformierung, freisetzen kann. Die Brennstoffzelle hat vor allem zwei Vorteile: zum einen den hohen elektrischen Wirkungsgrad, der

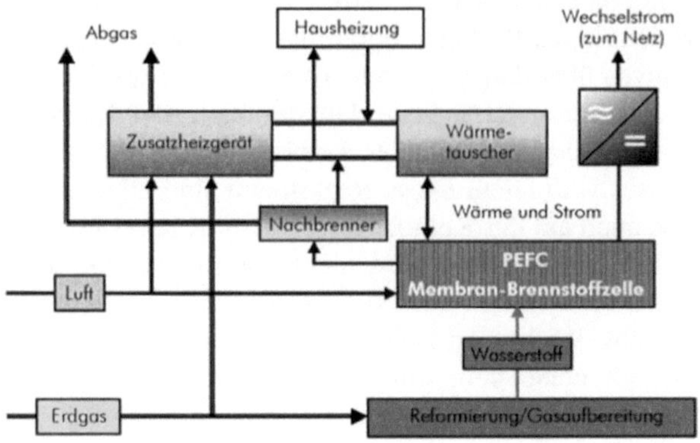

Abb. 3.17 Das Prinzip eines Brennstoffzellen-Heizgerätes: Erdgas wird in Wasserstoff umgewandelt („reformiert") und in der Brennstoffzelle zu Strom und Wärme umgesetzt. Den verbleibenden Wärmebedarf deckt ein Erdgasbrenner („Zusatzheizgerät"). (Grafik: DLR)

bei den kleinen Systemen über 30% liegt und in großen Brennstoffzellen über 50% betragen kann. Zum zweiten entstehen bei der elektrochemischen Reaktion keine Schadstoffe wie beispielsweise Stickoxide.

Dennoch sind Brennstoffzellen bislang noch nicht serienreif für Kraftwerksanwendungen verfügbar. Das wesentlichste Markteintritts-Hemmnis von Brennstoffzellen sind die hohen Investitionskosten. Heutige Kraftwerke sind gegenüber den Konkurrenzsystemen noch einen Faktor 2,5 bis 20 zu teuer. Ein weiteres wesentliches Hemmnis ist die mangelhafte technologische Reife der Systeme, die nur durch weitere erhebliche F&E-Aufwendungen behoben werden kann. Zwar weisen die einzelnen Brennstoffzellentypen einen durchaus unterschiedlichen Entwicklungsstand auf. Gemeinsam ist ihnen allen – mit Ausnahme der PAFC – , dass bislang nur Pilotsysteme realisiert wurden, die eine begrenzte Laufzeit haben und von der Zielperformance (Nutzungsgrade, Lebensdauer, Verfügbarkeit) deutlich entfernt sind. Auch die Teillastfähigkeit und die Dynamik der Brennstoffzellen-Kraftwerke ist noch verbesserungsbedürftig.

Probleme ergeben sich nicht nur bei der Erreichung der Zielkosten und Zielleistungsfähigkeit, sondern vor allem bei der Lebensdauer eines Brennstoffzellensystems.

3.6.5 Erreichbare CO_2-Emissionen zukünftiger Kraftwerkskonzepte

Die spezifischen CO_2-Emissionen – also die pro Kilowattstunde Strom entstehenden CO_2-Emissionen – sind bei der ungekoppelten Stromerzeugung allein abhängig von den Eigenschaften des Brennstoffs und vom elektrischen Wirkungsgrad des Kraftwerks. In der Vergangenheit ließen sich beträchtliche Wirkungsgradsteigerungen bei fossilen Kraftwerken erreichen (s. Tabelle 3.1). Durch die thermodynamischen und werkstofftechnischen Grenzen sind jedoch die Potenziale für zukünftige Effizienzsteigerungen bei der Stromerzeugung begrenzt.

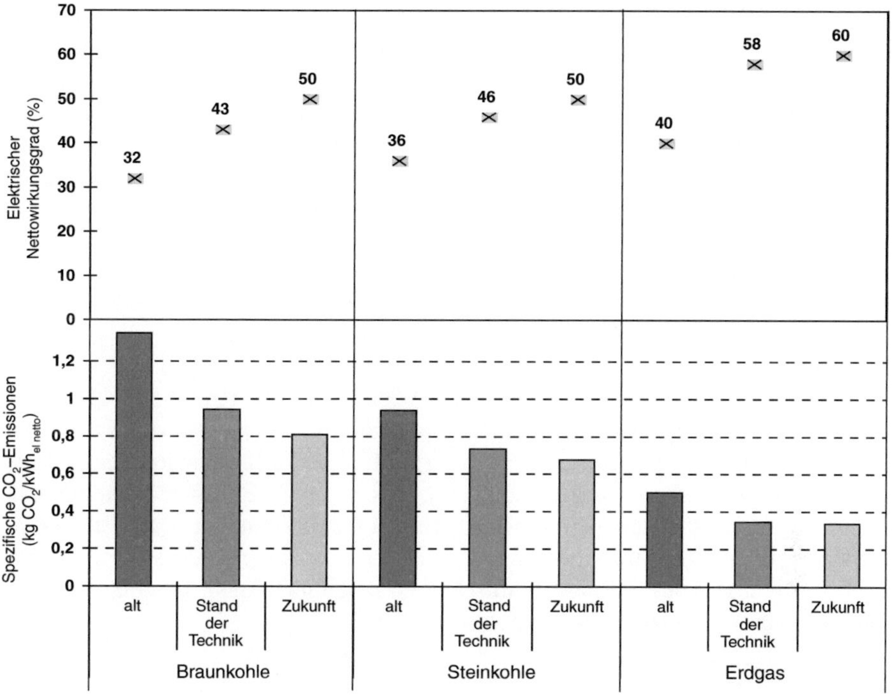

Abb. 3.18 Elektrischer Wirkungsgrad und spezifische CO_2-Emissionen verschiedener Kraftwerkstechniken

Abbildung 3.18 zeigt im oberen Teil die Entwicklung der elektrischen Wirkungsgrade von Braunkohle-, Steinkohle- und Erdgaskraftwerken: jeweils für alte Kraftwerke (Stand vor 1970), für Kraftwerke nach dem heutigen Stand der Technik und den Erwartungswert für Neubaukraftwerke für die Zeit nach 2015 (Zukunft). In welchem Maße langfristig weitere Verbesserungen erzielt werden können, ist aus heutiger Sicht nicht sicher zu beurteilen. Im unserem Teil der Abbildung sind die aus den Wirkungsgraden resultierenden spezifischen CO_2-Emissionen für Braunkohle-, Steinkohle- und Erdgaskraftwerke wiedergegeben.

Die spezifischen CO_2-Emissionen von Braunkohlekraftwerken liegen auch bei der zukünftig zu erwartenden Technik mit über 800 Gramm pro Kilowattstunde (g/kWh) höher als die der meisten anderen Kraftwerkstypen. Die spezifischen CO_2-Emissionen von neuen Steinkohlekraftwerken betragen zwischen 735 g/kWh (Stand der Technik) und 680 g/kWh (Zukunft).

Erdgas-Kraftwerke emittieren pro erzeugte Kilowattstunde Strom erheblich weniger CO_2 als die modernsten Kohlekraftwerke – dies gilt selbst für die älteren, so genannten Kombi-Kraftwerke mit einem deutlich niedrigeren Wirkungsgrad. Erdgas-GuD-Anlagen haben mit derzeit circa 350 g/kWh – und zukünftig 335 g/kWh – die geringsten spezifischen Emissionen. Die Abbildung zeigt, dass die größten Effizienz- und Klimaschutzpotenziale bei fossilen Kraftwerken mit dem Ersatz alter Kohlekraftwerke durch neue Erdgaskraftwerke erschließbar sind.

Dieser niedrige CO_2-Faktor ist nicht allein das Ergebnis des hohen Wirkungsgrades von Gaskraftwerken. Hinzu kommt, das Erdgas (das im wesentlichen aus CH_4 besteht) pro Energieeinheit wesentlich weniger Kohlenstoff enthält als Kohle – damit entsteht auch weniger CO_2 bei der Verbrennung. Das liegt vor allem am im Verzgleich zur Kohle hohen Wasserstoffgehalt (siehe hierzu auch Tabelle 1.4).

Wirkungsgradsteigerungen allein, die mit dem Ersatz alter Kohlekraftwerke durch neue Kohlekraftwerke gleicher Leistung erzielbar sind, reichen nicht aus, um die langfristigen europäischen Klimaschutzziele zu erfüllen. Die Abbildung zeigt auch, dass der Wirkungsgrad eines Kraftwerkes allein kein geeigneter Indikator für den Klimaschutz ist.

Es ist für den Klimaschutz nicht entscheidend, ob neue Kraftwerke „hocheffizient" (im Sinne von Energie-Effizienz) sind, sondern dass sie niedrige spezifische CO_2-Emissionen aufweisen (CO_2-Effizienz). Durch Effizienzsteigerungen sind zukünftig nur noch geringe Senkungen der spezifischen CO_2-Emissionen möglich, da sich diese reziprok zu den Wirkungsgradsteigerungen verhalten. Eine Halbierung der spezifischen CO_2-Emissionen würde daher eine Verdopplung des Wirkungsgrades erfordern, was aus thermodynamischen Gründen nicht mehr möglich ist. Dazu sind vielmehr erneuerbare Energien vordringlich.

3.7 Kraftwerke mit Carbon Capture and Storage (CCS)

Ein weiteres Konzept zur Steigerung der „Klimaeffizienz" sind Kraftwerke, aus deren Abgas das CO_2 abgetrennt und langfristig gespeichert wird. Diese Kraftwerke sind ein interessanter Fall, bei denen Energieeffizienz und Klimaeffizienz nicht proportional zueinander sind: Die Entkarbonisierung ist mit einem Energieaufwand verbunden und führt daher zu einer Einbuße beim Kraftwerkswirkungsgrad, die durch Verfahrensoptimierung so gering wie möglich gehalten werden muss. Die CO_2-Emissionen werden hingegen deutlich gesenkt.

Oftmals wird für diese Technologielinie der Begriff „Sequestrierung" verwendet. Dieser Begriff ist allerdings missverständlich. In einigen Sprachen ist mit der „Sequestrierung" auch die Ablagerung in natürlichen Senken, etwa Forst- und Landwirtschaft, gemeint. Daher wird im Folgenden stets „Abscheidung und Speicherung von CO_2", „CO_2-Entsorgung" oder die in der internationalen Literatur gängige Abkürzung „CCS" (englisch „Carbon Capture and Storage") verwendet.

3.7.1 Verfahren der CO_2-Abtrennung

Kohlendioxid (CO_2) ist ein farbloses und geruchloses Gas. Es besitzt eine größere Dichte als Luft und ist nicht brennbar. CO_2 ist in Wasser löslich und reagiert teilweise mit Wasser zu Kohlensäure. Unter hohem Druck entsteht eine farblose Flüssigkeit. Diese wird bei starker Abkühlung fest (Trockeneis).

Um das CO_2 aus dem Abgas zu trennen, stehen unterschiedliche Abtrennungsverfahren zur Verfügung (Abb. 3.19). Verfahren der chemischen Absorption beruhen auf einer chemischen Reaktion zwischen Absorbent und CO_2. Zunächst wird das CO_2 durch ein flüssiges Lösungsmittel gebunden. Dann wird die chemische Bindung des CO_2 wieder aufgebrochen, indem das Lösungsmittel erwärmt wird. Ein übliches Lösungsmittel ist Monoethanolamin (MEA).

Bei hohen Partialdrücken von CO_2 eignen sich auch Verfahren der physikalischen Absorption. Diese Verfahren nutzen das Henry-Gesetz aus: zwischen bestimmten Materialien, beispielsweise Zeolithen oder Aktivkohle, und Gasen bestehen Anziehungskräfte, die das Gas an die Oberfläche der Materialien binden.

Eine weitere Abtrenntechnologie verwendet Membranen. Diese Membranen sind unterschiedlich durchlässig für Moleküle verschiedenen Durchmessers, so dass sich unterschiedliche Partialdrücke verschiedener Gasbestandteile entlang der Membran aufbauen.

Schließlich können Gasmischungen auch durch eine Kühlung getrennt werden. Dadurch fällt das CO_2 in fester Form an und kann vom Restgas abgetrennt werden.

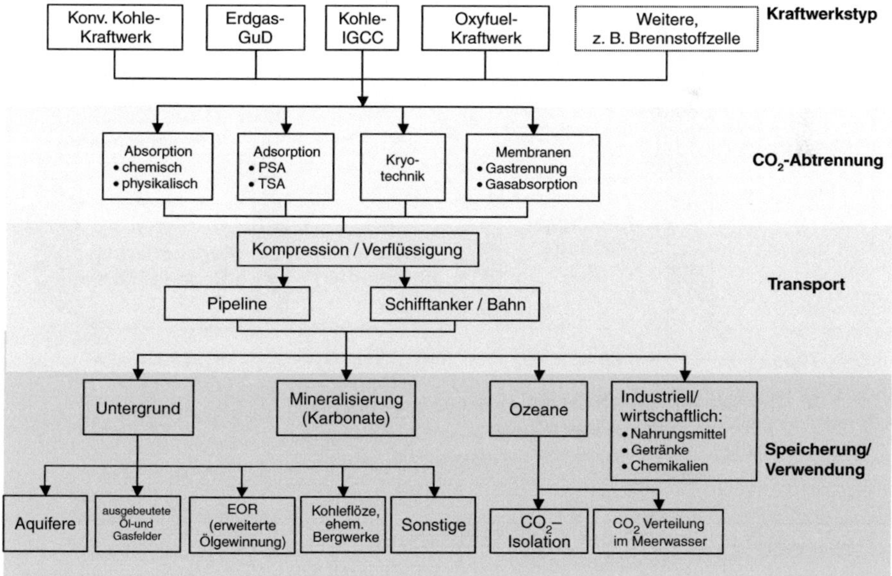

Abb. 3.19 Kategorisierung von Verfahren der CO_2-Abtrennung und deren Integration in Kraftwerke (eigene Darstellung)

3.7.2 Integration der CO_2-Abscheidung in Kraftwerksprozesse

In den Verbrennungsprozessen eines konventionellen Kraftwerks wird in der Regel ein kohlenstoffhaltiger Brennstoff mit Luft verbrannt. Das Abgas besteht daher im Wesentlichen aus Stickstoff (N_2), CO_2, Wasserdampf und kleinen Mengen an Schadstoffen. Es gibt unterschiedliche Ansätze, die CO_2-Wäsche in einen Kraftwerksprozess zu integrieren; dabei ist nicht jedes Abtrennverfahren für jede Kraftwerksart geeignet.

3.7.2.1 CO_2-Abgas-Wäsche (post combustion technology)

Wie im herkömmlichen Kraftwerksprozess wird das Abgas konventionell gereinigt und dann einer CO_2-Wäsche zugeführt. Dafür wird das Abgas durch einen chemischen CO_2-Wäscher geführt. Dieses Verfahren eignet sich insbesondere für konventionelle Dampfkraftwerke. In einem typischen Kohlekraftwerk liegt die CO_2-Konzentration zwischen 11 und 14 Volumenprozent. Das heißt, der Partialdruck des CO_2 ist gering und die chemischen Lösungsmittel, an denen das CO_2 absorbiert, müssen für diesen Zweck geeignet sein.

Für das Austreiben des CO_2 aus dem Waschmittel wird Dampf benötigt, der dem Kraftwerksprozess zu entnehmen ist. Bei Verwendung der bisher am meisten erprobten MEA-Wäsche (Monoethanolamin) ist mit Wirkungsgradverlusten von 10 bis 12%-Punkten zu rechnen. Abhängig vom Abtrennaufwand kann eine Reduktion der CO_2-Emissionen auf 10 bis 20% erwartet werden.

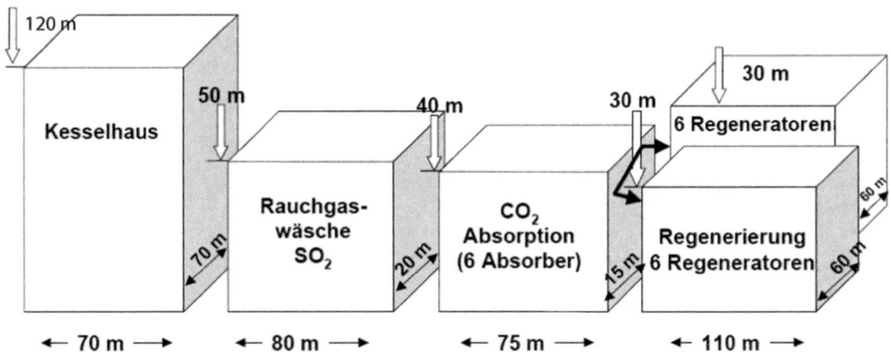

Abb. 3.20 Beispiel für die Abmessungen eines kohlebefeuerten Kraftwerks (660 MW_{el}) mit SO_2/CO_2-Abscheidung (eigene Darstellung)

3.7.2.2 Oxyfuel-Prozess mit CO_2-Abtrennung

Beim Oxyfuel-Kraftwerksprozess wird der Brennstoff nicht mit Luft, sondern mit reinem Sauerstoff verbrannt. Da dabei sehr hohe Temperaturen entstehen können, wird ein Teil des abgetrennten CO_2 in die Brennkammer zurückgeführt.

Das Verbrennungs-Abgas besteht lediglich aus CO_2, Wasserdampf und geringen Mengen Schadstoffen. Der Wasserdampf wird kondensiert, es bleibt ein nahezu reiner CO_2-Strom übrig.

Für diese Prozessvariante muss der Sauerstoff in einer Luftzerlegungsanlage gewonnen werden. Dies ist ein vergleichsweise energieaufwändiger Prozess. Der Wirkungsgrad sinkt um 8%- bis 11%-Punkte. Eine Reduktion der CO_2-Emissionen auf unter 10% wird erwartet.

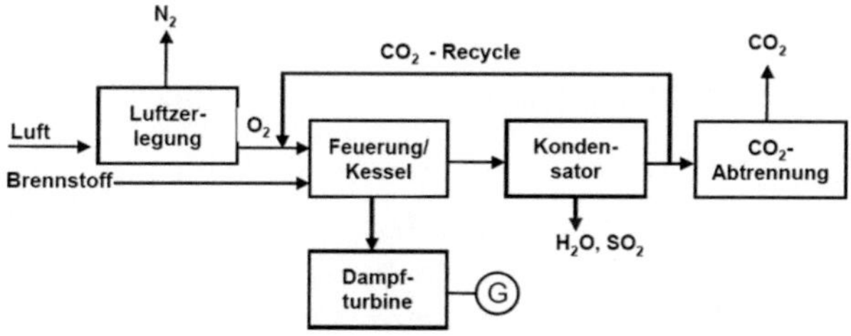

Abb. 3.21 Kohlebefeuertes Kraftwerk mit Kohlenstaubfeuerung, O_2-Verbrennung und CO_2-Abtrennung (eigene Darstellung)

3.7.2.3 CO_2-Brenngas-Wäsche (Pre-combustion Technology)

Eine dritte Variante besteht darin, den Brennstoff zunächst in ein Gas umzuwandeln, das aus CO_2 und Wasserstoff besteht. Dann kann das CO_2 bereits vor der Verbrennung abgetrennt werden. Dies ist insbesondere in sogenannten IGCC-Kraftwerken möglich (Integrated gasification combined cycle). In diesen Kraftwerken wird der feste Brennstoff in einen Vergaser eingebracht, bei hohen Temperaturen in ein „Synthesegas" verwandelt, das aus Kohlenmonoxid (CO), Wasserstoff (H_2), CO_2 und geringen Mengen anderer Bestandteile besteht. Bevor die CO_2-Abtrennung stattfinden kann, wird das Synthesegas gereinigt – insbesondere Schwefelbestandteile müssen entfernt werden. In einem Shift-Reaktor wird außerdem das Kohlenmonoxid CO mit Wasserdampf zusammengebracht. Dadurch wird das CO zu CO_2 aufoxidiert und zusätzlicher Wasserstoff produziert.

Das resultierende Gas hat einen hohen CO_2-Gehalt; daher ist die Abtrennung leichter und mit geringerem Energieaufwand durch eine physikalische Absorption möglich. Es verbleibt nahezu reiner Wasserstoff als Brennstoff für den Kraftwerksprozess. Der Kraftwerkswirkungsgrad verringert sich um ca. 6%- bis 9%-Punkte. Die CO_2-Emissionen in die Atmosphäre sinken auf 15 bis 20%.

3.7.3 Transport und Speicherung von CO_2

Das abgetrennte CO_2 muss nun zu geeigneten Lagerstätten transportiert werden. Dies kann beispielsweise mittels Pipelines, Tanklastzügen oder speziellen Transportschiffen geschehen. Auf Grund der großen anfallenden CO_2-Mengen dürfte der Pipeline-Transport die kostengünstigste Option sein.

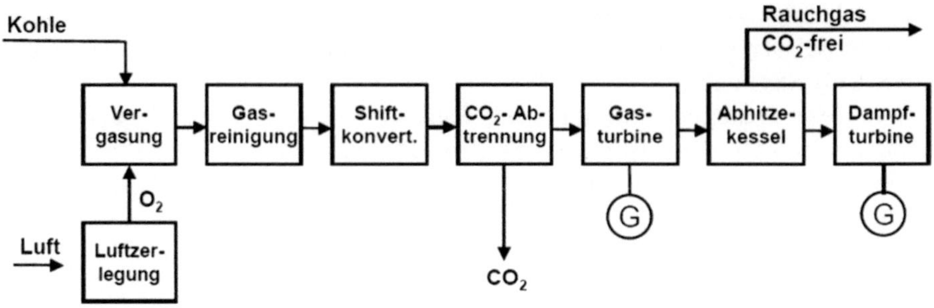

Abb. 3.22 Kohlegefeuerter IGCC mit Shiftkonvertierung und CO_2-Abtrennung (eigene Darstellung)

Die langfristige und sichere Speicherung des CO_2 über Tausende von Jahren ist wesentlich für den Erfolg von CCS als Klimaschutzmaßnahme. Dazu müssen Strukturen gefunden werden, in denen das CO_2 nicht entweichen kann, es im Idealfall sogar gebunden wird. Unterschiedliche Speicherformationen werden diskutiert:

- *Öl- und Gasreservoirs* bestehen aus porösen Gesteinsschichten, die von gasdichten Gesteinen abgedeckt werden. Diese Reservoirs haben in der Vergangenheit Öl und Gas in geologischen Zeiträumen gespeichert und sind zumeist gut erkundet. Auf der anderen Seite muss sichergestellt werden, dass die Bohrungen der Öl- und Gasförderung abgedichtet werden. CO_2 kann auch in vorhandene Öllagerstätten injiziert werden. Dadurch wird der durch die Ölförderung entstandene Unterdruck wieder erhöht. Dieses Verfahren heißt Enhanced Oil Recovery (EOR).
- In *tiefen salinen Aquiferen* kann CO_2 ebenfalls gespeichert werden. Die Speichermechanismen in solchen Strukturen sind allerdings deutlich komplexer; das CO_2 kann teilweise im unterirdischen Wasser gelöst werden, in Poren gespeichert werden oder mit den umgebenden Mineralien reagieren. Unklar sind der exakte Verbleib der verdrängten Wassermengen und die Folgen der Druckerhöhung. Saline Aquifere gibt es weltweit; die Speicherkapazität ist deutlich größer als für Öl- und Gasreservoirs. Allerdings ist das Risiko einer CO_2-Leckage größer als bei diesen Speicherformen.
- Unwirtschaftliche *Kohleflöze* bieten nur geringe Speicherkapazitäten an. Das CO_2 lagert sich anstelle des an der Kohleoberfläche absorbierten Methans an. Dadurch kann es zu einer Emission von Methan kommen, das abgesaugt und als „Grubengas“ genutzt werden kann („Enhanced coal bed methane“ ECBM). Allerdings ist die Langzeit-Dichtigkeit solcher Lagerstätten noch sehr unsicher. Die Kohle könnte sich durch die Anlagerung von CO_2 ausdehnen und dadurch Frakturen oder Wassereinbrüche in den Flözen verursachen.
- Bei der Speicherung von CO_2 in den *Ozeanen* wird das Gas in die Tiefsee injiziert. Diese Speicheroption ist allerdings mit wesentlichen Risiken behaftet, beispielsweise dem Risiko plötzlicher Freisetzungen bei Erdbeben oder der

Beeinträchtigung der marinen Ökosysteme (WBGU 2003). Dieser Speicherpfad wird durch internationale Meeresschutzabkommen (London-Protokoll, OSPAR) den jeweiligen Vertragsstaaten untersagt.

- In begrenzten Mengen kann CO_2 auch als *technisches Gas* eingesetzt werden, zum Beispiel als Rohstoff in der Nahrungsmittel-, Getränke- und chemischen Industrie.

Die Bandbreite der Schätzungen globaler Speicherpotenziale liegen zwischen 476 und 5 880 Gt CO_2 (z. Vgl. globaler Ausstoß 2008: 30,2 Gt). In Deutschland sind ausgeförderte Gasfelder in Hinblick auf Kosten, Stand der Technik, Stabilität und Risiken am vielversprechendsten. Allerdings liegt die statische Reichweite bezogen auf den CO_2-Ausstoß aus Punktquellen lediglich bei wenigen Jahren. Tiefe saline Aquifere haben höhere Reichweiten (geschätzt 30 bis 70 Jahre). Das gesamte weltweite Speicherpotenzial wurde in (IPCC 2005) geschätzt (Tabelle 3.2). Insbesondere die Werte für Öl- und Gasfelder können als vergleichsweise gesichert gelten, während die Schätzungen für Aquifere weit auseinander liegen.

Insgesamt ergeben sich also durchaus begrenzte Potenziale für Speicherformationen, die durch eine Konkurrenzsituation mit anderen Anwendungen (beispielsweise Geothermie, Erdgas- und Druckluftspeicher) sowie fehlender Akzeptanz zusätzlich verschärft wird.

3.7.4 CCS – Klima- statt Energieeffizienz?

Bevor CCS im großen Maßstab und als Brückentechnologie eingesetzt wird, gilt es, zahlreiche offene technische, wirtschaftliche, ökologische und rechtliche Fragen zu klären. Beispielsweise erhöht eine Ausrüstung moderner Kraftwerke mit CO_2-Abtrennung den verfahrenstechnischen Aufwand und erfordert zusätzlichen Brennstoff. Daher steigen die Stromgestehungs*kosten* aus solchen Kraftwerken signifikant an. Studien beziffern die Mehrkosten für ein Kraftwerk im Jahr 2020 mit rd. 2,5 Ct/kWh$_{el}$ (Steinkohle) bzw. 1,8 Ct/kWh$_{el}$ (Erdgas) (Fischedick et al. 2006). Damit erreichen die Stromkosten fossiler Kraftwerke mit CCS Größenordnungen von 6 bis 7 Ct/kWh im Jahr 2020 und liegen – unter Berücksichtigung der großen Unsicherheiten solcher Kostenschätzungen – in einer ähnlichen Größenordnung wie die für 2020 antizipierbaren Stromkosten einer Reihe von erneuerbaren

Tabelle 3.2 Weltweites Speicherpotenzial für CO_2 in geologischen Formationen (IPCC 2005)

	Speicherkapazität (Gt CO_2)	
Reservoir	Untere Schätzung	Obere Schätzung
Öl- und Gasfelder	675	900
Unwirtschaftliche Kohleflöze	3–15	200
Tiefe saline Aquifere	1000	Unsicher, aber bis zu 10^4

Energietechnologien. Die durchschnittlichen Stromkosten der erneuerbaren Energiesysteme werden langfristig aber weiter sinken.

Beim Kostenvergleich mit erneuerbaren Energien ist zu beachten, dass CCS-Kraftwerke nicht CO_2-frei sind, sondern CO_2-arm. Durch den Energie-Eigenbedarf der CO_2-Abtrennung steigt der erforderliche Brennstoffeinsatz erheblich an („energy penalty"). Je nach Abtrennverfahren sinkt der Wirkungsgrad um 6 bis 12, in Einzelfällen auch 15%-Punkte. Dies führt zu erhöhten Umweltauswirkungen der Rohstoffförderung, aber auch zu einem höheren Aufkommen an zu entsorgendem CO_2. Zudem kann das CO_2 nicht vollständig aus dem Abgas abgetrennt werden; durch den Mehrverbrauch kommt es zu erhöhten Grubengas-Emissionen (Steinkohle). Über den Lebenszyklus betrachtet werden die Treibhausgasemissionen daher nur um rd. 65–80% reduziert.

Bei der Auswahl der Speicherformationen muss außerdem eine maximale Dichtigkeit gewährleistet sein – eine zu hohe *Leckage* des eingespeicherten CO_2 würde die langfristige Klimaschutzwirkung von CCS konterkarieren. Leckage kann beispielsweise durch Bohrlöcher, Diffusion durch Gesteinsschichten oder natürliche Gesteinsspalten erfolgen. Auch Freisetzungen entlang der Transportkette sind nicht auszuschließen. Modellrechnungen zeigen, dass Leckageraten von weniger als 1% in 1 000 Jahren bei sorgfältiger Speicherwahl möglich sind. Der IPCC-Bericht zu CCS formuliert, dass bei sorgfältig ausgewählten und betriebenen Speichern "the fraction retained in appropriately selected and managed reservoirs is very likely to exceed 99% over 100 years, and is likely to exceed 99% over 1 000 years" (IPCC 2005).

Sollten Leckageraten von lediglich 0,01%/a realisierbar sein, so sind dennoch nach 7 000 Jahren bereits 50% des gespeicherten CO_2 entwichen. Erfahrungen mit bisher realisierten Projekten konzentrieren sich auf eine Erhöhung der Ölausbeute durch Einpressung von CO_2 in erschöpfte Ölfelder, nicht auf eine Langzeitspeicherung des CO_2. Vor dem Hintergrund einer möglichen Leckage des CO_2 werden auch Konzepte diskutiert, in denen Biomasse-Kraftwerke mit CCS gekoppelt werden. Das von diesen Kraftwerken emittierte CO_2 ist klimaneutral, wenn es aus der Verbrennung nachhaltig bewirtschafteter Biomasse stammt. In der Kopplung CCS und Biomasse sind daher Energiebereitstellungspfade möglich, die netto zu einer CO_2-Reduktion führen. Allerdings sind Biomasse-Kraftwerke in der Regel auf Grund des Brennstoffbedarfs so klein, dass ein CCS-Prozess nicht wirtschaftlich darstellbar ist.

Andere, insbesondere *lokal relevante Umweltbeeinträchtigungen* umfassen z. B. verstärkte Kohle-Abbautätigkeiten bei CCS in Kohlekraftwerken, verstärkte Transportaktivitäten (Tankertransport oder Pipelinebau), das Risiko eines plötzlichen Entweichens aus den Lagerstätten, Versauerung des Untergrundes, dadurch evtl. Modifikation des umliegenden Gesteins und Grundwassers, Entweichen von Methan bei Speicherung in ehemaligen Kohleflözen und mikroseismische Aktivitäten durch Einleitung des CO_2 in den Untergrund.

Die begrenzten Speicherpotenziale, wegen derer CCS nur eine Brückentechnologie sein kann, aber auch die Mehrkosten und ökologischen Schwachstellen führen dazu, dass die Rolle von CCS im energiewirtschaftlichen Gesamtkontext kontrovers diskutiert wird.

Kapitel 4
Kraft-Wärme-Kopplung

Martin Pehnt und Jörg Schneider

Trotz stetiger Verbesserungen hat der Mix der deutschen Großkraftwerke nur einen durchschnittlichen elektrischen Nutzungsgrad von rund 40 Prozent. Das vorangehende Kapitel hat gezeigt: Zwar gibt es Verbesserungspotenziale – in modernen Großkraftwerken werden zukünftig elektrische Wirkungsgrade von 50 (Kohle) bzw. 60% (Gas) erreicht werden. Aber auch in modernen Kraftwerken wird rund die Hälfte der Brennstoffenergie ungenutzt in großen Kühltürmen an die Umgebungsluft abgegeben oder erwärmt unsere Flüsse.

Bei der Kraft-Wärme-Kopplung macht man aus der Not eine Tugend und nutzt auch die Abwärme der Stromerzeugung, um Häuser zu heizen, Schwimmbäder zu erwärmen oder Dampf an die Industrie zur Verfügung zustellen. Im Prinzip kann man jedes Kraftwerk in ein „Heiz-Kraftwerk" wandeln. Besonders geeignet sind dafür aber dezentrale, kleinere Kraftwerke. Denn dann müssen Strom und Wärme nicht über weite Strecken zum Verbraucher transportiert werden.

In vielen Ländern der europäischen Union kommt der Kraft-Wärme-Kopplung eine erhebliche energiewirtschaftliche Bedeutung zu. Vorreiter sind die Dänen, die schon über die Hälfte ihres Strombedarfs gekoppelt produzieren. Schon früh wurde in Dänemark mit dem Ausbau der Fernwärmeversorgung begonnen; Basis dafür war eine konsequente politische Rahmensetzung, beispielsweise durch frühzeitige Erstellung von Wärmenutzungsplänen, eine hohe Heizölbesteuerung und das Verbot elektrischer Gebäudebeheizung.

Auch die Niederlande haben – nicht zuletzt auf Grund der eigenen Erdgasfelder – einen traditionell hohen Anteil an dezentraler Erdgasversorgung. In Finnland wurde bereits seit den 1960er Jahren mit dem Ausbau der Fernwärmeversorgung begonnen. Sowohl in Dänemark wie in Finnland werden Versorgungsgebiete mit vergleichsweise geringen Wärmedichten mit KWK versorgt.

M. Pehnt (✉)
Institut für Energie- und Umweltforschung, 69120 Heidelberg, Deutschland
e-mail: martin.pehnt@ifeu.de

J. Schneider (✉)
Umweltbundesamt, 06813 Dessau-Roßlau, Deutschland
e-mail: joerg.schneider@uba.de

M. Pehnt (ed.), *Energieeffizienz*, DOI 10.1007/978-3-642-14251-2_4,

In Deutschland werden rund 12% der Brutto-Stromerzeugung mit Kraft-Wärme-Kopplung gedeckt. Ein Großteil davon stammt aus großen Kraftwerken, die ihre Wärme an Fernwärmenetze abgeben, und aus der industriellen Kraft-Wärme-Kopplung. Aber auch Blockheizkraftwerke – kompakte und kleinere Anlagen zur gleichzeitigen Strom- und Wärme-Versorgung – tragen dazu bei.

Infobox 4.1 KWK, Nutzung mit Geschichte

Dass man diese Verlustwärme verwenden soll, wo es geht, ist schon seit Urzeiten bekannt. Die Tibetaner beispielsweise wollten nicht die warme Abluft aus ihren Öfen ungenutzt nach außen strömen lassen. Sie installierten Räder mit Lamellen in die Ofenrohre und trieben damit ihre Gebetsmühlen an.
In Amerika startete die American District Steam Association vor fast hundert Jahren eine Werbekampagne. Ihr Spruch: „ Wärme und Licht sind das Leben der Welt. Wenn die Sonne nur Licht und keine Wärme aussenden würde oder umgekehrt, wäre diese Welt ein toter Planet. Ein Kraftwerk, das nur Strom liefert, erfüllt seine Mission nur zur Hälfte."
In den 1910er Jahren wurden bereits Kirchen, Ananasfarmen und sogar das amerikanische Kapitol mit Kraft-Wärme-Kopplung versorgt. Aber weil es in den letzten zwei Jahren des ersten Weltkriegs Probleme mit dem Eisenbahn-Transport von Kohle in die Ballungsräume gab, kam es dort zu einem enormen Kohlemangel.
Die Regierung forcierte daraufhin den Bau zentraler Kohlekraftwerke direkt an den Minen.
Damit war die Nutzung der Wärme unmöglich geworden. Es setzte sich die Meinung durch, es sei einfacher, Strom zu den Menschen zu bringen als warmes Wasser oder Dampf. Und ein technischer Vorteil der Stromverteilung wurde früh erkannt. Elektrischer Strom fließt mit einer sehr hohen Energiedichte durch Kupferkabel oder Aluminium-Leitungen zum Kunden.
In der Folge war die KWK erst einmal in der Schublade verschwunden. Nach dem zweiten Weltkrieg wurde Fernwärme insbesondere auch in Ostdeutschland ausgebaut. Heute wird sie wieder entdeckt. Das liegt vor allem daran, dass diese Technologie einen wichtigen Beitrag zum Klimaschutz leisten könnte. In vielen Ländern der Europäischen Union setzt man daher schon viele Jahrzehnte auf KWK.

4.1 Das Prinzip der Kraft-Wärme-Kopplung

Das Grundprinzip der KWK kann an einem einfachen Beispiel gezeigt werden (Abb. 4.2). In einer Brennkammer wird Brennstoff mit Luft verbrannt. Dieses heiße Gas treibt zwei Gasturbinen an. Das Abgas hat immer noch eine Temperatur von 500°C. Über einen Wärmetauscher wird Wasser erhitzt und verdampft. Dieser Dampf wird in einer nachgeschalteten Dampfturbine ebenfalls in Strom umgewandelt. Bis hierhin handelt es sich um ein klassisches „ GuD"-Kraftwerk (siehe Abschn. 3.5.2).

Danach hat das Abgas immer noch eine Temperatur von 180°C. Über einen zweiten Wärmetauscher wird es weiter abgekühlt. Diese thermische Energie wird an einen Wasserkreislauf übertragen und über gut gedämmte Fernwärmeleitungen an

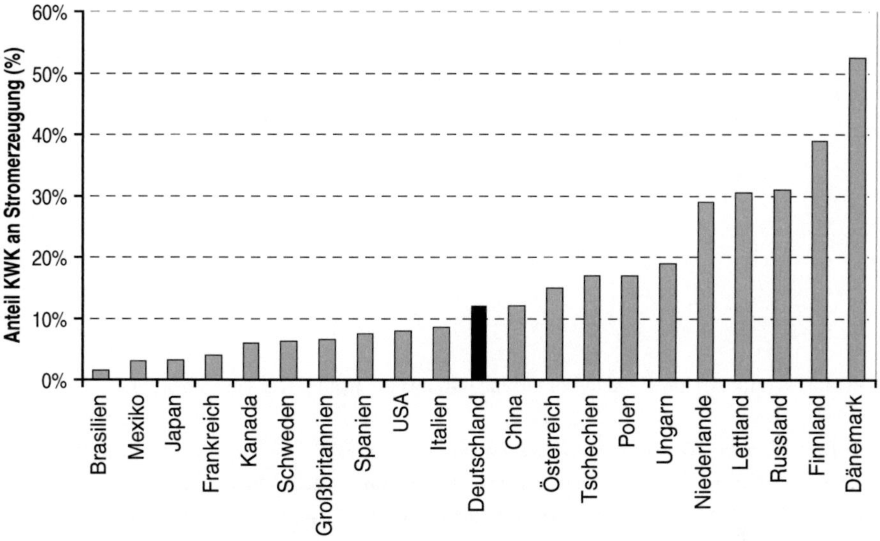

Abb. 4.1 Anteile der Stromerzeugung aus KWK in verschiedenen Staaten (IEA 2008)

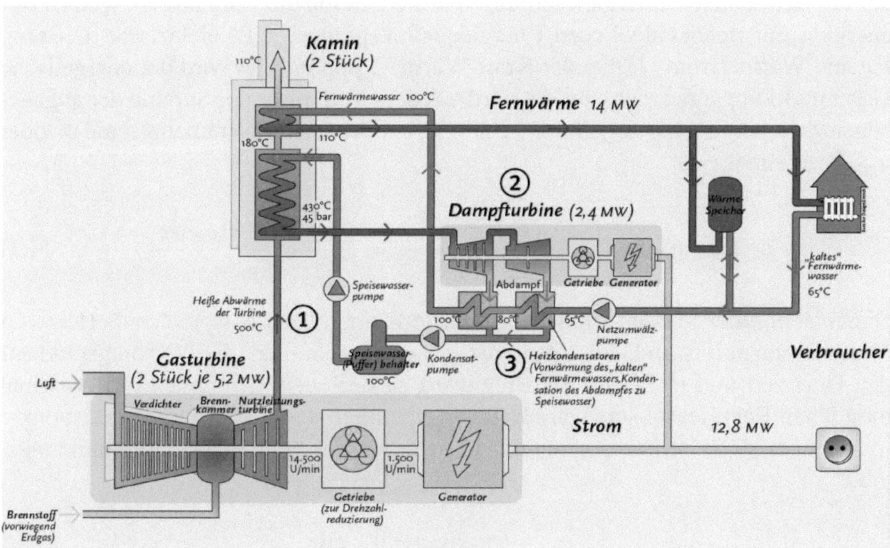

Abb. 4.2 Prinzip einer KWK-Anlage am Beispiel eines kleinen GuD-Kraftwerks. Quelle: Stadtwerke Lemgo

Haushalte oder die Industrie geliefert. Nicht nur die Abwärme des Abgases wird genutzt. Auch die Restwärme der Dampfturbine erwärmt den Fernwärmekreislauf.

Das Grundprinzip der KWK ist einfach – realisiert wird es jedoch mit sehr unterschiedlichen Technologien. Bevor jedoch verschiedene KWK-Konzepte vorgestellt werden, sind einige Begriffsdefinitionen unerlässlich.

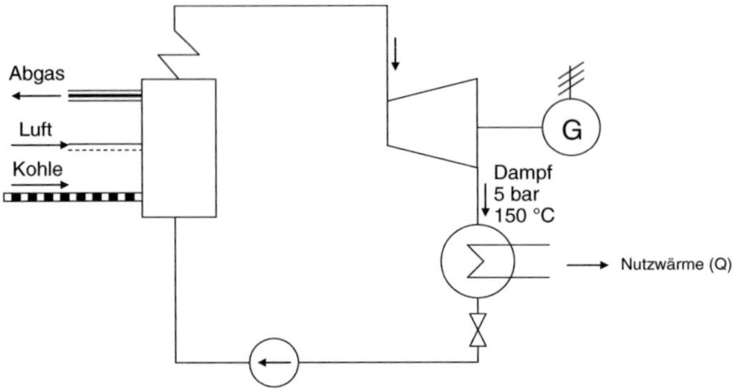

Abb. 4.3 Kraftwerk mit Gegendruckturbine (Brennstoff Kohle) (eigene Darstellung)

Kraft-Wärme-Kopplungsanlage (KWK). Eine KWK-Anlage ist ein energietechnisches System, das mit einer oder mehreren Kraftmaschinen bzw. mit Hilfe anderer Anlagenteile (z. B. Kondensatoren) die gewünschten Zielenergieformen Strom und/oder mechanische Energie sowie Wärme bereitstellen kann.

Brennstoffausnutzungsgrad (ω, oder Gesamtwirkungsgrad η_{ges}). Handelt es sich bei der betrachteten Energiewandlung um die gekoppelte Produktion zweier Zielenergien mit unterschiedlichen Energiequalitätsgraden, z. B. elektrische Leistung P_{el} und Wärmestrom $\dot{Q}_{th}$ bei der Kraft-Wärme-Kopplung, so wird der energetische Gesamtwirkungsgrad, der gebildet wird aus dem Verhältnis der Summe der abgegebenen Zielenergien zur zugeführten Energie, als Brennstoffausnutzungsgrad ϖ oder η_{ges} bezeichnet.

$$\omega = \eta_{ges} = \frac{\dot{Q}_{th,KWK} + P_{el,KWK}}{\dot{m}_{Br} \cdot H_i} = \frac{\dot{Q}_{th,KWK} + P_{el,KWK}}{\dot{E}_{Br}} \tag{4.1}$$

Dabei ist $\dot{m}_{Br}$ der Massenstrom des Brennstoffs und H_i der entsprechende Heizwert dieses Brennstoffes. In Deutschland hat es sich eingebürgert, den Wirkungsgrad auf den Heizwert und nicht auf den Brennwert zu beziehen. Im Sinne einer maximal möglichen Energieausbeute wäre letzterer eigentlich der geeignetere Bezugspunkt.

Der über einen Zeitraum gemittelte Gesamtwirkungsgrad heißt Gesamtnutzungsgrad:

$$\bar{\eta}_{ges} = \frac{Q_{th,KWK} + W_{el,KWK}}{E_{Br}} \tag{4.2}$$

Der *elektrische Wirkungsgrad* (η_{el}; auch Stromausbeute β) ist das Verhältnis aus elektrischer Leistung und zugeführter Brennstoffleistung $\dot{E}_{Br}$:

$$\eta_{el} = \frac{P_{el,KWK}}{\dot{m}_{Br} \cdot H_i} = \frac{P_{el,KWK}}{\dot{E}_{Br}} \tag{4.3}$$

Der *thermische Wirkungsgrad* (η_{th}; auch Wärmeausbeute α) ist das Verhältnis aus thermischer Leistung und zugeführter Brennstoffleistung:

$$\eta_{th} = \frac{\dot{Q}_{th,KWK}}{\dot{m}_{Br} \cdot H_i} = \frac{\dot{Q}_{th,KWK}}{\dot{E}_{Br}} \tag{4.4}$$

Auch hier ergeben sich die entsprechenden elektrischen und thermischen *Nutzungsgrade* durch Mittlung der Leistungen über eine längere Zeitperiode.

Die *Stromkennzahl* ρ (engl. *electricity-to-heat ratio*) gibt das Verhältnis an bereitgestellter elektrischer Leistung zur Nutzwärme an:

$$\rho = \frac{P_{el,KWK}}{\dot{Q}_{th,KWK}} \tag{4.5}$$

Man kann die Stromkennzahl anstatt auf das Verhältnis der Leistungen auch auf die entsprechenden Arbeiten W_{el} und Q_{th} beziehen.

Die *Stromverlustkennziffer* (oder Stromeinbuße bzw. gebundene elektrische Energie durch Wärmeauskopplung) β

$$\beta = \frac{\Delta W_{el}}{Q_{th,KWK}} \tag{4.6}$$

gibt an, wie viel Stromerzeugung ΔW_{el} durch die Auskopplung von Wärme im Vergleich zum Kondensationsbetrieb verloren geht. Dieser Verlust tritt beispielsweise auf, weil Dampfmengen vor der Turbine ausgekoppelt werden und damit nicht mehr für die Stromerzeugung zur Verfügung stehen, oder weil der Dampf nicht vollständig entspannt wird und damit ein Teil seines Energiegehaltes ausgekoppelt wird.

Typischerweise ist die Stromverlustkennziffer bei Dampfkraftwerken höher als bei GuD-Kraftwerken, da bei letzteren ein Großteil der Wärme aus dem Abgas gewonnen wird – diese Wärme wäre ansonsten gar nicht genutzt worden. Außerdem kann der Entnahmedruck des Dampfes bei GuD-Kraftwerken optimiert werden. Bei motorischen BHKW ist die Stromverlustkennziffer nahezu Null, denn dem Motor ist es „ gleichgültig“, wenn zugleich Wärme ausgekoppelt wird.

Typische Stromverlustkennziffern liegen bei Dampfkraftwerken zwischen 0,16 und 0,21.

Abwärme umfasst alle den betrachteten Bilanzraum „Kraftwerk“ verlassenden thermischen Energieströme. Sie ist Bestandteil der Energieverluste und setzt sich aus Konvektions-, Leitungs- und Strahlungsverlusten sowie der thermischen Enthalpie der austretenden Stoffströme zusammen. Sie kann im Rahmen einer Abwärmenutzung in einem anderen Prozess gezielt genutzt werden. *Fortwärme* ist Abwärme, die nicht gezielt anderen Energiewandlungsprozessen zugeführt, sondern letztendlich ungenutzt an die Umgebung abgegeben wird.

Fernwärme ist eine leitungsgebundene Energie zur Wärmeversorgung von Nutzern über die Energieträger Heizwasser oder Dampf. Die Wärme wird zentral in einem Heizkraftwerk (HKW) oder Heizwerk (HW; d. h. ohne gleichzeitige Stromerzeugung) bereitgestellt oder aus einer sonstigen Wärmequelle bezogen. Sie wird dem Kunden für Raumheizung, Warmwassererwärmung oder Produktionszwecke über Wärmeverteilungsnetze zugeführt.

Nahwärme ist eine Art der Wärmeversorgung, bei der die Erzeugung der Wärme unmittelbar vor Ort, häufig in den zu beheizenden Objekten selbst oder aber in deren unmittelbarer Nähe stattfindet. Dabei handelt es sich um Wärme aus dezentralen Wärmeerzeugern. Die thermische Energie wird verbrauchsnah erzeugt, und die Kosten für den Energieträger werden direkt mit den Verbrauchern abgerechnet.

4.2 Kraft-Wärme-Kopplung in Dampfkraftwerken

In „normalen" Dampfkraftwerken ohne KWK wird der im Dampferzeuger erzeugte Frischdampf in der Dampfturbine bis auf sehr niedrige Drücke entspannt. Die in dem nachfolgenden Kondensator verwendete Kühlwassermenge wird hierbei erwärmt. Kühlwasserwärme wird über Kühltürme an die Atmosphäre abgegeben. Diesen Betrieb bezeichnet man als „Kondensationsbetrieb".

Aber auch in konventionellen Dampfkraftwerken kann die Abwärme der Stromerzeugung zur Wärmebereitstellung genutzt werden. Dabei kann Wärme an verschiedenen Stellen im Prozess ausgekoppelt werden – mit entsprechenden Folgen für den restlichen Prozess.

Man unterscheidet im wesentlichen zwei Schaltungsvarianten: die Gegendruckschaltung und die Entnahme-Kondensation.

4.2.1 Gegendruckturbinen

Bei Gegendruckturbinen wird der gesamte Dampfmassenstrom bis zu einem im Vergleich zu Kondensationsanlagen erhöhten Druck- und Temperaturniveau oberhalb von Umgebungsdruck und Temperatur entspannt, sodass er direkt oder über einen Heizkondensator für Heizzwecke oder für technische Prozesse weiter verwendet werden kann.

Strom- und Wärmeerzeugung sind in dieser Schaltung unmittelbar gekoppelt, das Heizkraftwerk kann nicht ohne Wärmeabnehmer betrieben werden. Dafür ist es eine vergleichsweise preiswerte Schaltungsvariante.

Durch die Auskopplung von Wärme reduziert sich die Stromerzeugung: Gegenüber einem vergleichbaren Kraftwerk sinkt der elektrische Wirkungsgrad, da der Dampf nicht vollständig entspannt wird. Dafür steigt der Brennstoffausnutzungsgrad.

4.2.2 Entnahmekondensation

In Entnahmekondensationsturbinen (Abb. 4.4) wird ein Teil des Dampfmassenstromes zwischen Dampfeintritt in die Turbine und Kondensator auf einer oder mehreren Druckstufen zur Heizwärmeerzeugung geregelt entnommen.

Diese Schaltung zeichnet sich dadurch aus, dass die Auskopplung der Wärme variabel ist. Im Extremfall kann das Kraftwerk als normales Kondensationskraftwerk betrieben werden. Dafür führt die zusätzliche Entnahme zu zusätzlichen Kosten. Auch hier reduziert die Auskopplung von Wärme die Stromerzeugung und damit den elektrischen Wirkungsgrad; der Brennstoffausnutzungsgrad hingegen steigt.

Man kann diese Schaltung auch vereinfachen durch eine *Anzapfkondensationsturbine*: Statt der geregelten Entnahme besteht hier nur eine ungeregelte Anzapfung in einer oder mehreren Druckstufen.

Dampfturbinen-Heizkraftwerke können mit unterschiedlichen Brennstoffen befeuert werden: üblich sind Braun- und Steinkohle, aber auch Biomasse und andere feste Brennstoffe, beispielsweise Abfall und sogenannte Ersatzbrennstoffe, können eingesetzt werden. Gas wird hingegen üblicherweise in Gasturbinen- oder GuD-Kraftwerken verbrannt.

4.3 Kraft-Wärme-Kopplung mit Gasturbinen

In den letzten Jahren hat die Nachfrage nach stationären Gasturbinen für industrielle und kommunale Anwendungen deutlich zugenommen. Dies liegt vor allem an den niedrigen Investitionskosten, der hohen Zuverlässigkeit und der ständigen Verbesserung des Wirkungsgrades und der Reduktion der Emissionen.

Im „offenen Gasturbinenprozess" (siehe Abb. 3.11) saugt ein Verdichter Luft aus der Atmosphäre an, bringt sie auf einen höheren Druck und transportiert sie in eine Brennkammer. In der Brennkammer wird Gas verbrannt und dadurch die Temperatur stark erhöht. Die heißen Verbrennungsgase, die unter hohem Druck stehen, treffen auf Schaufeln und werden dabei entspannt. Die Energie des Gases wird umgesetzt in Rotationsenergie der Turbinenwelle. Mit dieser Rotationsenergie wird sowohl ein stromerzeugender Generator als auch der Verdichter für die Verbrennungsluft angetrieben. Das heiße, aber nicht mehr unter Druck stehende Verbrennungsabgas gibt seine Restwärme schließlich an das Wärmenetz ab oder kann direkt in industriellen Prozessen (Trocknung oder andere Ofenprozesse) eingesetzt werden.

Gasturbinen zeichnen sich durch schnelle Startbereitschaft (innerhalb weniger Minuten), vibrationsarmen Lauf, geringen Wartungsaufwand, hohe Abwärmetemperatur sowie durch geringe Planungs- und Bauzeit aus.

Gasturbinen werden in verschiedenen Größenklassen produziert. Beispielsweise werden sie in großen Gas-Kraftwerken mit Leistungen von Hunderten von Megawatt elektrischer Leistung eingesetzt. Die kleinste Gasturbine hingegen hat 28 Kilowatt und eignet sich damit auch für größere Gewerbebetriebe und andere Anwendungen. In diesem Leistungssegment gibt es jedoch in Deutschland nur wenige Anlagen und damit begrenzte Betriebserfahrung.

Aufgrund der Konkurrenzsituation mit Motor-BHKW (siehe Abschn. 4.4) werden Gasturbinen-Heizkraftwerke überwiegend ab einer Leistung von einigen Megawatt eingesetzt. Bei kleinerer Leistung haben Gasmotoren deutliche Wirkungsgrad- und Kostenvorteile, so dass Turbinen nur dann gegenüber Motoren den Vorzug erhalten, wenn vorwiegend Prozessdampf benötigt wird.

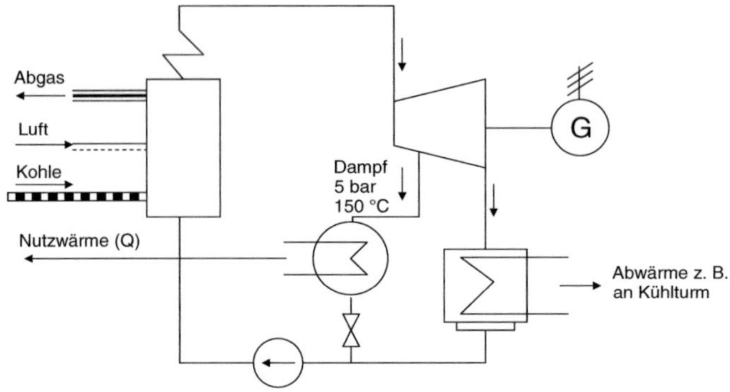

Abb. 4.4 Dampfturbinenheizkraftwerk (Entnahmekondensationskraftwerk; Brennstoff Kohle) (eigene Darstellung)

Typische elektrische Wirkungsgrade liegen bei 30% (bis 6 MW_{el}) bzw. über 35% bei Anlagen größer 10 MW_{el}. Unterhalb von 2 MW geht der Wirkungsgrad heutiger Gasturbinen aufgrund einfacher Bauweise auf unter 25% zurück.

4.4 Dezentrale Kraft-Wärme-Kopplung

Im Leistungsbereich unter einigen Megawatt gibt es weitere Technologien, die Kraft-Wärme-Kopplung ermöglichen. Man spricht von Blockheizkraftwerken, abgekürzt BHKW, die eine simultane Strom- und Wärmebereitstellung für einzelne Objekte, aber auch kleinere Wärmenetze bereitstellen. Sehr kleine BHKWs nennt man auch Mini-BHKW oder Mikro-KWK. Mit diesem Begriff bezeichnet man Anlagen, die typischerweise einzelne Objekte versorgen und elektrische Leistungen unter 50, meist sogar unter 20 Kilowatt elektrischer Leistung haben. Unterschiedliche Technologien stehen für dezentrale KWK-Anwendungen zur Verfügung (Tabelle 4.1). Dabei ist zu beachten, dass sich die Technologien ständig weiterentwickeln.

Tabelle 4.1 Merkmale von BHKWs mit verschiedenen Antriebstechnologien (BINE 2006)

		Ottomotor	Dieselmotor	Stirlingmotor	Brennstoffzelle	Gasturbine
Elektrische Leistung	kW	1–5 000	5–20 000	1–40	1–250	30–250 000
Gesamtwirkungsgrad	%	bis 90	bis 90	bis 85	bis 90	bis 85
Elektr. Wirkungsgrad	%	25–42	28–44	10–30	30–47, zukünftig höher	25–30
Teillastverhalten		gut	gut	weniger gut	sehr gut	weniger gut
Stand der Technik		bewährt	bewährt	Kleinserien	Pilotanlagen	bewährt
Üblicher Brennstoff		Gas	Diesel	Gas, Holz	Gas	Gas, Diesel

4.4.1 KWK mit Verbrennungsmotoren

Die meisten dieser BHKW beruhen auf einem Verbrennungsmotor (Abb. 4.5). Im Verbrennungsmotor wird ein Brennstoff – oftmals Erdgas, aber auch andere Brennstoffe wie Heizöl, Pflanzenöle oder Biogas – verbrannt. Mit der Rotationsenergie wird ein stromerzeugender Generator betrieben.

Vielfach handelt es sich bei den Motoren um Ottomotoren, insbesondere wenn der eingesetzte Brennstoff Erdgas ist. Heizöle werden hingegen in Dieselmotoren verstromt. Neben Erdgas werden auch verschiedene Schwachgase wie Deponie-, Klär-, Gruben- oder Holzgas in Motoren eingesetzt.

Im Ottomotor wird der Brennstoff mit Luft gemischt und in einem Zylinder verdichtet. Diese Mischung wird dann mit einer Zündkerze zur Explosion gebracht. Die bei der Explosion freigesetzte Bewegungsenergie wird genutzt, um den Generator anzutreiben. Voraussetzung ist, dass der Brennstoff eine ausreichende „ Klopffestigkeit“ besitzt: das heißt, dass der verdichtete Brennstoff nicht vor der Entzündung mit der Zündkerze bereits detoniert. Dieses Klopfen führt zu Wirkungsgradeinbußen und Verschleiß.

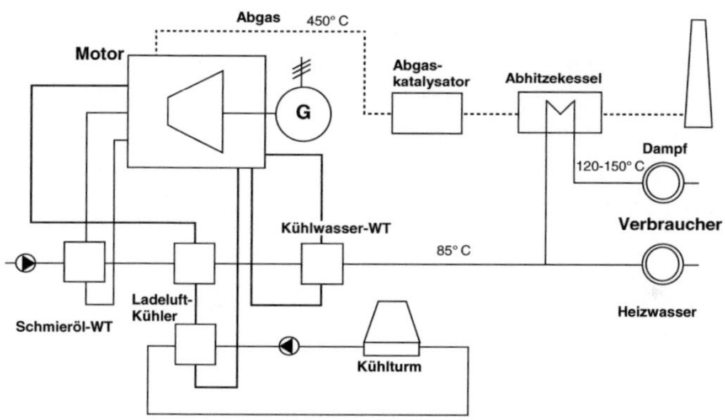

Abb. 4.5 Vereinfachtes Prinzip des Motor-BHKW (DLR et al. 1999)

Abb. 4.6 BHKWs von 5 Kilowatt (links) bis Megawatt (rechts) (Senertec, Haase)

Die Wärme des Abgases (ca. 400 bis 600°C), des Schmieröls (80 bis 90°C) und des Kühlkreislaufes (80 bis 90°C) wird mit Wärmetauschern an zirkulierendes Wasser abgegeben (Abb. 4.5). Dabei kann ein BHKW sowohl parallel zu einem existierenden Heizkessel geschaltet werden oder in Reihe in den Rücklauf der Heizungsanlage. Je niedriger die Rücklauftemperatur der Heizung ist, desto höhere Wirkungsgrade können erzielt werden. Wichtig ist bei der Regelung der Gesamtanlage auch, dass die BHKW vorrangig vor den Heizkesseln geschaltet werden – damit wird eine hohe Auslastung der KWK-Anlage erreicht. Wenn ein BHKW auch Dampf erzeugen soll, müssen die Abgaswärme und die anderen Wärmequellen in zwei separaten Kreisläufen geführt werden.

Durch einen zusätzlichen Kondensator kann, ähnlich wie bei Gas-Brennwertkesseln, auch die Kondensationswärme genutzt und der Nutzungsgrad um bis zu 10 Prozentpunkte gesteigert werden. Außerdem kann unter Umständen eine günstigere Abgasleitung realisiert werden, weil kein Kondensat mehr im Schornstein anfällt. Um die Schadstoff-Emissionen der Motoren zu senken, sind Ottomotor-BHKWs genau wie Fahrzeuge mit einem 3-Wege-Katalysator ausgerüstet oder werden mit Luftüberschuss im sogenannten Magerbetrieb eingesetzt.

Ottomotoren gibt es ab etwa 4 Kilowatt elektrischer und 12 Kilowatt Wärme-Leistung. Damit sind die kleinsten Systeme eher für Mehrfamilienhäuser und kleinere Gewerbebetriebe geeignet. Für den Einsatz im Einfamilienhaus ist ein kleiner Gasmotor mit lediglich 1 Kilowatt in Entwicklung.

Der elektrische Wirkungsgrad der kleinen BHKWs liegt bei sehr kleinen Systemen bei rund 25 bis 27%, bei größeren Systemen steigt er auf über 40% (siehe Abb. 4.7). Der thermische Nutzungsgrad (Wirkungsgrad im Jahresmittel) hängt von der Einbindung in das Heizungsnetz ab – etwa wie hoch die Rücklauftemperaturen

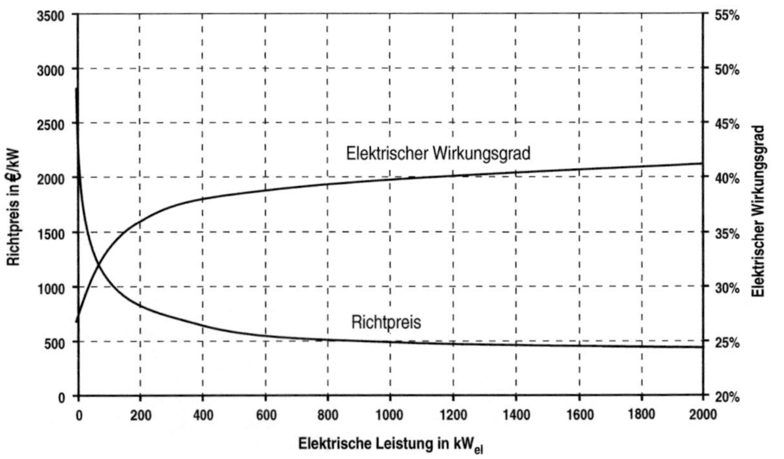

Abb. 4.7 Elektrische Wirkungsgrade von BHKWs und deren spezifische Kosten (nach ASUE 2005)

sind und ob Brennwertnutzung betrieben wird. Der gesamte Nutzungsgrad (Summe aus elektrischem und thermischem Nutzungsgrad) liegt bei den meisten Systemen zwischen 80 und 90%.

4.4.1.1 Auslegung und Betrieb des BHKW

Das Ziel der Auslegung eines BHKWs ist es, das Aggregat möglichst viele Stunden des Jahres zu betreiben. In der Betriebsweise wird man BHKW meistens *wärmegeführt* fahren: das heißt, es läuft dann, wenn ein Wärmebedarf vorliegt. Allerdings gibt es auch Fälle, in denen man davon abweicht. Beispielsweise wird der Strom aus BHKWs in Dänemark an der Börse vermarktet. Dadurch gibt es einen Anreiz, den Strom dann zu erzeugen, wenn der Börsenstrompreis hoch ist. Wenn der Strombedarf die Betriebsweise des BHKWs bestimmt, spricht man von *stromgeführtem* Betrieb. Durch Wärmespeicher kann die Stromerzeugung in gewissen Grenzen, die von der Größe des Wärmespeichers und dem Wärme-Verbrauchsprofil abhängen, entkoppelt werden. Eine solche kombinierte Betriebsweise wird auch als *intelligent wärmegeführt* bezeichnet.

Um eine möglichst hohe Auslastung des BHKWs zu erreichen, wird man einen Kompromiss zwischen hoher Laufzeit und hoher Wärmeabdeckung suchen. Man wird das BHKW so klein dimensionieren, dass es eine Grundlast an Wärme liefert. Den restlichen Wärmebedarf, der beispielsweise an kalten Wintertagen oder bei starker Nachfrage nach Warmwasser entsteht, deckt meistens ein Spitzenkessel, also ein ganz normaler Heizkessel.

Eine typische Auslegung für Wohnblocks liegt zwischen 10 und 20% der maximalen Wärmeleistung. Bei Hotels, Hallenbädern oder anderen Anwendungen, in denen ein höherer Wärmebedarf über das Jahr hinweg vorliegt, können auch Anteile bis zu 40% realisiert werden.

Für die Auslegung sind *Jahresdauerlinien* ein hilfreiches Instrument. Diese Kurven sortieren die erforderliche Wärmeleistung nach der auftretenden Häufigkeit eines Jahres. Der Schnittpunkt der Kurve mit der y-Achse markiert die Jahreshöchstlast Q_{max}. Sie tritt nur einmal im Jahr auf. Die folgenden Punkte geben an, wie häufig mindestens die angegebene Wärmeleistung angefragt wird. In Abb. 4.9 ist beispielsweise eine Heizlast von 20% der Jahreshöchstlast an 6000 Stunden im Jahr erforderlich. Je waagerechter die Jahresdauerlinie verläuft, desto höher ist die erzielbare Auslastung. Im Idealfall gibt es einen konstanten Wärmebedarf – dann wäre die Jahresdauerlinie ein Rechteck.

Die Wärme, die das BHKW bereitstellt, entspricht den Rechtecken in Abb. 4.8: denn Leistung multipliziert mit der Zeit ergibt die Energiemenge. Der Anteil der mit dem BHKW bereitgestellten Wärme an der Gesamtwärme entspricht dann dem Verhältnis der Fläche dieses Rechtecks und der gesamten Fläche unter der Jahresdauerlinie.

In der Praxis werden oft mehrere gleichartige Module parallel geschaltet. Dadurch ist eine bessere Leistungsanpassung möglich und die Verfügbarkeit steigt, da

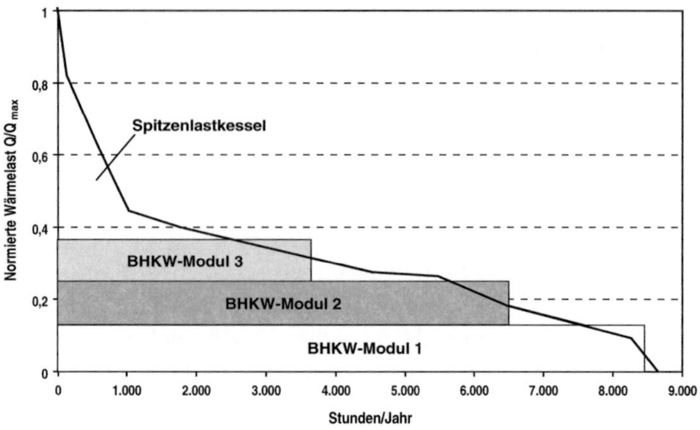

Abb. 4.8 Schematische Jahresdauerlinie

bei eventuellen Reparaturen oder anderen Anpassungen mindestens ein Aggregat verfügbar bleibt.

Ein zusätzlicher Wärmespeicher erweist sich in vielen Fällen als sinnvoll, denn dann kann das BHKW auch laufen, wenn viel Strom, aber keine Wärme verbraucht wird: Strom und Wärme können also durch den Speicher in gewissen Grenzen entkoppelt werden. Dadurch ist es in der Jahresdauerlinie möglich, Flächen, die über die Kurve hinausragen, zur Abdeckung von Wärmebedarf im Bereich der Spitzenlast heranzuziehen.

BHKWs können sowohl einzelne kleinere Gebäude als auch größere Objekte, beispielsweise Altenheime, Schwimmbäder oder Krankenhäuser versorgen oder die Wärme in ein Nahwärmenetz einspeisen.

Derartige Netze gibt es in Deutschland vielerorts. Man kann sie kostengünstig verlegen. Eine gute Isolierung sorgt dafür, dass nur ein kleiner Teil der Wärme während des Transportes verloren geht – je nach Länge des Netzes, Dichte der Besiedlung und Dicke der Isolierung zwischen drei und 25 Prozent.

Die Lebensdauer heutiger Motoren liegt zwischen 40 000 und 50 000 Stunden, danach ist eine Generalüberholung erforderlich (Austauschmotor). Bis zur Generalüberholung werden regelmäßige Wartungs- und Instandsetzungsarbeiten durchgeführt, was auch den Austausch von Verschleißteilen wie Kolben, Ventile oder Zylinderkopf beinhaltet. Durch Alterung der Komponenten ist mit einem geringen Rückgang des Wirkungsgrades bis zur Generalüberholung zu rechnen.

Beispiel. Das Klinikum Sankt-Augustin wird von einem Motor-BHKW mit 736 kW_{el} und 928 kW_{th} versorgt. Der elektrische Wirkungsgrad des Systems liegt bei über 38%. Der gesamte Brennstoffausnutzungsgrad bei über 86%. Neben der Klinik speist das BHKW Wärme zur Versorgung einer nahegelegenen Siedlung in ein rund ein Kilometer langes Wärmenetz. Zwei Spitzenkessel (insgesamt 2,8 MW_{th}) ergänzen die Wärmebereitstellung an besonders kalten Tagen. Zusätzlich wird eine Absorptionskältemaschine mit dem BHKW betrieben (B.KWK 2005).

4.4.2 KWK mit Stirlingmotoren

Ein weiteres BHKW-Konzept beruht nicht auf dem vom Auto bekannten Otto- oder Dieselmotor, sondern auf dem Stirlingmotor. Stirlingmotoren werden erst seit kurzem kommerziell als BHKWs vertrieben. Sie eignen sich besonders für sehr kleine BHKWs.

Heißes Gas expandiert, kaltes Gas zieht sich zusammen – auf diesem Prinzip beruht der Stirling-Motor. Wenn das Gas, beispielsweise Helium oder Stickstoff, in einem Behälter eingeschlossen wird und zwischen einem gekühlten und einem heißen Raum hin- und hergeschoben wird, kann durch die wechselweise Expansion und Kompression ein Kolben in Bewegung gesetzt werden. Die Bewegung des Kolbens kann in eine Drehung umgesetzt werden, mit der dann ein Stromgenerator angetrieben wird.

Der Stirling-Motor ist die älteste der KWK-Technologien. Stirling-Motoren, von dem schottischen Pfarrer Robert Stirling im Jahr 1816 patentiert, weisen wegen der kontinuierlichen Verbrennung niedrige Emissionen auf. Außerdem wird die Wärme zum Betrieb des Motors nicht durch Explosion eines Brennstoffes in einem Kolben erzeugt, sondern von außen zugeführt. Daher ist es besonders leicht möglich, neben Erdgas auch Biomasse oder solare Strahlung als Wärmequelle einzusetzen. Im 19. Jahrhundert trieben Stirlingmotoren Sägen, Spinnmaschinen, Ventilatoren, Kirchenorgeln und andere Maschinen an, bevor sie von Dampfmaschinen, Verbrennungsmotoren und elektrischen Antrieben verdrängt wurden.

Auch wenn eine Reihe von Firmen Stirling-Motoren entwickeln, ist der Stirling-Motor noch nicht so weit ausgereift wie der Ottomotor. In Großbritannien wird gerade ein kleiner Stirlingmotor mit 800 Watt Dauerleistung in den Markt eingeführt – die ideale Größe für ein Einfamilienhaus. Zwar hat dieser Motor einen Gesamtnutzungsgrad von über 80%. Aber nur ein Zehntel der Brennstoffenergie wird in elektrischen Strom umgesetzt. Andere Firmen setzen auf einen etwas anderen Typ von Stirlingmotor und erreichen so Nutzungsgrade von bis zu 25%. Bislang wurden diese Geräte nur in kleinen Stückzahlen verkauft.

4.4.3 Weitere innovative Technologien

Es gibt noch weitere Technologien, die für Mikro-KWK in Betracht gezogen werden. In Abschn. 3.6.4 wurden bereits Brennstoffzellen vorgestellt, die sich ebenfalls als KWK-Technologie eignen. Allerdings gibt es noch eine Reihe offener technischer Fragen, so dass die Brennstoffzellen-Hersteller ihre ambitionierten Zeitpläne inzwischen modifizieren mussten. Weitere Forschung und Entwicklung wird notwendig sein, bevor sie erschwingliche Produkte anbieten können.

Einige Firmen verfolgen eine innovative Variante des Dampfmotors. In diesen Maschinen wird in einem Brenner Dampf erzeugt und auf einen Dampfmotor oder eine kleine Turbine geführt.

Andere Firmen entwickeln eine neue Art der Solarzelle: Die Solarzelle wird so modifiziert, dass sie nicht nur bei der hochenergetischen Sonneneinstrahlung funktioniert, sondern bereits bei der langwelligen Wärmestrahlung. Man umgibt einen Brenner mit diesen Solarzellen und erhält dadurch Strom und Wärme. Diese Technik heißt „Thermophotovoltaik".

Diese und auch weitere Ideen für Mikro-KWK-Anlagen sind jedoch noch nicht im Feldtest erprobt, so dass es noch einige Zeit dauern wird, bevor die Technologien auf den Markt kommen.

4.5 KWK mit erneuerbaren Energien

Nicht nur fossile Brennstoffe wie Kohle und Gas können in KWK-Anlagen verbrannt werden, sondern auch erneuerbare Energien. Diese Kopplung aus erneuerbaren Energien und Effizienz ist aus verschiedenen Gründen sinnvoll, auch wenn die Kraftwerke selber keine treibhauswirksamen CO_2-Emissionen ausstoßen:

- Eine effiziente Nutzung erneuerbare Energieträger durch gleichzeitige Wärmebereitstellung erlaubt es, größere Mengen fossiler Energieträger zu substituieren, weil mehr Nutzenergie bereitgestellt wird.
- Auch erneuerbare Energieträger, insbesondere Biomasse, sind nicht unbegrenzt verfügbar.
- Und schließlich spart eine effiziente Nutzung in der Regel Kosten, weil ein weiteres Produkt vermarktet werden kann.

Ein KWK-tauglicher erneuerbarer Energieträger ist insbesondere die Biomasse. Zukünftig werden auch solarthermische Kraftwerke mit KWK betrieben werden; wenn diese in sonnenreichen Gegenden errichtet sind, kann die Abwärme auch für Kühlung oder Meerwasserentsalzung eingesetzt werden.

In geothermischen Anlagen findet in der Regel keine KWK statt. Zwar stellen geothermische Heizkraftwerke sowohl Strom wie auch Wärme bereit. Auf Grund des niedrigen Temperaturniveaus am Ausgang der Turbine eignet sich dieses jedoch in der Regel nicht mehr für die Einkopplung in ein Wärmenetz. Daher werden die Anlagen entweder im Stromerzeugungs- oder Wärmebereitstellungsmodus betrieben.

Feste Biomasse. Das Interesse an der Verstromung von Biomasse ist seit der Verabschiedung der Biomasse-Verordnung und dem novellierten Erneuerbare-Energien-Gesetz von 2004 sprunghaft angestiegen. Allein die Stromerzeugung aus Holz und anderen biogenen Festbrennstoffen hat sich in den letzten Jahren auf 15,5 Mrd. kWh vervielfacht. Mehr als 200 solcher Biomasse-Kraftwerke und Heizkraftwerke sind in Deutschland in Betrieb. Als Brennstoff werden in den Kraftwerken vor allem Altholz, aber auch Industrieresthölzer, Sägenebenprodukte und Waldrestholz eingesetzt.

In heutigen Holz-Kraftwerken wird die Biomasse verbrannt und in der Regel mit der Hitze Dampf erzeugt. Dieser Dampf treibt dann eine Turbine oder einen Motor an. Da die Stromwirkungsgrade der heutigen Kraftwerkstechnologien besonders in kleinen Anlagen noch unbefriedigend sind, werden neue Technologien entwickelt, beispielsweise die ORC-Technik („Organic-Rankine-Cycle"), die sich besonders für Wärmequellen auf niedrigem Temperaturniveau eignet. Bei diesem Prozess wird die Wärme der Feuerung – oder auch jeder anderen Wärmequelle, beispielsweise Erdwärme – nicht zur Erzeugung von Wasserdampf für eine Dampfturbine genutzt. Stattdessen wird ein organisches Lösungsmittel, wie Toluol, Pentan oder Ammoniak verdampft, um damit eine Turbine anzutreiben.

Eine vielversprechende Alternative zur Verbrennung ist die *Vergasung* von Biomasse. Dazu wird sie bei hohen Temperaturen zersetzt und in ein Gas umgewandelt. Dieses Gas wird dann abgekühlt, gereinigt und in einem Motor-Blockheizkraftwerk oder einer Turbine verbrannt. Auch die zukünftige Nutzung von Biomasse in Brennstoffzellen, von welchen auch bei kleinen Leistungseinheiten noch hohe Stromausbeuten erwartet werden, wird mit vergastem Holz möglich.

Holzvergaser sind prinzipiell nichts Neues. Sie wurden schon nach dem Krieg mangels motorschonenderer Kraftstoffe zum Antrieb von LKW verwendet. Das besondere Kunststück ist, auch bei wechselnden Brennstoffqualitäten ein hochwertiges und teerarmes Gas herzustellen, das die Motoren dauerhaft vertragen. Neu entwickelte Holzvergaser-Pilotanlagen mit angeschlossenem BHKW werden derzeit im Dauerbetrieb erprobt.

Beispiel: 200 000 jährliche Tonnen Durchforstungsholz, Altholz und Baumschnitt sind Brennstoffe des Heizkraftwerks in Berlin-Gropiusstadt. Mit 20 MW elektrischer und 64 MW thermischer Leistung gehört es zu den großen Kraftwerken seiner Zunft; mit einem elektrischen Nutzungsgrad von 36% und einem Brennstoffausnutzungsgrad von 80% auch zu den sehr effizienten. Das Heizkraftwerk speist seine Wärme in ein Wärmenetz ein und versorgt damit eine Hochhaussiedlung in Neukölln (B.KWK 2005).

Biogas. Auch Biogas kann zur Stromerzeugung oder Kraft-Wärme-Kopplung eingesetzt werden (Abb. 4.9). Biogas entsteht bei der Zersetzung von organischer Materie durch spezielle Methanbakterien. Dieser Prozess heißt Vergärung. Zwei wesentliche Voraussetzungen müssen für die Bildung eines energiereichen Gases erfüllt sein: Es müssen „ anaerobe Bedingungen" herrschen, Sauerstoff muss also ausgeschlossen sein. Außerdem müssen die Temperaturen im Biogasreaktor den vorhandenen Bakterien angepasst sein. Die meisten Biogasanlagen arbeiten bei Temperaturen zwischen 30 und 37° Celsius.

Die Bakterien zersetzen die organische Materie in mehreren Stufen. Endpunkte der Zersetzungskette sind die Gase Methan (CH_4) und Kohlendioxid (CO_2). Hundert Kubikmeter Biogas entstehen aus etwa einer Tonne Bioabfall, den täglichen Exkrementen von 110 Rindern, 13 000 Hühnern oder aus etwa einer halben Tonne Silomais. Der energetisch nutzbare Methananteil im Biogas ist beim Silomais am niedrigsten, da er vorwiegend Kohlenhydrate enthält. Die Fettanteile in den Exkrementen oder im Bioabfall ergeben höhere Methangehalte, die etwa bei 60% liegen. In der Aufbereitungsstufe wird die organische Masse zerkleinert und von Störstoffen befreit. Das Herzstück der Anlage ist der Methanreaktor, in dem die eigentliche bakterielle Zersetzung stattfindet. Je nach Größe der Anlage kann dieser Reaktor aus Beton, Kunststoff oder Stahl gefertigt werden. Für landwirtschaftliche Kleinanlagen

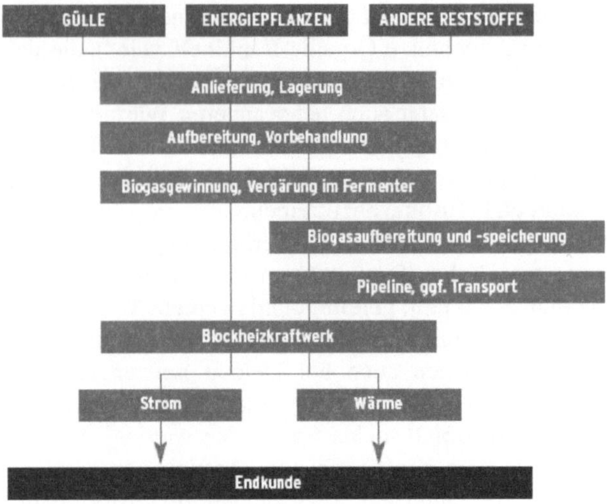

Abb. 4.9 Prozessschritte der Biomethangewinnung (Pehnt et al. 2009)

in Entwicklungsländern werden die Faulräume oft im Boden versenkt gemauert. Das organische Substrat verweilt zwischen zehn und 35 Tagen im Reaktor, bevor der Gärrest ausgeschleust und beispielsweise als Düngemittel oder Kompost weiterverarbeitet wird. Das erzeugte Biogas wird anschließend gegebenenfalls gereinigt und entschwefelt.

Mit einem Heizwert von circa 6 kWh entspricht ein Kubikmeter Biogas 0,6 Litern Heizöl oder 0,6 m^3 Erdgas. In Deutschland wird das im Reaktor entstandene Biogas überwiegend in Blockheizkraftwerken genutzt. Das BHKW deckt zunächst den Eigenbedarf der Anlage an Wärme für die Beheizung des Reaktors und speist den Strom ins öffentliche Netz. Überschusswärme wird beispielsweise durch den Anschluss an ein Nahwärmenetz genutzt.

Das Biogas kann aber auch gereinigt, aufbereitet und dann in ein Erdgasnetz eingespeist werden. Dazu muss das im Biogas enthaltene Kohlendioxid abgetrennt und das Gas mit einem Kompressor auf das Druckniveau des Erdgasnetzes gebracht werden. Diese Aufbereitung kostet zusätzliche Energie. Der Vorteil liegt aber darin, dass das Biogas an anderer Stelle aus dem Gasnetz entnommen werden kann, wo ein kontinuierlicher Wärmebedarf gegeben ist und das Gas daher mit hohen Wirkungsgraden genutzt werden kann. Mit der Gasnetzzugangsverordnung wurden die gesetzlichen Voraussetzungen für eine solche Einspeisung geschaffen.

Wenn es potenzielle Wärmeverbraucher in der Nähe einer Biogasanlage gibt, kann eine Gasleitung gebaut werden, durch die das Biogas unaufbereitet weiter geleitet wird. Biogasanlagen haben für Landwirte einen mehrfachen Nutzen: Der größte wirtschaftliche Vorteil entsteht durch den im BHKW erzeugten Strom, der in das öffentliche Stromnetz eingespeist und gemäß dem Erneuerbare-Energien-Gesetz vergütet wird. Die Wärme wird zur Beheizung von Gebäuden und Stallungen verwendet. Bei größeren Anlagen ist auch die Verteilung der Wärme in einem

Nahwärmenetz möglich. Außerdem wird die Gülle als Düngemittel aufgewertet und die Geruchsbelästigung bei der Ausbringung reduziert.

Die Vergärung der Gülle hat einen mehrfachen Klimanutzen: die vergorene Gülle, die in einem Gärrestlager aufbewahrt wird, emittiert weniger Methan – ein hochpotentes Treibhausgas – bei der Lagerung als die unvergorene. Außerdem wird dieses Methan in modernen Anlagen aufgefangen und verstromt. Strom und Wärme aus Biogasanlagen vermeiden zudem die Verbrennung fossiler Energieträger.

Heute werden in Biogas-Anlagen vor allem tierische Exkremente und nachwachsende Rohstoffe (insbesondere Mais, aber auch Grassilage und Getreide) sowie Bioabfälle als Rohstoffe eingesetzt.

4.6 Umweltbilanz der KWK

4.6.1 Primärenergie- und CO_2-Einsparung durch KWK

Durch die KWK wird eine deutliche Einsparung an Energie und Treibhausgasen gegenüber einer ungekoppelten Erzeugung von Strom und Wärme erreicht. Während typische Kessel zur Bereitstellung von Wärme Nutzungsgrade zwischen 80 und 90% haben und Kraftwerke zur Stromerzeugung – je nach Größe, Brennstoff und Alter – zwischen 35 und 60%, erreichen viele KWK-Anlagen Gesamtnutzungsgrade über 80%. Welche Brennstoffeinsparung ergibt sich hieraus?

Dazu wird der Brennstoffbedarf $E_{Br,KWK}$ eines KWK-Systems zur Bereitstellung einer Strommenge W_{el} und einer Wärmemenge Q_{th}

$$E_{Br,KWK} = \frac{W_{el}}{\eta_{el,KWK}} \tag{4.7}$$

verglichen mit dem ungekoppelten System und den jeweiligen Nutzungsgraden des Kessels und des Kraftwerks

$$E_{Br,ref} = \frac{Q_{th}}{\eta_{th,ref}} + \frac{W_{el}}{\eta_{el,ref}} \tag{4.8}$$

Die relative Brennstoffeinsparung zwischen KWK und ungekoppelter Erzeugung, die (bei gleichen Brennstoffen) auch der Primärenergieeinsparung PEE entspricht, ergibt sich zu

$$\frac{\Delta E_{Br}}{E_{Br,ref}} = 1 - \frac{1}{\frac{\eta_{el,KWK}}{\eta_{el,ref}} + \frac{\eta_{th,KWK}}{\eta_{th,ref}}} \tag{4.9}$$

Die Brennstoffeinsparung hängt also nicht nur von den elektrischen und thermischen Nutzungsgraden der KWK-Einheit ab, sondern auch von dem System, mit dem verglichen wird.

Infobox 4.2 Hocheffizienz in der Definition der europäischen KWK-Richtlinie

Die europäische KWK-Richtlinie 2004/8/EG definiert hocheffiziente KWK mit folgenden Kriterien:
„(1) Die KWK-Erzeugung in KWK-Blöcken ermöglicht ... berechnete Primärenergieeinsparungen von mindestens 10% im Vergleich zu den Referenzwerten für die getrennte Strom- und Wärmeerzeugung;
(2) Die Erzeugung in KWK-Klein- [unter 1 MW_{el}] und Kleinstanlagen [unter 500 kW_{el}], die Primärenergieeinsparungen erbringen, kann als hocheffiziente KWK gelten."
Die Primärenergieeinsparung erfolgt nach Gl. (4.9). Dabei soll die KWK mit der getrennten Erzeugung auf Basis der gleichen Brennstoffkategorie ermittelt werden.
Zu vergleichen ist die KWK mit der besten auf dem Markt erhältlichen und wirtschaftlich vertretbaren Technologie – beispielsweise mit einem Gas-Brennwertkessel für die Wärmebereitstellung und einem modernen Gas-GuD-Kraftwerk für die Stromerzeugung.
Die Referenzwirkungsgrade werden von der Europäischen Kommission veröffentlicht. Die 2007 veröffentlichten Werte für ein modernes Gas-Referenzkraftwerk liegen beispielsweise bei 52,5% und für einen Gaskessel bei 90% für der Bereitstellung von Heißwasser oder Dampf. Bei Steinkohle betragen sie 44,2% für das Kraftwerk bzw. 80% für den Kessel.
Diese Werte können korrigiert werden um Witterungsunterschiede und vermiedene Netzverluste durch verbrauchernahe Erzeugung.

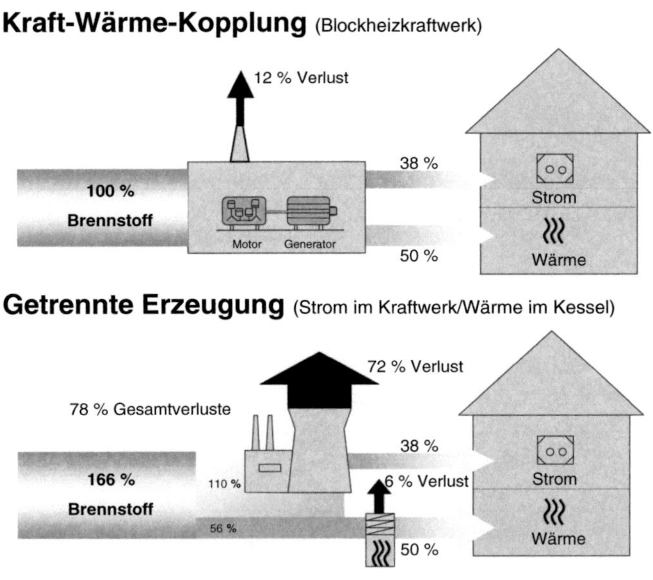

Abb. 4.10 Energieflüsse zur Bereitstellung von 38 Energieeinheiten Strom und 50 Energieeinheiten Wärme durch ungekoppelte (oben) und gekoppelte Bereitstellung von Strom und Wärme (Beispiel) (eigene Darstellung)

Herleitung der Effizienzformel: Leiten Sie diese Formel (4.9) her. Welche Beziehungen brauchen Sie zusätzlich zu Gleichung (4.8) und (4.7)?
Berechnen Sie mit den Werten aus Infobox 4.2 unter Vernachlässigung der Witterungs- und Netzverlustkorrektur, ob ein modernes Gas-Heizkraftwerk ($\eta_{el} = 48\%$, $\eta_{th} = 38\%$) oder ein großes Steinkohle-Kraftwerk ($\eta_{el} = 44\%$, $\eta_{th} = 14\%$) als hocheffizient gelten.

4.6.2 Berücksichtigung der Kuppelprodukte

KWK-Anlagen produzieren mindestens zwei Produkte zugleich: Strom und Wärme. Sowohl bei der ökologischen Bewertung wie auch bei der Wirtschaftlichkeitsanalyse ist dies zu berücksichtigen. Wenn beispielsweise ausgerechnet werden soll, welche CO_2-Emissionen oder Kosten die Stromerzeugung aus KWK-Anlagen verursacht, muss ein Weg gefunden werden, die gleichzeitig erzeugte Wärme ökologisch oder ökonomisch mitzubewerten. Auch in Energiebilanzen muss der Brennstoffbedarf E_{Br} den Produkten Strom oder Wärme zugeordnet werden.

Diese Situation taucht in Unternehmen häufig auf, wenn ein Produktionsprozess mehrere Produkte hervorbringt. In einer Chlor-Alkali-Elektrolyse wird beispielsweise neben Chlor auch Wasserstoff als Produkt bereitgestellt. Eine Kuh produziert Milch, Fleisch und Fell. Wie können die Kosten oder Umweltwirkungen den einzelnen Produkten zugeordnet werden?

Um dieses Problem zu lösen, gibt es unterschiedliche Zugänge: sogenannte Systemerweiterungen oder *Gutschriftverfahren, Brennstoffmehrbedarfs- bzw. Arbeitswertmethoden* oder *Allokationen*. Während bei Gutschriftverfahren das System erweitert wird durch die Analyse eines substituierten Systems, wird in Allokationsverfahren ein Faktor gesucht, mittels dessen die Aufteilung vorgenommen wird. Dieses Verfahren soll am Beispiel der Bestimmung der CO_2-Emissionen der Strom- und Wärmeerzeugung verdeutlicht werden.

4.6.2.1 Gutschriftverfahren

Gutschriftverfahren, auch Substitutionsverfahren genannt, beruhen auf der Tatsache, dass die erzeugten Kuppelprodukte gleichartige Produkte substituieren, die sonst mit anderen Verfahren hergestellt worden wären. In der Bilanz wird davon ausgegangen, dass beispielsweise die Wärme aus KWK eine alternative Wärmeerzeugung z. B. in einem Gas- oder Ölkessel ersetzt – oder umgekehrt die Stromerzeugung diejenige im konventionellen Kraftwerkspark. Die verbleibenden Umweltwirkungen werden der Stromerzeugung angelastet.

Die sogenannten „Äquivalenzprozesse“ (Abb. 4.11) müssen sorgfältig definiert werden. Je nach Fragestellung kann es sinnvoll sein, unterschiedliche Gutschriftsysteme zu definieren. Wenn es um die Frage geht: um wie viel sinken die CO_2-Emissionen einer Stadt durch Ausweitung des Fernwärmenetzes, ist es sinnvoll, als substituierte Wärmebereitstellung den heutigen Bestand an Einzelheizungen gegenzurechnen, der potenziell durch KWK ersetzt werden kann.

Geht es um die Frage eines Investors: will ich ein Gebäude mit einer modernen fossilen Heizung nach dem Stand der Technik oder mit KWK versorgen,

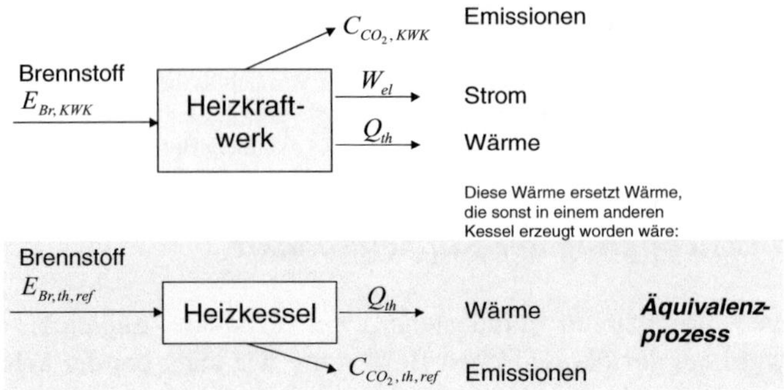

Abb. 4.11 Gutschriftverfahren

sollte man beispielsweise einen modernen Erdgas-Brennwertkessel als Alternative gegenrechnen (Gutschrift „Gas-Brennwertkessel"). Diese Berechnungsweise entspricht auch der Vorgehensweise der EU-KWK-Richtlinie (siehe Infobox 4.2), die einen Vergleich mit modernen ungekoppelten Systemen des gleichen Brennstoffs verlangt.

Seien $C_{CO_2,KWK}$ die gesamten CO_2-Emissionen der KWK-Anlage und $C_{CO_2,th\ ref}$ die Emissionen, die bei der Produktion einer der KWK-Anlage äquivalenten Wärmemenge in einer Vergleichsanlage entstehen. Gesucht ist der spezifische Emissionsfaktor $c_{co_2,el}$ in kg CO_2 je kWh Strom. Im Gutschriftverfahren ergibt er sich zu

$$c_{CO_2,el} = \frac{C_{CO_2,KWK} - C_{CO_2,th,ref}}{W_{el}} \tag{4.10}$$

Analog kann auch die Wärmeerzeugung bilanziert werden. Im Gutschriftverfahren kann es auch zu negativen Emissionen kommen. Das ist dann der Fall, wenn die substituierten Prozesse höhere Emissionen aufweisen als die Anlage selber.

4.6.2.2 Brennstoffmehrbedarfs- oder Arbeitswertmethode

Bei diesem Verfahren werden die zusätzlichen Umweltwirkungen der Wärmeerzeugung angelastet, die dadurch entstehen, dass durch die Wärmeerzeugung ein Verlust an Stromerzeugung stattfindet (siehe Diskussion der Stromverlustkennziffer).

Unter Rückgriff auf Gl. (4.6) kann der Emissionsfaktor folgendermaßen bestimmt werden:

$$c_{CO_2,el,KWK} = c_{CO_2,el,Kraftwerk\ ohne\ KWK} = \frac{C_{CO_2,KWK}}{W_{el} + \Delta W_{el}}$$

und

$$c_{CO_2,th,KWK} = \beta \cdot c_{CO_2,el,Kraftwerk\ ohne\ KWK} \tag{4.11}$$

Dabei ist $c_{CO2,el,Kraftwerkohne\ KWK}$ der Emissionsfaktor, der sich ergibt, wenn das Kraftwerk keine Wärme auskoppelt. ΔW_{el} entspricht dem „Arbeitswert" des Prozessdampfes, also der elektrischen Arbeit, die der für die Wärmeproduktion entnommene Dampf hätte leisten können (siehe Gl. 4.6).

Da die Stromverlustkennziffer bei Blockheizkraftwerken nahezu Null ist, eignet sich dieses Verfahren nur für Dampfkraftwerke und GuD-Kraftwerke.

Beispiel: In einem älteren Kraftwerk auf Steinkohlebasis ($\eta_{el} = 36\%$) wird Wärme ausgekoppelt. Bei einer typischen Stromverlustkennziffer von 0,19 kWh_{el}/kWh_{th} und einem $c_{CO_2,el,Kraftwerk\ ohne\ KWK}$ von 1 000 g/kWh_{el} (inklusive der CO_2-Emissionen, die mit der Bereitstellung der Steinkohle verbunden sind), errechnet sich ein Emissionsfaktor für die Wärme von 190 g/kWh_{th}. Rechnet man dazu noch Pumpstrombedarf von rund 0,5% der Wärme (bewertet mit dem deutschen CO_2-Faktor des Strommixes von rd. 610 g/kWh) und Wärmeverluste von 10%, so erhält man einen Wert für die Wärmelieferung frei Haushalt von ca. 215 g/kWh_{th}. Zum Vergleich: ein Gas-Brennwertkessel liegt bei ca. 240 g/kWh_{th}.

4.6.2.3 Allokationsverfahren

In Allokationsverfahren werden Allokationsfaktoren ε gesucht, die ohne Erteilung einer Gutschrift eine Aufteilung ermöglichen, so dass sich für die Emissionsfaktoren ergibt:

$$c_{CO_2,el} = \varepsilon_{el} \cdot \frac{C_{CO_2,KWK}}{W_{el}} \tag{4.12}$$

und

$$c_{CO_2,th} = \varepsilon_{th} \cdot \frac{C_{CO_2,KWK}}{Q_{th}} \tag{4.13}$$

Außerdem muss insgesamt die Summe der allozierten CO_2-Emissionen gleich den gesamten Emissionen der KWK-Anlage sein („Bilanzgleichung"):

$$C_{CO_2,KWK} = W_{el} \cdot c_{CO_2,el,KWK} + Q_{th} \cdot c_{CO_2,th,KWK} \tag{4.14}$$

In ähnlicher Weise wie die Emissionen kann man mittels des Allokationsfaktors auch den Brennstoffbedarf für den Stromanteil zuordnen (analog für Wärme):

$$E_{Br,KWK,el} = \varepsilon_{el} \cdot \frac{E_{Br,KWK}}{W_{el}} \tag{4.15}$$

Diese Vorgehensweise wird bei der nationalen Energiebilanz gewählt, wo der Brennstoffbedarf verschiedenen Anwendungen (Strom, Wärme, Kraftstoff) zugeordnet werden muss. Auch bei der Kostenbestimmung („Wie viel kostet eine kWh Strom aus einer KWK-Anlage?") werden Allokationsfaktoren benutzt ($k_{KWK,el}$: spezifische Stromgestehungskosten der KWK, K_{KWK} Kosten der KWK-Anlage für die Produktion der Strommenge W_{el} und des Kuppelproduktes Wärme).

$$k_{KWK,el} = \varepsilon_{el} \cdot \frac{K_{KWK}}{W_{el}} \tag{4.16}$$

Die Wahl eines geeigneten Allokationsfaktors ist letztendlich eine Bewertungsfrage. Es gibt nicht den richtigen Faktor. Gleichwohl müssen Allokationsfaktoren der Fragestellung angepasst sein. Folgende Allokationsverfahren sind in der KWK-Diskussion relevant.

4.6.2.4 Energieallokation (kalorisches Verfahren)

Beim Energie- oder kalorischen Verfahren wird elektrische Arbeit und Nutzwärme als gleichwertig angesehen. Die Aufteilung erfolgt entsprechend der produzierten Strom- bzw. Wärmemengen:

$$\varepsilon_{\mathrm{el}} = \frac{\eta_{el}}{\eta_{el} + \eta_{th}} \text{ und } \varepsilon_{\mathrm{th}} = \frac{\eta_{th}}{\eta_{el} + \eta_{th}} \tag{4.17}$$

Dieses Verfahren berücksichtigt allerdings nicht, dass Strom und Wärme eine völlig unterschiedliche ökonomische und thermodynamische Wertigkeit besitzen.

4.6.2.5 Exergieallokation

Es leuchtet unmittelbar ein, dass Wärme einen niedrigeren Exergiegehalt ζ hat als Strom oder Brennstoff. Während Strom eine exergetische Wertigkeit (siehe Abschn. 1.4.4) von 1 hat, reduziert sich die Wertigkeit der Wärme auf die Höhe des Carnot-Faktors (siehe Gl. 1.3):

$$\zeta_{th} = 1 - \frac{T_u}{T_A} \tag{4.18}$$

wobei T_A die Temperatur des Arbeitsmediums und T_u die Temperatur der Umgebung ist. Denn dieser Anteil der Wärme ist maximal in technische Arbeit zu verwandeln. Bei Wärmenetzen, die ja eine Vorlauf- und eine Rücklauftemperatur haben, wird die sogenannte „thermodynamische Mitteltemperatur" als T_A herangezogen:

$$T_A = T_m = \frac{T_{\mathrm{Vorlauf}} - T_{\mathrm{Rücklauf}}}{\ln\left(\frac{T_{Vorlauf}}{T_{Rücklauf}}\right)} \tag{4.19}$$

Die Temperaturen sind jeweils in Kelvin einzusetzen, nicht in °Celsius. Der Exergie-Allokationsfaktor wird dann bestimmt durch den prozentualen exergetischen Anteil des Zielproduktes an allen bereitgestellten Produkten:

$$\varepsilon_{\mathrm{el}} = \frac{\zeta_{el} \cdot \eta_{el}}{\zeta_{el} \cdot \eta_{el} + \zeta_{th} \cdot \eta_{th}} \text{ und } \varepsilon_{\mathrm{th}} = \frac{\zeta_{th} \cdot \eta_{th}}{\zeta_{el} \cdot \eta_{el} + \zeta_{th} \cdot \eta_{th}} \tag{4.20}$$

4.6.2.6 Preisallokation

Die unterschiedliche Wertigkeit der Zielprodukte wird manchmal auch durch eine Allokation auf Basis der erzielbaren Erlöse oder Preise des Produktes errechnet. Ein solches Verfahren berücksichtigt also den ökonomischen Anreiz zur Nutzung der beiden Produkte. Nachteilig an diesem Verfahren ist allerdings, dass das Ergebnis der Bilanz ständig aktualisiert werden muss, weil sich die Preisniveaus verschieben.

4.6.2.7 Finnische Methode

Ein anderes Verfahren, das eng mit der europäischen KWK-Richtlinie verknüpft ist, zieht die Primärenergieeinsparung PEE heran (siehe Gl. 4.9). Die Aufteilung auf Strom und Wärme erfolgt gemäß der Formeln

$$\varepsilon_{el} = (1 - PEE) \cdot \frac{\eta_{el,KWK}}{\eta_{el,ref}} \tag{4.21}$$

und

$$\varepsilon_{th} = (1 - PEE) \cdot \frac{\eta_{th,KWK}}{\eta_{th,ref}} \tag{4.22}$$

Die Logik dieser finnischen Methode liegt darin, dass sie die reduzierte Brennstoffmenge gemäß der Verhältnisse der Wirkungsgrade zuordnet. Die Wärme bekommt weniger Umweltlast angerechnet, weil sie ansonsten auch effizient hätte produziert werden können (kleines Wirkungsgradverhältnis $\eta_{th,KWK}/\eta_{th,ref}$), während KWK- und Referenzsystem bezüglich der elektrischen Wirkungsgrade i. d. R. näher aneinander liegen.

4.6.2.8 Vergleich der Verfahren

Nicht alle diese Verfahren sind auf alle Fragestellungen anwendbar. Zudem führen sie zu unterschiedlichen Ergebnissen: zwar nicht für die gesamten Wirkungen, denn die Bilanzgleichung ist immer erfüllt, wohl aber für deren Aufteilung auf Strom und Wärme. Dies soll an drei Rechenbeispielen gezeigt werden.

Betrachtet werden die Kraftwerke in Tabelle 4.2 unter Vernachlässigung von Netzverlusten und Pumpstrombedarf – solche Kennwerte müssten idealerweise noch berücksichtigt werden. Für diese Technologien sollen die Strom- und Wärmefaktoren mit obigen Formeln bestimmt werden. Vergleichen Sie das Ergebnis mit Abb. 4.12.

Vergleich der Verfahren: Bei dem modernen Steinkohle-Kraftwerk aus Abb. 4.12 liegt der Emissionsfaktor der Fernwärme in der Brennstoffmehrbedarfs-Methode deutlich unter dem eines Bestandskraftwerks. An welchen beiden Effekten liegt das?
Interpretieren Sie Abb. 4.12 ausführlich aus dem Blick verschiedener Entscheidungsperspektiven: eines Stadtrates, der eine neue Fernwärmeleitung befürworten soll, eines Einfamilienhausbesitzers, der eine klimaschonende Heizung auswählen möchte usw.

Tabelle 4.2 Parameter für den Vergleich der Gutschrift- und Allokationsverfahren

		Steinkohle-Kraftwerk	Gas-GuD-Kraftwerk	Gas-BHKW
Brennstoff		Steinkohle	Erdgas	Erdgas
Emissionsfaktor Brennstoff	g/kWh	360	230	230
Elektrischer Nutzungsgrad	%	44	48	36
Thermischer Nutzungsgrad	%	12	38	49
Fernwärmenetz				
Vorlauftemperatur	°C	120	120	90
Rücklauftemperatur	°C	90	90	70
Referenzkraftwerk für finnische Methode		Gemäß Infobox 4.2		
Arbeitswertmethode		ΔW_{el} berechnet aus Vergleich mit Kondensationskraftwerk mit $\eta_{el} = 46\%$	mit $\eta_{el} = 58\%$	Nicht möglich
Gutschrift Wärme bei Gutschriftverfahren		Gas-Brennwertkessel, $\eta_{th} = 96\%$, Gas-Faktor wie Zeile 1		

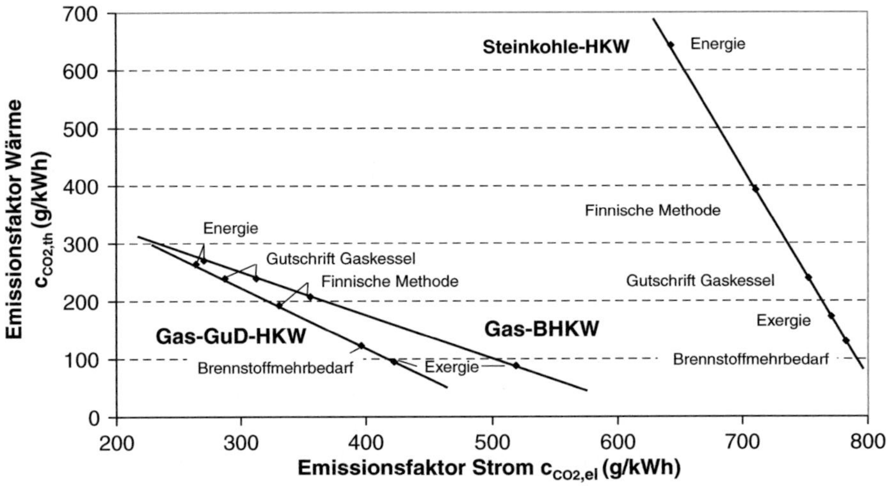

Abb. 4.12 Aufteilung der CO_2-Emissionen auf Strom und Wärme: Vergleich der Allokations- und Gutschriftverfahren

4.6.3 Sonstige Umweltwirkungen von KWK

Neben den Klima- und Energievorteilen gibt es weitere Umweltwirkungen. Beispielsweise entstehen unterschiedliche Schadstoffe während des Verbrennungsvorgangs im Motor. In Otto- und Dieselmotoren werden bei der Verbrennung Stickoxide produziert, die unter anderem zu saurem Regen oder zur Überdüngung

(„Eutrophierung“) der Böden und Gewässer beitragen können. Im Vergleich zu einem großen Gaskraftwerk kann es daher zu Mehremissionen kommen – nicht jedoch im Vergleich zu Kohlekraftwerken oder dem deutschen Kraftwerkspark. Modernste Motortechnologie und Abgasreinigungsverfahren sowie eine sorgfältige Wartung können diese Emissionen außerdem beträchtlich senken.

Brennstoffzellen stoßen hingegen fast keine solcher Emissionen aus, und der kontinuierliche Verbrennungsvorgang von Stirling-Motoren kann – in sogenannten „flammenlosen Brennern“ – so optimiert werden, dass sie ebenfalls eine ausgezeichnete Emissionsbilanz haben.

Nun ist es zunächst einmal schwierig, die Klima- und Energievorteile von Verbrennungsmotoren mit den Schadstoffemissionen in Beziehung zu setzen – Äpfel und Birnen. Bei einer Bewertung dieser Emissionen ist allerdings zu berücksichtigen, dass der Anteil der Energieerzeugung an den versauernden und eutrophierenden Substanzen insgesamt gering ist. Insbesondere der Verkehrssektor und die Landwirtschaft sind hier von ungleich höherer Bedeutung. Ausbreitungsrechnungen der Schadstoffe zeigen daher, dass sich selbst bei weitgehender Ausstattung von Haushalten mit kleinen BHKWs die Höhe der Schadstoffbelastung kaum verändert. Zu näheren Information bezüglich Umweltbilanzen von KWK sei auf (Krewitt et al. 2004) verwiesen.

4.7 Potenziale und gesetzliche Rahmenbedingungen

4.7.1 Potenziale der KWK

Die internationalen Beispiele zeigen, dass hohe Anteile an KWK möglich sind; dies wird auch durch das politische Ziel Deutschlands bestätigt, den Anteil der KWK an der Stromerzeugung auf 25% im Jahr 2020 anzuheben.

Dass dies machbar ist, bestätigen verschiedene Potenzialstudien, die in den letzten Jahren angefertigt wurden. Für eine leitungsgebundene Wärmeversorgung mit Wärmenetzen ist die Wärmedichte ein wichtiger Parameter. Die Wärmedichte beschreibt den Wärmebedarf einer Siedlung, der pro Hektar und Jahr nachgefragt wird.

Die Wärmedichte hängt ab von der Art der Bebauung (beispielsweise Einfamilien- oder Mehrfamilienhäuser), dem Wärmebedarf und Dämmstandard der einzelnen Gebäude und der Bebauungsdichte. Für Landgemeinden sind typische Werte 250 bis 400 MWh/(ha a), in Großstädten liegen sie zwischen 800 und 1 000 MWh/(ha a) (Nast 2004). Vielfach werden nur städtische Gebiete für Wärmenetze in Betracht gezogen. In Deutschland gibt es über 600 Städte mit mindestens 20 000 Einwohnern und mehr als 2 000 Wohneinheiten.

Allerdings eignen sich vielfach auch ländliche Gemeinden für die Verlegung von Wärmenetzen. Dies sieht man am Beispiel Dänemarks: es weist eine deutlich geringere Bevölkerungsdichte auf als Deutschland, wird aber trotzdem zu 60% mit Wärmenetzen versorgt.

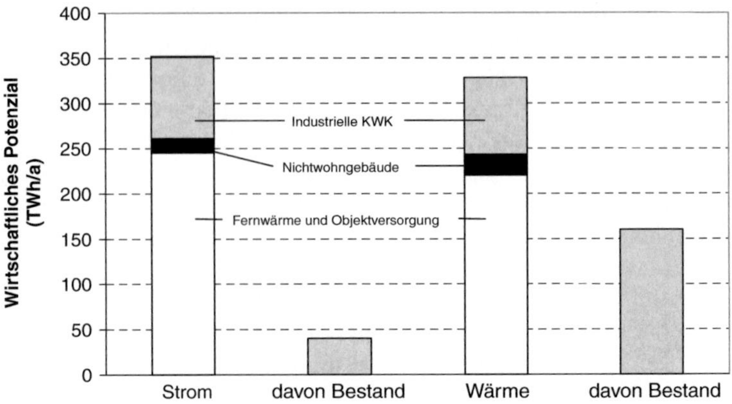

Abb. 4.13 Wirtschaftliches Potenzial der KWK (betriebswirtschaftliche Betrachtung; Hochpreisszenario in Eikmeier et al. 2006) und Anteil, der davon bereits realisiert ist (Bestand")

Das in einer Studie ermittelte, wirtschaftlich realisierbare Potenzial an KWK-Strom und Wärme liegt vor allem in der leitungsgebundenen Wärmeversorgung. Es beträgt mit knapp 250 TWh pro Jahr über 40 Prozent der gesamten Stromerzeugung in Deutschland.

In der Industrie wird die Kraft-Wärme-Kopplung bereits seit langem intensiv genutzt (Abb. 4.13). Der Bedarf an Nieder- und Mitteltemperaturwärme in der Industrie (Warmwasser, Raumwärme und Prozesswärme unter 500°C) lässt sich zum großen Teil durch KWK decken, während KWK-Anlagen für die Bereitstellung von Prozesswärme auf höherem Temperaturniveau in der Regel nicht geeignet sind. Das wirtschaftlich erschließbare Potenzial liegt bei rund 90 TWh_{el}/a. Allerdings gibt es Hinweise, dass das Potenzial auch deutlich größer sein könnte – beispielsweise könnten Maßnahmen der Vergleichmäßigung der Energienachfrage, der Prozessoptimierung oder der zusätzlichen Kälteerzeugung den KWK-Anteil steigern.

Das gesamte Potenzial ergibt sich sowohl durch die Modernisierung bereits installierter KWK-Anlagen als auch durch eine Anschlussverdichtung und einen weiteren Ausbau der Netze.

4.7.2 Hemmnisse

Dieses große wirtschaftliche Erschließungspotenzial der Kraft-Wärme-Kopplung wird aber – bedingt durch verschiedene Hemmnisse – nur in geringem Maß ausgeschöpft. Ein wesentlicher Grund besteht in der scheinbar großen Komplexität des KWK-Prinzips im Vergleich zu anderen konventionellen Lösungen und der vergleichsweise hohen Amortisationszeit von KWK-Projekten – die sich allerdings durch die Rahmenbedingungen des KWK-Gesetzes in den letzten Jahren verbessert hat. Unzureichende Information, mangelnde Motivation und hohe

Renditeerwartungen der Anleger lassen KWK-Ansätze bereits im Keim ersticken, obwohl sie auf lange Sicht betrachtet höhere Renditen versprechen würden.

Weitere Hemmnisse liegen in den strukturellen Bedingungen des Energie- und speziell des Wärmemarktes. Die Liberalisierung des Strommarktes 1998 und des Gasmarktes sechs Jahre später hatten zur Folge, dass die Preise kurz vor und kurz nach der Liberalisierung stark sanken. Dies führte zum einem zu zahlreichen Stillegungen von bereits betriebenen KWK-Anlagen und zum anderen zu einem verzerrten Bild über Energiepreise, das bis heute noch im Gedächtnis verankert ist und die Bewertung künftiger Preise und Erlöse für KWK-Projekte auf dem Energiemarkt zusätzlich erschwert.

Trotz der Liberalisierung nahm die Marktmacht der großen Energieversorgungsunternehmen weiterhin zu, was auch indirekt auf die Monopolbildung bei den Besitzverhältnissen des Gastransportnetzes zurückzuführen ist. Die untergeordnete Rolle von KWK-Projekten bei den Planungen von Neuanlagen und die hohen Marktanteile der großen Versorgungsunternehmen bremsen die schnelle Verbreitung der Kraft-Wärme-Kopplung.

Globalisierung, unklare Energiepreisentwicklungen und der Eigenkapitalanteil, der für die Realisierung von KWK-Projekten benötigt wird, schmälern ebenfalls die Erwartungen in langfristige Projekte.

Neben allgemeinen und strukturellen Hemmnissen existieren weitere Hemmnisse im Bereich der Fernwärme-KWK. Stadtwerke als kommunale Betreiber tätigten in den letzten Jahren und Jahrzehnten eher Investitionen in die Strom- und Erdgasversorgung und trieben den Ausbau der Fernwärme nicht mit gleicher Vehemenz voran. Daraus resultierte ein heute vergleichsweise unzureichend ausgebautes Fernwärmenetz. Allerdings wandelt sich dieses Bild derzeit: Die Versorgung mit Wärmenetzen ermöglicht – anders als bei der Versorgung mit Gas – langfristige Kundenbindung. In Zukunft wird ein – wünschenswerter – Rückgang des Wärmebedarfs von Gebäuden (siehe Kap. 6) die Wärmeabnahme senken und damit die Wirtschaftlichkeit von Wärmenetzen erschweren.

Auch im Bereich der Industrie-KWK spielen die stark schwankenden Strompreise eine bedeutsame Rolle. Niedrige Strompreise aufgrund der Liberalisierung haben auch hier ein falsches Bild entstehen lassen und haben Investitionen in KWK-Projekte nahezu vom Markt gedrängt. In der Industrie werden die hohen Amortisationszeiten von KWK-Projekten aufgrund des immer kürzer werdenden Lebenszyklus von Produkten ebenfalls zum Hemmnis. Entscheidungen werden zudem in hohem Maße an kurzfristige Renditeerwartungen gekoppelt.

Ein weiteres Hemmnis in der Industrie besteht in der Unsicherheit über die wirtschaftliche Zukunft vieler Unternehmen. Ein industrielles Heizkraftwerk muss über viele Jahre laufen, um die Investitionen zu refinanzieren – die Insolvenz der Wärmekunden würde die Investition unwirtschaftlich machen.

Bei dezentraler Objekt-Kraft-Wärme-Kopplung in Einzelobjekten (kurz Objekt-KWK) liegen die Hemmnisse neben den Informationsdefiziten vor allem in den Transaktionskosten, da der Aufwand der Informationsbereitstellung und Vertragsabschließung hier wesentlich höher ist. Bei Mietshäusern oder anderen Gebäuden, an denen unterschiedliche Träger beteiligt sind, bestehen Unklarheiten darüber, wer die Kosten für die Kraft-Wärme-Kopplung letztendlich trägt. Vermieter haben z. B. nicht die Möglichkeit, die hohen Anschaffungskosten ohne weiteres auf die Mietpreise zu übertragen.

Diese zum Teil allgemeinen, aber auch bereichsspezifischen Hemmnissen verzögern den Ausbau der Kraft-Wärme-Kopplung. Allerdings können sie durch gezielte Anreizprogramme und Fördermittel des Staates einerseits und durch ein stärkeres Bewusstsein auf Seiten der Energieversorger und Endverbraucher andererseits überwunden werden.

4.7.3 Das KWK-Gesetz

Das wichtigste Instrument zur Überwindung dieser Hemmnisse und zur Förderung der KWK ist das „Gesetz für die Erhaltung, die Modernisierung und den Ausbau der Kraft-Wärme-Kopplung", kurz KWK-Gesetz.

Dieses Gesetz verpflichtet die Betreiber von Stromnetzen der allgemeinen Versorgung, KWK-Anlagen an ihr Netz anzuschließen und den Strom, der in diesen Anlagen erzeugt wird, auch vorrangig zu nutzen. Für diesen Strom muss der Netzbetreiber „den Preis, den der Betreiber der KWK-Anlage und der Netzbetreiber vereinbaren, und einen Zuschlag" entrichten. Diese Regelung des am 1.1.2009 in Kraft getretenen KWK-Gesetzes ist von großer Tragweite. Denn der Zuschlag wird nicht nur für den ins Netz eingespeisten Strom gewährt, sondern auch für den selbst verbrauchten.

Der Zuschlag ist im KWK-Gesetz detailliert geregelt. Er beträgt zwischen 5,11 Ct/kWh für kleine Anlagen bis 50 kW (gewährt für zehn Betriebsjahre) und 1,5 Ct/kWh für Anlagen größer 2 MW (gewährt für maximal sechs Betriebsjahre oder 30 000 Vollbenutzungsstunden) oder industrielle Anlagen (gewährt für maximal vier Betriebsjahre oder 30 000 Vollbenutzungsstunden) (Tabelle 4.3).

Wenn es nicht gelingt, zwischen Netzbetreiber und KWK-Einspeiser eine Vereinbarung zu treffen, so werden zusätzlich zum Zuschlag vermiedene Netznutzungsentgelte und der „übliche Preis" gewährt, der sich an den Börsenpreisen der Leipziger Strombörse orientiert (Baseload). Dieser lag in den letzten Jahren zwischen rund 3 und 7 Ct/kWh – allerdings von Quartal zu Quartal stark schwankend. Insgesamt ergeben sich damit beispielsweise bei kleinen KWK-Anlagen unter 50 kW_{el} Vergütungen zwischen 8,5 und 13 Cent pro kWh eingespeisten Stroms.

Außerdem fördert das Gesetz den Neu- und Ausbau von Wärmenetzen.

4.7.4 Weitere förderliche Rahmenbedingungen

Weitere Rahmenbedingungen sind förderlich für die Kraft-Wärme-Kopplung. Sie ändern sich allerdings häufig. Ein aktualisierender Blick in aktuelle Dokumente ist daher unerlässlich.

Tabelle 4.3 Vergütungen für neue hocheffiziente KWK-Anlagen nach dem KWK-Gesetz

Anlagenkategorie	Vergütungssatz[a] Ct/KWh	Vergütungsdauer	Max. geförderte Vollbenutzungsstundenzahl[b]
kleine KWK-Anlagen bis 50 kW_{el}	5,11	10 Jahre	keine Einschränkung
kleine KWK-Anlagen bis 2 MW_{el}	Leistungsanteil bis 50 kW_{el}: 5,11 über 50 kW_{el}: 2,10	max. 6 Betriebsjahre[c]	max. 30 000
kleine KWK-Anlagen größer 2 MW_{el}	Leistungsanteil bis 50 kW_{el}: 5,11 über 50 kW bis 2 MW_{el}: 2,10 über 2 MW_{el}: 1,50	max. 6 Betriebsjahre[c]	max. 30 000
Brennstoffzellen-Anlagen	5,11	10 Jahre	keine Einschränkung

[a] Sofern die Vergütungssätze einer Anlagenkategorie nach Leistung gestaffelt sind, so gelten diese jeweils anteilig.
[b] Quotient aus der jährlichen KWK-Netto-Stromerzeugung und der maximalen KWK-Nettostromerzeugung im Auslegungszustand während einer Betriebsstunde.
[c] Die maximale Vergütungsdauer verringert sich auf 4 Betriebsjahre, wenn die Anlage wärmeseitig direkt mit einem Unternehmen des Verarbeitenden Gewerbes verbunden ist und dieses überwiegend mit Prozesswärme zur Deckung des industriellen Bedarfs versorgt.

Wesentlich sind in Deutschland insbesondere:

- *Förderprogramme.* Im Jahr 2009 wurden kleine Blockheizkraftwerke unter 50 kW_{el} im Rahmen der Nationalen Klimaschutzinitiative mit einem Investitionszuschuss gefördert. In Jahre 2010 wurde diese Förderung vorerst eingestellt.
- *Das Erneuerbare-Energien-Gesetz* garantiert eine Vergütung für KWK-Anlagen, die mit erneuerbaren Energieträgern, beispielsweise Biogas, fester Biomasse oder flüssigen Bioenergieträgern, die die Nachhaltigkeitsverordnung einhalten, betrieben werden.
- *Steuerbefreiung.* BHKWs sind bei einem Gesamt-Jahresnutzungsgrad ab 60% von der zusätzlichen Mineralölsteuer für den Brennstoff befreit. BHKW mit einem Jahres- oder Monatsnutzungsgrad von mindestens 70% sind zusätzlich von der gesamten Mineralölsteuer befreit. Für Erdgas summiert sich diese „alte" und „neue" Steuer auf 0,55 Cent je kWh. BHKWs unter 2 MW elektrischer Leistung sind außerdem von der Stromsteuer befreit für den Anteil, den sie selber verbrauchen bzw. der im „räumlichen Zusammenhang" verbraucht wird. Dies spart 2 Ct pro kWh Strom.
- *Emissionshandel.* KWK-Anlagen werden gemäß des doppelten Benchmarks beim Emissionshandel gesondert bewertet. Das heißt, das Anlagenbetreiber eine kostenfreie Zertifikatsausstattung sowohl für Strom (in Höhe von 750 bzw.

365 g/kWh bei Kohle bzw. Gas) und Wärme (345 bzw. 225 g/kWh) erhalten. Damit werden die beiden Kuppelprodukte Strom und Wärme angemessen berücksichtigt. Für Bestandsanlagen gelten Sonderregeln.
In der Handelsperiode nach 2013 werden diese Regeln geändert. Für die Emissionen, die auf die Stromerzeugung entfallen, wird es (mit Ausnahmen) eine vollständige Versteigerung der Zertifikate geben. Für die Wärmeerzeugung werden den KWK-Anlagenbetreibern kostenlose Zertifikatmengen zugeteilt, deren Menge aber über die Jahre reduziert werden wird.

Kapitel 5
Rationelle Energienutzung in elektrischen Anwendungen

Lars-Arvid Brischke

5.1 Einleitung

Der Stromverbrauch in Deutschland ist von 441 TWh im Jahr 1993 auf 528 TWh im Jahr 2007 kontinuierlich gestiegen (Abb. 5.1). Dies entspricht einer Steigerung um 17%. Am stärksten nahm der Stromverbrauch in den Sektoren Industrie (20%) und Gewerbe, Handel, Dienstleistungen – GHD – (18%) zu. Im Jahr 2007 wurden 43% des Stroms im Sektor Industrie verbraucht, in den Sektoren GHD und Private Haushalte jeweils 27% und im Sektor Verkehr lediglich 3%.

Die elektrischen Anwendungen werden in die folgenden Anwendungsbereiche untergliedert: Mechanische Energie (stationäre Anwendungen), Beleuchtung, Information und Kommunikation (IKT), Prozesswärme, Raumwärme und Warmwasserbereitung. Tabelle 5.1 zeigt, wie sich der Stromverbrauch 2007 auf diese Anwendungsbereiche in den Sektoren aufteilt. Die mit Abstand größten Stromverbräuche (in der Summe über 50% des gesamten Stromverbrauchs) weisen die Anwendungsbereiche mechanische Energie in den Sektoren Industrie und GHD sowie Prozesswärme im Sektor Industrie auf.

In diesem Kapitel wird die rationelle Stromnutzung zunächst im Abschn. 5.2 für die sektorenübergreifenden Anwendungen dargestellt. Anschließend werden die wesentlichen Anwendungen in den Sektoren Industrie und Gewerbe (Abschn. 5.3) und Private Haushalte (Abschn. 5.4) betrachtet. Die Energieeffizienz im Sektor Verkehr wird in Kap. 10 thematisiert.

5.2 Sektorenübergreifende Anwendungen

In diesem Abschnitt werden die folgenden Anwendungen betrachtet, die in den Sektoren Industrie, GHD sowie Private Haushalte eine große Verbreitung haben und maßgeblich zum Stromverbrauch beitragen: Stationäre elektrische Antriebe,

L.-A. Brischke (✉)
Institut für Energie- und Umweltforschung, 69120 Heidelberg, Deutschland
e-mail: lars.brischke@ifeu.de

M. Pehnt (ed.), *Energieeffizienz*, DOI 10.1007/978-3-642-14251-2_5,

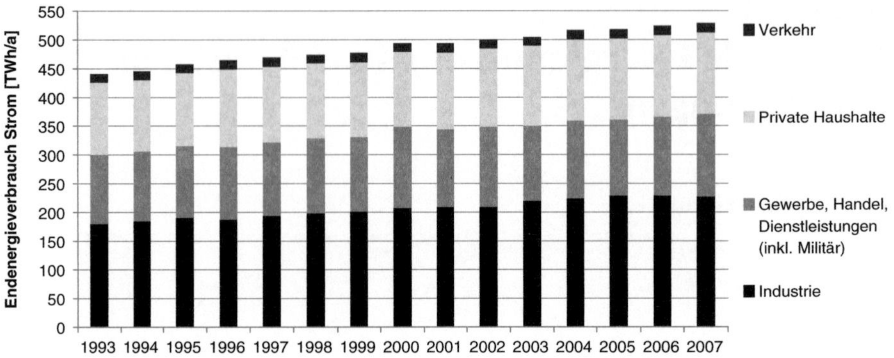

Abb. 5.1 Entwicklung des Endenergieverbrauchs Strom in Deutschland 1993 bis 2007 nach Sektoren (eigene Darstellung nach AGEB 2008)

Pumpen und Pumpensysteme, Beleuchtung, raumlufttechnische Anlagen sowie Informations- und Kommunikationstechnik.

5.2.1 Stationäre elektrische Antriebe

Mit rund 232 TWh entfiel knapp die Hälfte des Stromverbrauchs im Jahr 2007 auf stationäre elektrische Antriebe. Die elektrische Antriebsleistung in den Sektoren Industrie und GHD wird fast ausschließlich mit Drehstrommotoren bereitgestellt, im Sektor Private Haushalte sind in stärkerem Maße Wechselstrommotoren, z. B. bei Waschmaschinen, Kühlschränken und Staubsaugern, im Einsatz. Darüber hinaus werden ca. 10% der gesamten stationären Antriebsleistung durch Gleichstrommotoren bereitgestellt. Das wirtschaftliche Stromeinsparpotenzial für elektrische Antriebe in den Sektoren Industrie und GHD wird von Prognos (2007) mit 30 TWh angegeben. Die wesentlichen Ansätze zur Ausschöpfung der Stromeinsparpotenziale sind eine Wirkungsgradverbesserung der Motoren, eine optimale Auslegung der

Tabelle 5.1 Endenergieverbrauch Strom (in TWh) in Deutschland 2007 nach Anwendungsfeldern und Sektoren

	Industrie	GHD	Private Haushalte	Verkehr	Summe
Mechanische Energie	144,4	58,6	29,1	14,7	246,8
Beleuchtung	11,4	30,9	11,4	0,8	54,5
Information und Kommunikation	10,3	12,1	33,0	0,0	55,4
Prozesswärme	58,6	20,4	27,7	0,0	106,7
Raumwärme	0,8	8,1	17,1	0,8	26,8
Warmwasserbereitung	0,8	13,8	23,6	0,0	38,2
Summe	226,3	143,9	141,9	16,3	528,4

Quellen: BMWi (2008), BDEW (2008), und IZM/ISI (2009).

Antriebe, die Verwendung von Regelungen zur optimalen Anpassung an den Bedarf, aber auch die Rückgewinnung der Bremsenergie von Elektromotoren, energiesparendes Nutzerverhalten, die regelmäßige Kontrolle des Betriebs sowie die Wartung und Instandhaltung der Systeme.

5.2.1.1 Energieeffizienz der Motoren

Die Energieeffizienz von Motoren kann durch Reduktion elektrischer, magnetischer und mechanischer Verluste erhöht werden. Die elektrischen Verluste können durch Reduktion der Stromwärmeverluste in den Wicklungen, durch Erhöhung des aktiven Querschnitts der Kupferleitungen, durch Reduktion der Übergangsverluste an den Kohlebürsten, durch Verwendung hochwertiger Kohlen und durch regelmäßige Wartung und Instandhaltung vermindert werden. Die magnetischen Verluste durch Wirbelstrom-, Hysterese- und Ummagnetisierungsverluste im Eisen können durch konstruktive Maßnahmen und Verwendung hochwertiger Materialien gesenkt werden. Mechanische Verluste wie Lagerreibungsverluste, Bürstenreibungsverluste und Ventilationsverluste (bei Zwangskühlung) können ebenfalls durch Verwendung hochwertiger Materialien, richtige Konstruktion und konsequente Wartung und Instandhaltung deutlich gesenkt werden (ISI/FfE 2003). Bei der Auswahl der Getriebeart sollten effiziente Stirn- und Kegelradgetriebe ineffizienten Riemen- oder Schneckengetrieben vorgezogen werden (dena 2008a). Prozessabläufe können darüber hinaus so optimiert werden, dass teilweise keine Getriebe mehr benötigt und damit mechanische Verluste minimiert werden.

Um Wirkungsgradunterschiede bei Motoren transparent zu machen und den Markt für energieeffiziente Motoren auszuweiten, hat der europäische Verband der Hersteller elektrischer Antriebe CEMEP 1998 eine freiwillige Selbstverpflichtung zur Kennzeichnung der Energieeffizienz von Elektromotoren – unterteilt in die drei Klassen EFF3 (geringe Energieeffizienz), EFF2 (verbesserte Energieeffizienz) und EFF1 (hohe Energieeffizienz) – vorgelegt (CEMEP 1998), an der sich zahlreiche Hersteller beteiligen. Um als EFF1 gekennzeichnet werden zu können, müssen z. B. 4-polige Motoren mit 1,1 kW Leistungsaufnahme mindestens einen Wirkungsgrad von 83,8%, mit 11 kW von 91% und mit 90 kW von 95% erreichen (vgl. Abb. 5.2).

Die Selbstverpflichtung hat zu einer erfolgreichen Marktentwicklung bei energieeffizienten Motoren geführt. So hatten im Jahr 1998 die ineffizienten EFF3-Motoren noch einen Marktanteil von 68%, während nur 2% der verkauften Motoren die EFF1-Anforderungen erfüllten. Im Jahr 2007 waren jedoch nur noch 2% der verkauften Motoren in der EFF3-Klasse, während bereits 12% der Motoren die EFF1-Anforderungen erfüllten (CEMEP 2009a).

Aufgrund dieser Entwicklung wurde die Kennzeichnung der Energieeffizienz von Motoren durch die CEMEP weiterentwickelt und für Asynchronmotoren zwischen 0,75 kW und 375 kW die neuen Effizienzklassen IE1 (Standardeffizienz, vergleichbar mit EFF2), IE2 (hohe Effizienz, vergleichbar mit EFF1) und IE3 (sehr hohe Effizienz) im Zusammenhang mit der Neufassung der Norm EN 60034-30:2009 definiert (CEMEP 2009b). Im Rahmen der europäischen Ökodesign-Richtlinie (EU-Kom 2005) wurde eine Verordnung zur Festlegung von

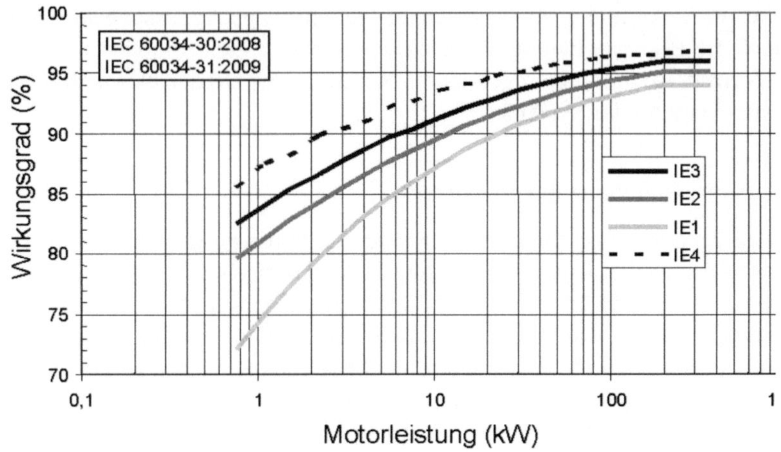

Abb. 5.2 Wirkungsgrade 4-poliger Elektromotoren in Abhängigkeit der Leistung und der Effizienzklasse gemäß CEMEP-Vereinbarung (eigene Darstellung nach CEMEP 2009b)

Mindesteffizienzstandards erarbeitet, die vorsieht, dass Elektromotoren ab 2011 mindestens die IE2-Anforderungen erfüllen müssen. Gemäß dieser Verordnung werden ab 2015 Elektromotoren zwischen 7,5 und 375 kW entweder mindestens die IE3-Anforderungen erfüllen oder mindestens die IE2-Anforderungen erfüllen und über eine Drehzahlregelung verfügen.

5.2.1.2 Optimierung der Auslegung und Regelung

Elektromotoren in der Industrie sind aufgrund von Unkenntnis, übertriebenen Sicherheitszuschlägen oder erwarteter Produktionsausweitung oft überdimensioniert. Überdimensionierte Motoren laufen größtenteils in Teillast und damit oft mit deutlich geringeren Wirkungsgraden als bei optimaler Auslastung. Durch eine Leistungsreduktion oder eine Aufteilung des gesamten Antriebsleistungsbedarfs auf mehrere kleine Motoren, die je nach Lastbedarf zusammen oder einzeln betrieben werden, können auf einfache und kostengünstige Weise bereits erhebliche Wirkungsgradverbesserungen erreicht werden. Eine noch bessere Anpassung der Motorleistung an den Antriebsleistungsbedarf ist mit einer stufenlosen Drehzahlregelung erreichbar. Bei Asynchronmotoren ist diese über ein stufenloses Getriebe realisierbar, bei Synchronmotoren mittels Frequenzumrichter.

Darüber hinaus lassen sich bei einigen Anwendungsfällen (z. B. Heizungs- und Zirkulationspumpen) durch tages- oder jahreszeitliche Absenkung der Leistung oder Abschaltung des Motors mittels Schaltuhr weitere Stromeinsparpotenziale erschließen.

Bei Antrieben, die häufig zwischen Anfahr- und Bremsbetrieb wechseln (z. B. Zentrifugen, Aufzüge, Kräne), ist es sinnvoll, den Motor im Bremsbetrieb als Generator laufen zu lassen und die als Strom zurückgewonnene Bremsenergie ins Stromnetz einzuspeisen (Prognos 2007).

5.2.1.3 Energiesparendes Nutzerverhalten, Wartung und Instandhaltung

Der wesentliche Ansatzpunkt für energiesparendes Nutzerverhalten ist das Abschalten der Antriebe in Zeiten, in denen diese nicht benötigt werden, insbesondere in Pausen- und Wartezeiten. Hierzu muss das Bedienpersonal über das erforderliche Wissen und die entsprechende Motivation verfügen. Übersichtliche Armaturen und ergonomisch optimierte Anfahrvorgänge bei komplexen Anlagen können unterstützend wirken. Darüber hinaus können kurzzeitige Leerlaufzeiten durch eine Optimierung der logistischen Abläufe reduziert oder ganz vermieden werden.

Durch Wartung und Instandhaltung können insbesondere Verluste, die in Folge von Verschleißerscheinungen auftreten, reduziert werden, wenn die Wartungsintervalle ausreichend kurz sind und wenn Wartungs- und Instandhaltungsmaßnahmen immer im notwendigen Umfang durchgeführt werden. Motoren über 5 kW werden meist mehrmals während ihrer Lebensdauer repariert. Laborprüfungen zeigen, dass sich durch schlechte Reparaturen oft die Motorwirkungsgrade verringern. Das Motor Challenge Program, ein Programm der EU-Kommission, mit dem seit 2003 Unternehmen bei der Verbesserung der Energieeffizienz motorbetriebener Systeme unterstützt werden, empfiehlt deshalb, auf eine energieeffizienzorientierte Motorreparatur zu achten (MCP 2003a).

5.2.2 Pumpen und Pumpensysteme

Pumpen sind die am weitesten verbreiteten Arbeitsmaschinen und kommen in allen Sektoren zum Einsatz. Sie dienen dem Fördern von Medien wie Wasser, Öl, Treibstoff, Chemikalien oder Abwasser sowie dem Wärmetransport mittels flüssiger Medien. Der gesamte Stromverbrauch von Pumpen in Deutschland wird in ISI/FfE (2003) mit rund 43 TWh im Jahr 1998 angegeben.

Die hydraulische Förderleistung P_{Hy} [W] einer Pumpe ist das Produkt aus der Druckerhöhung Δp [N/m^2] und dem geförderten Volumenstrom $\dot{V}$[m^3/s]:

$$P_{Hy} = \Delta p \cdot \dot{V} \tag{5.1}$$

Die insgesamt für eine Förderaufgabe notwendige Druckerhöhung Δp_{ges} ist die Summe aus geodätischer Druckdifferenz Δp_{geo} (bei Überwindung einer Höhendifferenz), statischer Druckdifferenz Δp_{stat} (bei Überdruck gegenüber der Umgebung), dynamischer Druckdifferenz Δp_{dyn} (bei erhöhter Strömungsgeschwindigkeit) und dissipativer Druckdifferenz Δp_{diss} (Druckabfall durch Reibungsverluste):

$$\Delta p_{ges} = \Delta p_{geo} + \Delta p_{stat} + \Delta p_{dyn} + \Delta p_{diss}. \tag{5.2}$$

Dabei hängen der geodätische, statische und dynamische Anteil nicht vom Volumenstrom ab. Beim dissipativen Druckabfall, der im häufigen Anwendungsfall der Umwälzung eines Fluidstroms in einem Rohrnetz der einzige relevante Term ist, besteht eine quadratische Abhängigkeit zum Volumenstrom.

Der Pumpenwirkungsgrad η_{Pu} berechnet sich als Quotient aus der hydraulischen Förderleistung P_{Hy} und mechanischer Antriebsleistung P_{mech}.

$$\eta_{Pu} = \frac{P_{Hy}}{P_{mech}} \tag{5.3}$$

Durch Einsatz energieeffizienter Pumpen lassen sich erhebliche Stromeinsparungen erzielen. Die beste verfügbare Technik stellen bei Wasserpumpen Kreiselpumpen mit einem Wirkungsgrad von 90% dar. Dies entspricht einer Effizienzsteigerung von 10 bis 15% gegenüber dem durchschnittlichen Wirkungsgrad heute eingesetzter Pumpen. Wirkungsgradverbesserungen bei Pumpen lassen sich nach AEA (2008) vor allem erreichen durch:

- Verbesserungen der hydraulischen Konstruktion, insbesondere durch eine Verbesserung der Flügelradgeometrie und eine Verbesserung in der Gehäusegestaltung;
- Verringerung der Reibung zwischen Fluid und Oberfläche im Inneren der Pumpe und
- Vermeidung von Verlusten durch Undichtigkeiten.

Zur Klassifizierung der Pumpenbauformen wurde die spezifische Drehzahl n_s eingeführt. Diese gibt die Drehzahl an, mit der ein in allen Teilen geometrisch ähnliches Laufrad arbeiten muss, um im Bestpunkt bei einer Förderhöhe von 1 m einen Förderstrom von 1 m^3/s zu liefern. Beispiele für spezifische Drehzahlen unterschiedlicher Laufradbauformen zeigt Tabelle 5.2.

Die Abhängigkeit des Pumpenwirkungsgrades von der spezifischen Drehzahl ist in Abb. 5.3 dargestellt und zeigt, dass mit höheren spezifischen Drehzahlen auch höhere Pumpenwirkungsgrade erreicht werden. Dennoch kann es notwendig sein, Pumpen mit geringerer spezifischer Drehzahl zu wählen, wenn bei großer Förderhöhe ein geringer Förderstrom benötigt wird.

Der europäische Verband der Pumpenhersteller Europump hat ein Label zur freiwilligen Energiekennzeichnung von Umwälzpumpen entwickelt, das beim Erwerb von Umwälzpumpen Transparenz über die Energieeffizienz schaffen soll. Europäische Pumpenhersteller haben sich verpflichtet, sämtliche Pumpen ihres Sortiments zu labeln (Europump 2005). Im Rahmen der europäischen Ökodesign-Richtlinie (EU-Kom 2005) wurden darüber hinaus Mindestenergieeffizienzstandards für Pumpen differenziert nach Anwendungsfeldern festgelegt.

Tabelle 5.2 Spezifische Drehzahlen n_s verschiedener Laufradbauformen für Pumpen (dena 2008b)

Laufradbauform	Bereich der spezifischen Drehzahl n_s
Flügelrad	4 ... 12 U/min
Radialrad	8 ... 45 U/min
Halbaxialrad	40 ... 160 U/min
Axialrad	100 ... 300 U/min

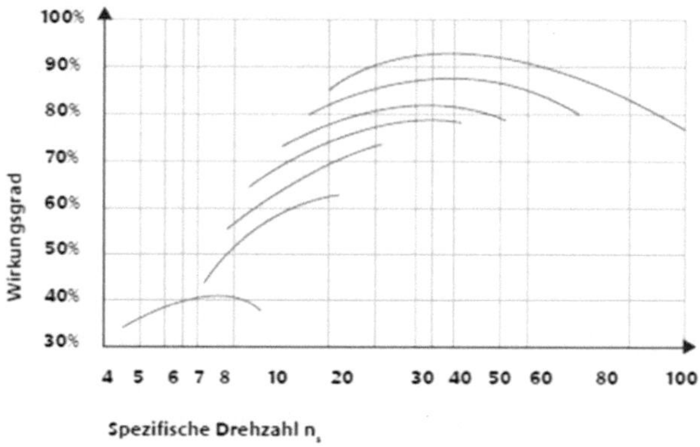

Abb. 5.3 Wirkungsgrade in Abhängigkeit der spezifischen Drehzahl (U/min) unterschiedlicher Laufräder (Quelle: dena 2008b)

Durch Kombination von Pumpen mit hocheffizienten Motoren und einer flexiblen Regelung, z. B. mittels Frequenzumrichter, lassen sich weitere Stromeinsparungen erzielen. So wurde im Rahmen des Energy+Pumps-Projektes errechnet, dass bei flächendeckender Nutzung heute verfügbarer hoch effizienter Umwälzpumpentechnik mit elektronisch kommutierenden Motoren rund 60% des jährlichen Stromverbrauchs für Umwälzpumpen eingespart werden können (IEE 2009). Der Energieverbrauch wird in Abb. 5.4 anhand eines ausgewählten Anwendungsbeispiels für verschiedene Regelungsarten im Vergleich dargestellt.

Um bei Nachrüstung von Regelungssystemen die Energieeffizienzpotenziale vollständig ausschöpfen zu können, müssen Pumpensystem und Regelung optimal aufeinander abgestimmt werden (dena 2008c), z. B. bei Heizungssystemen durch hydraulischen Abgleich. Durch stufenlose Drehzahlregelung kann bei Pumpensystemen auf Drossel- und Bypassregelungen verzichtet werden. Damit können die Energieverluste in diesen Systemen vermieden werden.

Durch Maßnahmen zur Systemoptimierung lassen sich weitere Stromeinsparpotenziale erschließen, da der typische reale Wirkungsgrad von Pumpensystemen durchschnittlich um 15% vom Nennwirkungsgrad (Best Efficiency Point - BEP) abweicht. Die Ursachen dafür sind nach AEA (2008) und (dena 2008c) vor allem

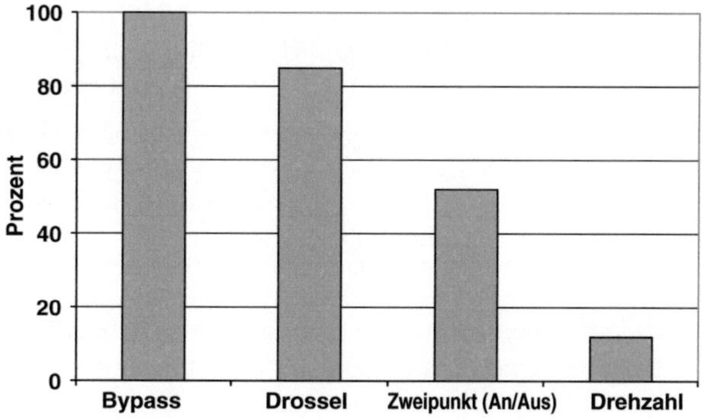

Abb. 5.4 Energieverbrauch verschiedener Regelungsarten für Pumpen im Teillastbetrieb (eigene Darstellung nach dena 2008b)

- falsche Dimensionierung der Pumpen,
- suboptimale Leitungsführung und Dimensionierung der Verteilungssysteme und Rohrleitungen,
- lokale Verengungen in den Rohrleitungssystemen,
- suboptimale Fahrweise der Pumpe sowie
- fehlende oder ungenügende Wartungsaktivitäten.

Bei Pumpensystemen lassen sich deshalb durch Minimierung der Druckverluste in den Rohrleitungen des Verteilnetzes erhebliche Energieeinsparungen erzielen. Alle Einbauten und die Rohrleitung selbst führen zu Reibungs- und damit Druckverlusten, die durch Vermeidung von Einbauten sowie durch möglichst geradlinige und kurze Leitungsführung reduziert werden können. Eine Verringerung des Rohrleitungsdurchmessers führt bei vorgegebenem Volumenstrom zu einer Erhöhung der Strömungsgeschwindigkeit in zweiter Potenz und zu einer Zunahme der dynamischen Druckverluste Δp_{dyn} in vierter Potenz. Bei der Wartung haben insbesondere das Schmieren bzw. Austauschen von Kugellagern, die Erneuerung von Dichtungen und das Aufbringen von Beschichtungen auf das Spiralgehäuse Einfluss auf die Energieeffizienz der Pumpensysteme (AEA 2008; MCP 2003b).

5.2.3 Beleuchtung

Beleuchtung hat mit rund 54 TWh im Jahr 2007 einen Anteil von mehr als 10% am gesamten Stromverbrauch. Besondere Bedeutung kommt dabei dem Sektor GHD zu, in dem mehr als 20% des Stromverbrauchs für Beleuchtung eingesetzt werden, insbesondere für Straßenbeleuchtung, Bürobeleuchtung, repräsentative Beleuchtung (z. B. Verkaufseinrichtungen, Hotels, Reklame) sowie Beleuchtung von Sportstätten. In den Sektoren Industrie und Private Haushalte hat die Beleuchtung mit 5% bzw. 8% Anteil am Stromverbrauch des jeweiligen Sektors eine geringere Bedeutung, sollte aber dennoch nicht vernachlässigt werden, da teilweise Einsparpotenziale bis zu 80% möglich sind. Das wirtschaftliche Einsparpotenzial bei Beleuchtung wird unter Berücksichtigung der besten heute verfügbaren Technik in VDE (2007) mit 56% (ca. 30 TWh/a) angegeben. In Prognos (2007) wird ein mittelfristig ausschöpfbares wirtschaftliches Stromeinsparpotenzial bei Beleuchtung von rund 44% (ca. 24 TWh/a) berechnet.

Bei den Komponenten der Beleuchtung unterscheidet man zwischen *Lampen* und *Leuchten*. Lampen sind elektrische Betriebsmittel, die Licht erzeugen. Sie sind die Lichtquelle und werden häufig auch als Leuchtmittel bezeichnet. Die Leuchte hingegen ist der Gegenstand, der die Lampe trägt.

Bei der Optimierung einer Beleuchtungsaufgabe sollten drei Ebenen des Beleuchtungssystems einbezogen werden:

1. Beleuchtungsanforderungen und -möglichkeiten unter Berücksichtigung der Gegebenheiten des zu beleuchtenden Raumes,

2. Energieeffizienz und weitere Qualitätsmerkmale der Lampe und der Betriebsgeräte (z. B. Vorschaltgeräte) sowie
3. Eigenschaften der Leuchte.

Zur optimalen Erfüllung einer Beleuchtungsaufgabe sind zunächst die *Beleuchtungsanforderungen* festzulegen sowie die Gegebenheiten des zu beleuchtenden Raumes oder Areals zu analysieren. Daraus können die technischen Möglichkeiten für ein optimiertes Beleuchtungskonzept abgeleitet werden. Auf dieser Betrachtungsebene resultieren Energieeinsparungen insbesondere aus der Erhöhung der Nutzenergieeffektivität (z. B. durch räumliche und zeitliche Anpassung von Beleuchtungsangebot an den Bedarf) und der Substitution von Energieträgern (z. B. Tageslichtnutzung).

Wesentliche Kenngrößen für die Beleuchtung in Wechselwirkung mit dem zu beleuchtenden Raum sind

- Beleuchtungsstärke E (Lichtstrom pro Fläche) [lx] zur Beurteilung des Beleuchtungsniveaus,
- Leuchtdichte L (Lichtstärke einer beleuchteten oder selbst leuchtenden Fläche bezogen auf das, was der Betrachter von dieser Fläche sieht) [cd/m^2],
- Lichtrichtung und Blendung, die insbesondere durch Anordnung der Leuchte und Reflexionswirkung des Raumes und der Einrichtung beeinflusst werden können.

Empfohlene Beleuchtungsstärken für unterschiedliche Sehaufgaben sind in Tabelle 5.3 zusammengefasst.

Die Energieeffizienz einer *Lampe* wird als Lichtausbeute η bezeichnet, dem Quotienten aus dem Lichtstrom Φ [lm] und der aufgewendete elektrischen Leistung P [W]:

$$\eta = \frac{\Phi}{P}[\text{lm/W}] \tag{5.4}$$

Tabelle 5.3 Empfohlene Beleuchtungsstärken für Sehaufgaben

Beleuchtungsstärke [lx]	Sehaufgabe
20 bis 50	Orientierung, vorübergehender Aufenthalt Beispiel: Fahrwege ohne Personenverkehr
100 bis 200	Leichte Sehaufgaben, grobe Details, hohe Kontraste Beispiel: Lagerräume, Kantinen, Teeküchen
500 bis 750	Normale Sehaufgaben, mittlere Details und Kontraste Beispiel: Büros
1 000 bis 1 500	Anspruchsvolle Sehaufgaben, kleine Details und Kontraste Beispiel: Lackierereien
2 000	Sehr anspruchsvolle Sehaufgaben, sehr kleine Details und Kontraste Beispiel: Qualitätskontrollen

Quelle: TU München (2008) und DIN EN (12464-1).

Darüber hinaus sind

- Lichtfarbe,
- Farbwiedergabe,
- Flimmern,
- Dimmbarkeit,
- Lebensdauer und
- Wartungsfaktor

Qualitätsmerkmale einer Lampe, die neben der Lichtausbeute entscheidende Auswahlkriterien für die Lampenauswahl sind. Die Lampe muss außerdem kompatibel zur Leuchte sein.

Ein Maß für die Energieeffizienz einer *Leuchte* ist der Leuchtenbetriebswirkungsgrad *LOR* (Light Output Ratio), der Quotient aus dem Lichtstrom, der aus der Leuchte austritt, und der Summe aller Lichtströme, die gleichzeitig von den Lampen in der Leuchte erzeugt werden können:

$$\mathrm{LOR} = \frac{\Phi_{\mathrm{ab}}}{\sum \Phi_{\mathrm{erz}}} \tag{5.5}$$

Weiterhin haben die räumlichen Verteilungskurven des von der Leuchte abgegebenen Lichtes einen Einfluss auf die Erfüllung einer Beleuchtungsaufgabe und den damit verbundenen Stromverbrauch.

Bei einigen Lampe-Leuchte-Kombinationen kann die Energieeffizienz durch Auswahl und Einsatz von Betriebsgeräten, Regel- und Steuer-Komponenten wie

- Vorschaltgerät (konventionelles Vorschaltgerät – KVG, verlustarmes Vorschaltgerät – VVG, elektronisches Vorschaltgerät – EVG),
- Transformator,
- Dimmer (manuell oder automatisch über Lichtstärkensensor),
- Präsenzmelder,
- Zeitschaltung

beeinflusst werden.

5.2.3.1 Energieeffizienz der Leuchtmittel, Betriebsgeräte und Leuchten

Bereits am Beispiel der Beleuchtungsstärke (vgl. Tabelle 5.3) wird ersichtlich, wie unterschiedlich die Anforderungen an verschiedene Beleuchtungsaufgaben sind. Deshalb ist auch eine Vielzahl von Leuchtmitteln am Markt verfügbar, die sich hinsichtlich der o. g. Qualitätsmerkmale erheblich unterscheiden. Die Leuchtmittel können nach dem physikalisch-technischen Prinzip der Lichterzeugung in drei Gruppen eingeteilt werden: Temperaturstrahler, Entladungslampen und Leuchtdioden. In Tabelle 5.4 werden die derzeit gebräuchlichen Leuchtmitteltypen diesen

Tabelle 5.4 Systematisierung der Leuchtmittel: Technische Prinzipien, Arten, Lichtausbeute, Lebensdauer und typische Anwendungen

Prinzip	Leuchtmitteltyp	Licht-ausbeute [lm/W]	Lebensdauer [h]	Typische Anwendung
1. Temperaturstrahler	Glühlampe	bis 15	1 000… 2 000	Allgemeinbeleuchtung
	(Niedervolt-, Hochvolt-) Halogenlampe	bis 25	2 000 … 4 000	Allgemeinbeleuchtung, repräsentative Beleuchtung
2. Entladungslampe				
(a) Fluoreszenslampe	Leuchtstofflampe	bis 100	5 000 … 20 000	Büro, Schule, Reklame
	Kompaktleucht-stofflampe (Energiespar-lampe)	50 … 90	bis 15 000	Allgemeinbeleuchtung
(b) Metalldampflampe	Induktions-Gasentladungs-lampe	90	bis 60 000	Schlecht zugängliche Anwendungen (z. B. sehr hohe Räume etc.)
	Natriumdampf-Niederdruck-Entladungslampe	180	bis 15 000	Außenbeleuchtung (Straße, Tunnel, Hafen etc.)
	Natriumdampf-Hochdruck-Entladungslampe	130	bis 16 000	Außenbeleuchtung Industriehalle, Verkaufseinrichtung
	Quecksilberdampflampe	60	bis 10 000	Außenbeleuchtung, Industriehalle
	Halogen-Metalldampflampe	100	bis 15 000	Industriehalle
3. Leuchtdiode	LED (Licht emittierende Diode)	30 … 100	10 000 … 50 000	Straßenbeleuchtung, Verkehrsampel, Kfz-Scheinwerfer, Allgemeinbeleuchtung
	OLED (LED mit organischen Halbleitern)	in der Entwicklung		Neue Anwendungen wie großflächige Raumbeleuchtung

Quelle: ZVEI (2009) und Philips (2008).

drei Gruppen zugeordnet und darüber hinaus hinsichtlich der Lichtausbeute, der Lebensdauer und der typischen Anwendungsgebiete charakterisiert. Die Tabelle verdeutlicht, dass sich die Leuchtmitteltypen unter anderem bei der Lichtausbeute sehr stark unterscheiden.

Die kontinuierliche Entwicklung neuer Leuchtmittel in den letzten Jahrzehnten ermöglicht es, dass heute für dieselben Anwendungen alternative, wesentlich energieeffizientere Leuchtmittel verfügbar sind. So können beispielsweise bei der Haushaltsbeleuchtung durch Ersatz von Glühlampen durch effiziente Halogenlampen rund 30% und durch Energiesparlampen bis zu 80% Strom eingespart werden. Einsparungen in ähnlicher Höhe sind bei Außen- und Industriebeleuchtungen erreichbar, wenn ineffiziente Quecksilberdampflampen durch Halogen-Metalldampflampen (mehr als 50% Effizienzsteigerung) oder durch Natriumhochdruckentladungslampen (rund 66% Effizienzsteigerung) ersetzt werden.

Auch bei den Betriebsmitteln haben technische Weiterentwicklungen erhebliche Reduktionen des Stromverbrauchs bewirkt. So verbrauchen elektronische Vorschaltgeräte (EVG) bis zu 25% weniger Strom als konventionelle induktive Vorschaltgeräte (KVG) und verbessern zudem Lampeneigenschaften (z. B. Verlängerung der Lampenlebensdauer).

Die Entwicklung der Leuchtmittel ist keineswegs abgeschlossen: weitere erhebliche Energieeffizienzverbesserungen sind zu erwarten. So hat die Entwicklung vielfältig einsetzbarer Beleuchtungsprodukte mit Leuchtdiodentechnik gerade erst begonnen.

Die Lichtausbeute der LED konnte innerhalb eines Jahrzehnts nahezu verzehnfacht werden und weitere erhebliche Steigerungsmöglichkeiten zeichnen sich bereits ab. Die Erschließung bestehender und völlig neuer Anwendungsgebiete durch LED-Beleuchtungssysteme befindet sich derzeit in einer sehr dynamischen Entwicklung. Neben der Ausschöpfung großer Energieeffizienzpotenziale birgt sie die Gefahr von Rebound-Effekten, z. B. durch eine Vervielfachung der Anzahl von LED-Leuchtmitteln pro Leuchte oder durch bisher nicht vorhandene Beleuchtungsanwendungen wie großflächige Decken- und Wand-Beleuchtungen.

Um das Marktangebot an Leuchtmitteln hin zu energieeffizienteren Techniken zu lenken, wurden im Rahmen der Umsetzung der europäischen Ökodesign-Richtlinie (EU-Kom 2005) mit Verordnungen für Haushaltsbeleuchtung (EU-Kom 2009a) und für Produkte zur Beleuchtung von Büros, Straßen und Industrieanlagen (EU-Kom 2009b) Mindestenergieeffizienzstandards festgelegt, so dass ineffiziente Leuchtmittel und Vorschaltgeräte nicht mehr auf den Markt gebracht oder in Betrieb genommen werden dürfen. Bei der Haushaltsbeleuchtung hat die Verordnung unter anderem zur Folge, dass Glühlampen mit einer Leistungsaufnahme größer als 10 W in der EU stufenweise bis August 2012 vom Markt genommen werden. In der ersten Stufe gilt das für Mattglaslampen (herkömmliche Glühlampen und Halogenlampen) ab September 2009, da diese bereits heute ohne Qualitätseinschränkungen durch Energiesparlampen ersetzt werden können.

Die Lichtausbeute von Leuchten kann insbesondere erhöht werden durch Optimierung des Leuchtendesigns und der Reflektorgeometrie zur Verbesserung der Lichtlenkung sowie durch Erhöhung der Reflexionsgrade im Inneren der Leuchte.

Infobox 5.1 Physikalische Grundprinzipien von Leuchtmitteln (nach Baehr et al. 2006)

Glühlampe, Halogenlampe:
Die Energieumwandlung von Temperaturstrahlern wie Glüh- und Halogenglühlampen basiert auf der Glühemission, bei der elektrische Energie in Gitterschwingungen umgewandelt wird. Diese führen zu einem kontinuierlichen Lichtspektrum mit hohem Anteil im infraroten Spektralbereich. Bei Glühlampen wird ein auf 2 500°C erhitzter Wolframdraht durch Stromdurchgang zum Glühen gebracht. Der Wolframdraht befindet sich in einem mit einem Argon-Stickstoff-Gemisch gefüllten Glaskolben. Halogenglühlampen sind in Aufbau und Wirkungsweise mit Glühlampen vergleichbar, als Füllgas werden jedoch Halogene oder Halogenverbindungen eingesetzt.

(Kompakt-) Leuchtstofflampe, Metall-Dampflampe:
Leuchtstofflampen und Metalldampflampen sind Entladungslampen, bei denen in einem abgeschlossenen Entladungsgefäß, das mit Gas oder Metalldampf gefüllt ist, beim Stromdurchgang infolge Anregung der Atome Licht emittiert wird. Diese Lichtstrahlung ist sowohl vom Gas bzw. Metalldampf als auch von den Druckverhältnissen im Entladungsgefäß abhängig.
Bei Leuchtstofflampen wird durch Füllung der Lampe mit einem Gasgemisch (Argon, Quecksilber) eine Ultraviolettstrahlung erzeugt, die durch den auf der Röhren-Innenwand aufgetragenen Leuchtstoff in sichtbares Licht umgewandelt wird.

Leuchtdiode (LED):
LED bestehen aus Anode, Kathode und einer Trägerplatte mit einem Halbleiterkristall, der mit der Anode elektrisch verbunden ist. Die Umwandlung von elektrischer Energie in Licht beruht auf Elektronenübergängen zwischen definierten Energiebändern des Kristalls. Beim Anlegen einer Spannung an der Anode kommt es zu einem Stromfluss zur Kathode und über den PN-Übergang des Kristalls. Durch den Elektronenfluss über den PN-Übergang werden Photonen freigesetzt, die als sichtbares Licht den Halbleiterkristall verlassen. Die Lichtfarbe einer LED wird durch die Bandlücke des PN-Übergangs im Kristall bestimmt, die von der Dotierung das Halbleiters abhängig ist. Deshalb sind die Lichtemissionen von LED nahezu monochromatisch.
Bei organischen Leuchtdioden (OLED) ist der PN-Übergang aus organischen Molekülen aufgebaut.

Bei durchschnittlichen Leuchten beträgt dieser 75%, durch speziell beschichtete Aluminiumreflektoren sind Reflexionsgrade bis zu 98% erreichbar (dena 2007a).

5.2.3.2 Planung, Sanierung, Betrieb und Wartung von Beleuchtungsanlagen

Mit der Nutzung der Energieeffizienzpotenziale von Leuchtmitteln, Vorschaltgeräten und Leuchten sind die Möglichkeiten zur Stromeinsparung bei der Beleuchtung noch längst nicht ausgeschöpft. In ISI/FfE (2003) wird das technische Stromeinsparpotenzial durch automatische und manuelle *Steuerung* und Regelung (z. B. durch Präsenzmelder, Zeitschaltungen, strangweise Abschaltung) auf rund 27% des Beleuchtungsstromverbrauchs geschätzt. Durch Tageslichtnutzung, d.h. Substitution von elektrischem Licht durch Tageslicht, können zusätzlich 13% des Stromverbrauchs für Beleuchtung eingespart werden. Um diese technischen Potenziale

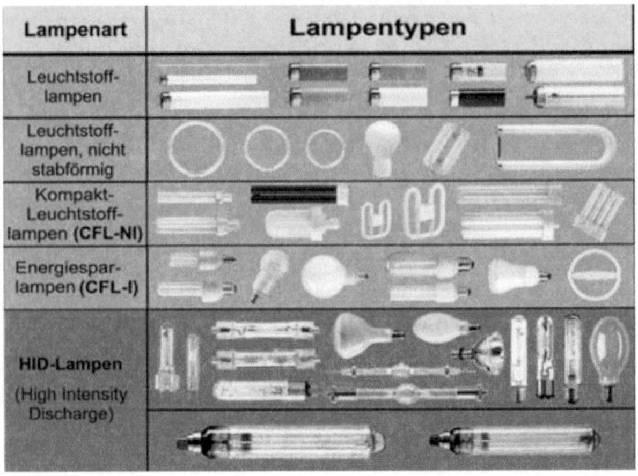

Abb. 5.5 Arten und Beispiele für Typen von Entladungslampen. Quelle: ZVEI (2008)

ausschöpfen zu können, müssen sie in der Regel bei der Beleuchtungsplanung oder -sanierung und unter der Randbedingung der Wirtschaftlichkeit berücksichtigt werden.

Eine weitere Strategie zur Erhöhung der Beleuchtungseffektivität setzt bei der *Raumgestaltung* an: Durch höhere Reflexionsgrade der zu beleuchtenden Räume und deren Ausstattung kann das Beleuchtungsniveau von Räumen oder Arealen erhöht werden, ohne die Beleuchtungsstärke zu ändern. Dies kann z. B. durch helle Wände, Decken, Fußböden oder Möbel und bei der Straßenbeleuchtung durch Fahrbahnaufhellung erreicht werden (strassenlicht.de 2009).

Während des Betriebs einer Leuchte oder Beleuchtungsanlage lässt sich die Effektivität durch möglichst kontinuierliche Anpassung der Lichtstärke an das zum jeweiligen Zeitpunkt erforderliche Beleuchtungsniveau des Raumes oder Areals erhöhen. Dies kann durch Dimmung oder – bei nicht dimmbaren Lampen – durch teilweise Abschaltung von Lampen (z. B. bei Straßenleuchten mit zwei Lampen wechselndes Abschalten einer Lampe) oder strangweise Abschaltung von Leuchten (z. B. Büros, Seminarräume) realisiert werden. Bei der Straßenbeleuchtung erlauben intelligente Lichtmanagementsysteme eine sensorgesteuerte Dimmung in Abhängigkeit der Tageszeit, der Wetterlage und des Verkehrsaufkommens. Durch Präsenzmelder, Zeitschaltungen oder durch manuelles Schalten können die Zeiten unnötiger Beleuchtung minimiert werden.

Darüber hinaus kann durch entsprechende Maßnahmen wie z. B. regelmäßige Reinigung der Reflektoren und Leuchtenabdeckungen im Rahmen der Wartung und Pflege von Beleuchtungsanlagen ein Beitrag zur Senkung des Beleuchtungsstromverbrauchs geleistet werden.

5.2.4 Raumlufttechnische Anlagen

Raumlufttechnische Anlagen (RLT-Anlagen) gewährleisten die Einhaltung von Anforderungen an die Reinheit, Temperatur und Feuchte von Raumluft. In

Abhängigkeit der Nutzung des jeweiligen Raumes können diese Anforderungen sehr unterschiedlich sein.

In Wohnräumen wird aufgrund der weit verbreiteten Anwendung der einfachen Fensterlüftung auf RLT-Anlagen noch weitgehend verzichtet. Zunehmend kommen RLT-Anlagen auch bei Neubau und Sanierung von Wohngebäuden zum Einsatz, bei denen die Transmissionswärmeverluste durch bauliche Maßnahmen minimiert wurden und durch mechanische Lüftungsanlagen mit Wärmerückgewinnung weitere erhebliche Energieeinsparungen sowie Komfortverbesserungen erreicht werden können.

Im Dienstleistungssektor werden RLT-Anlagen zur Bereitstellung von Luftzuständen, die einen hohen Komfort gewährleisten, in Arbeits- und Aufenthaltsräumen wie Büros, Einrichtungen des Einzel- und Großhandels, gastronomischen Einrichtungen, Hotels, Sportstätten, Schulen, Universitäten, Theatern und Krankenhäusern eingesetzt.

In gewerblich und industriell genutzten Räumen sind RLT-Anlagen insbesondere bei starker nutzungsbedingter Beeinflussung der Raumluft (z. B. durch hohe interne Wärmelasten) oder bei hohen Anforderungen (z. B. Reinheit, Feuchte) an die Raumluftzustände meist unverzichtbar.

Neben diesen Anwendungsgebieten der Lufttechnik, die mit dem Begriff Raumlufttechnik zusammengefasst werden, wird Lufttechnik in Industrie und Gewerbe auch als Prozesslufttechnik eingesetzt. Die Optimierung prozesslufttechnischer Anlagen kann analog zur im folgenden beschriebenen Optimierung raumlufttechnischer Anlagen erfolgen.

5.2.4.1 Auslegung und Planung

Die energetische Optimierung von RLT-Anlagen ist technisch und wirtschaftlich am effektivsten, wenn sie systematisch bei der Auslegung und Planung entlang der Prozesskette (Abb. 5.6) umgesetzt wird.

Daraus ergibt sich die folgende Reihenfolge der einzelnen Schritte zur Optimierung entlang der Prozesskette:

1. *Festlegung des technischen Konzeptes der RLT-Anlage* auf der Grundlage der Anforderungen an die Raumluftzustände.
2. *Bestimmung des Bedarfs an Luftaufbereitung*. Da die Aufbereitung der Luft mit erheblichem Energie- und Kostenaufwand verbunden ist, gilt hier das Prinzip „So viel wie nötig, so wenig wie möglich.“ Deshalb muss vor der Auslegung und Planung entschieden werden, welche der fünf Grundfunktionen Lüften, Heizen, Kühlen, Entfeuchten und Befeuchten die RLT-Anlage im konkreten Anwendungsfall in welchem Umfang erfüllen soll.
3. *Quantifizierung des Lüftungs- und ggf. Heiz-, Kühl-, Be- und Entfeuchtungsbedarfs* und der erforderlichen Volumenströme anhand der räumlichen Gegebenheiten und der nutzungsspezifischen Anforderungen durch den Fachplaner. An dieser Stelle sind auch die Möglichkeiten zur Wärmerückgewinnung, Abwärmenutzung (z. B. aus industriellen Prozessen) sowie Nutzung erneuerbarer Energien

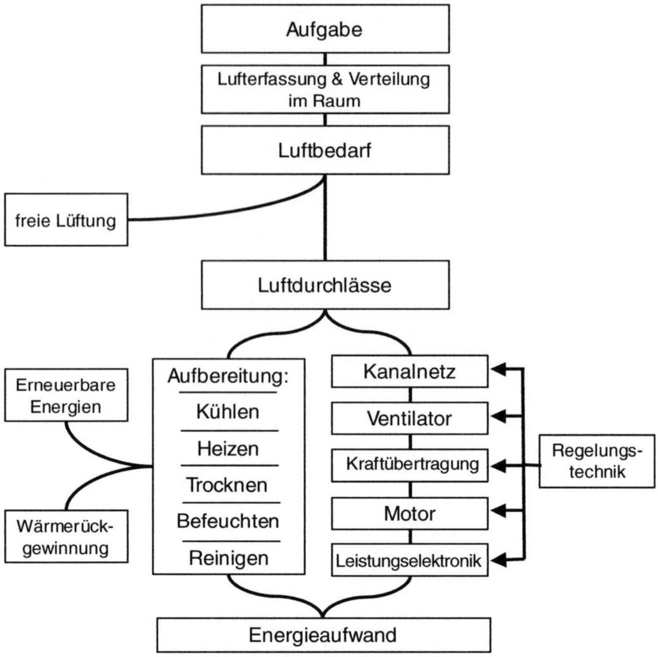

Abb. 5.6 Prozesskette der Systemkomponenten von RLT-Anlagen (eigene Darstellung nach dena 2008d)

(z. B. Vorwärmung der Zuluft im Winter und Vorkühlung der Zuluft im Sommer über Erdreich-Wärmeübertrager) zu analysieren und ggf. einzuplanen.

4. Auf Basis einer Analyse der *Lebenszykluskosten* der einsetzbaren zentralen und dezentralen Anlagenvarianten wird für die Planung das raumlufttechnische Konzept mit minimalen Lebenszykluskosten zugrunde gelegt.
5. *Planung der Strömungsführung* im Raum so, dass die Erfüllung der jeweiligen lufttechnischen Aufgabe (Lüften, Heizen, Kühlen, Schadstoffentfernung) zu minimalen Lebenszykluskosten erfolgt. Insbesondere sind die Reibungsverluste (Leitungslängen, Leitungsquerschnitte, Vermeidung von Strömungswiderständen, Minimierung des Volumenstroms) bei der Planung des Verteilnetzes zu minimieren. Die Strömungsgeschwindigkeiten in Kanälen sollten möglichst gering gehalten werden. In der Schweiz werden in der Norm SIA 382 die maximalen Luftgeschwindigkeiten gemäß Tabelle 5.5 vorgeschrieben.
6. *Erarbeitung eines Regelungskonzeptes*, das eine Anpassung der Betriebsweise der RLT-Anlage an tages- und jahreszeitliche sowie an betriebsbedingte Charakteristiken erlaubt und damit zur Erhöhung des Anlagenwirkungsgrades und zur Verminderung des Energieverbrauchs beiträgt. Dies wird erreicht, wenn die Anlagenkomponenten wie Ventilatoren und Pumpen so geregelt werden, dass sie möglichst lange im optimalen Auslegungspunkt, d.h. mit maximalem Wirkungsgrad betrieben werden können.

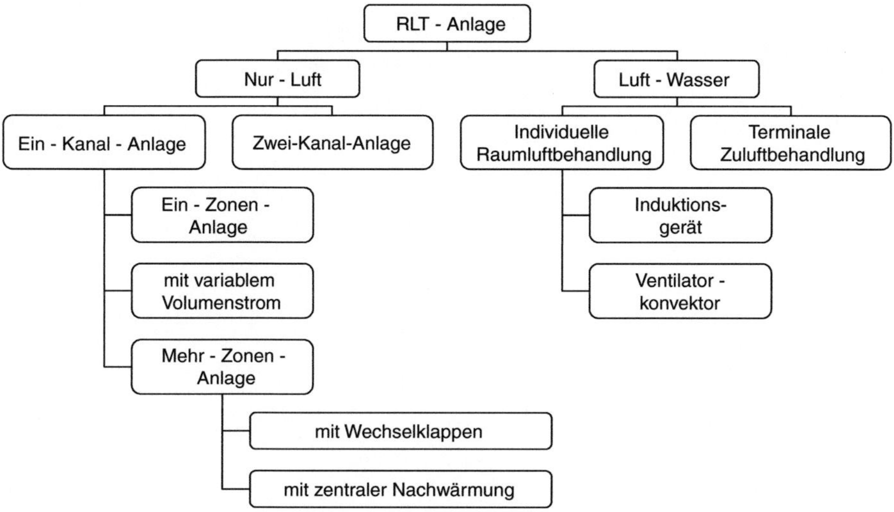

Abb. 5.7 Technische Konzepte von RLT-Anlagen (eigene Darstellung nach TU München 2008)

Wenn die RLT-Anlage vor allem im mittleren Teillastbereich arbeitet, ist der Einsatz drehzahlgeregelter Motoren für Ventilatoren und Pumpen die wirtschaftlichste Art der Regelung. Darüber hinaus kommen in der Praxis auch weniger energieeffiziente Drossel-, Bypass-, Drall- und Laufschaufelregelungen häufig zum Einsatz. In Abb. 5.8 wird die Leistungsaufnahme in Abhängigkeit des Volumenstroms im Vergleich für verschiedene Regelungskonzepte dargestellt.

7. *Bestimmung der jeweils benötigten Komponentenleistung* und Auswahl entsprechender energieeffizienter Komponenten (Motoren, Getriebe, Pumpen, Ventilatoren, Kältetechnik etc.).

Maßnahmen, die am Anfang dieser Prozesskette realisiert werden, wirken sich auf alle nachfolgenden Glieder aus, so dass sich damit auch am effektivsten Energieeinsparungen erreichen lassen. Wenn aufgrund von organisatorischen oder finanziellen Restriktionen nur einzelne Glieder der Prozesskette optimiert werden können, sollte darauf nicht verzichtet werden, auch wenn die erreichbaren Energie-

Tabelle 5.5 Maximal zulässige Luftgeschwindigkeiten in Lüftungskanälen in Abhängigkeit des Volumenstroms nach Schweizer Norm SIA 382/1 (SIA 2007)

Luftvolumenstrom der RLT-Anlage	Maximale Luftgeschwindigkeit
bis 1 000 m^3/h	3 m/s
bis 2 000 m^3/h	4 m/s
bis 4 000 m^3/h	5 m/s
bis 10 000 m^3/h	6 m/s
über 10 000 m^3/h	7 m/s

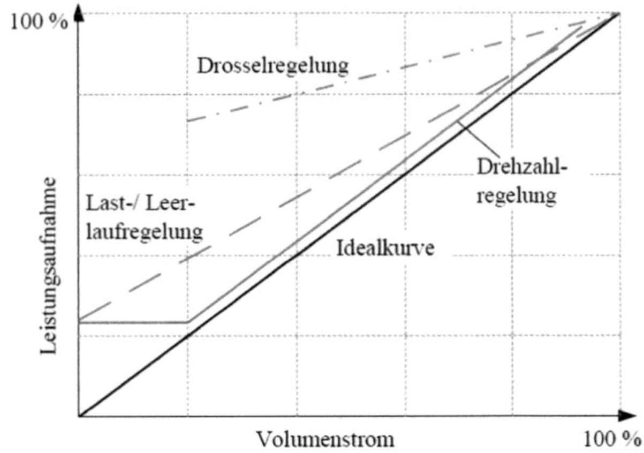

Abb. 5.8 Leistungsaufnahme in Abhängigkeit des Volumenstroms bei verschiedenen Regelungskonzepten (Quelle: ISI/FfE 2003)

und Kosteneinsparungen geringer sind als bei einer Gesamtoptimierung. Ein wirtschaftlicher Vergleich von technischen Maßnahmen in einzelnen Gliedern der Prozesskette sollte immer im Kontext der gesamten Prozesskette erfolgen. So kann der Einbau einer Wärmerückgewinnung in eine bestehende RLT-Anlage wirtschaftlich sein, so lange keine anderen Optimierungsmaßnahmen an der Anlage vorgenommen

Infobox 5.2 Das Effizienzlabel für Raumlufttechnische Geräte

Auf der Basis der RLT-Richtlinie 01 „Allgemeine Anforderungen an Raumlufttechnische Geräte“ hat der deutsche Herstellerverband Raumlufttechnische Geräte bis Januar 2009 drei Energieeffizienzklassen und dazugehörige Label eingeführt: Klasse B für RLT-Geräte, die dem Stand der Technik entsprechen, Klasse A für RLT-Geräte mit höherer Energieeffizienz und A+ für RLT-Geräte mit der höchsten Energieeffizienz. Bei der Festlegung der Klassen wurden die wichtigsten Faktoren berücksichtigt, die einen wesentlichen Einfluss auf die Energieeffizienz eines RLT-Gerätes haben:

- die Luftgeschwindigkeit innerhalb des Gerätes,
- die elektrische Leistungsaufnahme des Ventilators in Abhängigkeit vom Luftvolumenstrom und der Druckerhöhung sowie
- die Qualität der Wärmerückgewinnung in Abhängigkeit von der Rückwärmzahl und dem Druckverlust.

Die Zertifizierung erfolgt in Zusammenarbeit mit dem TÜV Süd. Bereits kurz nach Einführung des neuen Labels A+ waren Geräte von neun Anbietern zertifiziert. Bei der Festlegung der Energieeffizienz im RLT-Gerät orientieren sich die Anforderungen an der DIN EN 13053 „Leistungskenndaten von RLT-Geräten“. So verbinden die Effizienzklassen die Geschwindigkeitsklassen, die elektrische Leistungsaufnahme und die Rückwärmzahl zu einem einfachen, nachvollziehbaren und nachprüfbaren Wert. Um die Energieeffizienzklasse A+ zu erreichen, muss u.a. die höchste Wärmerückgewinnungs-Klasse H1 nachgewiesen werden.

werden. Möglicherweise lohnt sich diese Investition nicht mehr, wenn Optimierungen in vorgelagerten Schritten der Prozesskette vorgenommen werden (Irrek et al. 2009).

5.2.4.2 Betrieb, Wartung und Optimierung

Nach korrekter Auslegung, Konzeption und Planung sind bei der Inbetriebnahme einer RLT-Anlage Regler und Steuerungen zu parametrieren und es ist ein Druckabgleich vorzunehmen. Dadurch wird gewährleistet, dass die Anlage die vorgesehenen Funktionen vollständig erfüllt und die Regelung wie geplant funktioniert. Eine RLT-Anlage arbeitet umso effizienter, je besser sie an die spezifischen Besonderheiten der jeweiligen Arbeitsumgebung angepasst ist. Der beste Zeitpunkt zur endgültigen Optimierung ist deshalb ca. ein Jahr nach Inbetriebnahme, wenn die Anlage eingefahren ist und ausreichend Betriebs- und Nutzererfahrungen vorliegen. Anhand dieser Erfahrungen können Steuerungen und Regelungen neu parametriert, Soll-Luftvolumenströme und Temperaturen angepasst sowie Betriebszeiten optimiert werden. In der Praxis hat sich gezeigt, dass sich dadurch in vielen Fällen der Energieverbrauch nochmals um bis zu zehn Prozent reduzieren lässt.

Um langfristig einen energie- und kostenoptimalen Betrieb der RLT-Anlage zu sichern, sollten in regelmäßigen Abständen die Leistungsfähigkeit und Energieeffizienz der Anlage durch Messung und Überprüfung grundlegender Leistungsdaten analysiert und durch Vergleich mit Leistungskennwerten beurteilt werden. Ein geeigneter Leistungskennwert ist in der Raumlufttechnik der Quotient aus installierter Leistung [kW] und Luftvolumenstrom [m^3/s], der sowohl für Zuluft- als auch Abluftventilatoren gebildet werden kann. Leistungskennwerte $<1\ kWs/m^3$ stehen für optimalen Anlagenbetrieb, während Leistungskennwerte $>3\ kWs/m^3$ auf eine ineffiziente Anlage hindeuten.

Um zu gewährleisten, dass RLT-Anlagen langfristig nicht nur zuverlässig, sondern auch energetisch und wirtschaftlich optimal die geforderten Luftzustände erzeugen, ist ein betrieblicher Verantwortlicher zu benennen, der über die fachliche Qualifikation verfügt, diese Betriebsparameter kontinuierlich zu überwachen und der diese durch geeignete Maßnahmen bei Bedarf kurzfristig korrigieren kann.

5.2.5 Informations- und Kommunikationstechnik

Informations- und Kommunikationstechnik (IKT) umfasste ursprünglich digitale Rechentechnik und Telekommunikation. Die dynamische technische Entwicklung dieses Anwendungsfeldes führte zu einer erheblichen Erweiterung des Gerätespektrums und zur Konvergenz von Funktionalitäten und Diensten. Im Ergebnis dieser Entwicklung werden heute unter dem Stichwort „Triple Play“ Techniken zur Sprach-, Daten- und Bildkommunikation zusammengefasst. Somit beinhaltet das Anwendungsfeld IKT die Erfassung, Verarbeitung, Speicherung, Übertragung und Ausgabe von Daten.

Der Stromverbrauch für IKT in Deutschland im Jahr 2007 wird in IZM/ISI (2009) mit 55,4 TWh (10,5%) angegeben. In einer Trendanalyse wird in dieser Studie eine Zunahme des IKT-Stromverbrauchs in Deutschland bis 2020 um 20% prognostiziert. Dies wird vor allem durch einen überproportionalen Anstieg des Stromverbrauchs im Betrieb (Active Mode) im Sektor Private Haushalte sowie in Rechenzentren bewirkt.

Als Ansatzpunkte für Strategien zur Verringerung des Stromverbrauchs der IKT lassen sich die folgenden vier Themenkomplexe definieren:

- Einsatz der besten verfügbaren Technik bei Hard- und Software (Green Components);
- Entwicklung von Systemlösungen für energieeffiziente und leistungsfähige Server und Rechenzentren (Green Computing);
- Entwicklung von Systemlösungen für energieeffiziente und leistungsfähige Breitbandanschlüsse und Netzinfrastrukturen (Green Networks);
- Verbesserung der Information über den Energieverbrauch von IKT-Komponenten und -Geräten bei der Beschaffung (Green Procurement) und Nutzung sowie über verhaltensbedingte Möglichkeiten zur Erhöhung der Energieeffizienz (Green Information).

5.2.5.1 Geräte und Komponenten

Die Leistungsaufnahme und damit der Stromverbrauch im Bereitschafts- und Schein-Aus-Zustand (Standby- und Off-Mode) wurde bei Geräten und Komponenten der IKT in den letzten Jahren drastisch reduziert und liegt bei den meisten der heute am Markt angebotenen Geräte zwischen 0,5 und 2 W. So ist die Leistungsaufnahme von Fernsehgeräten im Schein-Aus-Zustand von durchschnittlich 6 W im Jahr 1996 auf durchschnittlich 1 W im Jahr 2007 gesunken (EICTA 2007). Heute befinden sich bereits Fernsehgeräte mit 0,3 W Leistung im Schein-Aus-Zustand auf dem Markt (dena 2009c).

Dieser technische Entwicklungstrend wurde bei der Festlegung der Schwellenwerte für Mindestenergieeffizienzstandards für den Bereitschafts- und Schein-Aus-Zustand im Rahmen einer horizontalen (d.h. für ein breites Spektrum energiebetriebener Produkte anzuwendenden) Durchführungsmaßnahme zur europäischen Ökodesign-Richtlinie berücksichtigt. So dürfen ab Januar 2010 die meisten elektronischen Geräte nur noch dann auf den europäischen Markt gebracht werden, wenn die Leistungsaufnahme im Schein-Aus-Zustand maximal 1 W (unter besonderen Voraussetzungen maximal 2 W) beträgt. Vier Jahre später sind dann nur noch maximal 0,5 W (unter besonderen Voraussetzungen maximal 1 W) zulässig (EU-Kom 2008a).

Damit haben Schein-Aus-Verluste bei heutigen und zukünftigen Geräten nur noch eine untergeordnete Bedeutung. Im Fokus der zukünftigen Bemühungen zur Stromverbrauchsreduktion bei IKT stehen deshalb die Leistungsaufnahmen und Stromverbräuche im Betriebsmodus und in verschiedenen Stufen von

Bereitschaftszuständen (Sleep, Idle / Leerlauf, passives und aktives Standby etc.). Für diese werden ebenfalls im Rahmen der Ökodesign-Richtlinie in produktgruppenspezifischen Verordnungen (vertikalen Durchführungsmaßnahmen) Schwellenwerte für Mindestenergieeffizienzstandards festgelegt. Derzeit sind Verordnungen für die Produktkategorien Computer und Monitore, bildgebende Geräte (Drucker, Kopierer, Scanner etc.), Fernsehgeräte, Ladegeräte und Netzteile sowie einfache und komplexe Set-Top-Boxen in Vorbereitung oder bereits beschlossen (BAM 2009). Typische Leistungaufnahmen durchschnittlicher und hoch effizienter IKT- und Unterhaltungselektronik (UE)-Geräte, wie sie derzeit am Markt angeboten werden, sind für die wichtigsten Gerätekategorien in Tabelle 5.6 für den Betriebs- und Bereitschaftsmodus angegeben.

Folgende Strategien zur Stromverbrauchsreduktion im Betriebs- und Bereitschaftszustand werden bei den meisten IKT-Geräten und -Komponenten verfolgt und versprechen in der Summe die Ausschöpfung erheblicher Energieeinsparpotenziale:

- Verbesserung des Leiterplattenmaterials und -designs zur Verringerung der Leitungsverluste;
- Miniaturisierung elektrischer, elektronischer, optischer und mechanischer Komponenten;
- Erhöhung des Wirkungsgrades der (internen und externen) Stromversorgungseinheiten. Der heutige durchschnittliche Wirkungsgrad von Stromversorgungseinheiten über 10 W beträgt 70 bis 80%, die beste verfügbare Technik liegt bei 85 bis 90% und in der Entwicklung sind Stromversorgungseinheiten mit über 90% Wirkungsgrad (BioIS/IZM 2007, VDE 2008). Da die meisten IKT- und UE-Geräte über eine eigene Stromversorgung verfügen, ist eine große und weiter steigende Anzahl von Stromversorgungseinheiten mit größtenteils langen Benutzungsdauern im Einsatz, so dass auch geringfügige Wirkungsgradsteigerungen zu erheblichen Stromeinsparungen führen.
- Integration der Geräte bei gleichzeitiger Modularisierung, um bei Defekt den Austausch einzelner Komponenten zu ermöglichen. Durch Geräteintegration kann u. a. die Anzahl der benötigten Stromversorgungseinheiten reduziert werden. Darüber hinaus werden Material und Platz gespart. Beispiel: Integration einer Set Top Box in ein Fernsehgerät;
- Optimierung des System-Designs der Geräte, z. B. dahingehend, dass Komponenten, die nicht permanent benötigt werden, bei Nichtnutzung über die entsprechend gestaltete Software automatisch abgeschaltet werden können.
- Leistungsmanagement, das hardware- und softwareseitig standardmäßig in die Geräte integriert und leicht zu bedienen ist und das den Nutzerkomfort nicht einschränkt. Eine weitere Verkürzung der Zeit, die sich ein Gerät in einem Betriebszustand mit hoher Leistungsaufnahme befindet, ohne dass die entsprechende Dienstleistung abgerufen wird, lässt für einen Großteil der IKT-Geräte erhebliche Reduktionen des Stromverbrauchs erwarten.

Tabelle 5.6 Leistungsaufnahmen [W] durchschnittlicher und hoch effizienter Computer, Bildschirme und Drucker im Betriebs- und Bereitschaftszustand

		Desktop-PC (a) Büro (b) Multimedia	Laptop (a) Büro (b) Multimedia	Bildschirm	Laserdrucker	Fernsehgerät (a) CRT[a] (b) LCD (c) Plasma	Set-Top-Box	Tintenstrahl-drucker
Betriebszustand	Durchschnitt	85 110	25 35	30 ... 40	300 ... 350	100 ... 130 120 ... 275 250 ... 410	10	10 ... 15
	Hohe Effizienz	30 ... 50 40 ... 70	14 ... 17 16 ... 20	20 ... 30	250 ... 300	60 ... 100 70 ... 230 190 ... 260	8	8 ... 10
Bereitschafts-zustand	Durchschnitt	5 5	2,5 3,0	1,0 ... 1,5	12 ... 15	2 ... 5	5	2 ... 5
	Hohe Effizienz	1 ... 2 2 ... 3	0,4 ... 1,5 0,9 ... 2,0	0,3 ... 1,0	8 ... 10	0,3 ... 1,0	0,5 ... 1,0	0,2 ... 1,0

[a]Cathod Ray Tube – herkömmliches Röhren-Fernsehgerät.
Quellen: Ökoinstitut (2009), dena (2008c), dena (2009b), IZM (2007a), und IZM (2007b).

5.2.5.2 Server und Rechenzentren

Der rasant wachsende Stromverbrauch von Servern und Rechenzentren wird von Unternehmen in zunehmendem Maße als Kostenfaktor bzw. Kostensenkungspotenzial erkannt. Damit wächst die Motivation, Maßnahmen zur Stromverbrauchsreduktion umzusetzen. Um dabei Synergieeffekte nutzen zu können und Erfahrungen auszutauschen, haben sich IKT-Unternehmen zum internationalen Konsortium *The Green Grid* (Greengrid 2009) zusammengeschlossen.

Der Stromverbrauch von Servern und Rechenzentren in Deutschland im Jahr 2007 wird in IZM/ISI (2009) mit 9,1 TWh angegeben, mit weiterhin steigender Tendenz. In BITKOM (2008a) wird jedoch auch aufgezeigt, dass mit der flächendeckenden Einführung der besten verfügbaren Techniken und Systemoptimierung trotz weiter wachsenden Datenverarbeitungs- und Speicherbedarfs und steigender Anforderungen an Datenverfügbarkeit und Sicherheit eine Halbierung des Stromverbrauchs möglich ist. Mit Sofortmaßnahmen lassen sich gemäß dena (2009d) in vielen Fällen bereits innerhalb weniger Wochen Stromeinsparungen von bis zu 20% erzielen, mit langfristigen Maßnahmen können 50 bis 75% erreicht werden.

Die wesentlichen Maßnahmen, mit denen der Stromverbrauch von Servern und Rechenzentren reduziert werden kann, lassen sich wie folgt zusammenfassen:

1. *Begleitende Maßnahmen.* In dena (2009d) wird vorgeschlagen, zu Beginn das Stromeinsparpotenzial mit Hilfe der folgenden Kennzahlen zu ermitteln:
   - Stromverbrauch der Server bzw. des Rechenzentrums;
   - Data Center Infrastructure Efficiency (DCiE). Diese ist der Quotient aus dem Energieverbrauch der IKT und dem Gesamtenergieverbrauch des Rechenzentrums. In großen Rechenzentren sind DCiE Werte zwischen 60% und 65% anzustreben, in kleinen sind auch 75% und mehr erreichbar.
   - Der Wirkungsgrad der unterbrechungsfreien Stromversorgung (USV) sollte größer als 90% sein, bis zu 96% Wirkungsgrad sind erreichbar.
   - Die Zuluft-Temperatur sollte zwischen 18 und 20°C liegen. Die Abluft-Temperatur sollte größer als 28°C sein, weil geringere Temperaturen nicht notwendig sind und somit Kühlenergie gespart werden kann. Zudem lässt sich die Wärme der Abluft auf diesem Temperaturniveau im Winter als Heizenergie nutzen.
   - Die Auslastung der Server sollte möglichst hoch sein und kann mit einer geeigneten Managementsoftware ermittelt werden.
2. *Optimierung der Anwendungen und Datenverwaltung.* Es ist zu prüfen, ob alle auf Servern betriebenen Anwendungen und gespeicherten Daten wirklich benötigt werden bzw. in den Datensicherungsroutinen verbleiben müssen. Darüber hinaus lassen sich oft durch effiziente Datenhaltung und Einsatz energiesparender Speichermedien (Magnetband, optische Speichermedien, Festplatten mit Abschaltautomatik – MAID) weitere Stromeinsparungen erzielen. Mit jeder Reduktion der Menge an Anwendungen und zu verarbeitenden Daten kann die Nutzung von Serverkapazität und damit der IKT-Stromverbrauch verringert

Infobox 5.3 Energetische Optimierung des Rechenzentrums des Unternehmens b.r.m. Technologie und Managementberatung Bremen (Quelle: BMU 2008)

Serveranzahl: 56 Blade-Server *Funktion:* IT-Hosting für Dienstleistung/ Gewerbe *Entwicklung des Energieverbrauchs von 2003 bis 2007:* - 48% *Energieverbrauch 2007:* 62 000 kWh *Anteil der Energiekosten an den Betriebskosten des Rechenzentrums:* 10% *Rechenzentrums-Infrastruktur-Energieeffizienz* (DCI E): 80% (PUE = 1,25)	*Maßnahmen zur Erhöhung der Energieeffizienz* - Einsatz von Blade-Servern: Ein Blade-Server ersetzt ca. 14 konventionelle Server - Virtualisierung: Steigerung der Serverauslastung von fünf bis 20% (2003) auf 50 bis 60% (2007) - Einsatz hoch effizienter Netzteile - Erhöhung der Raumtemperatur von 21°C auf 33 bis 35°C - Abwärmenutzung über eine steuerbare Lüfteranlage zur Büroflächenheizung bis -7°C Außentemperatur - Freie Kühlung fast ganzjährig (Ausnahmen: Spitzenlastzeiten, Außentemperaturen >25°C

werden. Gleichzeitig sinkt damit der Klimatisierungsbedarf, so dass weitere Stromeinsparungen erzielt werden können.

3. *Konsolidierung und Virtualisierung.* Konsolidierung umfasst die Vereinheitlichung und Zusammenführung von Servern, Anwendungen, Datenbeständen oder Strategien mit dem Ziel einer Vereinfachung und Flexibilisierung der Infrastruktur. In der Regel wird durch Ersatz vieler kleiner Server durch wenige größere und leistungsstärkere der Gesamtstromverbrauch reduziert.

   Wenn es im System einzelne Server gibt, die nur gering (z. B. weniger als 30%) ausgelastet sind, dann sollte die Möglichkeit einer Virtualisierung geprüft werden. Dabei können freie Serverressourcen durch Bildung virtueller Server gemeinsam genutzt und damit besser ausgelastet werden (Abb. 5.9). So ist z. B. der parallele Betrieb verschiedener Betriebssysteme auf dem gleichen Server möglich, wenn zwischen Hardware und Anwendung eine sogenannte Virtualisierungsschicht geschaffen wird. Auf einem realen können auf diese Weise mehrere virtuelle Server eingerichtet werden. Mit BITKOM (2008b) steht ein aktueller Leitfaden für die Server-Virtualisierung in Rechenzentren zur Verfügung.

4. *Einsatz energieeffizienter Hardware.* Hinsichtlich der Energieeffizienz von Servern, d. h. dem Quotienten aus Rechenleistung und elektrischer Leistungsaufnahme, gibt es erhebliche Unterschiede. Es lohnt sich deshalb, bei der Beschaffung auf Energieeffizienz zu achten.

Ein bisher kaum ausgeschöpftes Potenzial zur Reduktion der Rechnerleistung und zur Reduktion des Stromverbrauchs um rund 50% bieten Thin-Client-Lösungen. Thin Clients sind Arbeitsplatzrechner, die mit ca. 20 W nur noch etwa ein Drittel der Leistungsaufnahme eines herkömmlichen PCs haben. Diese

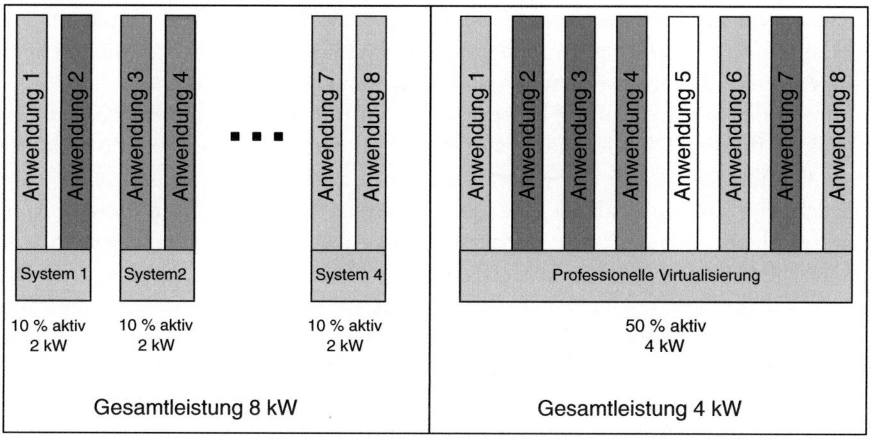

Abb. 5.9 Beispiel für Konsolidierung und Virtualisierung (eigene Darstellung nach BITKOM 2008a)

Leistungsreduktion ist möglich, weil Rechenzentren alle Anwendungen zentral erledigen. Zusätzlich werden Kosten für Support- und Wartungsmanagement gespart, da alle Arbeiten, die Anwendungen betreffen, zentral erledigt werden können.

Um den Einsatz von Thin Clients auch in privaten Haushalten zu ermöglichen, soll künftig Anwendungssoftware als Online-Version bereitgestellt werden, so dass sie nicht mehr auf dem privaten PC installiert werden muss. Dieser Ansatz wird als Cloud Computing bezeichnet, ist derzeit noch auf einige wenige Anwendungen beschränkt, birgt aber ein erhebliches Energieeffizienzpotenzial.

5. *Ausschöpfung von Energieeffizienzpotenzialen bei Lüftung, Kühlung und Stromversorgung.* In vielen Rechenzentren sind Lüftung, Kühlung und Netzteile für mehr als die Hälfte des Stromverbrauchs verantwortlich. Bereits bei der Anschaffung der Server sollte darauf geachtet werden, dass sie über energieeffiziente Lüfter und Netzteile mit Wirkungsgraden von mindestens 90% verfügen, so dass der Kühlleistungsbedarf minimiert werden kann.

Der nächste Ansatzpunkt für eine Senkung des Stromverbrauchs ist die Prüfung und ggf. Optimierung der Betriebstemperatur im Rechenzentrum bzw. der Zu- und Ablufttemperatur. Die ASHRAE[1] empfiehlt Ablufttemperaturen für elektronische Komponenten von 25°C, d. h. eine Kühlung auf niedrigere Temperaturen ist nicht sinnvoll und mit unnötigem Stromverbrauch verbunden. Auch höhere Betriebs- und Ablufttemperaturen haben sich in der Praxis bewährt und zudem den Vorteil, dass

[1] ASHRAE: American Society of Heating, Refrigerating and Air-Conditioning Engineers.

die Abwärme auf höherem Temperaturniveau z. B. als Heizenergie genutzt werden kann. Eine gute Wärmedämmung und Verschattung des Rechenzentrums sorgen dafür, dass im Sommer zusätzlicher Wärmeeintrag minimiert wird.

Für eine optimale Kühlung ist bereits die Luftführung ein entscheidender Einflussfaktor für die Höhe des Kühl- und damit des Strombedarfs. Deshalb sollte bei der Aufstellung der Server im Serverraum oder Rechenzentrum darauf geachtet werden, dass die Lufteinlassflächen bei jedem Server so groß wie möglich sind. So kann mit einer höheren Zulufttemperatur gearbeitet und Kühlenergie gespart werden. Darüber hinaus können Server-Racks so platziert werden, dass sie mit den warmen Rückseiten gegeneinander positioniert sind und der Zwischenraum möglichst vom übrigen Raum abgetrennt ist. Aus diesen „Warmgängen“ kann die warme Luft abgesaugt und so das Rechenzentrum am effektivsten gekühlt werden. Die Kühlung sollte über eine Leistungsregelung verfügen, um die Kühlleistung möglichst genau an den Kühlbedarf anpassen zu können. Bei kleinen und mittelgroßen Rechenzentren ist nach der Minimierung interner Lasten durch die unter 2. bis 4. genannten Maßnahmen zu prüfen, ob überhaupt noch eine aktive Kühlung benötigt wird.

Wurden durch Konsolidierung und Virtualisierung die realen Serverkapazitäten verringert und kompakter gestaltet, sollte dies auch in ihrer räumlichen Anordnung umgesetzt und die Lüftung, Kühlung und Stromversorgung an den reduzierten Bedarf angepasst werden.

Weitere Energieeinsparungen lassen sich bei der Kälteerzeugung erzielen. Es ist zu prüfen, ob statt einer Kompressions- eine Absorptionskältemaschine eingesetzt und mit der anfallenden Abwärme betrieben werden kann. Alternativ bieten sich beim Einsatz regenerativer Energien (z. B. Nutzung des Erdreichs zur Abkühlung der Zuluft) ebenfalls interessante Perspektiven.

Die unterbrechungsfreie Stromversorgung (USV) ist ein wichtiger Bestandteil der Stromversorgungsinfrastruktur von Rechenzentren und stellt einen wesentlichen Ansatzpunkt zur Reduktion des Energieverbrauchs dar, da sie hohe Vollbenutzungsstunden aufweist. Deshalb führen bereits geringe Wirkungsgradsteigerungen bei der USV zu erheblichen Energie- und Kosteneinsparungen. Durch Anwendung und Verbesserung elektronischer Bauteile (Thyristor, Transistor, IGBT (Insulated Gate Bipolar Transistor)) konnten die Wirkungsgrade von USV, vor allem im Teillastbereich, erheblich verbessert werden (Abb. 5.10).

5.2.5.3 Netzinfrastruktur

Flächendeckende, leistungsfähige und energieeffiziente Zugangs- und Transportnetze sind die Voraussetzung für die Zusammenlegung und damit effizientere Gestaltung großer Rechenzentren sowie für die Umsetzung neuer, energiesparender Computing-Konzepte wie Thin Clients und Cloud Computing.

Hoch energieeffiziente Konzepte für optische Zugangs- und Transportnetze mit Bandbreiten von 100 Mbits/s bis 10 Gbits/s, wie sie Endkunden in den nächsten Jahren nachfragen werden, sind kurzfristig zu entwickeln und zu installieren, weil die aufzubauende Netzinfrastruktur über Jahrzehnte hinweg bestehen wird.

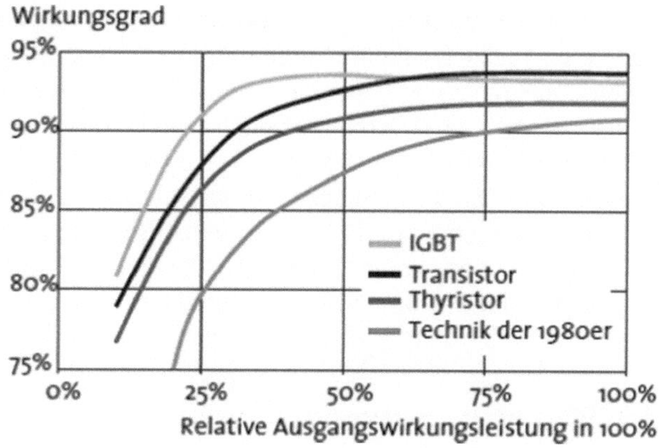

Abb. 5.10 USV-Wirkungsgrade in Abhängigkeit von der Lastausnutzung bei Einsatz unterschiedlicher elektronischer Komponenten (Quelle: Bitkom 2008a)

Weitere Energieeinsparpotenziale lassen sich nach IZM/ISI (2009) durch softwarebasierte Netzanpassung in urbanen Netzen (Metropolitan Networks) und Zugangsnetzen (d.h. Endkundenanschlüssen – Access Networks) ausschöpfen.

5.2.5.4 Energieeffizienz bei der Beschaffung und energiesparendes Nutzerverhalten

Sowohl bei der professionellen Beschaffung als auch beim privaten Erwerb von IKT hat die richtige Auswahl von Geräten und Komponenten bereits entscheidenden Einfluss auf den späteren Energieverbrauch. Mit Beschaffungsleitfäden wie (dena 2007b) oder Datenbanken mit energieeffizienten Geräten (dena 2009b; Ökoinstitut 2009) erhalten sowohl professionelle Beschaffer als auch private Verbraucher umfassende Informationen und Handlungsempfehlungen, die sie befähigen, die gesamten Lebenszykluskosten der anzuschaffenden Geräte bei der Beschaffung zu berücksichtigen und entsprechende energieeffiziente Geräte zu identifizieren.

Die Datengrundlage für diese Empfehlungen wurde u. a. im Rahmen des europäischen Energy Star Programms für Bürogeräte (EU-Kom 2008b) geschaffen, einer freiwilligen Kennzeichnung energieeffizienter Bürogeräte. Die Kriterien für die Energy Star Kennzeichnung sind so festgelegt, dass ca. 25% der am Markt erhältlichen Geräte die Energieeffizienz-Kriterien erfüllen, die kontinuierlich alle zwei bis vier Jahre aktualisiert, d.h. an die Marktentwicklung angepasst werden.

Darüber hinaus bieten mehrere freiwillige Vereinbarungen von Herstellern verschiedener IKT-Gerätegruppen (z. B. Geräte zum Empfang von digitalem Fernsehen, Geräte zur Breitbanddatenübertragung) im Rahmen der europäischen Verhaltenskodex-Initiative (Code of Conduct – CoC) die Möglichkeit, Hersteller energieeffizienter Geräte und Komponenten zu identifizieren (EU-Kom 1999).

Während bei Neugeräten der Stromverbrauch im Bereitschafts- und Schein-Aus-Zustand kaum noch eine Rolle spielt, kann er bei Altgeräten erheblich sein. Deshalb sollten zumindest die älteren IKT-Geräte vom Netz getrennt werden, wenn sie nicht in Benutzung sind.

Die bei der Auslieferung von Monitoren und Fernsehgeräten voreingestellte Helligkeit ist meist zu hoch (Shopmode zu Präsentationszwecken) und sollte nach Inbetriebnahme eines Neugerätes geprüft und bei Bedarf heruntergeregelt werden.

Die meisten IKT-Geräte verfügen heute über Energiesparmodi, durch die sich erhebliche Stromverbrauchssenkungen erreichen lassen, wenn sie über die entsprechenden Softwareeinstellungen in Leerlaufzeiten aktiviert werden. So kann z. B. die Leistungsaufnahme von PC und Monitor um bis zu 97% vermindert werden. Auf Bildschirmschoner sollte grundsätzlich verzichtet werden, da sie meist zu einem besonders hohen Stromverbrauch führen.

5.3 Rationelle Stromnutzung in Industrie und Gewerbe

Über die Hälfte des Stroms wird in Deutschland in Industrie und Gewerbe verbraucht. Ein Großteil davon wird für die in Abschn. 5.2 beschriebenen sektorenübergreifenden Anwendungen benötigt. Darüber hinaus gibt es aber spezifische Anwendungen der Prozesswärme, Druckluft und Kältetechnik, die nur in Industrie und Gewerbe eingesetzt werden. Dieser Abschnitt widmet sich der energetischen Optimierung dieser Anwendungen und zeigt darüber hinaus organisatorische Maßnahmen auf, die oft eine notwendige Voraussetzung sind, um Möglichkeiten zur energetischen Optimierung in Industrie und Gewerbe zu identifizieren, zu quantifizieren, umzusetzen und langfristig zu überwachen.

5.3.1 Elektrothermische Prozesse

Elektrothermische Prozesse in Industrie und Gewerbe wie z. B. Schmelzen, Schweißen, Trocknen, Brennen, Erwärmen, thermisches Abtragen und Trennen, thermische Oberflächenbehandlung und galvanische Prozesse hatten 2007 mit knapp 60 TWh einen Anteil von rund 12% am gesamten und rund 26% am industriellen Stromverbrauch. Insbesondere in der Investitionsgüterproduktion werden zunehmend elektrothermische Prozesse eingesetzt, weil sie eine höhere Flexibilität und bessere Regelbarkeit aufweisen und damit eine höhere Produktqualität gewährleisten (ISI/FfE 2003). Dies ist insbesondere bei kritischen Prozessen und Sonderwerkstoffen vorteilhaft. Bei Substitution von fossilen Brennstoffen durch Strom in thermischen Verfahren kann durch präzisere Regelbarkeit elektrothermischer Prozesse in den meisten Fällen Endenergie eingespart werden. Ob dabei auch Primärenergie eingespart wird, ist jeweils anhand der Herkunft des eingesetzten Stroms fallbezogen zu prüfen.

Die folgenden Strategien zur Stromeinsparung bei elektrothermischen Prozessen werden in ISI und FZJ (2001), Prognos (2007), VDE (2008) und TU München (2008) beschrieben: Die Verbesserung der Wärmedämmung thermischer Anlagen, der Einsatz elektronischer, sensorgesteuerter Prozessleitsysteme, moderne Frequenzumrichter bei der Versorgung von Mittel- und Hochfrequenz-Induktionsanlagen, die Verbesserung des Designs einzelner Anlagenkomponenten sowie die Nutzung

Infobox 5.4 Beispiele für prozessspezifische Lösungen zur Verringerung des Prozesswärmebedarfs

- Gezielter Energieeintrag ins Innere des Erwärmungsgutes beim Durchwärmen fester Güter
- Konzentration und Beschränkung der Energiezufuhr auf die am Prozess beteiligten Zonen oder Schichten des Werkstücks, z. B. beim Schweißen oder Schneiden
- Genaue zeitliche Dosierung der Leistungszufuhr bzw. der Leistungsaufnahme des Erwärmungsgutes, z. B. beim Trocknen
- Berücksichtigung prozessspezifischer chemischer oder physikalischer Nebeneffekte wie Einrühr- oder Entgasungseffekte, Vermeidung oder Abtrennung problematischer Prozessprodukte
- Mehrfachnutzung von Energie in Kreisläufen und Kaskaden, z. B. bei Destillationsprozessen, mehrstufigen Verdampfungsprozessen und Brüdenverdichtung)
- Abstimmung bzw. Anpassung von Erwärmungs- und Schmelzprozessen an nach- oder vorgeschaltete Produktionsschritte
- Optimierung von Prozessparametern wie Temperatur- und Druckniveau
- Verkürzung von Prozesslinien und Einsparung von Prozessschritten, z. B. kann bei der Flachstahlherstellung durch endabmessungsnahes Dünnbandgießen die Zwischenerwärmung von dünnen Blechen und Bändern durch induktive Querfelderwärmung erfolgen

energieeffizienterer physikalischer oder chemischer Prinzipien. Weiterhin sind der Einsatz verbesserter oder neuer Materialien für Anlagenkomponenten z. B. Supraleiter, die Vermeidung von Leer-, Teillast- oder Warmhaltebetrieb durch technische und organisatorische Maßnahmen sowie Wärmerückgewinnung und Abwärmenutzung (siehe Kap. 9) als Strategien zu nennen. Durch Bereitstellung von Prozesswärme mit Kraft-Wärme-Kopplungsanlagen kann die benötigte Energie effizienter bereitgestellt werden. Darüber hinaus ist die Verbesserung des Prozessdesigns eine vielversprechende Strategie, bei der prozessspezifische Lösungen zu entwickeln sind.

5.3.2 Druckluft

Druckluft ist ein Betriebsstoff, der für vielfältige Anwendungen und in zahlreichen Branchen in Industrie und Gewerbe einsetzbar ist, z. B. in der Pneumatik (Antriebe, Prüf- und Kontrollverfahren), als Transportmedium, als Prozessluft in Verfahren und in der industriellen Vakuumtechnik. In diesen Anwendungsfeldern wird Druckluft u.a. zum Verpacken, Trocknen, Spannen, Klemmen, Belüften, Saugen, Ausblasen, Reinigen, Heben, Positionieren, als Werkzeugantrieb und zum Schüttguttransport genutzt. Vorteile des Drucklufteinsatzes sind Schnelligkeit, Präzision, Flexibilität, Miniaturisierbarkeit und die Einsatzfähigkeit in Explosionsschutz-Bereichen (dena 2007c).

Der Energieaufwand und damit die Energiekosten zur Bereitstellung von Druckluft sind jedoch sehr hoch (1,5 bis 3,0 €ct/m^3). Darüber hinaus ist die Verteilung der

Nutzenergie Druckluft aufwändiger und weniger flexibel als bei Stromanwendungen. Etwa 14 TWh/a (etwa 6% des industriellen Stromverbrauchs in Deutschland 2007) entfallen auf Druckluftanwendungen. Dafür sind deutschlandweit ca. 62 000 Druckluftkompressoren im Einsatz. Durchschnittlich kann in Druckluftanlagen ca. ein Drittel des Stromverbrauchs wirtschaftlich eingespart werden, wobei in älteren Anlagen im Vergleich zu modernen Druckluftanlagen mit einem Stromverbrauch von 0,1 kWh/m^3 oft Einsparungen von mehr als 50% möglich sind (ISI/FfE 2003).

5.3.2.1 Auslegung und Planung

Bereits bei der Druckluftbereitstellung kann durch den Einsatz von hocheffizienten Komponenten eine Stromeinsparung von bis zu 40% (im Durchschnitt über alle Anlagen ca. 10%) erreicht werden. Hierzu gehören hocheffiziente Motoren, drehzahlvariable Antriebe, optimal ausgewählte Kompressoren und eine übergeordnete, intelligente Steuerung insbesondere bei Nutzung mehrerer Kompressoren mit unterschiedlicher Leistung.

Durch eine Verbesserung der Druckluftaufbereitung und Reduktion der Druckverluste können nochmals bis zu 10% (im Durchschnitt 4%) Strom eingespart werden (ISI/FfE 2003, EA NRW 2007).

Um den Stromverbrauch einer Druckluftanlage zu minimieren, ist eine optimale Auslegung hinsichtlich Größe und Druckniveau der Kompressoren, Speicher, Verteilungssysteme und Abnehmer unter Berücksichtigung der Anforderungen der Druckluft betriebenen Anwendungen und der räumlichen Bedingungen erforderlich. Darüber hinaus ist die Druckluftanlage bezüglich der für die Anwendung erforderlichen Druckluftqualität, z. B. durch Beseitigung von Verunreinigungen (Öl, Staub, Keime, Salzkristalle, sonstige Luftschadstoffe) und Feuchtigkeit aus der Druckluft, optimiert auszulegen.

Bei der Wahl des Aufstellungsortes sollten u. a. folgende Kriterien berücksichtigt werden:

- Gewährleistung der Ansaugung ausreichender Mengen trockener, kalter, sauberer Luft;
- kurze Verteilungswege für die Druckluft;
- Möglichkeiten zur Abwärmenutzung unter Berücksichtigung der Übertragungsentfernungen.

Da bei der Kompression der Luft der eingesetzte Strom zum überwiegenden Teil in Wärme umgewandelt wird, kann insbesondere bei luftgekühlten Kompressoren mit einer Abwärmenutzung der Gesamtwirkungsgrad der Anlage erheblich verbessert werden. Dies ist bereits in der Planungsphase der Druckluftanlage zu berücksichtigen. Die Abwärmenutzung ist nur dann wirtschaftlich, wenn die Abwärme in der Nähe der Drucklufterzeugung benötigt wird.

5.3.2.2 Betrieb, Wartung und Optimierung

Durch kontinuierliche Überwachung und Wartung der Druckluftanlage, insbesondere der Druckluftverteilung, kann nochmals ein erheblicher Effizienzgewinn durch Beseitigung von Druckabfällen (z. B. durch Leitungsengpunkte, Verunreinigungen etc.), Beseitigung von Leckagen, Gewährleistung der Luftqualität (Beseitigung von Rost, Schweißzunder, Wasser etc.), regelmäßiges Auswechseln von Filtern oder Vermeidung des Ausströmens nicht benötigter Druckluft auf der Nutzungsseite, z. B. am Werkzeug, erzielt werden.

Um eine kontinuierliche Kontrolle und Wartung der Anlage sicherzustellen, hat sich die Benennung eines betrieblichen Druckluft-Beauftragten in der Praxis bewährt. Der Druckluft-Beauftragte sollte für die Überwachung, Wartung und Instandhaltung der gesamten Druckluftanlage (Erzeugung, Verteilung, Nutzung) zuständig sein.

Bei Sanierungen gewachsener Druckluftverteilungssysteme sollten die folgenden Maßnahmen einbezogen werden:

- Einsatz aufeinander abgestimmter Systemkomponenten der Anlage,
- Minimierung der Verteilungswege,
- Optimierung und Vereinheitlichung der verwendeten Werkstoffe, Materialien und Verbindungsarten,
- Optimierung der Durchmesser der Verteilungsleitungen,
- Austausch alter Kupplungen,
- Gesamtsystemoptimierung nach Änderungen an Einzelkomponenten zur Erzeugung, Aufbereitung, Verteilung und Nutzung der Druckluft,
- Prüfung, ob es Anwendungen gibt (z. B. Trocknung, Reinigung, Schalter, Ventile), bei denen statt Druckluft andere, weniger energieintensive Betriebsmittel bzw. Energieträger (Hydraulik, Strom) eingesetzt werden können.

5.3.3 Kältetechnik

Kältetechnische Anlagen werden für zahlreiche Anwendungen in Industrie und Gewerbe benötigt. So dienen Kühlhäuser, Kühlräume, Kühlzellen oder gewerbliche Kühl- und Gefriergeräte zur Lagerung leicht verderblicher Güter wie Lebensmittel, Medizinprodukte, Schnittblumen etc.. Ein weiteres breites Anwendungsgebiet für Kältetechnik ist die Prozesskühlung, die zur Aufrechterhaltung eines für chemische Reaktionen in Prozessen benötigten Temperaturniveaus erforderlich ist. Die Bereitstellung von Kälte für Klimaanlagen (Klimakälte) ist ebenfalls ein breites Anwendungsgebiet der Kältetechnik mit zunehmender Bedeutung und reicht von kleinen, dezentralen Raumklimageräten bis zu großen Klimazentralen. Kältetechnik kommt auch im Bergbau zum „Gefrierabteufen“ von Schächten und in der Bauindustrie zum Sichern großer Baugruben durch Gefrierrohre zum Einsatz. Ferner wird sie für medizinische Behandlungen, in Freizeit- und Sportstätten sowie bei Einsatz von Supraleitern angewendet (dena 2008e, ISI/FfE 2003).

Die am weitesten verbreitete Form der Kühlung ist die Konvektionskühlung mit Kaltluft. Darüber hinaus werden aber auch die Tauchkühlung mit Wasser, die Sprühkühlung mit Wassernebel und das Beeisen angewendet. Für Schüttgüter und quaderförmige Produkte eignet sich die Kontaktkühlung zwischen zwei Platten. Kühlung in Wärmetauschern kommt vor allem bei Flüssigkeiten zum Einsatz. Bei der kryogenen Kühlung werden verflüssigte Gase genutzt und bei der Strahlungskühlung erfolgt die Kühlung durch Strahlungswärmeaustausch mit kälteren Umgebungsflächen. Weiterhin ist das Gefrieren eine Form des Kühlens mit tiefen Temperaturen (dena 2008e).

In ISI/FfE (2003) wird der Anteil der Kälteerzeugung (ohne Klimakälte) am gesamten Stromverbrauch Deutschlands mit 11% (rund 60 TWh/a) angegeben. Das gesamte technische Stromeinsparpotenzial wird dabei auf 18% geschätzt.

5.3.3.1 Auslegung und Planung

Um bei der Auslegung und Planung einer neuen industriellen oder gewerblichen Kälteanlage eine energetisch und wirtschaftlich optimale Anlagenkonfiguration zu finden, wird in dena (2008e) empfohlen, systematisch verschiedene Lösungsoptionen zu erarbeiten, jeweils Lebenszykluskosten zu berechnen und diese zu vergleichen. Bei der Erarbeitung der Lösungsoptionen sollte in folgenden Schritten vorgegangen werden:

1. *Minimierung des gesamten Kältebedarfs und der benötigten Kälteleistung.* Die Kältebereitstellung ist in der Regel mit hohem Kostenaufwand verbunden, so dass im ersten Schritt zunächst die Maßnahmen zur Minimierung des Kältebedarfs unter Einbeziehung des Kältenutzens und der Vermeidungskosten zu analysieren sind. Dazu gehören
   - die Verbesserung der Wärmedämmung (Dämmmaterial, Wandstärke);
   - die Minimierung der Wärmeeinstrahlung und Konvektion bei gekühlten Zonen, Räumen und Gebäuden (Gestaltung des Eingangsbereichs, Schleusen, Minimierung der Öffnungsdauer, Sonnenschutz, Optimierung der RLT-Anlagen);
   - die Reduktion innerer Wärmequellen (Energieeffizienz elektrischer Geräte, Gestaltung der Fördertechnik in Kühlhäusern);
   - Zur Begrenzung der benötigten Kälteleistung empfiehlt sich die Trennung von gekühlten Zonen, wenn unterschiedliche Temperaturniveaus benötigt werden (Kühl- und Gefrierräume). Auch durch Optimierung der Betriebszeiten, in denen Kältebedarf besteht, kann eine Verringerung der zu benötigten Kälteleistung erreicht werden.
2. *Prozessgestaltung.* Ausgehend von der benötigten Kälteleistung kann die zu installierende Kälteleistung durch optimale Prozessgestaltung minimiert werden. Grundsätzliche Entscheidungen für eine optimale Prozessgestaltung sind durch Beantwortung der folgenden Fragen zu treffen:

- Kann die Kühlung auch über reine Verdunstungskühlung erfolgen?
- Kann Kälte aus der Umgebung genutzt werden, z. B. durch Fluss- oder Brunnenwasser, Betonkernaktivierung, Erdwärmetauscher zur Außenluft-Vorkühlung?
- Lässt sich Energie durch Kopplungsprozesse (Kraft-Wärme-Kälte-Kopplung) effizienter ausnutzen? Ist eine preisgünstige Wärmequelle auf einem Temperaturniveau über 80°C (z. B. ungenutzte Abwärme eines anderen Prozesses) oder aus regenerativen Quellen (Solarenergie, Tiefengeothermie) in der Nähe verfügbar, die in einem Sorptionskälteprozess genutzt werden kann?
- Zur Kostenoptimierung ist darüber hinaus zu prüfen, ob Wärme auf niedrigem Temperaturniveau in der Nähe benötigt wird und dafür ggf. die Abwärme des Kälteprozesses genutzt werden kann.

Wenn die Kälte über einen herkömmlichen Kompressionskälteprozess erzeugt werden soll, sind Entscheidungen zu den folgenden Fragen der Prozessgestaltung zu treffen:

- Soll die Kälte zentral oder dezentral erzeugt werden? Zentrale Anlagen sind meistens kostengünstiger, wenn die Entfernungen nicht zu groß sind. Dezentrale Anlagen sind flexibler und sind deshalb bei komplizierten Gebäudestrukturen und beim nachträglichen Einbau geeignet.
- Soll die Kälte durch direkte oder indirekte Kühlung erzeugt werden? Die direkte Kühlung (Kältemittel verdampft an der Kühlstelle) ist meist energieeffizienter und bei geringen Entfernungen zwischen Kältemaschine und Kühlstelle kostengünstiger, erfordert aber höhere Kältemittelmengen sowie einen erhöhten Sicherheitsaufwand. Bei ungleich verteiltem Kältebedarf ist die Variante der indirekten Kühlung in Kombination mit einem Kältespeicher zu prüfen.
- Welche Art von Verflüssiger soll zum Einsatz kommen (luft-, wasser- oder verdunstungsgekühlter Verflüssiger) und auf welche Art soll die Rückkühlung erfolgen?

3. *Optimierung von Temperatur-, Druck- und Leistungsstufen.* Kompressionskältemaschinen können anhand der Leistungszahl ε energetisch bewertet und verglichen werden:

$$\varepsilon = \frac{Q_0}{W}, \tag{5.6}$$

wobei Q_0 die Kälteenergie und W die Antriebsenergie darstellen. Die Leistungszahl ist abhängig von der Verdampfungs- und der Kondensatortemperatur. Dies kann man an der Formel für einen idealisierten Prozess, den Carnot-Prozess, zeigen (siehe auch Gl. 1.2), für den sich die Leistungszahl ε_C ergibt aus der Verdampfungstemperatur T_0 und der Kondensatortemperatur T_C:

$$\varepsilon_C = \frac{T_0}{T_C - T_0} \tag{5.7}$$

Die Energieeffizienz der Kälteanlage ist demnach umso höher, je geringer die Differenz zwischen Verdampfungs- und Verflüssigungstemperatur im Kälteprozess ist. Mit einer Erhöhung der Verdampfungstemperatur um ein Kelvin lässt sich der Energieverbrauch um vier Prozent senken. Auf der anderen Seite bewirkt eine Absenkung der Verflüssigungstemperatur um ein Kelvin eine Energieeinsparung von drei Prozent. Dies kann jeweils durch Vergrößerung der Wärmeübertragungsfläche erreicht werden. Darüber hinaus kann die Flexibilität der Kälteanlage durch Verwendung mehrerer paralleler Verdichter gesteigert werden.

4. *Planung der Steuer- und Regelungstechnik.* Die Grundaufgabe der Regelung einer Kälteanlage ist es, die Temperatur an der Kühlstelle nahe am Sollwert zu halten. Stellgröße ist dabei die Kälteleistung, die der abzutransportierenden Wärmeleistung entspricht. Der Transport erfordert an verschiedenen Stellen der Anlage Wärmeübergänge und Energieumwandlungen. Daraus ergibt sich die komplexe Regelungsaufgabe, Kühllast, Verdampferkälteleistung, Verdichterleistung und die Wärmeabgabe am Verflüssiger möglichst zu jedem Zeitpunkt zur Übereinstimmung zu bringen. Drei wichtige Regelungen in Kälteanlagen, die dazu beitragen, sind

   - Kühlstellentemperaturregelung,
   - Verdampferfüllungsregelung,
   - Verdichterleistungsregelung.

   Die Verdampferfüllungsregelung hat die Aufgabe, die Fläche für den Wärmeübergang im Verdampfer zu maximieren und damit die zur Einregelung einer bestimmten Kälteleistung notwendige Temperaturdifferenz zu minimieren. Damit wird der für eine geforderte Kühlleistung benötigte Energieaufwand minimiert.

   Bei Kälteanlagen mit mehreren unabhängig voneinander geregelten Kühlstellen ist eine Regelung der Verdichterleistung notwendig, um unnötigen Stromverbrauch zu vermeiden.

5. *Detailauslegung und Auswahl der einzelnen Komponenten.* Kälteträger werden mit hohem Energie- und Kostenaufwand bereitgestellt, so dass Energieverluste in Kälteträgernetzen mit hohen Kosten verbunden sind. So verursachen Strömungswiderstände neben zusätzlicher Pumpenarbeit auch einen Wärmeeintrag und damit Energieverlust beim Kälteträger. Deshalb sind Druckverluste in Rohrleitungen der Kälteträgernetze durch Wahl eines optimalen Leitungsdurchmessers und eine verlustarme Leitungsführung zu minimieren (siehe Abschn. 5.2.2). Darüber hinaus sind Kälteträgerleitungen – im Gegensatz zu Kältemittelleitungen, bei denen keine Temperaturdifferenz zur Umgebung besteht – sorgfältig zu isolieren.

   Bei Verdichtern und deren Motoren und Antrieben bestehen erhebliche Unterschiede hinsichtlich der Anschaffungs-, Energie- und Wartungskosten. Meist amortisieren sich die höheren Anschaffungskosten energieeffizienter Komponenten nach wenigen Monaten aufgrund von Energiekosteneinsparungen (siehe Abschn. 5.2.1).

5.3.3.2 Betrieb, Wartung und Optimierung

Wie bei allen komplexen Anlagen ist eine sorgfältige Inbetriebnahme und eine Nachjustierung der Regel- und Steuerungsparameter nach einigen Monaten Betriebserfahrung eine Voraussetzung für den energieeffizienten Betrieb von Kälteanlagen wichtig.

In dena (2008e) werden Hinweise für eine regelmäßige, energieeffizienzorientierte Wartung an Kälteanlagen gegeben. Dazu gehören die Reinigung von Wärmeübertragerflächen, das Abtauen von Lamellenverdampfern in Tiefkühlräumen und die Vermeidung von Schleimbildnern im Kühlwasser sowie das Nachspannen von Keilriemen und der Austausch verschlissener Bauteile und Komponenten. Durch das Entfernen von Luft und Inertgasen aus dem Kältemittelkreis kann die Verflüssigungstemperatur gesenkt werden. Darüber hinaus sind Kälteanlagen regelmäßig auf Dichtigkeit zu prüfen.

5.3.4 Organisatorische Maßnahmen zur rationellen Stromnutzung in gewerblichen und industriellen Prozessen

Die Aufgaben des technischen Personals in Industrie- und Gewerbebetrieben fokussieren in der Regel auf die Funktionsfähigkeit der technischen Geräte, Anlagen und Systeme und auf die Einhaltung der für die Produktion erforderlichen Betriebsparameter. Die Reduktion des Energieverbrauchs bleibt dabei meist unberücksichtigt oder ist eine nachrangige Optimierungsgröße mit niedriger Priorität, da Energieeffizienz, Anlagenverfügbarkeit und Betriebssicherheit teilweise nicht miteinander vereinbar erscheinen.

Eine Priorisierung der Energieeffizienz bei Planung, Betrieb und Wartung von Geräten, Anlagen und Systemen in Industrie und Gewerbe kann durch die Einführung eines betrieblichen Energiemanagements erreicht werden. Hierzu werden in dena (2009e) die folgenden Schritte vorgeschlagen:

1. *Vorbereitende Maßnahmen.* Die Voraussetzung für ein erfolgreiches Energiemanagement ist die personelle Verankerung im Betrieb, die mit der Benennung eines oder mehrerer Verantwortlicher (z. B. betrieblicher Energiemanager) gewährleistet wird. Dabei werden sowohl die Aufgaben des oder der Verantwortlichen als auch der Abteilungen definiert sowie die Ziele des Energiemanagements.
2. *Implementierung des Energiemanagements und Energiecontrollings.* Der erste Schritt für eine energetische Optimierung ist die Analyse des Ist-Zustandes. Dazu müssen die vorhandenen Betriebs- und Verbrauchsdaten erfasst und analysiert und ggf. bisher nicht erfasste Daten ermittelt werden. Anschließend werden mit Hilfe einer Energieanalyse Einsparpotenziale identifiziert.
3. *Planung und Umsetzung von Maßnahmen.* Die Planung, Bewertung, Priorisierung und Umsetzung von Maßnahmen zur Energie(kosten)einsparung kann je nach Art, Umfang und erforderlicher Fachkompetenz entweder durch

betriebliche Energiemanager oder durch externe Energieberater und Planer erfolgen. Bei Beauftragung Externer sollten aber die betrieblichen Verantwortlichen eng in die Umsetzung eingebunden werden, um den Erfolg der Maßnahmen langfristig kontrollieren und gewährleisten zu können.
4. *Kontinuierliches Energiemanagement.* Neben der langfristigen Erfolgskontrolle der umgesetzten Maßnahmen beinhaltet ein kontinuierliches Energiemanagement auch eine regelmäßige Zieldefinition, Maßnahmenumsetzung und Kontrollen, um eine kontinuierliche energetische Optimierung zu realisieren.

Erfahrungen zeigen, dass auch in Industrie- und Gewerbebetrieben, in denen ein Energiemanagement existiert, erhebliche rentable Energieeinsparpotenziale nicht ausgeschöpft werden. Neben punktuellen Hemmnissen wie fehlender Qualifikation, mangelhafter Marktüberblick und Überlastung des Energiemanagers, fehlendes Vertrauen zu externen Energieberatern oder anderer Investitionsprioritäten der Geschäftsleitung wurden von Jochem et al. (2007) vor allem zu hohe Transaktionskosten (Such- und Entscheidungskosten) für die Umsetzung von Energieeinsparmaßnahmen genannt. Als Lösungsansatz wird der lokale Aufbau lernender Netzwerke zu Energieeffizienz vorgeschlagen, in dem sich zwölf bis 15 betriebliche Energiemanager aus einer Region unter Anleitung eines beratenden Ingenieurs in regelmäßigen Abständen zum fachlichen Erfahrungsaustausch treffen und somit die Transaktionskosten gesenkt werden können.

5.4 Rationelle Stromnutzung in privaten Haushalten

Der jährliche Stromverbrauch in privaten Haushalten in Deutschland ist zwischen 1990 und 2007 um rund 21% von 117 TWh auf 141 TWh gestiegen (AGEB 2008). Während es von 1990 bis 1996 zu einem deutlichen Anstieg kam, ging der Stromverbrauch in Haushalten zwischen 1996 und 2000 leicht zurück. Dies ist zu einem großen Teil auf die europaweite Einführung der Energieverbrauchskennzeichnung für Haushaltsgeräte zurückzuführen, die bei der Mehrzahl der betroffenen Gerätekategorien zu einer kurzfristigen Verbesserung der Energieeffizienz führte. Zwischen 2000 und 2005 stieg der jährliche Stromverbrauch in Haushalten vor allem in Folge der dynamischen Entwicklung des Internets und der damit verbundenen sprunghaften Zunahme von Informations- und Kommunikationstechnik im Haushalt wieder merklich an. Seit 2005 ist ein nahezu konstanter Stromverbrauch zu beobachten.

Der sich in den letzten Jahren abzeichnende Trend hin zu immer größeren Geräten (z. B. bei Fernsehgeräten und Kühl- und Gefriergeräten), zu steigenden Ausstattungsgraden bisher wenig verbreiteter Gerätegruppen (z. B. Raumklimageräte, digitale Bilderrahmen) sowie zu zwei oder mehr Geräten einer Kategorie pro Haushalt (z. B. Computer) lässt in den nächsten Jahren einen steigenden Stromverbrauch in privaten Haushalten erwarten. Hinzu kommt, dass durch die weitere Technisierung und Automatisierung des Alltags und durch steigende Anforderungen an den Komfort die Gerätenutzungsdauern sowohl im Betriebs- als auch

Tabelle 5.7 Aufteilung des Stromverbrauchs für Haushaltsgeräte 2007 ohne Raumwärme und Warmwasser

Anwendung, Haushaltsgerätegruppe	Stromverbrauch 2007 [TWh]
Beleuchtung	15,0
Kühlen, Gefrieren	16,4
Waschen, Spülen, Trocknen	14,2
Kochen, Backen	11,0
Fernsehen	7,8
Audio, Video	3,6
Computer	10,0
Sonstige Unterhaltungselektronik, Informations-, Kommunikationstechnik	10,6
Sonstiges (Kleingeräte, Heizungs- und Zirkulationspumpen etc.)	12,6
Summe	101,2

Quelle: Eigene Berechnungen und Abschätzungen auf Basis von EWI/Prognos (2005).

im Bereitschaftsmodus steigen. Die Auswirkungen der genannten Entwicklungen auf den Stromverbrauch können nur teilweise durch die im gleichen Zeitraum zu erwartenden Effizienzverbesserungen der Geräte kompensiert werden (Fischer 2008).

Die Aufteilung des Stromverbrauchs für Beleuchtung, mechanische Energie, Prozesswärme, Information und Kommunikation in Haushalten auf die wichtigsten Anwendungen und Gerätegruppen ist in Tabelle 5.7 dargestellt.

5.4.1 Haushaltsgeräte (Weiße Ware)

Als Weiße Ware werden Haushaltsgroßgeräte zum Kühlen, Gefrieren, Waschen, Trocknen, Geschirr spülen, Backen und Kochen bezeichnet. Sie haben einen Anteil zwischen 25 bis 45% am Stromverbrauch eines Haushalts. Im Jahr 2007 betrug der Stromverbrauch der Weißen Ware in Deutschland rund 42 TWh und damit knapp ein Drittel des Haushaltsstromverbrauchs.

Unter dem Einfluss der 1992 europaweit eingeführten Energieverbrauchskennzeichnung, die seit 1998 auch in Deutschland umgesetzt wird, ist der Stromverbrauch von Haushaltsgroßgeräten in den letzten zehn Jahren durch Energieeffizienzverbesserungen je nach Gerätegruppe um 35 bis 70% gesunken. In vielen Fällen lohnt es sich deshalb, noch funktionierende Geräte, die älter als zehn Jahre sind, durch hocheffiziente neue Geräte zu ersetzen. Tabelle 5.8 zeigt die Stromverbrauchsreduktion der effizientesten heute am Markt verfügbaren Geräte im Vergleich zu Geräten von 1998.

5.4.1.1 Kühlen und Gefrieren

Kühl- und Gefriergeräte gehören heute zur Grundausstattung eines Haushalts, so dass jeder Haushalt über mindestens ein Kühl- oder Gefriergerät verfügt. Immer

Tabelle 5.8 Stromverbrauchsreduktion bei Weiße-Ware-Geräten zwischen 1998 (durchschnittliche Geräte) und 2008 (effizienteste Geräte)

Gerätekategorie	Prozentuale Stromverbrauchsreduktion 1998 bis 2008 (%)
Kühlschrank	55
Kühl-Gefrier-Kombination	60
Gefrierschrank	70
Waschmaschine	35
Wäschetrockner	60
Geschirrspülmaschine	40

Quelle: dena (2009a).

häufiger sind zwei oder drei Kühl- oder Gefriergeräte im Haushalt vorhanden, da bei Erwerb neuer Geräte die noch funktionstüchtigen Altgeräte weiterhin benutzt werden (z. B. als Getränkekühlschrank im Keller). Des weiteren gibt es einen aktuellen Trend zu immer größeren Nutzinhalten der Kühl- und Gefriergeräte sowie zu zusätzlich integrierten Geräten (z. B. Fernsehgeräte, Computer und Bildschirm für den Internetzugang). Je größer der Nutzinhalt, desto geringer ist in der Regel der spezifische Stromverbrauch [kWh/l Nutzinhalt], desto höher ist jedoch auch der absolute Stromverbrauch. Im Unterschied zu allen anderen Weiße-Ware-Geräten sind Kühl- und Gefriergeräte rund um die Uhr in Betrieb, so dass sie trotz vergleichsweise geringer oder mittlerer Leistungsaufnahme zu den Haushaltsgeräten mit dem höchsten Jahresstromverbrauch zählen. Im Jahr 2007 betrug der Stromverbrauch für Kühlen und Gefrieren in deutschen Haushalten 16,4 TWh (rund 12% des Haushaltsstromverbrauchs).

Geräteeffizienz

Die in Tabelle 5.8 dargestellten Effizienzverbesserungen seit 1998 wurden insbesondere erreicht durch eine verbesserte Wärmedämmung, eine verbesserte spezifische Kälteleistung aufgrund eines optimierten Kompressorwirkungsgrades und eines spezifisch angepassten Verflüssigers sowie durch eine flexiblere Regelung (z. B. stufenlose Drehzahlregelung zur besseren Anpassung der Kühlleistung an den Bedarf) (HEA 2009).

Die effizientesten heute am Markt verfügbaren Kühlgeräte durchschnittlicher Größe haben einen Jahresstromverbrauch zwischen 80 und 100 kWh, mit Gefrierfach zwischen 130 und 170 kWh, entsprechend einem spezifischen Stromverbrauch zwischen 0,3 und 0,5 kWh/l, mit Gefrierfach zwischen 0,8 und 0,9 kWh/l. Die effizientesten Kühl-Gefrier-Kombinationen und Gefriergeräte weisen Jahresstromverbräuche zwischen 160 und 210 kWh auf und spezifische Stromverbräuche zwischen 0,6 bis 0,9 kWh/l (dena 2008a). Bei Ersatz von Geräten, die älter als zwölf Jahre sind, durch moderne hocheffiziente Geräte amortisieren sich die Mehrkosten durch die eingesparten Stromkosten (Ökoinstitut 2005).

Geräteauswahl

Bei Erwerb eines Kühl- oder Gefriergerätes ist auf eine bedarfsgerechte Auswahl der Gerätegröße zu achten, die abhängig ist von der Haushaltsgröße, den Einkaufsgewohnheiten, den Essgewohnheiten sowie von Art und Umfang der Vorratshaltung.

In diesem Kontext kann im Sinne der Suffizienz vorab geprüft werden, ob die Nutzung von kühlen Räumen (z. B. Keller) an Stelle eines Kühlgerätes zur Aufbewahrung von Produkten, die kühl zu lagern sind, möglich ist und ob auf tiefgekühlte Produkte verzichtet werden kann. Zur Ermittlung des erforderlichen Nutzinhaltes empfiehlt die HEA die folgenden Richtwerte (HEA 2009):

- Kühlgeräte für Ein- bis Zwei-Personen-Haushalte: 120 bis 140 l Nutzinhalt,
- Kühlgeräte für Mehr-Personen-Haushalte: 60 l pro Person, ggf. zuzüglich des Nutzinhaltes für ein Gefrierfach,
- Gefriergeräte bei geringer Vorratshaltung: 50 bis 80 l pro Person, bei ausgeprägter Vorratshaltung 100 bis 130 l pro Person.

Falls bereits ein Gefriergerät im Haushalt vorhanden ist, sollte bei Erwerb eines Kühlgerätes geprüft werden, ob dieses über ein Gefrierteil verfügen muss.

Nachdem eine Entscheidung über die Größe des zu erwerbenden Gerätes getroffen wurde, kann mit Hilfe der Energieverbrauchskennzeichnung ein hocheffizientes Gerät (derzeit Energieeffizienzklasse A++ oder A+) dieser Größe ausgewählt werden. Nach Erwerb des neuen Gerätes sollte das ersetzte Altgerät entsorgt werden.

Aufstellung

Um den Stromverbrauch gering zu halten, sind Kühl- und Gefriergeräte nicht direkt neben Heizung, Herd und Backofen aufzustellen. Ebenso sollte direkte Sonneneinstrahlung auf die Geräte vermieden werden. Ideal für die Aufstellung sind kühle, trockene und gut belüftbare Räume.

Bei der Aufstellung ist zu beachten, dass eine optimale Wärmeabfuhr an der Geräterückseite nur bei einem ausreichenden Abstand zur Wand und freien Lüftungsschlitzen gewährleistet ist.

Betrieb und Nutzung

Der Stromverbrauch während der Nutzung wird durch folgende Faktoren beeinflusst (HEA 2009; dena 2009a):

- Raumtemperatur: Eine Absenkung der Raumtemperatur um 1°C spart ca. 3% Strom bei Gefriergeräten und ca. 6% Strom bei Kühlgeräten.
- Lagertemperatur: Lagertemperatur im Kühlschrank auf +7°C, im Gefriergerät auf –18°C einstellen; bei Mehrzonen-Geräten sind die Herstellerangaben zu beachten.

- Häufigkeit und Dauer des Öffnens: Häufiges und langes Öffnen der Gerätetür vermeiden, darum Lebensmittel übersichtlich einordnen.
- Art und Menge der Beladung: Lebensmittel nur abgekühlt, zugedeckt/verpackt in den Kühlschrank oder das Gefriergerät stellen, Gefrorenes im Kühlgerät auftauen lassen.
- Spezielle Gerätefunktionen: Falls Sparschaltungen vorhanden sind, sollten diese genutzt werden. Bei Gefriergeräten ist nur dann auf Dauerbetrieb umzuschalten, wenn Kältereserven vor dem Einfrieren großer Mengen oder vor einem Umzug geschaffen werden sollen. Die No-frost-Funktion verhindert die Eisbildung an Gefrierflächen durch automatisches Abtauen, ist aber mit zusätzlichem Stromverbrauch verbunden und deshalb vor allem bei häufigem Öffnen von Gefrierfächern sinnvoll.
- Weiterhin wird empfohlen, Kühl- und Gefriergeräte während längerer Abwesenheit (z. B. Ferienzeit) zu entleeren und abzuschalten.

Wartung und Pflege

Eisschichten auf Kühlflächen führen zu einer Erhöhung des Stromverbrauchs. Kühl- und Gefriergeräte sollten deshalb gemäß den Herstellerangaben manuell abgetaut werden, sobald sich eine Eisschicht gebildet hat und keine Abtauautomatik vorhanden ist. Türdichtungen sind regelmäßig zu reinigen und auf Dichtigkeit zu prüfen. Zur Gewährleistung einer optimalen Wärmeabfuhr sind die Gitter an der Geräterückseite regelmäßig zu reinigen. Weiterhin ist zu überprüfen, dass Lüftungsschlitze nicht verdeckt sind.

5.4.1.2 Waschen, Spülen, Trocknen

Die Haushalte in Deutschland sind derzeit zu rund 98% mit Waschmaschinen, rund 60% mit Geschirrspülmaschinen und rund 55% mit Wäschetrocknern ausgestattet. Es wird davon ausgegangen, dass die Ausstattungsgrade deutscher Haushalte mit Wäschetrocknern und Geschirrspülmaschinen in den nächsten Jahren kontinuierlich bis zur vollständigen Durchdringung steigen (EWI/Prognos 2005).

Im Jahr 2007 wurden 14,2 TWh Strom für das Waschen, Spülen und Trocknen in Haushalten verbraucht (rund 10% des Haushaltsstromverbrauchs), davon 4,9 TWh und 362 Mio. m^3 Wasser für das Waschen (Universität Bonn 2006), 4,8 TWh zum Geschirrspülen und 4,5 TWh zum Wäschetrocknen.

Geräteeffizienz

Der Stromverbrauch einer heutigen hocheffizienten Waschmaschine ist gegenüber dem einer durchschnittlichen Waschmaschine von 1998 um ca. 35% geringer. Die effizientesten Maschinen verbrauchen derzeit 0,15 kWh/kg Wäsche (dena 2009a). Dies wurde insbesondere durch Verringerung der pro Waschgang eingesetzten Wassermenge erreicht (Verringerung der freien Flotte). Während vor zehn Jahren noch 5 kg Koch- / Buntwäsche mit ca. 20 l Wasser gewaschen wurden (Flottenverhältnis

1:4), werden bei modernen Strom und Wasser sparenden Maschinen nur noch 14 bis 15 l Wasser benötigt (Flottenverhältnis 1:3) (HEA 2002a). Um bei geringerem Wassereinsatz die gleiche Waschwirkung zu erzielen, muss mehr mechanische Arbeit eingesetzt werden. Das hat zur Folge, dass sich die Waschzeit verlängert, aber Strom und Wasser gespart werden können. Die Potenziale dieser Strategie zur Wirkungsgradsteigerung sind inzwischen weitgehend ausgeschöpft.

Weitere Wirkungsgradverbesserungen bei Waschmaschinen werden durch Einsatz einer intelligenten Regelung (Fuzzy-Logik) erreicht. Verknüpft mit den Informationen, die verschiedene Sensoren liefern, wird mit Hilfe der Fuzzy-Logik-Regelung der Waschvorgang hinsichtlich Waschwirkung, Strom-, Wasser- und Waschmittelverbrauch optimiert. Die Informationen des Drucksensors dienen der Steuerung des Wasserzulaufs. Über den Beladungssensor wird die Beladungsmenge ermittelt und eine Dosierempfehlung für das Waschmittel abgeleitet. Der Schaumsensor erkennt eine erhöhte Schaumbildung und der Waschvorgang kann entsprechend angepasst werden. Der Wassersensor erfasst die Verschmutzung und Trübung des Spülwassers, aus der die Anzahl der erforderlichen Spülgänge abgeleitet werden kann. Mit den Informationen des Unwuchtsensors kann der Schleudervorgang optimiert werden (HEA 2002a).

In Ökoinstitut (2006) wird als vielversprechender Ansatz für die weitere Reduktion des Stromverbrauchs von Waschmaschinen das Szenario „One click down" dargestellt, in dem die Waschtemperatur in jedem Waschgang jeweils um eine Stufe reduziert wird. Bei einer vollständigen Ausschöpfung dieses Potenzials kann der Stromverbrauch für das Waschen um 37% gesenkt werden. Perspektiven für eine weitere Reduktion des Stromverbrauchs bieten die in den letzten Jahren neu am Markt angebotenen Waschmittel, die das Wäschewaschen schon ab 20°C Wassertemperatur ermöglichen, da sie Enzyme enthalten, die bereits bei 20°C wirken. Um dieses Energieeffizienzpotenzial ausschöpfen zu können, ist die Geräteindustrie gefordert, Waschmaschinen mit 20-Grad-Programmen anzubieten.

Mit heutigen Geschirrspülmaschinen lassen sich gegenüber Maschinen von 1998 rund 40% Strom sparen. Diese Verbesserung der Geräteeffizienz wurde wie bei Waschmaschinen durch konstruktive Veränderungen erreicht, die zu einer Verringerung des Wasserverbrauchs führten, sowie durch intelligente Regelungen. Die hierdurch erreichbaren Stromeinsparpotenziale sind inzwischen weitgehend

Infobox 5.5 Zeolith-Trocknen

Zeolith ist ein Mineral mit der Fähigkeit, Feuchtigkeit aufzunehmen und dabei Wärme abzugeben. Diese Eigenschaft wird in einigen der neuen Geschirrspüler zur Trocknung des Geschirrs genutzt. Während der nächsten Reinigungsphase wird die vorhandene Wärme genutzt, das Zeolith zu trocknen. Somit wird die Aufnahmefähigkeit für Feuchtigkeit für die Trocknungsphase wieder hergestellt. Die Fähigkeit des Zeoliths, Feuchtigkeit aufzunehmen und bei Wärmezufuhr wieder abzugeben, nutzt sich nicht ab und ist deshalb über die gesamte Lebensdauer des Geschirrspülers nutzbar.

ausgeschöpft. Die meisten der heute am Markt angebotenen Geräte erreichen mit einem Stromverbrauch von ca. 1,0 kWh / Spülgang die Effizienzklasse A. Ein neuer Ansatz, mit dem sich der Stromverbrauch weiter reduzieren lässt, ist die Verwendung von Zeolith zur Trocknung des Geschirrs. Mit dieser Technik sind die effizientesten Geschirrspüler, die derzeit am Markt erhältlich sind, ausgestattet. Ihr Stromverbrauch beträgt 0,83 kWh / Spülgang (Bosch 2009).

Der Stromverbrauch eines heutigen hocheffizienten Trockners ist gegenüber dem eines durchschnittlichen Trockners von 1998 um ca. 60% geringer. Insbesondere durch den Einsatz von Wärmepumpen werden bei modernen Geräten erhebliche Stromeinsparungen erzielt. Weitere Stromeinsparungen können bei Trocknern erreicht werden, die mit einem Feuchtigkeitssensor bei Erreichen der gewählten Trockenstufe automatisch abschalten. Die effizientesten heute am Markt verfügbaren Trockner verbrauchen 0,3 kWh/kg Wäsche.

Geräteauswahl

Für eine bedarfsgerechte Auswahl bei Erwerb eines Geschirrspülers gilt, dass acht bis neun Maßgedecke ausreichend für Ein- bis Zweipersonenhaushalte sind und Mehr-Personen-Haushalte in der Regel Geschirrspüler mit zwölf bis 14 Maßgedecken benötigen. Mit steigender Anzahl der Maßgedecke nimmt der Stromverbrauch pro Maßgedeck ab.

Nach der Entscheidung für eine bestimmte Gerätegröße sichert die Beachtung der Energieeffizienzklasse A auch bei Waschmaschinen, Geschirrspülmaschinen und Trocknern den Erwerb eines hocheffizienten Gerätes.

Aufstellung und Installation

Unter folgenden Bedingungen können durch einen Anschluss der Waschmaschine und des Geschirrspülers an den Warmwasseranschluss Primärenergie- und Kosteneinsparungen erzielt werden: Die Warmwasserbereitung muss mit einem Energieträger mit geringerem Primärenergiefaktor als der im Haushalt genutzte Strom erfolgen und die Leitungswege sollten kurz sein. Die Maschine sollte über einen Kalt- und einen Warmwasseranschluss verfügen. Falls sie nur einen Anschluss hat, ist zu prüfen, ob ein Vorschaltgerät zum Mischen von Kalt- und Warmwasser eingesetzt werden kann. Ein Anschluss nur an Warmwasser ohne die Möglichkeit der Kaltwasserzufuhr führt zu einem höheren Energieverbrauch, weil dann stets mit 50°C warmem Wasser gewaschen bzw. gespült werden muss.

Trockner benötigen einen gut belüfteten Raum, um ein einwandfreies Trocknen der Wäsche zu erreichen.

Betrieb und Nutzung

Zur Minimierung des Stromverbrauchs ist die bedarfsgerechte Programmwahl entscheidend. Bei Waschmaschinen ist die minimale Waschtemperatur in Abhängigkeit des Verschmutzungsgrades einzustellen. Wenn Wäsche im Trockner getrocknet werden soll, ist eine möglichst hohe Schleuderdrehzahl zu wählen. Bügelwäsche sollte „bügeltrocken“, nicht „schranktrocken“ getrocknet werden. Die Angaben zur Energieeffizienzklasse beziehen sich bei Geschirrspülmaschinen immer auf das Energiespar- oder Umweltprogramm, das genutzt werden sollte, um den ausgewiesenen Stromverbrauch in der Praxis zu erreichen. Prinzipiell sollte die Verwendung von Schnellprogrammen vermieden werden, denn kurze Wasch- oder Spülzeiten sind mit einem höheren Strom- und Wasserverbrauch verbunden.

Waschmaschine, Geschirrspüler und Trockner arbeiten am effizientesten, wenn sie voll beladen sind, auch wenn Geräte über eine automatische Beladungskontrolle oder Teilbeladungsprogramme verfügen. Bei der oft vorhandenen Programmoption „1/2“ werden zwar weniger Strom und Wasser verbraucht, aber es wird weniger als die Hälfte eingespart. Auf eine Vorwäsche beim Waschen oder Vorspülung von Geschirr sollte grundsätzlich verzichtet werden. Darüber hinaus sollte ebenfalls geprüft werden, ob und wann Wäsche auch im Freien getrocknet werden kann.

Der Standby-Verbrauch kann durch Abschaltung der Geräte, sobald das Programm beendet ist, sowie bei Geräten mit Zeitvorwahl ggf. durch Verkürzung der Wartedauer minimiert werden.

5.4.1.3 Kochen und Backen

Der Ausstattungsgrad der Haushalte in Deutschland mit Elektroherden beträgt derzeit rund 81%, während 17% der Haushalte über einen Gasherd verfügen. In EWI/Prognos (2005) wird von einer Fortsetzung des Trends einer weiter steigenden Anzahl von Elektroherden bei gleichzeitig abnehmender Anzahl von Gasherden ausgegangen. Im Jahr 2007 wurden 11,0 TWh Strom für das Kochen und Backen in Haushalten verbraucht (rund 8% des Haushaltsstromverbrauchs). Durchschnittlich verbraucht ein Haushalts-Elektroherd 350 kWh Strom pro Jahr. Davon entfallen 75 bis 80% auf die Nutzung der Kochstellen und 20 bis 25% auf die des Backofens (HEA 2002b). Die effizientesten Backöfen verbrauchen bei einem Backvorgang mit Standardbeladung und kleiner Backröhre weniger als 0,6 kWh, bei großer Backröhre weniger als 1,0 kWh Strom (EU-Kom 2002).

Geräteeffizienz

Die Entwicklung der Elektroherde begann mit den bis heute erhältlichen Herden mit gusseisernen Kochplatten, die das Prinzip der Wärmeleitung nutzen und mit hohen Wärmeverlusten und langen Aufheizphasen verbunden sind. Eine effektivere Wärmenutzung erreichen Herde mit Glaskeramik-Kochfeldern, bei denen die Wärmeübertragung hauptsächlich über Wärmestrahlung erfolgt. Die Glaskeramik-Fläche hat eine geringe Wärmeleitfähigkeit, so dass Wärmeverluste vermieden werden und der Nutzerkomfort erhöht wird. Der Stromverbrauch von Herden konnte durch die Einführung der Glaskeramik um durchschnittlich 2,5% gesenkt werden. Durch die Strahlungswärmeübertragung können gegenüber gusseisernen Kochplatten zudem die Kochzeiten verkürzt werden. Weitere konstruktive Verbesserungen, die zu einer effektiveren Wärmenutzung und zu mehr Komfort führen, sind die sensorgesteuerte Topferkennung und Topfgrößenerkennung (HEA 2002b).

Die dritte Entwicklungsphase stellen die Elektroherde mit Induktionstechnik dar, die seit 1984 angeboten werden und die das Prinzip der elektromagnetischen Induktion nutzen. Bei Induktionsherden ist die Nutzung von elektrisch leitendem und magnetisierbarem Kochgeschirr erforderlich. Strom fließt nur dann, wenn Kochgeschirr auf dem Herd steht. Durch das Induktionsprinzip wird nur der Topfboden erwärmt. Somit können die Kochzeiten nochmals verkürzt und die Wärme noch effektiver genutzt werden als beim Glaskeramik-Herd. Zudem ist ein präziseres Steuern des Kochvorgangs möglich.

Bei Backöfen bestehen die Ansätze zur Erhöhung des Wirkungsgrades in

- einer Verbesserung der Wärmedämmung und Dichtigkeit,
- einer präziseren Temperaturregelung,
- einer Optimierung der Wärmeverteilung im Inneren des Backofens (mit Umluft um 20 bis 30°C niedrigere Temperatur) sowie
- einer Optimierung der Nutzung durch Automatikprogramme.

Besonders energieeffizient sind Backöfen, die mit einer pyrolytischen Selbstreinigung ausgestattet sind. Damit diese funktioniert, verfügt der Backofen über eine verstärkte Wärmedämmung, eine mehrfache Türverglasung und besondere Türdichtungen. Dadurch verbraucht ein Backofen mit Pyrolysefunktion beim Backen und Braten um bis zu 19% weniger Strom als ein herkömmlicher Backofen.

Geräteauswahl

Im Jahr 2002 wurde die Energieverbrauchskennzeichnung für Elektrobacköfen eingeführt (EU-Kom 2002), so dass hocheffiziente Geräte mit der Energieeffizienzklasse A identifiziert werden können. Für die Kochfelder von Herden existiert bisher keine Kennzeichnungspflicht. Für eine grobe Einschätzung kann davon ausgegangen werden, dass Kochfelder mit Induktionstechnik effizienter sind als Glaskeramik-Kochfelder und diese effizienter sind als gusseiserne Kochplatten.

Betrieb und Nutzung

Vor Nutzung einer Kochstelle sollte überlegt werden, ob nicht auch ein Wasserkocher verwendet werden kann, mit dem kleine und mittlere Wassermengen mit wesentlich weniger Energieeinsatz erwärmt werden können.

Bei der Ausstattung der Küche ist zu beachten, dass das Kochgeschirr und die Kochstellen größenmäßig zueinander passen. Beim Kochen sollten passende Topfdeckel verwendet werden und diese während des Kochvorgangs möglichst geschlossen bleiben. Bei langen Garzeiten empfiehlt sich darüber hinaus die Verwendung eines Schnellkochtopfs, mit dem bis zu 30% Energieeinsparung erzielt werden können.

Am effektivsten wird die Wärme genutzt, wenn Kochfelder erst angeschaltet werden, wenn der Topf darauf steht, und bereits vor dem Ende des Kochvorgangs abgeschaltet werden, um die Restwärme der Kochplatte zum Kochen zu nutzen.

Auf das Vorheizen eines Backofens kann in der Regel verzichtet und damit bis zu 20% Strom eingespart werden. Beim Backen mit Umluft statt mit Ober- oder Unterhitze ist eine Verringerung der Betriebstemperatur um ca. 20 bis 30°C möglich. Auch der Backofen kann je nach vorangegangener Backtemperatur bis zu 15 Minuten vor Ende der Garzeit ausgeschaltet werden, um die Restwärme zu nutzen.

5.4.2 Informations- und Kommunikationstechnik (inkl. Unterhaltungselektronik)

Im Anwendungsfeld Informations- und Kommunikationstechnik (IKT), in dem die Unterhaltungselektronik enthalten ist, wurden 2007 in deutschen Haushalten rund 33 TWh Strom verbraucht. Das entspricht 23% des Haushaltsstromverbrauchs. Die Aufteilung des Stromverbrauchs auf Fernsehgeräte, Computer, Audio/Video/DVD und sonstige Geräte ist in Abb. 5.11 dargestellt.

In IZM/ISI (2009) wird bis 2020 ein Anstieg des Stromverbrauchs für IKT in Haushalten um 28% auf 41 TWh prognostiziert. Damit werden in diesem Anwendungsfeld der IKT die größten Stromverbrauchssteigerungen erwartet.

Bei der Geräteeffizienz ist kurzfristig von einer erheblichen Steigerung der Energieeffizienz auszugehen, bedingt durch die Auswirkungen der Durchführungsmaßnahmen zur Ökodesign-Richtlinie, die Verschärfung der Schwellenwerte für den Energy Star und der geplanten Erweiterung der Energieverbrauchskennzeichnung auf IKT, die sich derzeit auf der EU-Ebene in der Vorbereitung befinden.

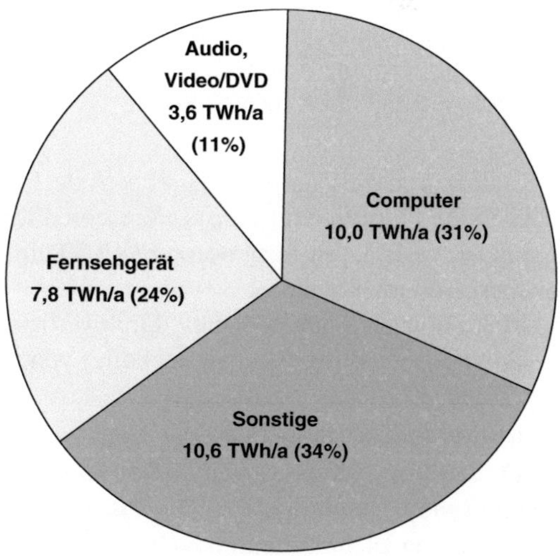

Abb. 5.11 Anteile verschiedener Anwendungen am gesamten Stromverbrauch des Anwendungsfeldes Information, Kommunikation, Unterhaltungselektronik in Haushalten 2007 (eigene Darstellung nach BDEW 2008; IZM/ISI 2009)

Die Stromverbrauchsreduktion durch effizientere Geräte wird im Sektor private Haushalte jedoch erheblich überkompensiert durch folgende Trends (vgl. GfK 2008):

- kontinuierlich wachsende Anzahl von IKT-Geräten im Haushalt, insbesondere durch eine flächendeckende Ausstattung mit Set-Top-Boxen, einen Trend zu mehreren Computern pro Haushalt, die Verbreitung neuer Produkte wie digitaler Bilderrahmen und eine stark steigende Anzahl von Infrastruktur-Geräten wie Modems, Router, Antennenverstärker etc.;
- Trends zu größeren und anspruchsvolleren Geräten wie großen, hoch auflösenden LCD (Liquid Crystal Display)- und Plasma-Fernsehgeräten, (größer 32"), die herkömmliche, kleine Röhren-Fernsehgeräte (bis 32") mit Standardauflösung vom Markt verdrängen; farbfähigen bildgebenden Geräte; Spielkonsolen mit hoher Leistungsaufnahme oder Multimedia-Computer;
- Zunahme der Benutzungsdauern, z. B. durch permanente Internetnutzung;
- und einen steigenden Vernetzungsgrad der Geräte untereinander, z. B. kommunikative Vernetzung von Weiße-Ware-Geräten mit Internet und Stromzähler.

Darüber hinaus bestehen gerätespezifische Ansätze zur Stromverbrauchsreduktion, die für die Geräteindustrie bereits fester Bestandteil der Forschungs- und Entwicklungsaktivitäten sind. So wurde z. B. die Leistungsaufnahme der LCD-Fernsehgeräte in der meist verkauften Größenklasse 32" im Betriebsmodus von durchschnittlich 185 W im Jahr 2004 auf durchschnittlich 145 W im Jahr 2007 gesenkt. Das entspricht einer Stromeinsparung im Betriebsmodus von 21%. Noch größer war die Effizienzverbesserung bei Plasma-Fernsehgeräten. Im gleichen Zeitraum sank die durchschnittliche Leistungsaufnahme von Geräten der meistverkauften Größenklasse 42" im Betriebsmodus von 400 W auf 260 W. Dies entspricht einer Stromeinsparung von 35% (ZVEI 2007).

Bei LCD-Geräten konzentrieren sich die Forschungs- und Entwicklungsaktivitäten auf die folgenden Ansätze zur Optimierung der Hintergrundbeleuchtung, die voraussichtlich eine Stromverbrauchsreduktion im Betriebsmodus zwischen 10% und 30% ermöglichen (IZM 2007a):

- Einsatz von EEFL (External Electrode Fluorescent Lamps) statt CCFL (Cold Cathode Fluorescent Lamp) (unterschiedlich aufgebaute Leuchtstofflampen, wobei sich EEFL im Gegensatz zu CCFL im Betrieb nicht erwärmen und damit energieeffizienter sind);
- Reduktion der Lampenanzahl durch verbesserte Reflektoren und Polfilter;
- aktive Abblendung (statt Abdeckung) von nicht benötigten Lampen.

In der Entwicklung befinden sich des weiteren LCD-Bildschirme mit LED (Light Emitting Diode; Leuchtdiode)- und OLED (Organic Light Emitting Diode)-Hintergrundbeleuchtung. Bei den Plasma-Geräten liegt der Schwerpunkt auf der Erhöhung der Lichtausbeute von heute üblichen 2 lm/W auf 3 lm/W durch

- Verbesserung des Paneldesigns,
- Optimierung der Ansteuerungsfrequenz und -spannung und
- Materialverbesserungen.

Als beste noch nicht verfügbare Technik befinden sich Plasma-Bildschirme mit einer Lichtausbeute von 5 lm/W in der Entwicklung.

Zwei weitere vielversprechende Entwicklungsperspektiven bei den noch nicht verfügbaren Techniken für Fernsehgeräte stellen die SED (Surface Conduction Electron Emitter Display)-Technologie als Weiterentwicklung der Kathodenstrahlbildschirme mit um 60 bis 70% reduziertem Stromverbrauch und die RP (Rear Projection)-Technologie auf Basis von Laserstrahlung dar.

5.4.3 Elektrische Warmwasserbereitung und -verteilung

Rund ein Viertel des Endenergieverbrauchs für die Warmwasserbereitung in Haushalten entfällt auf Strom. Im Jahr 2007 wurden 23,6 TWh Strom (ca. 17% des Haushaltsstromverbrauchs) für die Warmwasserbereitung in Haushalten verbraucht (BMWi 2009). Hinzu kommt der nicht quantifizierte Stromverbrauch der Zirkulationspumpen zur Warmwasserverteilung.

5.4.3.1 Geräteeffizienz

Derzeit erfolgt die elektrische Warmwasserbereitung entweder über elektrische Widerstandsheizung oder elektrische Wärmepumpen. Beim Wärmepumpeneinsatz lässt sich in der Regel mit dem selben Stromeinsatz mehr als das 2,5fache an Wärme bereitstellen.

Die Geräte zur elektrischen Warmwasserbereitung werden in Speicher- und Durchflusssysteme unterteilt. Die Effizienz ist bei Speichersystemen aufgrund der Wärmeverluste des Speichers (Standby-Verluste) geringer als bei Durchflusssystemen, bei denen nur geringfügige Aufwärm- und Abstrahlverluste von ein bis zwei Prozent auftreten. Die Effizienz von Speichersystemen konnte durch Verbesserung der Wärmedämmung und durch konstruktive Maßnahmen zur Verbesserung der Temperaturschichtung im Speicher erhöht werden.

Bei Durchflusssystemen wurden Effizienzsteigerungen vor allem durch die Entwicklung elektronisch gesteuerter Geräte erreicht, die die hydraulisch gesteuerten Geräte ablösen. Mit der elektronischen Steuerung kann die gewünschte Wassertemperatur eingestellt werden und die Zumischung von kaltem Wasser entfallen. Durch präzise Anpassung der Durchflussmenge und Wassertemperatur an die Bedürfnisse des Nutzers ist eine Energieeinsparung von bis zu 20% gegenüber hydraulischen Durchflusssystemen erreichbar.

5.4.3.2 Geräteauswahl

Für die Geräteauswahl sind Randbedingungen des Gebäudes wie Energieträger-, Heizungs- und Trinkwasser-Infrastruktur, Platzbedarf für Speicher, elektrische Anschlussleistung sowie die Systemkosten maßgeblich, während die Endenergie- und Primärenergieeffizienz eher untergeordnete Kriterien bei der Geräteauswahl darstellen. Dies erklärt, warum zur Warmwasserbereitung in vielen Fällen Strom eingesetzt wird, obwohl die Primärenergieeffizienz verglichen mit anderen Energieträgern meist deutlich geringer ist.

Unter Berücksichtigung der oben genannten Kriterien sollte jedoch stets geprüft werden, ob Alternativen zur elektrischen Warmwasserbereitung realisiert werden können, da die Verwendung anderer Energieträger oder Abwärmenutzung in der Regel unter energetischen Aspekten vorteilhaft sind.

Infobox 5.6 Endenergieeffizienz vs. Primärenergieeffizienz

Für die Erwärmung einer bestimmten Wassermenge muss bei Elektro- und Gasboilern in etwa die gleiche Menge an Endenergie eingesetzt werden, d. h. Strom und Gas haben in diesem Fall die gleiche Endenergieeffizienz. Sie unterscheiden sich jedoch erheblich hinsichtlich des für ihre Bereitstellung erforderlichen Primärenergieeinsatzes. Bei Erdgas betragen die Verluste von der Förderung, Aufbereitung und Verteilung bis zur Bereitstellung beim Verbraucher ca. 10%. Beim durchschnittlichen deutschen Strommix treten dagegen zwischen Primärenergieeinsatz und Endenergielieferung an den Verbraucher Umwandlungs- und Übertragungsverluste in Höhe von 65% auf. Während für Erdgas eine Primärenergieeffizienz von 90% resultiert, beträgt sie bei Strom im Durchschnitt nur 35%.

5.4.3.3 Installation

Hinsichtlich der Installation werden die Systeme in zentrale (eine Warmwasserbereitung für Wohnungen oder Häuser) und dezentrale (Warmwasserbereitung für einzelne Entnahmestellen) eingeteilt. Bei zentralen Systemen sind zusätzlich die Wärmeverluste bei der Verteilung und der Stromverbrauch der Zirkulationspumpe zu berücksichtigen. Bei dezentralen Systemen sind die Speicherverluste höher.

5.4.3.4 Betrieb und Nutzung

Bei Speichersystemen lassen sich Wärmeverluste verringern, wenn die Speichertemperatur in Phasen, in denen keine Entnahme stattfindet (nachts, Ferienzeit), abgesenkt wird. Zeitgleich kann auch die Warmwasserzirkulation abgeschaltet werden, z. B. über eine Zeitschaltung. Generell ist zu prüfen, ob eine Zirkulation notwendig ist. Innovative Temperaturwähler für Wasserentnahmestellen ermöglichen es, dass die Zirkulation erst bei Aufdrehen des Wasserhahnes eingeschaltet wird und erst dann Wasser fließt, wenn das Wasser die eingestellte Temperatur erreicht hat.

Eine bewährte Methode zur Wassereinsparung und damit auch zur Stromeinsparung ist die Verwendung von Perlatoren, die durch Beimischung von Luft die

Reduktion des Wassereinsatzes ohne Komforteinbußen ermöglichen. Eine weitere technische Lösung zur Vermeidung ungenutzt ausströmenden Wassers sind Sensoren, die nach dem Prinzip von Präsenzmeldern das Ausströmen von Wasser nur zulassen, solange Gegenstände oder Körperteile unter den Wasserhahn gehalten werden.

Kapitel 6
Energieeffizienz in Gebäuden

Patrick Jochum und Martin Pehnt

Einem Gebäude kommen verschiedene Funktionen zu. Das Gebäude muss die Nutzerbedürfnisse (behagliches Wohnen, Schlafen, Arbeiten, etc.) erfüllen und es sollte gleichzeitig ästhetisch ansprechend sein. Außerdem muss es eine Schutzfunktion hinsichtlich Kälte und Frost, Hitze und Sonnenstrahlung, Luft- und Bodenfeuchte und Niederschlägen, aber auch Wind-, Schall- und Brandschutz ausüben (Bauer und Hertle 2005).

Ein energieeffizientes Gebäude muss diese Funktionen in gleichem Maß erfüllen – und das bei minimiertem Einsatz von Energierohstoffen. Der Begriff der Energieeffizienz von Gebäuden ist sehr weit gefasst und orientiert sich nicht zwangsläufig am Nutzungsgrad eines speziellen Energiewandlers. Ganz im Gegensatz zur üblichen Begriffsverwendung ist vielmehr eine Art thermische Behaglichkeitseffizienz gemeint, die sich erst in zweiter Linie an der Effizienz der Heizungsanlage orientiert, sondern primär an der Minimierung des (fossilen) Energiebedarfs in Gebäuden zur Erreichung der obigen Funktionen. Grundsätzlich erscheint es daher zweckmäßig, den Begriff der gebäudebezogenen Energieeffizienz mit „Minimierung des Wärmebedarfs und dessen effiziente Deckung" zu beschreiben.

Versteht man, wie oben erläutert, unter der Energieeffizienz die Effizienz, mit der das Gesamtsystem Gebäude+Heizung den Komfortansprüchen seiner Bewohner gerecht wird, so ist zum näheren Verständnis ein detailliertes Wissen über die Entstehung des Energiebedarfs notwendig. Dieses Kapitel legt dafür die Grundlagen. Das anschließende Kap. 7 vertieft die (Umwandlungs-)Effizienz der einsetzbaren Heizsysteme, während Kap. 8 die Entwicklung des Gebäudes in Richtung Passivhaus analysiert.

P. Jochum (✉)
Beuth Hochschule für Technik Berlin, 13353 Berlin, Deutschland
e-mail: jochum@beuth-hochschule.de

M. Pehnt (✉)
Institut für Energie- und Umweltforschung, 69120 Heidelberg, Deutschland
e-mail: martin.pehnt@ifeu.de

M. Pehnt (ed.), *Energieeffizienz*, DOI 10.1007/978-3-642-14251-2_6,

6.1 Charakteristika des Wärmemarktes

Anders als im Strommarkt, der von vergleichsweise kurzen Lebenszyklen seiner Verbraucher geprägt ist, die zwischen wenigen Jahren (z. B. Computer) und oftmals nicht mehr als 10–20 Jahren (z. B. Haushaltsgeräte, Pumpen) liegen, unterliegt der Wärmemarkt außerordentlich langen Zyklen. Alleine schon die mit Wärme versorgenden Anlagen weisen Lebensdauern von rund 20–25 Jahren auf. Viel weiter aber muss der Betrachtungshorizont bei der Wärme abnehmenden Seite gesteckt werden. Gebäude haben in ihrer Grundstruktur eine Nutzungsdauer von durchaus 60–100 Jahren, die in der Regel alle 30–40 Jahre durch größere Sanierungen unterbrochen werden. Demnach haben Investitionsentscheidungen, die im Rahmen einer Gebäudeplanung gefällt werden, äußerst langlebige Folgen. Mit der Festlegung des Gebäudeäußeren bzw. der Gebäudeform ist eine wesentliche Kenngröße des Wärmebedarfs in Form der somit definierten Wärme abgebenden Fläche dauerhaft bestimmt.

Neben diesen langfristigen Aspekten unterliegen die für die wesentlichen fossilen Wärmeträger zu zahlenden Preise gleichzeitig ausgesprochen kurzfristigen Schwankungen. Man denke beispielsweise an die Entwicklung des Rohölpreises, der sich 2007/2008 innerhalb von zwölf Monaten verdoppelte.

Adäquate Reaktionen auf sich verändernde Kostensituationen sind bei Bestandsgebäuden kaum möglich. Nur wenige Zeitpunkte im „Leben" eines Gebäudes bieten sich hierfür an: Die Planungsphase eines Neubaus, ein Austausch oder eine Neukonzipierung der Heizungsanlage oder eine Modernisierung der Außenhaut des Gebäudes.

Detaillierte Analysen der Erneuerungszyklen (Kleemann 2008) machen aber deutlich, dass es sich hierbei tatsächlich oftmals um theoretische Sanierungs- oder Modernisierungsintervalle handelt. In der Praxis ist das Modernisierungstempo entgegen dem aus wirtschaftlichen Gründen erwartbaren Verhalten unerwartet niedrig. So wurden bei Wohngebäuden in den Jahren 2006/2007 mittlere Erneuerungszyklen für Heizungsanlagen von 32 Jahren ermittelt, obwohl ein Heizungsanlagenaustausch in der Regel nach rund 20 Jahren aus ökonomischen Gründen ratsam ist. Aber auch die Sanierung von Außenfassaden (real nach 91 Jahren, statt wie ökonomisch sinnvoll nach 45 Jahren) oder der Austausch der Fenster (48 statt 25 Jahre) unterliegt offensichtlich keinerlei betriebswirtschaftlichem Handeln.

Vermutlich spielt dabei auch das Lebensalter von privaten Immobilieneigentümern eine erhebliche Rolle. Da sich in der Regel energieeffiziente Modernisierungs- oder Sanierungsmaßnahmen erst nach 10 oder 15 Jahren wirtschaftlich rentieren, liegt es oftmals nicht (mehr) im Interesse des Eigentümers, diese Maßnahmen auch tatsächlich umzusetzen.

Ganz anders verhält sich die Situation in gewerblich oder industriell genutzten Gebäuden, in denen sich der Modernisierungsstau bei weitem nicht so ausgeprägt darstellt. Hier wird offensichtlich eher betriebswirtschaftlich gerechnet, was zu kürzeren Erzeugungszyklen führt.

Neben der beschriebenen Trägheit des Marktes ist der Gebäudewärmemarkt speziell im Mietwohnungsmarkt von einer weiteren Besonderheit betroffen. Es ist das so genannte Mieter-Vermieter-Dilemma und beschreibt den Umstand, dass eine energietechnische Optimierung vermieteter Gebäude zu Lasten der investierenden Gebäudeeigentümer und aufgrund der sinkenden Betriebskosten zu Gunsten der Mieter geht. Aus verständlichen Gründen reduziert dies die Motivation der Vermieter, entsprechende Schritte einzuleiten, was sicherlich eine der Ursachen für die langen Erneuerungs- und Modernisierungszyklen ist.

Abschließend sei an dieser Stelle auf einen weiteren großen Unterschied zwischen dem Wärme- und dem Strommarkt hingewiesen. Ist der Strommarkt von einem großen, engmaschigen Stromnetz geprägt, das in der Lage ist, Energie über sehr große Distanzen an den Ort des momentanen Gebrauchs zu transportieren, so ist gerade dies im Wärmesektor unmöglich. Wärme lässt sich zwar über Wärmenetze transportieren, der wirtschaftliche Betrieb dieser Netze erfordert allerdings gewisse Mindest-Abnahmedichten, was die Netzentwicklung regional einschränkt. Tatsächlich ist der Wärmemarkt in Deutschland daher außerhalb von Ballungsgebieten im Wesentlichen von vielen Millionen dezentralen und zumeist privaten Anlagen in den fast 20 Millionen Gebäuden geprägt.

6.2 Bedeutung des Wärmebedarfs von Gebäuden

Rund 42% des deutschen Endenergiebedarfs geht in Deutschland auf das Konto der Beheizung von Gebäuden und der Bereitstellung von Warmwasser. In anderen europäischen Ländern liegt dies in einer ähnlichen Größenordnung. Der überwiegende Teil davon wird von privaten Haushalten in den 17 Mio. Wohngebäuden in Deutschland verwendet (zum Vergleich: Nichtwohngebäude rund 1,5 Mio.). Um die in Deutschland und in der EU anvisierten Ziele zur Reduktion der CO_2-Emissionen (–40% (D) bzw. –20% (EU) bis 2020 gegenüber 1990) erreichen zu können, ist es offensichtlich, dass ganz erhebliche Einsparpotenziale im Gebäudesektor erschlossen werden müssen. Ein Erreichen dieser Einsparziele ohne einen nennenswerten Einsparbetrag des Wärmesektors ist kaum vorstellbar.

Bereits 2007 hat daher die Bundesregierung das so genannte „Integrierte Energie- und Klimaprogramm“ (oder auch „Mesebergpaket“) in Meseberg verabschiedet. Dieses beinhaltet eine detaillierte Analyse aller CO_2-Verursacher in Deutschland und der bei den einzelnen Verursachern rekrutierbaren CO_2-Einsparpotenziale. Unumstritten ist dabei die Tatsache, dass kein Königsweg existiert, der ein ausreichendes Einsparpotenzial innerhalb nur eines speziellen Energiesektors böte, sondern die angestrebte CO_2-Einsparung so groß ist, dass nur eine Vielzahl von einzelnen Maßnahmen über alle energierelevanten Sektoren zum Ziel führen kann. So wurde in Meseberg ein 29 Maßnahmen umfassendes Aktionsprogramm beschlossen, von denen sich eine Reihe wichtiger Maßnahmen auf den Gebäudesektor konzentrieren. Diese sind in Tabelle 6.1 stichwortartig aufgeführt.

Als besonders problematisch stellen sich dabei die Folgen der oben schon beschriebenen Langfristigkeit energietechnischer Investitionen dar. Im Bereich der Neubauten können zwar durch die sich stetig verschärfenden Anforderungen der Energieeinsparverordnung (EnEV) weitere Potenziale erschlossen werden. Jedoch

Tabelle 6.1 Maßnahmen des Integrierten Energie- und Klimaprogramms, die sich auf den Gebäudesektor beziehen

Maßnahme
Verschärfung der Energieeinsparverordnung (EnEV)
Einführung des Erneuerbaren-Energien-Wärmegesetzes
CO_2-Gebäudesanierungsprogramm
Energetische Sanierung der sozialen Infrastruktur (Schulen, Kitas, Jugendeinrichtungen)
Programm zur energetischen Sanierung von Bundesgebäuden
Novellierung der Heizkostenverordnung
Einspeiseregelungen für Biogas im Erdgasnetz

bedarf es eines Weges, wie auch der Altbaubereich systematisch erfasst bzw. optimiert werden kann. Obwohl die CO_2-Vermeidungskosten in Bestandsgebäuden im Vergleich zu den Neubauten nennenswert niedriger liegen (teilweise handelt es sich sogar um CO_2-Vermeidungsgewinne!), werden die notwendigen Investitionen in Altbauten oft gemieden, da sie trotz langfristiger Wirtschaftlichkeit oftmals kurz- und mittelfristig zu erheblichen finanziellen Belastungen der Gebäudeeigentümer führen.

Die erste Wärmeschutzverordnung trat 1977 in Kraft, aber noch heute stammen ca. 75% der Wohngebäude aus der Zeit vor der ersten Wärmeschutzverordnung. Dies zeigt die erst sehr langfristig ausstrahlende Wirkungskraft der immer wieder verschärften Verordnungen zum Wärmeschutz. Dabei sei angemerkt, dass sich die damaligen Wärmeschutzverordnungen (WSchV) wie auch die heutige Energieeinsparverordnung (EnEV) sehr wohl auch auf den Altbaubestand beziehen. Diese Regelungen greifen jedoch nur, wenn ohnehin großflächige Sanierungen durchgeführt werden müssen. Die Baupraxis zeigte allerdings auch, dass die Motivation der Bauherren zur Umsetzung der Vorschriften in Ermangelung einer behördlichen Kontrolle vergleichsweise gering war. Über geeignete Verschärfungen der Nachweis- und Überprüfungspflichten hat man sich zwischenzeitlich insbesondere bei der Novellierung der EnEV 2009 darum bemüht, diesem Desinteresse einen Riegel vorzuschieben.

Ein Großteil der Gebäude ist heute immer noch ungedämmt und daher oftmals in einem schlechten energetischen Zustand, was zu einem unnötig hohen Energieverbrauch und damit zu hohen Wohnnebenkosten führt. Die jährlichen Sanierungsraten für vollständige energetische Sanierungen lagen bei Gebäuden, die vor 1979 errichtet wurden, im Jahre 1994 bei 1,6%, der heute aktuelle Wert liegt bei ca. 2,2% (BMVBS 2008).

Den Beschlüssen von Meseberg liegt allerdings die Annahme einer 3%igen Sanierungsrate zugrunde, daher muss die Investitionsbereitschaft der Hauseigentümer noch erheblich weiter ausgebaut werden. Die derzeit gesetzten politischen Rahmenbedingungen hierfür sind im Wesentlichen durch eine intensive Aufklärungs- und Informationsarbeit, durch die gezielte Förderung von Maßnahmen zur Steigerung der Energieeffizienz sowie durch die Verschärfung des Ordnungsrechts in Form sich stetig verschärfender Wärmeschutzvorschriften gekennzeichnet. Unter der Annahme, dass sich die Neubau- (ca. 1% der gesamten Wohnfläche pro Jahr) und Abrissraten (< 0,1%/Jahr, entspricht ca. 16 000 Gebäuden) auch in Zukunft wie

Infobox 6.1 Die Energieeinsparverordnung EnEV 2009

Die Verabschiedung der „EU-Gebäuderichtlinie“ im Jahr 2002 (Richtlinie 2002/91/EG Directive on Energy Performance of Buildings – EPBD) führte zur ersten Energieeinsparverordnung (EnEV) 2002.

Hauptziel der Energieeinsparverordnung, die zuletzt 2009 überarbeitet wurde, ist es, bei Umbau- und Sanierungsmaßnahmen ebenso wie bei allen Neubauten (Wohn- und Nichtwohngebäuden) den zukünftigen Primärenergieverbrauch zu reduzieren. Weiterhin soll die verschärfte Pflicht, Energieausweise zu erstellen und diese den Käufern oder Mietern auszuhändigen, bzw. bei (großen) öffentlichen Gebäuden öffentlich auszuhängen, den Wettbewerb zu Gunsten energiesparender Gebäude fördern.
Als wichtigste Bezugsgröße gibt die EnEV einen jährlichen Primärenergiebedarf eines Gebäudes für Heizung, Lüftung, Warmwasserbereitung und (seit 2007) für Kühlleistungen vor. Anstatt wie bisher auf Grundlage des A/V-Verhältnisses erfolgt die Berechnung der Grenzwerte des Jahres-Primärenergiebedarfs nun auch bei Wohngebäuden über ein *Referenzgebäude* gleicher Geometrie, Gebäudenutzfläche und Ausrichtung.

Für dieses Referenzgebäude werden Ausstattungsvorgaben insbesondere für die Qualität der Wärmedämmung (U-Werte) und für die Anlagentechnik gemacht. Unter anderem berücksichtigt das Referenzgebäude eine zentrale Trinkwassererwärmung mit Solaranlage.
Mit diesen Referenzdaten wird für jedes individuelle Gebäude der entsprechende Primärenergie-Bedarf und Transmissionswärmeverlust errechnet, der dann den Grenzwert für das konkrete Gebäude darstellt. Zusätzlich wurden für bestimmte Gebäudetypen (Einfamilienhaus, kleines und großes Mehrfamilienhaus, etc.) maximale spezifische Transmissionswärmeverluste (siehe Tabelle 6.7) festgelegt.
Außerdem stellt die EnEV auch Anforderungen bei Gebäudesanierung und Nachrüstpflichten bezüglich Heizungsanlagen, ungedämmten Wärmeverteilungs- und Warmwasserleitungen sowie Armaturen und bisher ungedämmte, zugängliche oberste Geschossdecken.

bislang fortsetzen, kann ferner davon ausgegangen werden, dass in Deutschland im Jahre 2020 noch mehr als 80% der heutigen Gebäude in Betrieb sind. Dies macht die Vorrangstellung des Altbaubereichs deutlich, will man die anvisierten CO_2-Minderungen im Gebäudesektor tatsächlich mobilisieren. Die in Abb. 6.1 gezeigte Verteilung der Altersstruktur des Gebäudebestandes verdeutlicht dies nochmals.

Ungeachtet der Frage, inwieweit die bestehenden Vorschriften zur Wärmebedarfsreduktion zielgerichtet sind oder eingehalten werden, soll an dieser Stelle noch darauf hingewiesen werden, dass bislang jede der bekannt gewordenen Regelungen sich auf eine Begrenzung des zulässigen flächenspezifischen Wärmebedarfs bezieht. Andersartige Regelungen, wie z. B. haushalts- oder personenbezogene Grenzwerte müssten sich als empfindliche Eingriffe in die persönlichen Freiheiten des Einzelnen darstellen und sind somit auch aus rechtlicher Sicht nicht vertretbar. Die flächenbezogenen Grenzwerte erwiesen sich durchaus auch als zielführend, aber es

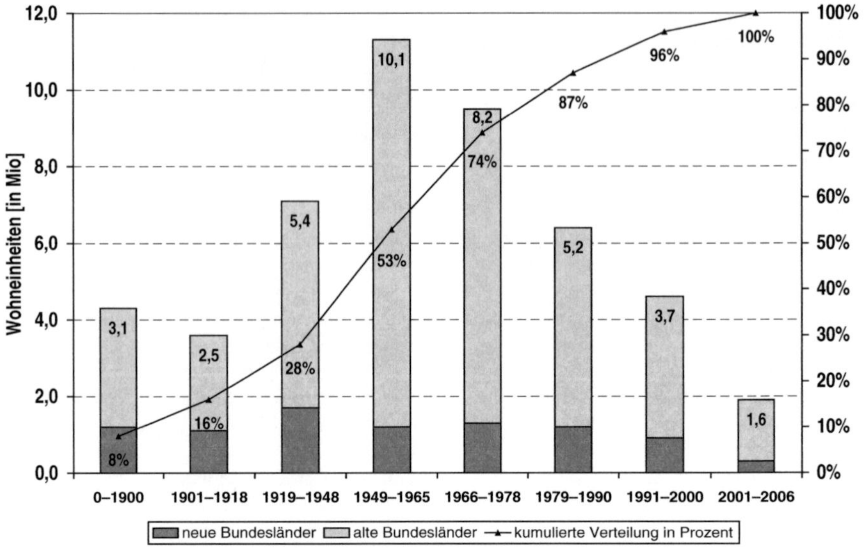

Abb. 6.1 Altersverteilung der Wohngebäude (Renner 2010)

musste festgestellt werden, dass strenge flächenbezogene Grenzwerte lange Zeit angesichts stetig wachsender Wohnflächen pro Haushalt (von 1995 bis 2004: Anstieg um 13%) dennoch im Endergebnis zu keiner Einsparung von Energie führten (dies ist auch eine Form des indirekten „Rebound-Effekt“, siehe Abschn. 1.1.4).

Erst seit 1997, also 20 Jahre nach der Einführung der ersten Wärmeschutzverordnung, konnte die Zunahme des Raumwärmebedarfs, die sich bis dahin aus den wachsenden Wohneinheiten ergab, gestoppt bzw. durch zunehmend greifende Wärmeschutzvorschriften kompensiert werden. Zwar nahm die Wohnfläche seit 1997 immer noch um weitere 10% zu, dennoch liegt heute der Raumwärmebedarf wieder in der Größenordnung des Wertes von 1990 (BMVBS 2008). Von einer drastischen Kehrtwende im Sinne der oben beschriebenen und erhofften massiven CO_2-Minderung der gesamten Volkswirtschaft kann jedoch bislang keine Rede sein. Gemindert wurde lediglich der mittlere flächenspezifische Energiebedarf des Gebäudebestandes.

6.3 Primärenergiebedarf eines Gebäudes

Der Energiebedarf eines Gebäudes lässt sich mittels einer vergleichsweise einfachen Energiebilanz um das Gebäude herum darstellen. Nach dem ersten Hauptsatz der Thermodynamik kann dieser aus der Summe der ein- und ausströmenden Energiemengen ermittelt werden. Zu den ausströmenden Komponenten, den Verlusten, gehören die so genannten Transmissionswärmeverluste Q_T und die Konvektions- oder Lüftungswärmeverluste Q_V. Ferner weist die Heizungsanlage und u. U. auch das Wärmeverteilsystem Anlagenverluste beim Verbrennungsprozess, bei der Wärmespeicherung und der Wärmeverteilung auf, die ebenso für das System Gebäude nicht mehr nutzbar sind und als Abwärmestrom $Q_{Abwärme}$ verloren gehen, wie z. B. das warme Abgas eines Heizkessels, welches das Gebäude über den Schornstein verlässt.

Zu den Wärmemengen, die in das System Gebäude strömen, gehören der Energieinhalt des zugeführten Brennstoffs (z. B. Öl, Gas) $Q_{Brennstoff}$, die solaren Gewinne Q_{Solar}, die über die transparenten Gebäudeflächen einfallen, sowie die so genannten inneren Gewinne Q_{Innere}, die von Menschen, Tieren oder elektrischen Geräten innerhalb des betrachteten Gebäudes abgegeben werden.

Um tatsächlich Rückschlüsse auf den Primärenergiebedarf Q_P und nicht nur auf den der (gekauften) Brennstoffmenge entsprechenden Endenergiebedarf $Q_{Brennstoff}$ machen zu können, muss der Energieaufwand der Vorkette des Brennstoffs zusätzlich noch mit berücksichtigt werden. In diesem Energieaufwand werden alle Aufwände zur Gewinnung, Aufbereitung und zum Transport des Brennstoffs bis zum Gebäude im Primärenergiefaktor f_P subsumiert.

Niedrige Primärenergiefaktoren (z. B. Heizöl 1,1) ergeben sich zumeist bei hohen Energiedichten des Energieträgers, hohe Faktoren ergeben sich insbesondere bei aufwändigen technologischen Vorketten, wie sie zum Beispiel bei der Stromerzeugung in Kohlekraftwerken zur Produktion des Endenergieträgers Strom benötigt werden (Tabelle 6.2). Für Strom beträgt dieser entsprechend dem derzeit in Betrieb befindlichen deutschen Kraftwerkspark 2,6.

Energiewirtschaftlich und ökologisch ist häufig nicht der gesamte Energieaufwand von Bedeutung, sondern lediglich der Aufwand an nicht erneuerbarer Primärenergie. Bei erneuerbaren Energien wird daher nur der fossil-nukleare Anteil bewertet, der für die Produktion und Bereitstellung der Brennstoffe erforderlich ist. Beispielsweise beträgt nach DIN V 18599, Teil 1 der Primärenergiefaktor des Brennstoffes Holz insgesamt 1,2, ausschließlich für den nicht erneuerbaren Anteil jedoch nur 0,2, da der Brennstoff selbst als erneuerbar betrachtet wird.

Tabelle 6.2 Primärenergiefaktoren gemäß DIN 18599 - 100:2009-10

Energieträger	Primärenergiefaktor f_P nicht erneuerbarer Anteil	
Brennstoffe	Heizöl EL	1,1
	Erdgas H	1,1
	Flüssiggas	1,1
	Steinkohle	1,1
	Braunkohle	1,2
	Holz	0,2
	Biogas, Bioöl	0,5
Nah-/Fernwärme KWK	fossil	0,7
	erneuerbar	0,0
Nah-/Fernwärme aus Heizwerken	fossil	1,3
	erneuerbar	0,1
Strom	Strom-Mix	2,6
Umweltenergie	Solar, Umgebungswärme	0,0

Neben dem Brennstoffbedarf für Heizzwecke sind in der Energiebilanz weitere Verbraucher zu berücksichtigen: der Energiebedarf für die Erwärmung von Trinkwasser Q_{TW} und die Energie zur Kühlung des Gebäudes $Q_{Kühlung}$ sowie die zu deckenden Anlagenverluste Q_t, abzüglich der Wärmemengen, die brennstofffrei (z.B Solar) gedeckt werden Q_r. In der Systematik der entsprechenden DIN-Norm wird auch der Energiebedarf für die Beleuchtung hinzugezählt (DIN 18599). Da dieses Kapitel auf den Wärmemarkt fokussiert, soll der letzte Faktor hier nicht diskutiert werden (siehe Abschn. 5.2.3).

Damit ergibt sich insgesamt der Primärenergiebedarf des Gebäudes Q_P vereinfacht zu

$$Q_P = f_P \cdot Q_{Brennstoff} = f_P \cdot \left(Q_T + Q_V + Q_{TW} - \eta_F \cdot Q_{Solar} - \eta_F \cdot Q_{Innere} + Q_{Kühlung} + Q_t - Q_r\right) \tag{6.1}$$

Q_P	Primärenergie
f_P	Primärenergiefaktor gemäß DIN 18599[1]
$Q_{Brennstoff}$	Energieinhalt des eingesetzten Brennstoffs
Q_T	Transmissionswärmeverluste
Q_t	Technische Anlageverluste der Wärmeerzeugung und -verteilung
Q_V	Lüftungswärmeverluste
Q_{TW}	Wärmebedarf zur Warmwasserbereitung
η_F	Nutzungsgrad der Wärmegewinne (üblich 0,95)
Q_{Solar}	Solare Gewinne
Q_r	regenerative oder rückgewonnene Energie
$Q_{Kühlung}$	Kühlbedarf

Werden mehrere Brennstoffe verwendet, müssen sie mit den jeweiligen Primärenergiefaktoren gewichtet werden. Primärenergiesparende Bauten sind solche, bei denen alle Terme dieser Gleichung – Primärenergiefaktor, Transmissions- und Lüftungsverluste, Anlageverluste sowie Kühlungsbedarf und Wärmebedarf für Warmwasser minimiert, solare und interne Gewinne hingegen maximiert werden.

Der Trinkwasserwärmebedarf Q_{TW} hängt von den Nutzergewohnheiten ab und lässt sich bauseits kaum beeinflussen. In Gebäudeberechnungen wird er in der Regel mit 12,5 kWh pro Quadratmeter Nutzfläche abgeschätzt. Die folgenden Kapitel behandeln daher nur die für die Raumtemperatur relevanten Terme und deren Optimierungspotenzial.

6.4 Bedeutung der Gebäudehülle für energieeffizientes Bauen

Im Folgenden fokussieren wir auf die Heizenergie. Analysiert man obige Gebäudeenergiebilanz (Gl. 6.1) hinsichtlich der Möglichkeiten, aktiv zu einer energieeffizienten Raumwärmebereitstellung beizutragen, so zeigt sich recht schnell,

[1] Vereinfachte Darstellung für einen einheitlichen Brennstoff. Werden mehrere Energieträger verwendet, sind diese einzeln zu berücksichtigen.

Tabelle 6.3 Einflussfaktoren und Handlungsspielräume der Gebäudeenergiebilanz

Primärenergiefaktor f_p	Grundsätzlich 3 Qualitäten: fossil (ca. 1,1), elektrisch (2,6) und durch erneuerbare Energien (0,1...1,1 (2,6)) unterstützt
Transmissionsverluste Q_{Trans}	Ungedämmter Zustand vor WSchV77 (1...2 W/($m^2{}_{opake\ Bauteilfläche}$ K) bzw. 3...5 W/($m^2{}_{Fensterfläche}$ K)) gedämmt entsprechend Baustandard Ende 70er bis 2009 ab EnEV 2009 (0,2...0,4 W/($m^2{}_{opake\ Bauteilfläche}$ K) bzw. 0,8...1,4 W/($m^2{}_{Fensterfläche}$ K))
Lüftungsverluste Q_{Konv}	„Undichte" Gebäudehülle (Fugenlüftung, zugig) bis „dichte" Gebäudehülle mit Luftdichtigkeitsschicht
Abwärmeverluste $Q_{Abwärme}$	Unzeitgemäße Heizungsanlage (Nutzungsgrade < 70%), moderne Gaskessel (Nutzungsgrade ca. 100%)
Solare Gewinne Q_{Solar}	Ergeben sich aus den der Sonne zugewandten transparenten Flächen (nutzbar ca. 100–150 kWh/($m^2{}_{Fensterfläche}$ a))
Innere Gewinne Q_{Innere}	Kaum beeinflussbar, EnEV geht von 22 kWh/($m^2{}_{Nutzfläche}$ a) aus.

welche herausragende Bedeutung die Gebäudehülle in Form der resultierenden Transmissionsverluste hat. Auch wenn selbstverständlich die weiteren Terme in ihrer Bedeutung nicht vernachlässigt werden dürfen, so ist es doch die Gebäudehülle, die entscheidend auf den Heizenergiebedarf und damit auf den Primärenergiebedarf wirkt. Tabelle 6.3 umreißt den planerischen Spielraum, die Energiebilanz überhaupt positiv beeinflussen zu können.

Für die Effizienz des Gebäudes ist es also wesentlich, die Wärmeverluste, die aufgrund von Transmission, also Wärmeleitung, auftreten, durch geeignete Materialien und Dämmstärken zu reduzieren. Maßgeblich ist dabei die so genannte thermische Hülle, die die warmen Räume umgibt und die Systemgrenze zwischen beheiztem und unbeheiztem Bereich darstellt. Abbildung 6.2 zeigt zur Veranschaulichung der thermischen Hülle eine Schnittzeichnung durch ein Gebäude. Die Hüllfläche ist dabei durch die Außenmaße der Bauteile, inklusive eventueller Dämmschichten, definiert. Dies entspricht auch den Vorschriften der EnEV, die auf diese Hüllfläche Bezug nimmt.

Die Abbildung zeigt sehr deutlich, dass die thermische Hülle nicht zwangsläufig eine mit dem Gebäude vergleichbare Geometrie aufweist, was deren Festlegung besonders wichtig macht. Die sich ergebenden Einzelflächen stellen nämlich eine der zentralen Eingangsgrößen für die Berechnungsgleichung der Transmissionswärmeströme $\dot{Q}_T$ dar. Der Punkt über dem Q beschreibt die zeitliche Ableitung einer Wärmemenge, also den Wärmestrom pro Zeiteinheit (entspricht einer Leistung, siehe Abschn. 1.4.1.) $\dot{Q}_T$ wird zunächst durch folgende Grundgleichung ermittelt.

$$\dot{Q}_T = U \cdot A \cdot \Delta T \tag{6.2}$$

bzw. für insgesamt n Bauteile

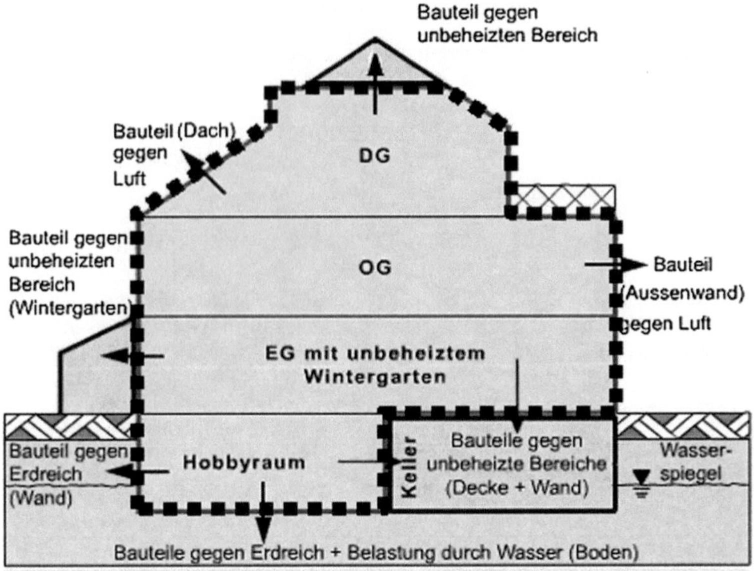

Abb. 6.2 Beispiel für die Hüllfläche eines Gebäudes (gestrichelt) (Bauer und Hertle 2005)

$$\dot{Q}_T = \sum_{i}^{n} U_i \cdot A_i \cdot \Delta T \tag{6.3}$$

$\dot{Q}_T$ Wärmefluss in W
U Wärmedurchgangskoeffizient in W/(m^{2}K)
A Wärme übertragende Fläche in m^2
ΔT Temperaturdifferenz zwischen der Luft auf beiden Seiten der übertragenden Fläche in K

Möchte man nicht den Wärmestrom, sondern beispielsweise den Jahresenergiebedarf aufgrund der Transmissionsverluste bestimmen, so muss man für jede Zeiteinheit die entsprechende Temperaturdifferenz ΔT bestimmen und über das Jahr hinweg aufsummieren – natürlich nur für die Zeiten, in denen wir die Heizung einschalten, weil die Außentemperatur unter eine kritische Schwelle gefallen ist. Dies leisten die in Abschn. 1.5.2 eingeführten Gradtage. Mit ihnen kann der jährliche Transmissionswärmebedarf (hier unter Vernachlässigung der Wärmebrücken) geschrieben werden:

$$Q_T = U_m \cdot A \cdot Gt \tag{6.4}$$

wenn U_m der über die thermische Hülle gemittelte U-Wert ist.

Es ist ersichtlich, dass die Wärme übertragende Fläche die Transmissionswärmeverluste linear beeinflusst. Ziel einer energieeffizienten Planung sollte daher die

Infobox 6.2 Wärmetransport durch Wärmeleitung, -strömung und -strahlung

Um den Wärmeverlust eines Gebäudes erfassen zu können, ist zunächst zu klären, auf welche Weise Wärme überhaupt „transportiert" werden kann.
Der Wärmetransport in festen Körpern erfolgt vor allem durch *Wärmeleitung*, wobei kein Stoff- bzw. Massentransport stattfindet: die Moleküle bleiben auf ihrem Platz und geben nur ihre kinetische Energie weiter. Die Menge der Wärmeleitung ist abhängig vom Material, also vom Baustoff bzw. dessen Zusammensetzung.
Wärmeströmung, vielfach auch *Konvektion* genannt, ist Wärmetransport durch Bewegung der Moleküle infolge von Dichteunterschieden. Diese Transportart gibt es nur in Gasen und Flüssigkeiten, beispielsweise im Heizwasserkreislauf oder bei den Luftströmungen oberhalb von Heizkörpern.
Im Gegensatz zur Wärmeleitung findet hierbei also auch ein Stofftransport statt. Man unterscheidet zwischen freier Konvektion durch Dichte- und Temperaturunterschiede (etwa die über einem Heizkörper aufsteigende Luft) und erzwungener Konvektion durch Pumpen oder Ventilatoren.
Bei der *Wärmestrahlung* erfolgt der Wärmetransport durch langwellige Infrarotstrahlen. Strahlung ist nur durch "transparente Teile" – ohne Stofftransport – möglich.
Die beiden wichtigsten Anwendungsbereiche hierfür sind die Erwärmung eines Raumes durch Fenster-Sonneneinstrahlung und die Abgabe der Heizkörperwärme durch Strahlung über seine Umschließungsflächen.
(Bauer und Hertle 2005)

Minimierung dieser Flächen sein, was, zumindest in der Theorie der Geometrielehre, zu einer Kugel führt, die im Verhältnis zu ihrem Volumen die kleinstmögliche Oberfläche aufweist. Natürlich kann es nicht (zwanghaftes) Ziel der architektonischen Entwurfsplanung sein, kugelförmige Gebäude zu entwerfen, dennoch bietet das Verhältnis der Größe der Wärme übertragenden Fläche *A* zum Gebäudevolumen *V*, das so genannte A/V-Verhältnis, einen gewissen Hinweis auf eine eher verspielte, zerklüftete (großes A/V) und damit tendenziell ineffiziente Bauweise oder auf eine eher puritanisch glatte (niedriges A/V) und damit tendenziell effiziente Bauweise.

Trotzdem sollte man die Berücksichtigung des A/V-Verhältnisse nicht unnötig weit führen. Ohnehin ist die grundsätzliche Gebäudekubatur oftmals durch andere Kriterien, wie sie zum Beispiel den städtebaulichen Vorgaben entstammen, festgelegt. Zudem stellt die Wärme übertragende Fläche auch nur einen der beiden durch baukonstruktive Planung beeinflussbaren Parameter der Transmissionswärmeverluste dar.

Der zweite zentrale Parameter ist der U-Wert, oder ausführlicher der Wärmedurchgangskoeffizient von Bauteilen. Dieser U-Wert repräsentiert den reziproken Widerstand eines Bauteils gegenüber dem auf Wärmeleitung basierten Wärmetransport. Kleine U-Werte führen zu niedrigen Wärmeverlusten, große U-Werte zu hohen Wärmeverlusten.

Der in Gl. (6.3) enthaltene dritte Term, die Temperaturdifferenz lässt sich de facto kaum beeinflussen, da dieser zumeist durch die Außentemperatur (außer bei Angrenzung an Nachbarbebauung) und die vom Nutzer im späteren Betrieb eingestellte Innenraumtemperatur bestimmt wird.

6.4.1 Wärmedurchgangskoeffizient U

Die Kenntnis der Wärmedurchgangskoeffizienten der verwendeten Bauteile ist neben der Kenntnis der Wärme übertragenden Flächen von zentraler Bedeutung. Er resultiert aus den Wärmetransportvorgängen in den einzelnen Schichten eines Bauteils und an den beiden der Außenluft bzw. der Innenraumluft zugewandten Oberflächen des Bauteils. Analog zu einer Reihenschaltung elektrischer Widerständen werden die einzelnen Wärmeleitungswiderstände aufaddiert, so dass sich der Wärmeleitwiderstand R_{ges} des gesamten Bauteils ermitteln lässt.

$$R_{ges} = R_i + R_\lambda + R_e \tag{6.5}$$

Dabei ist R_i der Wärmeübergangswiderstand innen, R_λ der Wärmedurchgangswiderstand des Bauteils und R_e der Wärmeübergangswiderstand außen (Einheit: m^2K/W). Zur näheren Erläuterung soll hier das Prinzip an einem einschichtigen Bauteil erläutert werden. Abbildung 6.3 zeigt ein beliebiges homogenes Bauteil, welches an der einen Seite an Außenluft der Temperatur T_a und an der anderen Seite an die Innenraumluft der Temperatur T_i grenzt.

Getrieben durch die Temperaturdifferenz zwischen den beiden Umgebungstemperaturen der beiden Oberflächen wird sich ein Wärmestrom $\dot{Q}$ einstellen, der Wärmeenergie von der warmen an die kalte Seite übertragen wird. Zwischen den beiden Lufttemperaturen auf beiden Seiten des Bauteils stellt sich eine stetig verlaufende Temperaturkurve ein, so dass sich jeder Schicht im Bauteil auch eine bestimmte Temperatur zuordnen lässt.

Der konkrete Temperaturverlauf selbst ergibt sich nun aus der Summe der Teilwärmewiderstände, die sich dem Wärmefluss entgegenstellen. Im Einzelnen sind dies die Wärmeübergangswiderstände R_i und R_e an den Oberflächen sowie

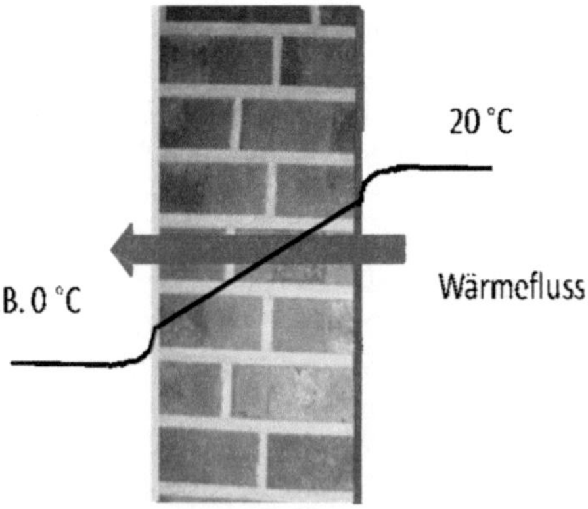

Abb. 6.3 Temperaturverlauf durch eine Wand

der Wärmeleitwiderstand des Baustoffes bzw. bei mehrschichtigen Bauteilen der Wärmeleitwiderstände der einzelnen Schichten.

Die Wärmeübergangswiderstände R_i und R_e lassen sich anschaulich mit der jeden Körper umgebenden Luft-Grenzschicht erklären. Innerhalb dieser Grenzschicht ist oberflächenseitig die Luftbewegung direkt an der Körperoberfläche gleich Null. Das heißt, es findet zumindest direkt an der Oberfläche kein Wärmetransport durch Konvektion statt. Wärme wird im Grenzschichtbereich im Wesentlichen durch Strahlungsaustausch der Oberfläche mit der Luft stattfinden. Mit zunehmendem Abstand und damit auch mit zunehmender Luftbewegung wird die Wärmestrahlung durch den wachsenden Konvektionsanteil ergänzt. In der Bau- und Planungspraxis werden diese komplexen physikalischen Gegebenheiten bei der Betrachtung der oberflächennahen Wärmetransportvorgänge üblicherweise zu einem pauschalierten Wärmeübergangswiderstand zusammengefasst. Er berücksichtigt den kompletten Wärmetransport von der festen Oberfläche an die umgebende Luft. Zwar ist dieser noch von den näheren Randbedingungen abhängig, wie z. B. dem im Außenbereich oftmals vorhandenen Wind oder der Richtung des Wärmestroms, die beide Einfluss auf die Höhe des konvektiven Wärmetransports haben. Dennoch lassen sich die in der Praxis auftretenden Fälle relativ einfach kategorisieren, so dass die Werte aus Tabelle 6.4 für die jeweils gegebene Situation standardmäßig verwendet werden können.

Mit Hilfe obiger Werte können die Wärmeübergangswiderstände, also die „Oberflächenwiderstände“, ausreichend genau und vor allem auch unabhängig von den verwendeten Baustoffen beschrieben werden.

Der Wärmeleitwiderstand im Bauteilinneren ergibt sich dagegen aus einer Stoffeigenschaft des verwendeten Baustoffs, der so genannten Wärmeleitfähigkeit, sowie aus der Dicke des eingesetzten Baustoffes. Die Wärmeleitfähigkeit λ ist das Vermögen eines Stoffes, Wärmeenergie zu transportieren.

Der Lambda-Wert drückt aus, welcher Wärmestrom $\dot{Q}$ [W] durch eine 1 m^2 große und 1 m dicke ebene Schicht eines Stoffes hindurch geht, wenn die Temperaturdifferenz der Oberflächen in Richtung des Wärmestromes 1 Kelvin [K] beträgt. Normalbeton hat mit ca. 2 W/(mK) eine besonders hohe Wärmeleitfähig-

Tabelle 6.4 Wärmeübergangswiderstände

Art der Wärmeübergangsfläche	Wärmeübergangswiderstand R_i bzw. R_e in m^2K/W
1. Innenseiten geschlossener Räume bei natürlicher Luftbewegung	
1.1. Wandflächen, Innenfenster, Außenfenster	0,13
1.2. Fußböden und Decken bei Wärmeübergang von:	
(a) unten nach oben	0,13
(b) oben nach unten	0,17
2. Außenseiten bei einer mittleren Windgeschwindigkeit vons etwa 2 m/	0,04

Tabelle 6.5 Wärmeleitfähigkeitswerte von Dämmstoffen (Bauer und Hertle 2005)

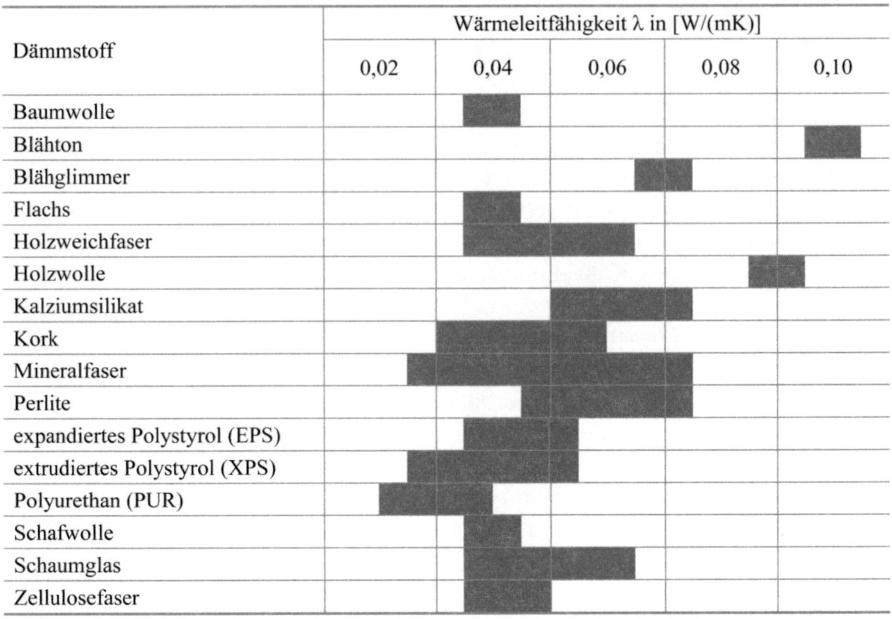

keit, Dämmstoffe haben eine sehr niedrige: ca. 0,02 bis 0,04 W/(mK). Evakuierte Dämmstoffe können noch niedrigere Leitfähigkeiten aufweisen.

Im Grundsatz gilt: je dicker ein Bauteil, umso größer ist der Wärmeleitwiderstand, und je höher die Wärmeleitfähigkeit eines Baustoffes, umso niedriger ist der Wärmeleitwiderstand. Damit ergibt sich der Wärmeleitwiderstand zu:

$$R_\lambda = \frac{d}{\lambda} \tag{6.6}$$

R_λ Wärmeleitwiderstand (zur Veranschaulichung mit Index) in m^2K/W
d Dicke des Bauteils in m
λ Wärmeleitfähigkeit des eingesetzten Materials in W/mK

Der resultierende Gesamtwiderstand lässt sich nun über

$$R_{ges} = R_i + R_\lambda + R_e = R_i + \frac{d}{\lambda} + R_e \tag{6.7}$$

bestimmen.

Wie in der Praxis üblich, werden Bauteile häufig aus mehreren Schichten zusammengesetzt. Dies kann z. B. eine unverputzte Betonwand mit außenliegender Dämmung oder ein beidseitig verputztes Mauerwerk sein. In diesen Fällen werden die einzelnen (aus Sicht des Wärmeflusses) in Serie liegenden Widerstände addiert. Damit wird Gl. (6.7) wie folgt umgeformt:

$$R_{ges} = R_i + \sum_{j}^{alle\ Schichten} \frac{d_j}{\lambda_j} + R_e \tag{6.8}$$

sodass nun der Gesamtwärmewiderstand eines Bauteils auch mit beliebig vielen Schichten bestimmt werden kann.

Ausgangspunkt des Kapitels war jedoch die Bestimmung des Wärmedurchgangskoeffizienten, der multipliziert mit der Wärme übertragenden Fläche und der treibenden Temperaturdifferenz den Transmissionswärmestrom ergibt (Gl. 6.2). Dieser wird aus dem Kehrwert der Summe der Widerstände bestimmt, also aus dem Kehrwert des Gesamtwärmewiderstandes. [2]

$$U = \frac{1}{R_{ges}} = \frac{1}{R_i + \sum_{j}^{alle\ Schichten} \frac{d_j}{\lambda_j} + R_e} \tag{6.9}$$

Beispiel: Für ein einschichtiges Bauteil, z. B. eine beidseitig unverputzte, 20 cm dicke Außenwand aus Beton zur Außenluft mit λ = 1,65 W/(mK) gilt: 1/U = R_i + R_{Beton} + R_e = (0,13 + 0,2/1,65 + 0,04) W/(m^2K)= 0,29 W/(m^2K). Für den U-Wert folgt: U = 1/0,29 W/(m^2K) = 3,43 W/(m^2K).

Mittels des Wärmedurchgangskoeffizienten U lassen sich Materialien, Fertigprodukte, verschiedene Bauteilaufbauten etc. wärmetechnisch einfach miteinander vergleichen. Es steht hiermit eine flächen- und temperaturspezifische Variable zur Verfügung, die völlig unabhängig von der Größe des Bauteils oder den tatsächlichen Temperaturdifferenzen Aussagen zum Wärmefluss durch ein Bauteil erlauben. Tabelle 6.6 zeigt zur Veranschaulichung der Größenordnung dieses Wertes eine Reihe von praktischen Werten. Diese hängen naturgemäß auch stark von der jeweils geltenden Wärmeschutz- oder Energieeinsparverordnung ab, so dass die Tabelle

Tabelle 6.6 Typische U-Werte für Bauteile nach verschiedenen Wärmestandards

Bauteile	WSVO 1995	EnEV 2002	EnEV 2009[1]	Niedrig-Energie-Haus	Passivhaus
Wärmedämmung U-Werte (W/m^2K)					
Dach	0,22	0,2	0,2	≤0,16	0,1
Außenwände	0,5	0,3	0,28[2]	0,25	0,112
Keller	0,5	0,35	0,35	0,29	0,15
Fenster	1,8	1,4	1,3	≤ 1,2	< 0,7

[1]Referenzgebäude [2] gegen Außenluft.

[2]Auf eine mathematisch-physikalische Herleitung soll hier verzichtet werden. Detaillierte Erläuterungen finden sich zum Beispiel im Fischer et al. (2008).

hier entsprechende Unterscheidungen beinhaltet. In Kap. 8 werden verschiedene besonders effiziente Bauteile mit deren U-Werten vorgestellt.

In Abgrenzung zu dem die thermische Qualität eines einzelnen Bauteils beschreibenden U-Wert wird ein weiterer wichtiger Kennwert für die Qualität der Gebäudehülle, der Transmissionswärmeverlust H_T, verwendet. Er charakterisiert die Qualität der Gebäudedämmung insgesamt; je niedriger sein Wert, desto besser ist das Haus gedämmt. H_T beschreibt den Wärmeabfluss durch die gesamte Gebäudehülle bei einem Kelvin (oder Grad Celsius) Temperaturdifferenz:

$$H_T = \sum_i F_i \cdot U_i \cdot A_i + \sum_j F_j \cdot \Psi_j \cdot l_j + \sum_k F_k \cdot \chi_k \tag{6.10}$$

H_T	Transmissionswärmeverlust in W/K
$F_{i,j,k}$	jeweiliger Temperatur-Korrekturfaktor
U_i	U-Wert der i-ten Fläche in W/(m^{2}K)
A_i	i-te Fläche der Gebäudehülle in m^2
ψ_J	längenbezogener Wärmebrückenverlustkoeffizient (DIN 4108) in W/(Km)
j_j	Länge der Wärmebrücke in m
χ_k	Wärmebrückenverlustkoeffizient für punktförmige Wärmebrücken (DIN 4108) in W/K

Drei Glieder gehen in H_T ein: Der Wärmefluss durch die Dämmung, bestimmt durch den U-Wert, der Wärmefluss durch lineare Wärmebrücken, der charakterisiert wird durch den sogenannten längenbezogenen Wärmebrückenverlustkoeffizienten Ψ und dessen Länge l, und den – meist eher geringen – Wärmefluss durch punktförmige Wärmebrücken mit dem entsprechenden Verlustkoeffizienten χ.

Der Temperatur-Korrekturfaktor F berücksichtigt, dass nicht alle Flächen oder Wärmebrücken an die Außentemperatur angrenzen, sondern an Räume mit geringerer Temperaturdifferenz. Beispielsweise wird für Hüllflächen, die an einen nicht ausgebauten Dachraum grenzen, F mit 0,8 angesetzt, bei Wänden zu unbeheizten Räumen, beispielsweise Treppenhäuser, mit 0,5.

Mit diesem Kennwert können wir noch einmal auf Gl. (6.4) zurückgreifen. Wenn man den Transmissionswärmeverlust inklusive Wärmebrücken charakterisieren möchte, so kann man H_T verwenden:

$$Q_T = H_T \cdot Gt \tag{6.11}$$

In der Energieeinsparverordnung wird H_T auf die Hüllfläche bezogen, dann heißt er spezifischer, auf die wärmeübertragende Hüllfläche bezogener Transmissionswärmeverlust H_T':

$$H_T' = \frac{H_T}{A_{Hüllfläche}} \tag{6.12}$$

Für Neubauten ist H_T' auf die Werte in Tabelle 6.7 begrenzt.

Tabelle 6.7 Höchstwerte des spezifischen Transmissionswärmeverlusts in der EnEV 2009 je nach Gebäudetyp

Bauteil	Höchstwerte des spezifischen Transmissionswärmeverlusts
Freistehendes Wohngebäude mit $A_N \leq 350\ \text{m}^2$	$H'_T = 0{,}40\ \text{W/(m}^2\text{K)}$
mit $A_N > 350\ \text{m}^2$	$H'_T = 0{,}50\ \text{W/(m}^2\text{K)}$
Einseitig angebautes Wohngebäude	$H'_T = 0{,}45\ \text{W/(m}^2\text{K)}$
Alle anderen Wohngebäude	$H'_T = 0{,}65\ \text{W/(m}^2\text{K)}$
Erweiterungen und Ausbauten von Wohngebäuden gemäß § 9 Abs. 5 (Erweiterung um 15 bis 50 m^2)	$H'_T = 0{,}65\ \text{W/(m}^2\text{K)}$

6.4.2 Reduktion der Transmissionswärmeverluste

Um die Transmissionswärmeverluste eines Gebäudes zu mindern, bieten sich im ersten Gedanken eine Vielzahl von Einzelmaßnahmen an. So kann z. B. die Dämmstärke des Daches, die Fensterqualität oder die Dämmung zum unbeheizten Keller verbessert werden. Der genauere Blick zeigt allerdings schnell, dass energieeffizientes Bauen (oder Sanieren) sich keineswegs auf die Optimierung einer singulären thermischen Schwachstelle konzentrieren darf.

Aufgrund der abnehmenden Dämmeffizienz stetig zunehmender Dämmstärken würde bei einer Konzentration auf ein oder einige wenige Bauteile der Energiebedarf des Gebäudes kaum abnehmen. Mathematisch ausgedrückt, macht sich hier das 1/x-Verhalten des U-Wertes bemerkbar. Betrachtet man nochmals die bereits eingeführte Gl. (6.9) zur Berechnung des U-Wertes, so wird dies schnell deutlich. Für hohe Dämmstärken d_j, also für gegenüber R_i und R_e große Werte von d/λ und einem hier angenommenen einschichtigen Bauteilaufbau, lässt sich die Gleichung (unter Inkaufnahme geringer Ungenauigkeiten) zu

$$U \approx \frac{\lambda}{d} \tag{6.13}$$

vereinfachen. Nun wird das zur Dämmstärke d reziproke Verhalten des U-Wertes besonders deutlich. Die grafische Darstellung unterstreicht die ableitbare Aussage, dass der letzte Zentimeter der Dämmung immer der ineffizienteste und damit auch der teuerste Zentimeter ist.

Deutlich ist in Abb. 6.4 zu erkennen, dass insbesondere geringe Dämmstärken[3] den U-Wert und damit die Dämmwirkung erheblich verbessern. Umgekehrt haben

[3] Man beachte, dass die durchgeführte Gleichungsvereinfachung unter dem Postulat der „großen" d/λ-Werte steht. Eine genauere Herangehensweise führt jedoch auch bei kleinen Dämmstärken zu keinen anderen qualitativen Aussagen.

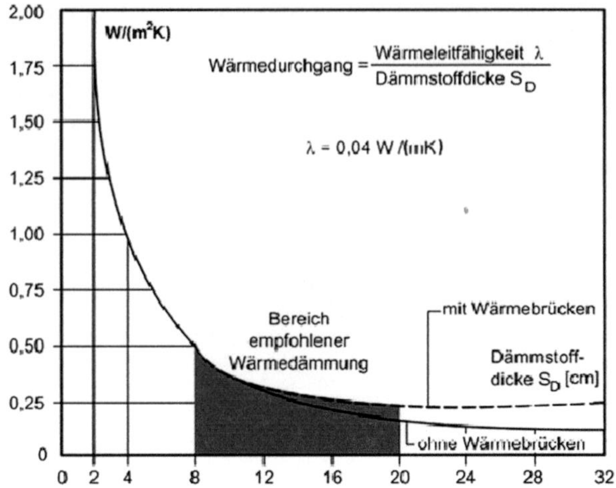

Abb. 6.4 Abhängigkeit des U-Wertes von der Dämmstärke in cm (Bauer und Hertle 2005)

demzufolge nicht (oder ungenügend) gedämmte Bauteile gegenüber bereits gedämmten Bauteilen eine überproportionale Auswirkung auf den Heizenergiebedarf des Gebäudes.

Eine energie- und kosteneffiziente Gebäudedämmung muss daher unbedingt eine Vergleichmäßigung der Dämmwirkung möglichst aller Bauteile zum Ziel haben. Die Aufgabe des energieeffizienten Bauens besteht damit darin, jederzeit das schwächste Glied in der „Dämmkette" zu identifizieren und damit genau dort einzugreifen, wo das Kosten/Nutzenverhältnis am besten ist. In der Praxis führt dies oftmals zu ganzen Maßnahmenpaketen, die in ihrer Wirksumme zur erwünschten Energieeinsparung führen.

Grundsätzlich lassen sich drei Aktionsfelder zur Reduktion der Transmissionswärmeverluste definieren:

1. Reduktion der U-Werte,
2. Reduktion der Wärmebrücken,
3. Reduktion der thermischen Hülle.

1. *Reduktion der U-Werte.* Grundsätzlich muss in opake und transparente Bauteile unterschieden werden. Zur Dämmung opaker Bauteile wie Außenwände, Dächer etc. stehen eine Vielzahl von Dämmstoffen und konstruktiven Möglichkeiten zur Verfügung. In Platten- oder Mattenform eignen sie sich gut zum Dämmen von Dächern, Wänden und Decken/Böden (z. B. Polystyrol, Mineralfaser, Holzweichfaser). Als Granulatschüttungen kommen sie vor allem bei Holzbalkendecken sowie bei bestimmten Kerndämmungen von Außenwänden sowie bei Dämmungen von Flachdächern zum Einsatz (z. B. Blähton, Perlite). In Flockenform werden größere Hohlräume von Dächern und Wänden „vollgeblasen" (z. B. Zelluloseschnipsel).

Tabelle 6.8 Vor- und Nachteile der Positionierung der Dämmschicht im Bauteil

	Außendämmung	Kerndämmung	Innendämmung
Hauptsächliche Anwendung	Standard bei Neubauten, auch bei Sanierungen im Altbau	Neubau, selten Altbau	Altbausanierung
Vorteile	Geringes Risiko von Feuchteschäden durch warme Bauteile Ausnutzung der Speicherfähigkeit der inneren Bauteilschichten Einfaches Überdämmen potentieller Wärmebrücken	Beliebige Fassadengestaltung u.U. reduzierte Bauteildicken (z. B. Holztafelbauweise)	Einfache Nachrüstbarkeit, bei Denkmalschutz oft einzige Möglichkeit
Nachteile	Konflikte mit Denkmalschutz und Gebäudeästhetik möglich	Erhöhter konstruktiver Aufwand	Hohes Risiko von Feuchteschäden Viele Wärmebrücken Nutzbare Speicherkapazität gering

Bezüglich der Baustoffauswahl und deren Montage bzw. Anwendung sei auf die entsprechende Fachliteratur oder auf die reichhaltigen Herstellerunterlagen verwiesen. Dennoch sollen hier zumindest die drei grundsätzlichen konstruktiven Dämmarten mit ihren Vor- und Nachteilen vorgestellt werden (Tabelle 6.8).

Zusammenfassend kann festgehalten werden, dass der Außendämmung nach Möglichkeit immer Vorrang gegenüber der Innendämmung gegeben werden soll. Stellt man sich die Dämmschicht als die zwischen warm und kalt trennende Ebene vor, so wird dies auch aus der einfachen Anschauung heraus sehr schnell deutlich. Wird die Dämmung innenseitig montiert, so befindet sich die tragende Substanz des Bauteils (Mauerwerk, Dachkonstruktion, etc.) im kalten Bereich. Kommt diese mit der warmen Innenluft in Berührung, sei es über Diffusionsprozesse oder über durch Konstruktionsfehler verursachte Konvektion, so kann es an diesen Stellen zu Schimmelpilzbildung bzw. Tauwasserausfall kommen. Liegt die Dämmung dagegen möglichst weit außerhalb des beheizten Luftraums, so reduziert sich dieses Gefährdungspotenzial ganz erheblich.

Neben einer dauerhaft angebrachten Dämmung gibt es auch die Möglichkeit eines temporären Wärmeschutzes, beispielsweise Schiebevorrichtungen oder Klappläden, die nachts aktiviert werden können. Dies ist insbesondere bei alten Fenstern mit schlechten U-Werten von Belang. Rollläden können den U-Wert einer Doppelscheibe um rund 40% senken.

Infobox 6.3 Transparente Wärmedämmung

Neben den herkömmlichen – also nicht transparenten (opaken) Dämmstoffen – gibt es vermehrt transparente Dämmstoffe in Form von Platten mit Kapillarstruktur. Diese „transparente Wärmedämmung“ (TWD) wird auf sonnenbeschienenen Außenwänden angebracht und besteht entweder aus Glas, hochtransparentem Kunststoff oder lichtdurchlässigen Granulaten.
Das Wirkungsprinzip beruht auf einer Vielzahl von dünnen Röhren, die senkrecht zur Gebäudeoberfläche angeordnet sind und die solare Strahlung hindurchlassen.

Die durch die Röhrchen geleitete Strahlungsenergie wird von der – schwarz gestrichenen – Gebäudewand absorbiert und in Wärme umgewandelt. Über Wärmeleitung wird die Wärme in den Innenraum transportiert. Letztendlich ist die TWD also eine Form der *passiven Solarnutzung*. Im Sommer kann als Schutz gegen Überhitzung ein Verschattungssystem notwendig werden. Der Nutzen einer transparenten Wärmedämmung hängt von der Himmelsrichtung der TWD-Wand, von der Qualität und Ausrichtung der übrigen transparenten Bauteile (Fenster) sowie dem Aufbau der Wand hinter der TWD ab.

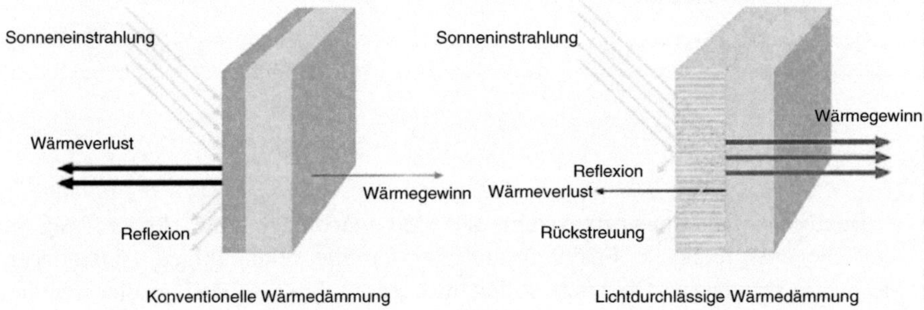

Bei modernen transparenten Bauteilen, also Fenster, Türen und Oberlichter, ist das Problem von eventuell anfallendem Tauwasser in zuverlässiger Art und Weise gelöst. Hatte man bei der (in Neubauten nicht mehr üblichen) Einscheibenverglasung noch Tauwasseranfall mit den jeweiligen Folgeschäden, so gehören diese Probleme durch die gängigen Zwei- oder auch Dreischeibenverglasungen der Vergangenheit an. Die heutigen Wärmedurchgangskoeffizienten der eingesetzten Fenster liegen bei 0,8 ... 1,3 $W/(m^2K)$. Gegenüber den noch in den 1980er Jahren verwendeten Fensters, die durchaus noch Werte von rund 3 $W/(m^2K)$ aufwiesen, stellt dies einen ganz erheblichen Fortschritt dar. Vergleicht man die U-Werte von opaken Bauteilen (0,2 ... 0,5 $W/(m^2K)$) mit den Werten von Fenstern, so wird schnell deutlich, dass Fenster trotz aller technisch-konstruktiver Weiterentwicklungen nach wie vor eine erhebliche Schwachstelle in der thermischen Gebäudehülle darstellen.

Dennoch stellt sich die Frage, in wie weit Verglasungen die Energiebilanz eines Gebäudes auch positiv beeinflussen können – man denke beispielsweise an den nicht näher definierten Begriff der Solararchitektur. Ein wesentlicher Aspekt des solaren Bauens ist die Ausnutzung der solaren Gewinne an Verglasungen. Da transparente Flächen als Strahlungsfalle[4] wirken, können diesen durchaus auch Energiegewinne zugeordnet werden (siehe Abschn. 8.6). Ob nun ein Fenster im Einzelfall trotz des zu einer Außenwand immer noch erheblich höheren Wärmedurchgangskoeffizienten über das Jahr gesehen zu einem Energiegewinn führt, hängt von der verwendeten Glasqualität, der Himmelsausrichtung des Fensters und zum Beispiel auch vom Verschattungsgrad des Fensters ab. Dies kann mittels einer Jahresenergiebilanz festgestellt werden, welche die Transmissionswärmeverluste und die solaren Gewinne (während der Heizperiode!) einander gegenüberstellt.

Auf einen (zugegebenermaßen groben) Punkt gebracht, bedeutet dies für den Gebäudeentwurf letztendlich, dass es aus energetischer Sicht sinnvoll sein kann, „Energiegewinn-Fenster", vor allem also die nach Süden ausgerichteten Fenster tendenziell groß und „Energieverlust-Fenster", vor allem die nach Norden ausgerichteten, eher klein zu halten.

An dieser Stelle ist es jedoch nötig, darauf hinzuweisen, dass sich die Sachlage in gekühlten Gebäuden, wie zum Beispiel in Nichtwohngebäuden oder auch in Wohngebäuden, die in südlichen Breitengraden aufgestellt werden, grundlegend von oben Gesagtem unterscheiden kann. Gerade in Nichtwohngebäuden dominieren oftmals sehr hohe innere Lasten, wie sie durch Personen und technische Büroeinrichtungen verursacht werden. Liegen dann solare Gewinne in Zeiten vor, in denen eventuell schon gekühlt werden muss, so erhöhen diese die Kühllast unnötig weiter. In der Tendenz wird es daher so sein, dass der solare Energiegewinn im Wohnungsbau eher erwünscht, im Nichtwohnungsbau eher vermieden werden sollte. Jeder Einzelfall bedarf jedoch der individuellen Jahresanalyse.

2. *Reduktion der Wärmebrücken.* In den bisherigen Analysen zum Wärmedurchgang wurde ausschließlich der eindimensionale Wärmedurchgang durch flächige Bauteile betrachtet. Bei genauem Hinsehen muss man aber feststellen, dass dieser als ideal angenommene Wärmefluss nur für flächige und in ihrem Schichtenaufbau konstante Bauteile gültig ist. Tatsächlich können aber sowohl die in der Regel nicht plane Gebäudegeometrie (Bauteilanschlüsse, Kanten, Ecken, ...) und als auch die Materialfügungen bei Bauteilanschlüssen den bislang angenommenen eindimensionalen Wärmefluss in diesen Bereichen erheblich stören.

   Es gibt unterschiedliche Arten von Wärmebrücken: *Geometrische Wärmebrücken* liegen dann vor, wenn die wärmeaufnehmenden und die wärmeabgebenden Flächen eines Bauteils unterschiedlich groß sind (Beispiel: Wandecken). *Material bedingte Wärmebrücken* entstehen bei nebeneinander liegenden Bauteilen unterschiedlicher Wärmeleitfähigkeit. Beispiele sind auskragende Balkonplatten, Rollladenkästen, Betonstützen innerhalb eines Mauerwerkes. Wenn

[4]Von der Sonne stammendes kurzwelliges Licht durchdringt die Scheibe und wird im Rauminneren durch Absorption in langwellige Wärme umgewandelt. Die langwellige Strahlung kann die Scheibe aber nicht mehr passieren, so dass die Energie im Raum „gefangen" ist.

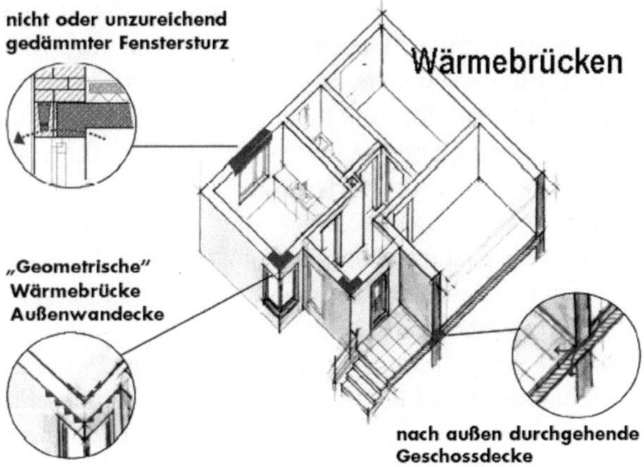

Abb. 6.5 Beispiele für Wärmebrücken in einem Gebäude (Bauer und Hertle 2005)

mechanische Verbindungsteile die Dämmebene durchdringen oder eine „Schwächung" der Außenwand vorliegt, bedingt durch Installationsschlitze, Heizkörpernischen, Fensterleibung etc., handelt es sich um *konstruktive Wärmebrücken.* Bei Undichtheiten in der Gebäudehülle und daraus resultierenden Luftströmungen aufgrund von Luftdruckunterschieden zwischen beheizten Räumen und dem Außenklima geht Wärme durch Konvektion verloren. Man spricht daher von *konvektiven Wärmebrücken.*

Typische Wärmebrücken treten beispielsweise auf bei

- Außenwandecken,
- Innenwänden, die ohne thermische Trennung an Gebäudehüllenteile angrenzen, z. B. im Dachgeschoss, im Keller oder an Außenwänden,
- Kellerdecken in unbeheizten Kellerräumen,
- auskragenden (Balkon-) Platten und Dachpfetten,
- Rollladenkästen und- stürzen,
- sonstigen Stahlbeton- oder Stahlträgern im Mauerwerk,
- Heizkörpernischen oder
- offenen Kaminen.

Die Kenntnis dieser Wärmebrücken stellt kein Novum dar und ein entsprechender Wärmebrückenkatalog ist schon früh in die für den baulichen Wärmeschutz maßgebliche DIN 4108 aufgenommen worden. Aber analog zu dem bereits oben bezüglich der abnehmenden Wirkung zunehmender Dämmstärken Gesagten, gilt Vergleichbares auch für den Umgang mit Wärmebrücken. Deren Bedeutung steigt mit zunehmendem Dämmstandard des Gebäudes. Veranschaulicht gesagt, sucht sich die Wärme jederzeit den Weg des geringsten Widerstands aus dem Gebäude heraus. Je mehr Widerstände nun in Form von „Flächendämmung" bereits angebracht wurden, umso größer wird die Bedeutung der Wärmebrücken, will man die verbleibenden Transmissionswärmeverluste noch weiter reduzieren. Abschnitt 8.4 gibt einige Beispiele für ein bezüglich Wärmebrücken optimiertes Bauen.

Um eine Größenordnung über die Bedeutung der Wärmebrücken zu geben, sei auf die gemäß der Energieeinsparverordnung (EnEV) anzusetzenden Werte verwiesen. Diese sieht den so genannten Wärmebrückenzuschlag H_{WB} auf den mittleren, flächengewichteten Wärmedurchgangskoeffizienten H_T (Gl. 6.10) vor. Die Höhe des Zuschlages richtet sich nach der unterstellten Qualität der Detailausführung und beträgt entweder 0,1 W/(m^{2}K), wenn die Ausführungsempfehlungen der DIN 4108 nicht eingehalten werden, oder 0,05 W/(m^{2}K), wenn diese eingehalten werden. Alternativ kann die jeweilige Wärmebrücke auch rechnerisch über spezielle Wärmebrückenkennwerte ermittelt werden, was den Zahlenwert von 0,05 im Ergebnis noch etwas weiter senken kann.

Vergleicht man diese Werte mit den U-Werten der eigentlichen (flächigen) Bauteile, so wird die relative Bedeutung des Wärmebrückenzuschlages deutlich. Waren entsprechend den heute veralteten Wärmeschutzanforderungen in der Vergangenheit beispielsweise noch U-Werte für Außenwände in der Größenordnung von bis zu 0,8 W/(m^{2}K) zulässig, so empfiehlt das Referenzgebäude der heutigen Energieeinsparverordnung einen Wert von 0,28 W/(m^{2}K). Setzt man nun den Wärmebrückenzuschlagswert von beispielsweise 0,05 W/(m^{2}K) in Relation zu den genannten Werten für die Außenwände[5], so entspricht dieser beim Altbau einer Größenordnung von rund 6% (0,05 von 0,8), bei einem heutigen Neubau hingegen schon ca. 20% (0,05 von 0,24).

Zukünftig wird sich demnach die Planung der Gebäudehülle stark an der Reduktion der Anzahl und der Auswirkung der Wärmebrücken ausrichten müssen, um nicht die erheblichen und kostenträchtigen Dämmanstrengungen in der Fläche durch unsauber gelöste Details in den Anschlusspunkten wieder zunichte zu machen. Durch die Möglichkeit, bei Außendämmungen bereits eine Vielzahl von Wärmebrücken, wie zum Beispiel die Anschlussstellen der Innenwände an die Außenwände, problemlos überdämmen zu können, ist diese Art der Dämmung gerade im energieeffizienten Bauen eindeutig zu favorisieren.

3. *Reduktion der thermischen Hüllfläche, Kompaktheit des Gebäudes.* Gleichwertig zum U-Wert bestimmt die Wärme abgebende Fläche die Transmissionswärmeverluste[6]. Grundsätzlich ließe die konsequente Berücksichtigung dieses Sachverhaltes nur noch kugelförmige Gebäude zu, deren Wärme abgebende Fläche in Relation zum Nutzvolumen des Gebäudes optimal ist. Da dies weder baukonstruktiv noch aus Investor-, Nutzer- oder Bewohnersicht gewünscht ist, reduziert sich der entwerferische Spielraum sehr schnell auf die Vermeidung einzelner Detailflächen. In der Tendenz führt dies dann zu zumeist glatten, schnörkellosen

[5] Genaugenommen wird der Wärmebrückenzuschlag zum mittleren Wärmedurchgangskoeffizienten aller Bauteile der thermischen Hülle addiert. Der hier durchgeführte Vergleich bezieht sich der Anschauung halber lediglich auf die Werte der Außenwände.

[6] Wie Gl. (6.9) zeigt, gehen beide Variablen linear in die Verlustbestimmungsgleichung ein.

Kubaturen ohne vor- oder zurückspringende Bauteile. Es ist aber sicherlich nicht wünschenswert, dass hier der freien Kunst der Architektur, dem Schaffensgeist des Entwurfs allzu große Fesseln angelegt werden.

Da letztendlich das Produkt aus Fläche und Wärmedurchgangskoeffizient die maßgebliche Größe darstellt, sollten unter der Voraussetzung der konsequenten energieorientierten Bauweise mit niedrigen U-Werten auch im energieeffizienten Bauen nutzerfreundliche und individuelle Entwürfe möglich sein. Der Preis für diese gestalterischen Freiheiten ist jedoch ganz eindeutig eine hohe Fachkenntnis und ein besonderes Bewusstsein für Dämmmaterialien, Dämmstärken und insbesondere für die an vielen Stellen auftretenden Wärmebrücken.

6.5 Lüftungswärmeverluste

Die Lüftungswärmeverluste stellen neben den Transmissionswärmeverlusten den zweiten großen Wärmeverlustterm in der Energiebilanz von Gebäuden dar. Sie resultieren aus dem Austausch warmer Innenraumluft mit kalter Außen- oder Frischluft. Gebäude müssen aus mehreren Gründen permanent mit Frischluft durchspült werden, um sie für Menschen nutzbar zu machen bzw. zu halten. Gründe hierfür sind der Abtransport von Wasserdampf, die Zufuhr von Sauerstoff, die Abfuhr von Kohlendioxid und die Abfuhr von weiteren Gasen, die zu Geruchsbelästigungen oder gar Gesundheitsbeeinträchtigungen der Bewohner (Küchen- oder Toilettenabluft, Ausdünstungen aus Teppichen, Möbeln etc.) führen können.

Der Luftaustausch kann und soll also nicht verhindert werden. Die Folge wäre die Unbewohnbarkeit des Gebäudes. Allerdings lässt sich über eine gezielte Dosierung der Luftmenge, insbesondere in Verbindung mit einer Wärmerückgewinnung aus der warmen Abluft, eine erhebliche Reduktion der Lüftungswärmeverluste realisieren.

Die aus der Lüftung resultierenden und vom Heizungssystem zu erbringende Heizlast ermittelt sich aus

$$\dot{Q}_V = \dot{V}_{Luft} \cdot \rho_{Luft} \cdot c_{p,Luft} \cdot \left(T_{Raumluft} - T_{Frischluft}\right) \tag{6.14}$$

$\dot{Q}_V$	Lüftungswärmestrom in W
$\dot{V}_{Luft}$	Luftvolumenstrom in m^3/s
ρ_{Luft}	Dichte der Luft = 1,2 kg/m^3
$c_{p,Luft}$	Spezifische Wärmekapazität von Luft = 1,006 kJ/(kg K) [7]
$T_{Raumluft}$	Temperatur der abströmenden Luft in K

[7] Die Werte für ρ und $c_{p,Luft}$ variieren leicht je nach konkreten Randbedingungen. Die angegebenen Zahlenwerte können aber mit ausreichender Genauigkeit verwendet werden.

$T_{Frischluft}$ Temperatur der nachströmenden Luft in K

Die Lüftungswärmeverluste hängen ab von der Gebäudeform und der Dichtheit des Gebäudes, den Nutzern und deren Lüftungsverhalten, von der Temperaturdifferenz zwischen Raumluft und Außenluft sowie von dem Winddruck auf das Gebäude.

Insbesondere bei der natürlichen Fensterlüftung ist der Luftvolumenstrom üblicherweise nicht bekannt und muss abgeschätzt werden, was mittels der so genannten *Luftwechselrate* erfolgen kann. Diese beschreibt, wie häufig das Luftvolumen eines Raumes während einer Stunde ausgetauscht wird. Mit der Kenntnis (oder Annahme) der Luftwechselrate n lässt sich ohne Weiteres der Luftvolumenstrom über das bekannte Raumvolumen V_{Raum} bestimmen:

$$\dot{V}_{Luft} = V_{Raum} \cdot n \tag{6.15}$$

Zu beachten ist die für die Luftwechselrate gebräuchliche Zeiteinheit Stunde (h), die bei Verwendung in der oben genannten Gleichung zur Bestimmung der Lüftungsleistung noch in Sekunden (s) umgerechnet werden muss.

Bei der Festlegung der Luftwechselrate muss die Nutzung des betroffenen Raumes oder Gebäudes berücksichtigt werden. Es liegt auf der Hand, dass ein Wohnraum eine andere Luftwechselrate erfordert als beispielsweise ein vollbesetztes Restaurant. In DIN 4108 lässt sich ein Hinweis auf den so genannten Mindestluftwechsel, der in Wohnräumen zum Erhalt des Mindestwohnkomforts benötigt wird, finden. Er beträgt 0,5 h^{-1}. Auch bei den üblichen Standardanwendungen in Nichtwohnräumen kann dieser Wert als unteres Limit verwendet werden. Gegebenenfalls kann der Wert in selten genutzten Lager- oder Archivräumen ohne nennenswerten Feuchteeintrag noch weiter reduziert werden. Je nach Einsatzfall werden dagegen in der Regel höhere Luftwechselraten empfohlen, beispielweise 4 bis 5 h^{-1} in Schulen, 6 bis 8 h^{-1} bzw. 15 bis 30 h^{-1} in gewerblichen Küchen (Krimmling 2008).

Grundsätzlich können Gebäude natürlich oder mechanisch (=maschinell) be- und entlüftet werden. Die mechanische Lüftung weist, neben dem Nachteil der verursachten Anlagenkosten, den großen Vorteil einer möglichen bedarfsabhängigen Luftmengeneinstellung auf. Durch entsprechende Steuer- oder Regeleingriffe kann die Leistungszufuhr der Ventilatoren und damit die durch diese zu transportierende Luftmenge vorgegeben werden. Gleichzeitig bietet sich die willkommene Möglichkeit, den Abluftstrom nicht einfach unkontrolliert durch (mehrere) Fensteröffnungen ins Freie zu geben, sondern ihn innerhalb eines zentralen Lüftungsgerätes zur Vorwärmung der nachfließenden Frischluft zu nutzen. Die Temperatur des Ablaufvolumenstroms entspricht weitestgehend der Raumluft im Inneren des Gebäudes. Durch die Abkühlung dieser Abluft, die in einem zentralen Lüftungsgerät mittels eines Wärmetauschers einfach zu realisieren ist, und Übergabe der so gewonnenen Wärme an die hereinströmende Frischluft kann die für die Lüftung aufzubringende Wärme erheblich gemindert werden. Derartige Lüftungsanlagen mit Wärmerückgewinnung werden in Abschn. 7.3 detaillierter vorgestellt.

Kommen wir zurück zur natürlichen Lüftung von Gebäuden, die sich aus der dominierenden Fensterlüftung, aber auch aus Schachtlüftung, die Luftbewegungen durch unterschiedliche Drücke am Tief- und Hochpunkt eines Schachtes in Gang setzt, und aus der ungewollten Fugenlüftung zusammensetzen kann. Will man die unkontrollierten Lüftungswärmeverluste reduzieren, so ist gerade der Fugenlüftung ein besonderes Augenmerk zu widmen. Fugen können an verschiedenen Stellen in einem Gebäude auftreten, beispielsweise am Traufanschluss, der Kellertür, den Fensterlaibungen oder Rolladenkästen, Installationsdurchführungen oder Dachbodenluken. Sie sollten möglichst durch die Installation einer Luftdichtigkeitsschicht, die das komplette Gebäude überzieht, verhindert werden. Ungewollte Energieverluste über Leckagen können so verhindert werden, aber auch hieraus resultierende Feuchteschäden. Die Forderung nach einer luftdichten Gebäudehülle ist daher sowohl in der EnEV und in der DIN 4108 festgehalten und damit Bestandteil jeder Planung.

Die Luftdichtigkeit eines Gebäudes kann gemessen werden. Hierzu wird das Gebäude geschlossen und über ein Gebläse wird ein definierter, konstanter Überdruck (oder Unterdruck) im Inneren des Gebäudes aufgebaut. Durch Messung der benötigten Luftmenge, die das Gebläse in das Gebäude einbringen muss, erhält man die Summe aller Leckageströme bzw. den sich einstellenden Luftwechsel. Üblicherweise wird eine Druckdifferenz von 50 Pa gewählt, so dass es dann zur entsprechenden Indizierung des ermittelten Luftwechsels, dem n_{50}-Wert, kommt.

Gemäß der Energieeinsparverordnung wird ein Gebäude dicht genannt, wenn der n_{50}-Wert

- bei Gebäuden ohne raumlufttechnische Anlagen $< 3\ h^{-1}$,
- bei Gebäuden mit raumlufttechnischen Anlagen $< 1{,}5\ h^{-1}$

beträgt. Die sich tatsächlich durch Fensterlüftung einstellenden Luftwechselraten sind nur schwer abschätzbar. Tabelle 6.9 gibt einen ungefähren Überblick über die Abhängigkeit von der jeweiligen Fenstersituation.

Tabelle 6.9 Anhaltswerte für erreichbare Luftwechselzahlen im Winterfall bei verschiedenen Fensterstellungen (Willems 2006)

Fensterstellung	Luftwechselrate [h^{-1}]
Fenster gekippt, Rollladen geschlossen	0,3 bis 1,5
Fenster gekippt	0,8 bis 2,5
Fenster gekippt mit Querlüftung	2,0 bis 4,0
Fenster halb geöffnet	5,0 bis 10,0
Fenster vollständig geöffnet	9,0 bis 15,0
Fenster geöffnet mit Querlüftung	20 bis 40

6.6 Solare Gewinne

Transparente Flächen können als Strahlungsfalle wirken, indem sie kurzwelliges Licht hindurch lassen und für langwellige Wärmestrahlung ein kaum überwindbares Hindernis darstellen. Diese Energiegewinne nennt man solare Gewinne oder auch passive solare Gewinne. Im Gegensatz dazu spricht man bei der Nutzbarmachung von Solarenergie in (aktiven) Solaranlagen auch von aktiven solaren Gewinnen.

Solare Gewinne sind nicht immer willkommene Gewinne. Fallen diese während der Heizperiode an, so können sie die momentane Heizlast sowie den Jahres-Brennstoffbedarf der Heizungsanlage reduzieren. Fallen sie jedoch außerhalb der Heizperiode an, so besteht die Gefahr, dass die solaren Wärmegewinne aktiv über eine zumeist fossil betriebene Kühlanlage wieder aus dem Gebäude transportiert werden müssen. Der Faktor η_F in Gl. (6.1) beschreibt den Ausnutzungsgrad der anfallenden Wärme, also den Anteil, der tatsächlich den Heizwärmebedarf reduziert.

Kühlung ist fast ausschließlich in Bürogebäuden erforderlich. Diese verfügen häufig – entweder aus Repräsentationsgründen oder aber auch aus Gründen einer angenehmen Arbeitsatmosphäre mit möglichst viel Sichtkontakt nach außen – über großflächige Fensterfassaden mit entsprechend hohen solaren Gewinnen bei gleichzeitig ohnehin hohen inneren Lasten.

Die Energieeinsparverordnung gibt aufsummierte Strahlungsenergien für verschieden ausgerichtete Empfangsflächen an. Diese Strahlungswerte beschreiben die (außen) auf die Empfangsfläche fallende Solarstrahlung.

Die tatsächlich im Sinne der Energiebilanz eines Gebäudes nutzbare Strahlungsenergie wird noch um mehrere Faktoren gemindert. Zum einen muss die (zeitweilige) Verschattung durch Eigenverschattung, Nachbarbebauung oder durch Bäume berücksichtigt werden. Hier spielen die Ausrichtung der Gebäude und die Fensterflächen in Richtung Süden eine entscheidende Rolle.

Zum anderen ist der so genannte *Gesamtenergiedurchlasswert*, kurz g-Wert, der Verglasung zu berücksichtigen. Der g-Wert, der Gesamtenergiedurchlasswert, beschreibt den Anteil der Solarstrahlungsleistung, der im Raum hinter der Scheibe ankommt, im Verhältnis zu der vor der Scheibe anliegenden Solarstrahlung.

Tabelle 6.10 Strahlungsenergie während der Heizperiode gemäß EnEV

Ausrichtung	Strahlungsenergie während der Heizperiode
Südwest bis Südost	270 kWh/(m^2a)
Nordwest bis Nordost	100 kWh/(m^2a)
Übrige Richtungen	155 kWh/(m^2a)
Dachflächenfenster	225 kWh/(m^2a)

$$g = \frac{\text{im Raum nutzbare Solarstrahlung}}{\text{auftreffende Solarstrahlung}} \tag{6.16}$$

Der g-Wert kann ebenso wie der U-Wert je nach Glasqualität in gewissen Grenzen frei gewählt werden. Übliche g-Werte liegen in der Größenordnung von 0,3 (Sonnenschutzverglasung) bis 0,85 (unbeschichtete Einfachverglasung). Besteht in einem Gebäude die Gefahr der sommerlichen Überhitzung, wird man daher eher einen niedrigeren g-Wert wählen als in einem Gebäude, dessen Heizwärmebedarf gesenkt werden soll. Dort wird man bemüht sein, die solaren Erträge durch möglichst hohe g-Werte zu optimieren.

Da aber in der Tendenz niedrige U-Werte mit reduzierten g-Werten einhergehen, handelt es sich letztendlich um eine Optimierungsaufgabe, deren Ziel es ist, unerwünschte Kühllasten zu vermeiden und gleichzeitig Transmissionswärmeverluste zu minimieren.

6.7 Interne Gewinne

Interne Gewinne, in Gl. (6.1) mit $\eta_F \cdot Q_{Innere}$ bezeichnet, beruhen auf der Wärmeabgabe von Menschen und elektrischen Einrichtungen. Gegebenenfalls kann auch die von Tieren abgegebene Wärme hinzu gerechnet werden (Ställe).

In erster Linie erfolgt die Wärmeabgabe bei Menschen über Wärmestrahlung und Konvektion, die je nach körperlicher Anstrengung aber auch zunehmend über Verdunstungsprozesse (Schwitzen) stattfinden kann. Eine Größenordnung über die abgegebenen Leistungen gibt nachfolgende Tabelle sowie das Diagramm in Abb. 6.6. Mit zunehmender Umgebungstemperatur nehmen die Strahlungs- und Konvektionsanteile ab, wohingegen die Verdunstungswärme zunimmt. Dies entspricht auch unseren subjektiven Erfahrungen bei hochsommerlichen Temperaturen.

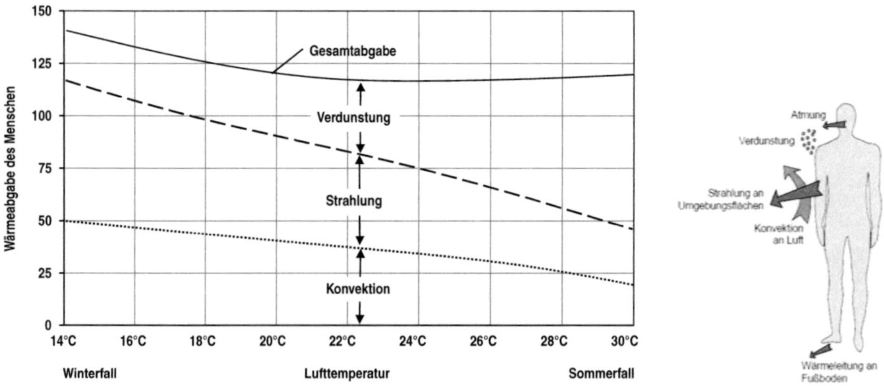

Abb. 6.6 Wärmeabgabe des Menschen (Rouvel 1987)

Die durch den Betrieb elektrischer Geräte erzeugte Wärme lässt sich prinzipiell über den Verbrauch an elektrischer Energie ermitteln. Die eingesetzte elektrische Energie wird vollständig in Wärme umgewandelt und wirkt somit positiv auf die Energiebilanz.

Nur ein Teil dieser „inneren Fremdwärme“ kann auch genutzt werden, etwa auf Grund des saisonalen Anfalls der Wärme. Dieser Anteil wird durch den Ausnutzungsgrad η_F beschrieben. Trotz der theoretisch berechenbaren Höhe der inneren Quellen gibt die Energieeinsparverordnung, sicherlich auch aufgrund des meist geringen Beitrages, zur Vereinfachung Pauschalwerte an. So kann beispielsweise in Wohnräumen von jährlich 22 kWh je Quadratmeter Nutzfläche ausgegangen werden. Andere Raumnutzungen, insbesondere Büroräume mit hohen inneren Lasten oder gewerblich/industriell genutzte Flächen weichen hiervon je nach den vorliegenden Randbedingungen ab.

6.8 Kühlung

Eine Minimierung des Energieeinsatzes zur Kühlung kann zum einen durch effiziente Kühlanlagen geschehen. Dies wird ausführlich in Abschn. 7.1.4 behandelt. Zugleich sollte der erforderliche Kühlungsaufwand minimiert werden, beispielsweise durch Sonnenschutz (Dachüberstände, Sonnenschutzanlagen und -gläser, Verschattung), aber auch freie Kühlung und Nachtlüftung.

Wärmespeichernde Materialien, beispielsweise Baustoffe mit hohen Wärmekapazitäten oder sogenannte PC-Materialien (Phase Change Material), die durch Phasenübergänge Wärme speichern (siehe Abschn. 9.2.3), können sowohl Temperaturspitzen abdämpfen und damit den Kühlungsbedarf verringern („Amplitudendämpfung“) als auch den Bedarf in Zeiten niedrigerer Belastung verschieben („Phasenverschiebung“).

Tabelle 6.11 Wärmeabgabe des Menschen je nach Tätigkeit

Tätigkeit	Wärmeabgabe (Metabolic Rate) [W/m^2]
ruhend	46
sitzend, entspannt	58
stehend, entspannt	70
sitzend, leichte Tätigkeit (Büro, Wohnung, Schule, Labor)	70
stehend, leichte Tätigkeit (Zeichenbrett-Tätigkeit)	81
-“- (Shopping, Labor, leichte Industrie)	93
mäßige körperliche Arbeit (Haus-, Maschinen-Arbeit)	116
schwere körperliche Arbeit (schwere Maschinenarbeit)	165

6.9 Vom Einzelgebäude zum energieeffizienten Quartier

Es wäre zu kurz gedacht, nur einzelne Gebäude zu optimieren – vielmehr muss das Gebäude in einen topographischen, sozialen und architektonischen Kontext eingebettet sein. Dies beginnt bei der Kompaktheit der Baustruktur, die im Rahmen der Stadtplanung zu beeinflussen ist. Maßnahmen der *Stadtverdichtung* dämmen nicht nur den urbanen Flächenverbrauch ein, sondern senken, durch die Reduktion von transmissionsrelevanter Hüllfläche, auch den Energiebedarf.

Gleichermaßen muss die Planung von neuen Gebäuden auch die *Ausrichtung* der Gebäude beachten. Die solaren Gewinne, aber auch die zur Verfügung stehenden, nach Süden ausgerichteten Dachflächen für Sonnenkollektoren und Solarzellen mindern den erforderlichen fossilen Ressourceneinsatz. Auch die Berücksichtigung bevorzugter Windrichtungen und die Berücksichtigung von Verschattungseffekten gehören zu einer vorausschauenden Siedlungsplanung. Dabei sind selbstverständlich stadtklimatische Aspekte wie beispielsweise Frischluftschneisen zu berücksichtigen.

Ein weiterer, infrastruktureller Aspekt bei der Planung von Quartieren oder der Verbesserung der energetischen Situation von Bestandssiedlungen ist die Berücksichtigung von möglichen *Wärmeinfrastrukturen*. Nahwärmenetze beispielsweise eignen sich, um Wärme aus KWK-Anlagen (Kap. 4) oder erneuerbaren Energien zum Endkunden zu transportieren. Vorteilhaft hierfür ist nicht nur eine verdichtete Bauweise, sondern auch die vorausschauende Planung und clevere Leitungsführung beispielsweise durch die Keller der Gebäude, weil dadurch Leitungsverluste innerhalb der beheizten Gebäudehülle anfallen. Erst in der Verbindung von quartiersweisen Konzepten und optimierten Einzelgebäuden können die Effizienzpotenziale in voller Höhe erschlossen werden und zugleich der Einsatz von primärenergieschonenden Heizsystemen wie erneuerbaren Energien ermöglicht werden.

Kapitel 7
Energieeffizienz in der Gebäudetechnik

Roland Koenigsdorff, Martin Becker, Alexander Floß und Michael Haibel

7.1 Die Versorgung von Gebäuden

Die Versorgung von Gebäuden mit Raumwärme, Warmwasser, Frischluft, bestimmten Luftkonditionen (z. B. Kühlung, Be- und Entfeuchtung) sowie Licht erfolgt in der Regel mit Hilfe technischer Anlagen der Gebäudetechnik. Auszunehmen hiervon sind lediglich die Beleuchtung mit Tageslicht sowie die natürliche Lüftung, sofern diese ohne weitere Anlagentechnik auskommen.

Für die energetische Analyse und Bewertung der Anlagentechnik zur Versorgung von Gebäuden erfolgt eine Unterteilung in folgende Prozessschritte:

1. Nutzenübergabe an den Verbraucher,
2. Verteilung im Gebäude,
3. Speicherung und
4. Erzeugung.

Die dabei zugrunde liegende Systematik, insbesondere auch die aufgeführte Reihenfolge, spiegelt das Konzept der Bedarfsentwicklung wieder (VDI 2067), wie es inzwischen Eingang in die aktuelle Normung gefunden hat (DIN V 18599-1). Beim Konzept der Bedarfsentwicklung geht man vom vorliegenden Bedarf aus, z. B. der Wärmeenergie, die benötigt wird, um ein Gebäude auf eine gegebene Mindesttemperatur zu beheizen oder um eine bestimmte Menge Trinkwasser auf eine gewünschte Temperatur zu erwärmen. Da die zugehörige Anlagentechnik den Bedarf nie perfekt zum gewünschten Zeitpunkt decken kann und jeder technische Prozessschritt verlustbehaftet ist, resultiert in der Regel aus jedem der vier Prozess ein Mehrbedarf, um die jeweiligen Umwandlungsverluste zu decken. Die Bedarfsentwicklung kann mit Hilfe von Aufwandszahlen beschrieben werden. Die Anwendung von Aufwandszahlen stellt eine auf den nutzungsseitigen Bedarf

M. Becker, A. Floß, M. Haibel, R. Koenigsdorff (✉)
Hochschule Biberach, 88400 Biberach, Deutschland
e-mail: becker@hochschule-bc.de, floss@hochschule-bc.de, haibel@hochschule-bc.de, koenigsdorff@hochschule-bc.de

M. Pehnt (ed.), *Energieeffizienz*, DOI 10.1007/978-3-642-14251-2_7,

bezogene Umkehrung der herkömmlichen, von der Erzeugung bis zum Verbrauch verlaufenden Beschreibung mit Wirkungs- bzw. Nutzungsgraden dar.

Während Wirkungs- und Nutzungsgrade die von einem (Teil-) System abgegebene Leistung bzw. Energie ins Verhältnis zur aufgewendeten Leistung bzw. Energie setzen (vgl. Abschn. 1.4.5), ist die zugehörige Aufwandszahl e der Kehrwert des Nutzungsgrades:

$$e = \frac{Aufwand}{Bedarf} = \frac{E_{zu}}{E_{ab}} \tag{7.1}$$

Häufig werden unterschiedliche Energiearten, meist thermische und elektrische Energie, in getrennte Aufwandszahlen zusammengefasst, wobei die Bezugsgröße im Nenner in der Regel die bereitgestellte Nutzenergie ist. Aufwandszahlen können für einzelne Prozessschritte oder ganze Prozesse, d. h. für Komponenten, Teilanlagen sowie ganze Anlagen bzw. Anlagengruppen, gebildet werden. Sie beinhalten sowohl die Energieverluste als auch die ggf. benötigten Hilfsenergien.

Entsprechend der Systematik der Bedarfsentwicklung ergeben sich unterschiedliche mögliche Bilanzebenen des Energiebedarfs und -verbrauchs von Gebäuden. Die Wichtigsten davon sind (DIN V 18599-1):

- Nutzenergie,
- Energieabgabe (Wärme oder Kälte) der Erzeuger an das Verteilnetz,
- Endenergie und
- Primärenergie.

Für die Bilanzierung auf der Ebene der Primärenergie werden die einzelnen Energieträger (Endenergie) mit Hilfe von Primärenergiefaktoren in den Primärenergieaufwand umgerechnet (siehe Abschn. 6.3). Der Primärenergieaufwand enthält neben dem Energieinhalt der Endenergieträger die Energieaufwendungen sämtlicher Vorketten zu seiner Bereitstellung, d. h. Förderung, Aufbereitung, Umwandlung, Transport und Verteilung.

Daraus sowie aus der Struktur der Bedarfsentwicklung und der Tatsache, dass genau genommen für einen Prozess nicht eine bestimmte Menge an Energie benötigt wird, sondern bestimmte Mengen an Exergie und Anergie (von denen nur die Exergie „ verbraucht“ wird), ergeben sich folgende Ansatzpunkte einer möglichst energieeffizienten Versorgung von Gebäuden mit Wärme, (konditionierter) Luft und Kälte:

- Minimierung des Nutzenergiebedarfs durch bauliche Maßnahmen (Architektur, Baukonstruktion, Gebäudehülle usw.),
- auf die zu versorgenden Bereiche abgestimmte Systeme der Nutzenübergabe,
- effiziente Erzeugung/Bereitstellung der benötigten Energie, effizientes System der Energie-Verteilung und ggf. -Speicherung,

- weitestgehende Nutzung der Möglichkeiten zur Wärme- und Kälterückgewinnung,
- möglichst effiziente Einbindung regenerativer Energien,
- Konzeption, Umsetzung und Nutzung einer zweckmäßigen Betriebsführung und Automatisierung,
- hierbei stets ganzheitliche Betrachtung und Optimierung der gesamten Prozessketten und ihrer Wechselwirkungen.

Neben effektiven Einzelmaßnahmen und -technologien ist vor allem der letztgenannte systemische Ansatz wichtig, da die einzelnen Prozessschritte und Bilanzebenen miteinander in Wechselwirkung stehen. Beispiele für moderne integrale Gebäudekonzepte, die auf dem Systemansatz beruhen, sind u. a.

- Passivhäuser (Gebäude, bei dem der Heizwärmebedarf so weit minimiert ist, dass ein zusätzliches Heizsystem über die notwendige Lüftungsanlage hinaus grundsätzlich nicht erforderlich ist, siehe Kap. 8) sowie
- „LowEx"-Gebäude und -Energiekonzepte, bei denen der Aspekt der Energieeinsparung (Quantität) um den Fokus auf möglichst geringe Exergieströme und -verluste (Qualität) ergänzt wird (www.lowex.info). In Gebäuden zählen z. B. alle Heiz- oder Kühlvorrichtungen, die Wärme bei Betriebstemperaturen möglichst nahe an der Raumtemperatur abgeben oder aufnehmen, zu den LowEx-Systemen.

7.2 Energieeffiziente Heizungssysteme

7.2.1 Nutzenübergabe

Die Nutzenübergabe von Heizungssystemen an den zu beheizenden Bereich erfolgt entweder mit Hilfe erwärmter Luft, in Mitteleuropa meist jedoch über Heizflächen, die sich in so genannte freie und in bauteilintegrierte Heizflächen unterteilen. Alle üblichen Arten von Heizkörpern sowie abgehängte Deckensegel zählen zu den freien Heizflächen. Fußbodenheizungen sowie fest mit Wänden oder Decken verbundene oder in diese integrierte Systeme zählen zu den bauteilintegrierten Heizflächen, die neuerdings auch unter dem Oberbegriff thermoaktive Bauteilsysteme zusammengefasst werden (BINE 2007).

Die Leistungsabgabe einer bestimmten Heizfläche folgt dem Ansatz:

$$\dot{Q} = \dot{Q}_N \cdot \left(\frac{\Delta\vartheta}{\Delta\vartheta_N}\right)^n \tag{7.1}$$

Hierin ist $\Delta\vartheta$ die Differenz zwischen der mittleren Warm- bzw. Kaltwassertemperatur und der Raumtemperatur im betrachteten Betriebszustand und $\Delta\vartheta_N$ der Wert dieser Temperaturdifferenz bei Normprüfbedingungen, unter denen die zugehörige Norm- oder Nennleistung $\dot{Q}_N$ im Prüfstand bestimmt wurde. Der Exponent n wird im Zusammenhang mit Heizkörpern auch Heizkörperexponent genannt. Aufgrund der Zunahme des äußeren Wärmeübergangskoeffizienten mit der Temperaturdifferenz ist n > 1 mit typischen Werten von 1,1 (Fußboden- und Deckenheizung) bis ca. 1,4 (Konvektoren) (Recknagel 2007). Die unterschiedlichen Werte resultieren insbesondere aus verschieden großen Anteilen der Wärmeübertragungsmechanismen Strahlung und Konvektion an der gesamten Wärmeabgabe.

Im praktischen Einsatz unterscheiden sich verschiedene Arten von Heizflächen damit durch

1. den Strahlungsanteil an der Wärmeabgabe (nahezu vernachlässigbar bei Konvektoren, über zwei Drittel bei Strahlungsdecken),
2. die jeweilige Betriebstemperatur (Vorlauftemperaturen von minimal ca. 25°C bei Betonkernheizungen bis ca. 70°C bei Konvektoren) sowie
3. den Wasserinhalt und die Masse der Konstruktion, d. h. die Wärmekapazität und damit die thermische Trägheit bzw. die Reaktionsgeschwindigkeit.

Je größer die Heizfläche in einem Raum ist, desto niedriger kann die Betriebstemperatur, die zur Deckung eines bestimmten Heizbedarfs erforderlich ist, gewählt werden. Tendenziell gehen Systeme mit größerer Heizfläche jedoch auch mit einer größeren thermischen Trägheit einher, was am Vergleich zwischen einer Fußbodenheizung und einem Konvektor am deutlichsten wird. Moderne Flachheizkörper (Plattenheizkörper), die eine große Heizfläche und eine niedrige Betriebstemperatur mit einer verhältnismäßig geringen Masse von Wasserinhalt und Konstruktion verbinden, durchbrechen diesen Zusammenhang ein Stück weit.

Ein ideales Heizsystem bringt zu jedem Zeitpunkt exakt die Wärmeleistung in den Raum ein, die zur Einhaltung der gewünschten Mindest-Raumtemperatur erforderlich ist. Da sich diese erforderliche Wärmeleistung nahezu ständig zeitlich ändert, müsste ein Heizsystem samt Regelung (bei Heizkörpern meist ein Thermostatventil) verzögerungsfrei und exakt arbeiten. Dies ist aufgrund der stets vorhandenen thermischen Trägheit und endlichen Regelgüte des Heizsystems jedoch praktisch nicht möglich. Da die Regelung üblicherweise die Temperatur der Raumluft heranzieht, kommt hinzu, dass bei einem hohen Anteil an Strahlungswärme die Wärme zunächst vornehmlich den Oberflächen im Raum (Raumumschließungsflächen und Inventar) und damit nur zum Teil der Luft direkt zugeführt wird. Setzt man voraus, dass die gewünschte Mindest-Raumtemperatur keinesfalls unterschritten und damit der Heizbedarf vollständig gedeckt wird (was durch eine entsprechende Betriebsweise in der Regel möglich ist), führt dies immer dazu, dass das Heizsystem mehr Wärme an den Raum abgibt, als dieser rein physikalisch benötigt (Hirschberg 2008). Die Aufwandszahl der Nutzwärmeübergabe ist damit grundsätzlich größer als eins. Hierbei spielen stets die Art der Heizfläche und deren Regelung zusammen, weshalb die Aufwandszahl der Nutzenübergabe von beiden abhängt. Der Mehraufwand an Wärme ist dabei als Verlust zu betrachten, der zwar dem Raum zugeführt wird, aber zu bestimmten Zeiten zu einer gewissen Überheizung über den Bedarf hinaus führt (z. B. Auskühlen eines warmen Heizkörpers, nachdem das Thermostatventil gerade geschlossen hat).

Für die verschiedenen Arten von Raumheizeinrichtungen (Heizfläche samt Regelung) liegen die Aufwandszahlen der Nutzenübergabe typischerweise im Bereich von unter 1,1 bis ca. 1,2 (Hirschberg 2008, DIN V 18599-5). Dies bedeutet zunächst, dass eine übliche, nass verlegte Fußbodenheizung bezüglich der Nutzenübergabe nicht energieeffizienter ist als ein flinkerer Heizkörper mit höherer Betriebstemperatur und sehr guter Regelung. Die Vorteile von Heizflächen mit geringer Betriebstemperatur – und damit auch Fußbodenheizungen – liegen vielmehr darin, dass die Wärmeverluste in den Verteilleitungen geringer ausfallen und insbesondere Wärmeerzeuger, deren Energieeffizienz mit sinkender Betriebstemperatur deutlich steigt (Wärmepumpen, Solarkollektoren usw.), hier ihren Vorteil ausspielen können.

Die Energieeffizienz des Heizsystems ist somit eine Eigenschaft des Gesamtsystems, die sich nur dann entfaltet, wenn *korrekt aufeinander abgestimmte Komponenten planungsgemäß betrieben* werden.

Dieser Systemzusammenhang gilt insbesondere auch für zwei der wichtigsten Heizwärmeerzeuger, die zur Steigerung der Energieeffizienz gegenüber konventionellen Heizkesseln eingesetzt werden: Brennwertkessel und Wärmepumpe.

7.2.2 Brennwertkessel

Im Unterschied zu konventionellen Heizkesseln wird bei Brennwertkesseln der im Abgas enthaltene Wasserdampf kondensiert und die dabei entstehende Kondensatwärme (Latentwärmeanteil) gezielt zusätzlich genutzt (Floß 2006) (Abschn. 1.4.3). Hierzu muss das Abgas unter seine Taupunkttemperatur (Kondensationspunkt) abgekühlt werden. Die Abgaskühlung erfolgt in der Regel in einem Wärmeübertrager, in dem die Abgase und das von den Heizkreisen zum Kessel zurückkehrende Heizungswasser (Rücklauf) im Gegenstromprinzip geführt werden (Abb. 7.1). Das Abgas lässt sich daher bestenfalls auf das Rücklauftemperaturniveau abkühlen, das deshalb möglichst niedrig liegen soll.

Der Energiegewinn durch die Nutzung der latenten Wärme ist vom Energieträger (Wasserstoffgehalt $\rightarrow$ Verbrennung zu Wasserdampf) abhängig und kann bei vollständiger Nutzung (Kondensation) maximal

11% bei Erdgas,
8,5% bei Flüssiggas und
6% bei Heizöl

betragen. Der zusätzliche Gewinn an sensibler Wärme liegt in der Größenordnung von 1% bei einer Reduzierung der Abgastemperatur um 30°C.

Gas- und Öl-Brennwertkessel haben sich inzwischen am Markt etabliert und werden für nahezu alle Leistungen von wenigen kW für Einfamilienhäuser bis in den MW-Bereich angeboten. Bei großen Leistungen werden neben Brennwertkesseln, in welche der Abgaswärmeübertrager integriert ist, auch separate

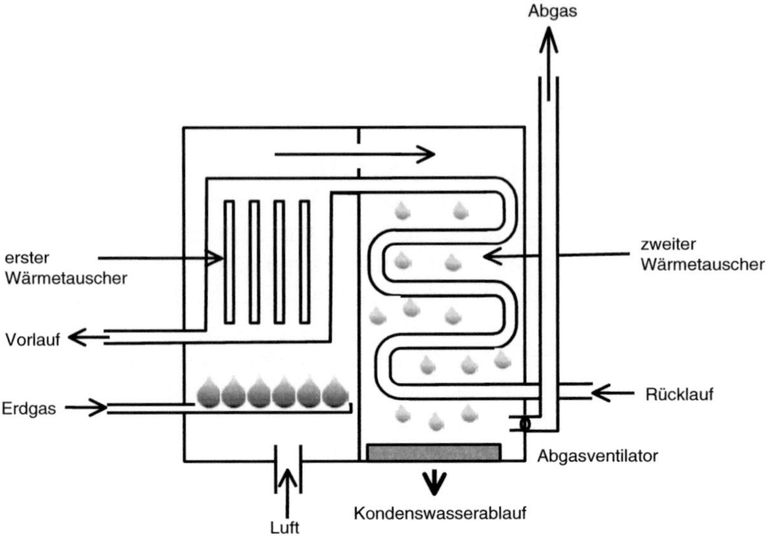

Abb. 7.1 Prinzipschema Brennwertkessel

Abgas-Wasser-Wärmeübertrager angeboten, die konventionellen Kesseln in der Abgasführung nachgeschaltet werden (Recknagel 2007). Die Brennwerttechnik für Holzpelletkessel befindet sich derzeit erst in der Markteinführung.

Ein Hauptgrund, warum konventionelle Kessel mit hohen Abgastemperaturen im Bereich von 110 bis 200°C arbeiten, ist die Vermeidung der Kondensation von Wasserdampf im Kessel und im Abgassystem (Leitungen und Schornstein). Bei Brennwertkesseln ist die Abgastemperatur am Kesselausgang durch die gezielte Abgasauskühlung so niedrig und mit Wasserdampf gesättigt, dass im nachgeschalteten Abgassystem weitere Kondensation auftritt (Recknagel 2007). Brennwertkessel benötigen deshalb eigens hierfür zugelassene Abgassysteme, die entsprechend korrosionsbeständig sowie dicht sind und aus denen anfallendes Kondenswasser abgeleitet werden kann.

Bei Betrieb mit Gas oder schwefelarmem Heizöl darf für Kesselleistungen bis 25 kW das anfallende (saure) Kondensat ohne Neutralisation in die öffentliche Kanalisation eingeleitet werden, oberhalb 200 kW Kesselleistung ist grundsätzlich eine Neutralisation gefordert (Pistohl 2005). Im Leistungsbereich dazwischen kann eine Neutralisation gefordert sein oder eine Rückhalteeinrichtung und Einleitung des Kondensats gemeinsam mit dem häuslichen Schmutzwasser ausreichen.

Gas-Brennwertkessel besitzen – bezogen auf den Heizwert (vgl. Abschn. 1.4.3) – Normnutzungsgrade von bis zu 109%. Um das damit verbundene Energie-Einsparpotenzial gegenüber konventionellen Heizkesseln zu nutzen, muss die gesamte Heizungsanlage, d. h. Verbraucher/Heizflächen, Hydraulik und Regelung, auf die Brennwerttechnologie abgestimmt werden.

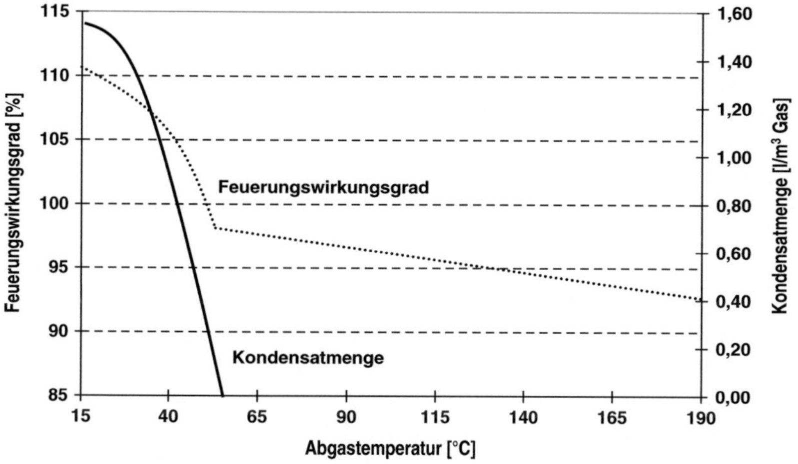

Abb. 7.2 Kondenswasseranfall und feuerungstechnischer Wirkungsgrad in Abhängigkeit von der Abgastemperatur (Verbrennung von Erdgas, Luftzahl $\lambda = 1{,}1$)

Die für eine Brennwertnutzung zu unterschreitende Taupunkttemperatur des Abgases ist vom Brennstoff und von der Luftzahl λ abhängig. Die bei Unterschreitung des Taupunkts kondensierende Menge des Wasserdampfes hängt primär von der Abgastemperatur ab, siehe Abb. 7.2. Je weiter die Abgastemperatur unterhalb des Taupunkts (im Beispiel in Abb. 7.2 56°C) liegt, desto größer ist die anfallende Kondensatmenge, bei Erdgas beispielsweise bis zu ca. 1,6 l/m^3 Gas.

Ebenfall in Abb. 7.2 aufgetragen ist der feuerungstechnische Wirkungsgrad. Im Bereich von 200°C bis hinab zu 56°C Abgastemperatur ist der flache Anstieg des Wirkungsgrades auf die reduzierten sensiblen Abgaswärmeverluste zurückzuführen. Der unterhalb von 56°C folgende Anstieg beruht auf dem Gewinn der latenten Wärme aus dem Wasserdampf im Abgas (Brennwertnutzung). Aus diesem Verlauf wird deutlich, dass die Abgase möglichst weit unter die Taupunkttemperatur abgekühlt werden müssen, um einen signifikanten Anteil des Latentwärmepotenzials zu nutzen. Hierzu ist eine möglichst niedrige Rücklauftemperatur des Heizwassers zum Kessel erforderlich.

Welche Erhöhung der Energieeffizienz durch den Einsatz eines Brennwertkessels tatsächlich erreicht wird, hängt also sehr stark von den Randbedingungen im Betrieb ab. Der Hauptgrund für niedrigere Kesselnutzungsgrade als erwartet bei ausgeführten Anlagen liegt in einer unzureichenden Kondensation des Wasserdampfes im Abgas aufgrund zu hoher Kesselrücklauftemperaturen. Die Ursachen hierfür sind vielfältig und im Einzelfall individuell zu prüfen. Typische in der Praxis auftretende Fehler bzw. Probleme sind u. a.:

- Kesselrücklauftemperatur von vornherein zu hoch geplant aufgrund der irrtümlichen Annahme, dass bereits eine geringe Unterschreitung der Taupunkttemperatur zu einem optimalen Wirkungsgrad führt,
- fehlerhafte hydraulische Planung,

- nicht einreguliertes hydraulisches Heizungsnetz,
- verkalkter Brauchwarmwasser-Wärmeübertrager und
- zum Ausgleich von Wärmeverlusten bei der Brauchwarmwasser-Zirkulation permanent laufende Brauchwarmwasser-Ladepumpen.

Eine einfache und kostengünstige Möglichkeit, die Nutzung der Latentwärme im Abgas in der Praxis zu überprüfen, insbesondere über längere Zeiträume und damit einem größeren und relevanten Bereich von Betriebsparametern, ist die Messung der anfallenden Kondensatmenge. Dies kann manuell oder mit Hilfe einer automatischen Wägeeinrichtung erfolgen und erlaubt in Verbindung mit einer entsprechenden rechnerischen Auswertung eine quantitative Beurteilung der Kesseleffizienz im tatsächlichen Betrieb (Floß 2006).

Der Einsatz von Brennwert-Heizkesseln erhöht den Jahresnutzungsgrad gegenüber modernen, nicht kondensierenden Niedertemperaturkesseln um ca. 10 bis 15% und gegenüber älteren Standardkesseln um bis zu 30%, wenn Planung, Ausführung und Betrieb bestimmungsgemäß erfolgen.

7.2.3 Wärmepumpen

Wärmepumpen und Kältemaschinen sind im Grundsatz dieselbe Klasse von Geräten. Beide entziehen einem bei tiefer Temperatur vorliegenden Wärmereservoir Wärme und geben diese bei hoher Temperatur an ein anderes Wärmereservoir ab. Der Hauptunterschied zwischen Wärmepumpen und Kälteanlagen besteht in der Anwendung: Bei Wärmepumpen wird die abgegebene Wärme einem Wärmeverbraucher zugeführt und damit genutzt, bei Kältemaschinen ist der Nutzen der Entzug von Wärme.

Da Wärme von alleine stets von einem höheren zu einem niedrigeren Temperaturniveau fließt (und nicht in umgekehrter Richtung, 2. Hauptsatz der Thermodynamik, vgl. Abschn. 1.4.4), ist ein derartiger Prozess nur durch Zufuhr von Exergie, die in der Antriebsenergie enthalten ist, möglich. Die zugeführte Antriebsenergie wird dabei an das Wärmereservoir mit der höheren Temperatur abgegeben. Als Antriebsenergien kommen sowohl reine Exergie (Strom, mechanische Energie) als auch Wärme in Frage. Im Falle von Wärme als Antriebsenergie muss diese einen Exergieanteil aufweisen, der größer ist als der Exergiegehalt der beiden anderen Wärmereservoirs. Dies bedeutet, dass die Antriebswärme bei einer entsprechend hohen Temperatur oberhalb der Temperaturen der beiden anderen Wärmereservoirs vorliegen muss.

Praktische Bedeutung haben vor allem zwei Typen von Wärmepumpen/ Kältemaschinen:

1. Kompressionsmaschinen und
2. Absorptionsmaschinen.

In Abb. 7.3 ist der einer Kompressionsmaschine zugrunde liegende Kreisprozess in seiner Grundform dargestellt. Im inneren Kreislauf wird ein Kältemittel

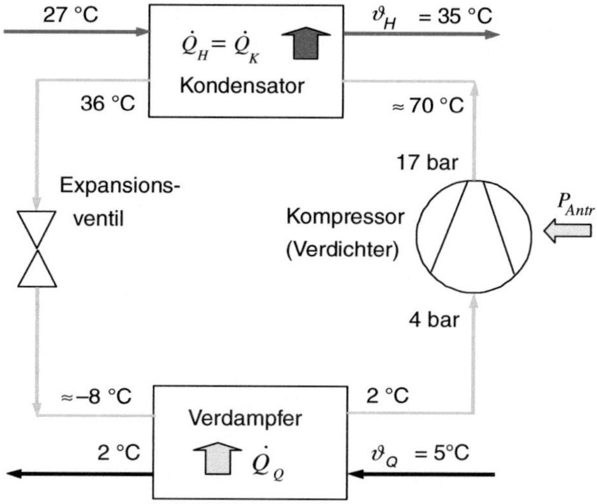

Abb. 7.3 Prinzipschema einer elektrisch angetriebenen Kompressionswärmepumpe (Koenigsdorff 2010)

bei tiefer Temperatur und niedrigem Druck im Verdampfer verdampft, wozu Wärme aus dem Niedertemperatur-Reservoir aufgenommen wird. Der Kältemitteldampf wird anschließend im Verdichter (Kompressor) auf einen hohen Druck verdichtet, wodurch sich die Temperatur des Kältemitteldampfes erhöht. Der überhitzte Kältemitteldampf wird im Kondensator abgekühlt und kondensiert, wobei die freiwerdende Wärme an das Wärmereservoir mit der hohen Temperatur abgeführt wird. Anschließend wird das Kältemittel in einem Drosselorgan (Expansionsventil) wieder auf den niedrigen Druck entspannt. Dabei kühlt es sich stark ab, so dass es wieder verdampft werden kann.

Der Antrieb des Kompressors kann über einen Elektro- oder auch einen Verbrennungsmotor erfolgen, wobei verbrennungsmotorisch angetriebene Kompressionsmaschinen die Ausnahme darstellen und bislang lediglich vereinzelt in größeren Leistungsbreichen zum Einsatz kommen. Insbesondere für die Beheizung von kleinen und mittelgroßen Gebäuden finden elektrisch angetriebene Kompressionswärmepumpen seit einigen Jahren zunehmende Verbreitung in Deutschland und auch in anderen Ländern.

Bei Absorptionsmaschinen erfolgt der Kältemittelprozess grundsätzlich gleich, lediglich der mechanische Verdichter ist durch einen so genannten thermischen Kompressor ersetzt. Das verdampfte Kältemittel wird hierbei von einem flüssigen Lösungsmittel aufgenommen (Absorption), so dass die Druckerhöhung durch eine Lösungsmittelpumpe erfolgen kann. Aufgrund der Inkompressibilität von Flüssigkeiten ist dies mit einem minimalen (elektrischen) Energieaufwand von wenigen Prozent der benötigten thermischen Antriebsenergie verbunden. Die eigentliche Antriebsenergie ist die Wärme, mit der das Kältemittel beim hohen Druck und bei hoher Temperatur aus der Lösung ausgetrieben wird, dann wieder als Kältemitteldampf vorliegt, der im Kondensator kondensiert und anschließend auf den (niedrigen) Verdampfungsdruck entspannt wird.

Die Antriebswärme zur Austreibung des Kältemittels stammt entweder aus einer Verbrennung (Gas-Absorber) oder aus einem Wasserkreislauf, dessen Temperatur mindestens zwischen 75 und 90°C liegen muss. Die Beheizung mit Abwärme, z. B. aus Kraft-Wärme-Kopplung, ist damit möglich. Absorptionsmaschinen werden bislang nur sehr selten als Wärmepumpen eingesetzt, sondern häufiger als Kältemaschinen.

Aus diesem Grund wird der Beitrag von Heizungswärmepumpen zu einer Erhöhung der Energieeffizienz hier anhand der elektrisch angetriebenen Kompressionswärmepumpen behandelt. Entscheidend für das Vorhandensein und die Höhe des Effizienzgewinns, der mit Einsatz einer Wärmepumpe verbunden ist, ist das Verhältnis von gelieferter Wärme zum Aufwand für den Antrieb. Als Momentanwert bzw. für stationäre (Nenn-)Betriebsbedingungen ist dies die Leistungszahl (*COP* - Coefficient of Performance), die für die einzelnen Geräte auf dem Prüfstand ermittelt wird. Sie ist das Verhältnis von abgegebener Heizleistung $\dot{Q}_H$ zur vom kompletten Wärmepumpenaggregat aufgenommenen elektrischen Leistung P_{el} inkl. der geräteinternen Regelung und des Anteils der Stromaufnahme sämtlicher Umwälzpumpen, der auf die Durchströmung des Gerätes selbst (Verdampfer und Kondensator) entfällt:

$$COP = \frac{\dot{Q}_H}{P_{el}} \tag{7.2}$$

Im tatsächlichen Anlagenbetrieb über einen längeren Zeitraum mit instationären Betriebsbedingungen gibt dagegen die Arbeitszahl (VDI 4650) als Verhältnis zwischen der abgegebenen Wärmemenge und der aufgewendeten elektrischen Energie E_{el} Auskunft über das energetische Verhalten der Wärmepumpenanlage. Neben der Stromaufnahme des Wärmepumpenaggregats wird hierin die gesamte elektrische Energieaufnahme der kompletten Wärmequellenanlage (z. B. Erdwärmesonden) berücksichtigt. Bezogen auf ein ganzes Jahr ergibt sich die Jahresarbeitszahl β zu:

$$\beta = \frac{Q_H}{E_{el}} \tag{7.3}$$

Aus dem ersten und zweiten Hauptsatz der Thermodynamik lässt sich ableiten, wie groß die Leistungs- bzw. Arbeitszahl einer Wärmepumpe theoretisch, d. h. im verlustfreien Idealfall werden kann. Nach Carnot hängt diese ideale Leistungszahl von den absoluten Temperaturen der Wärmequelle T_Q und der Wärmesenke T_H ab:

$$\varepsilon_C = \frac{T_H}{T_H - T_Q} \tag{7.4}$$

Wärmepumpen, deren Quellenanlage mit Hilfe einer Flüssigkeit betrieben wird (Wasser, Sole usw.), erreichen in der Praxis Leistungszahlen (COP), die in etwa die Hälfte der idealen Leistungszahl ϵ_C betragen, d. h. ihr exergetischer Gütegrad liegt nahe 0,5. Bei Wärmepumpen, die Außenluft als Wärmequelle verwenden, liegt der Gütegrad niedriger (Größenordnung: 0,35), weil der Ventilator, der zum Transport der Außenluft durch das Gerät erforderlich ist, wesentlich mehr Strom verbraucht

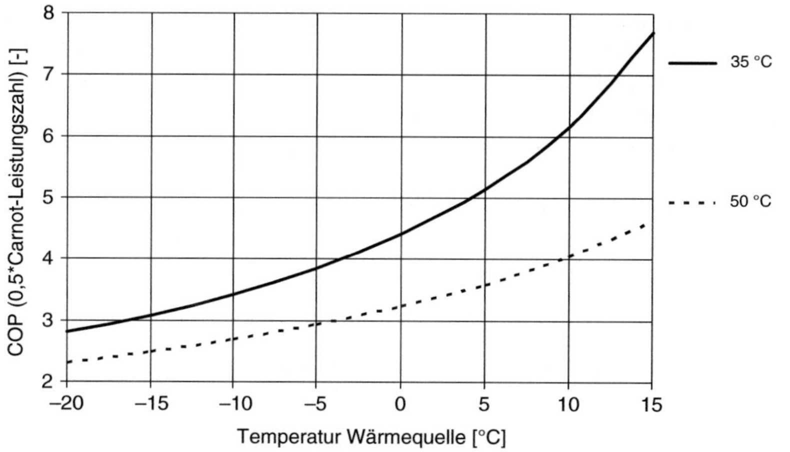

Abb. 7.4 Rechnerische Leistungszahl $0{,}5{*}\epsilon_C$ einer Wärmepumpe in Abhängigkeit von der Wärmequellentemperatur, Kurvenparameter: Heizungsvorlauftemperatur (eigene Darstellung)

als Umwälzpumpen einer vergleichbaren Wasser- oder Sole-Wärmepumpe. Außerdem ist der Wärmeübergang von Luft an den Verdampfer schlechter als bei einer Flüssigkeit.

Abbildung 7.4 zeigt den Verlauf der rechnerisch mit dem Ansatz $0{,}5{*}\epsilon_C$ ermittelten Leistungszahl einer Wärmepumpe bei Heizungsvorlauftemperaturen von 35 sowie 50°C in Abhängigkeit von der Wärmequellentemperatur. Es zeigt sich die deutliche Abhängigkeit der Leistungszahl von den Betriebstemperaturen. Die energetische Effizienz einer Wärmepumpenanlage verändert sich mit jedem Grad Temperaturänderung auf der Heiz- oder Quellenseite um ca. 2 bis 3%.

Aus diesem Zusammenhang resultieren zwei wesentliche Bedingungen für eine hohe Effizienz einer Wärmepumpenanlage:

- möglichst niedrige Temperatur auf der Heizseite und
- möglichst hohe Temperatur der Wärmequelle.

Darüber hinaus beeinflussen noch weitere Punkte die Energieeffizienz maßgeblich (Koenigsdorff 2008):

- Das ausgewählte Wärmepumpen-Aggregat sollte bei den auftretenden Betriebsbedingungen eine möglichst hohe Leistungszahl aufweisen.
- Der Hilfsenergieverbrauch, insbesondere für Umwälz- und Förderpumpen, und auch der Stand-By-Verbrauch von Wärmepumpenanlagen ist nicht zu unterschätzen und deshalb zu minimieren.
- Alle Komponenten, die Wärmepumpe, die angeschlossenen Verbraucher und die Wärmequellenanlage, sind sorgfältig und korrekt zu dimensionieren und

aufeinander abzustimmen. Z. B. ist bei der Wärmequellenanlage eine Unterdimensionierung zu vermeiden, während sich eine maßvolle Überdimensionierung positiv auswirkt. Die Wärmepumpe sollte dagegen weder zu groß noch zu klein dimensioniert werden.

- Auf den Anwendungsfall angepasstes Regelungskonzept mit korrekt eingestellten Regelparametern.
- Korrekte Betriebsführung, da eine Wärmepumpenanlage sensibel auf die Betriebsrandbedingungen reagiert.
- Messtechnische Überwachung der Arbeitszahl (Wärmemengen- und Stromzähler).

Bei Wärmepumpenanlagen zur Gebäudebeheizung werden im wesentlichen vier Wärmequellensysteme eingesetzt (Abb. 7.5, Koenigsdorff 2008, VBI 2008):

1. Erdwärmekollektoren: oberflächennah (1 bis 5 m tief), in der Regel horizontal im Erdreich verlegte Rohrschlangen; Wärmeträger: Sole-Wasser-Gemisch; minimale Soletemperatur: ca. –5 bis –8°C.
2. Erdwärmesonden: vertikale, ggf. schräge Bohrungen (meist zwischen 30 und 200 m tief); dicht verfüllt und mit Wärmeübertragerrohren versehen; Wärmeträger: meist Sole-Wasser-Gemisch, mitunter CO_2 oder Propan („Heat-Pipes"); minimale Betriebstemperatur: ca. –5°C.
3. Grundwasser: Saug- und Schluckbrunnen zur Förderung und Wiedereinleitung des Grundwassers, Tiefe von wenigen Metern bis maximal 20 bis 50 m, Grundwassertemperatur in der Regel 8 bis 12°C.
4. Außenluft: Ansaugung über einen Außenluft-Ventilator.

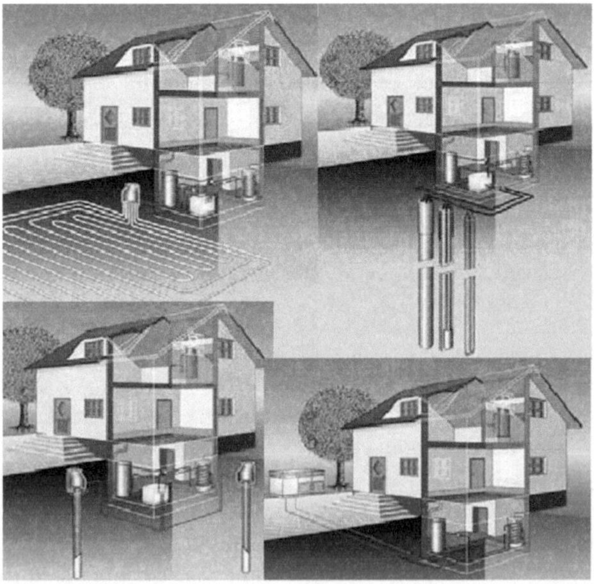

Abb. 7.5 Wärmequellen für Wärmepumpen zur Gebäudebeheizung (oberflächennahe Geothermie: oben links Erdwärmekollektor, oben rechts Erdwärmesonden, unten links Grundwasser-Brunnenanlage; Wärmepumpe in Außenaufstellung mit Außenluft als Wärmequelle unten rechts) (Quelle: Bundesverband Wärmepumpe e. V.)

Daneben existieren noch Sondersysteme, die vor allem bei Großanlagen zum Einsatz kommen. Beispielsweise können bei Pfahlgründungen von Gebäuden die statisch erforderlichen Pfähle mit wasserführenden Rohren ausgestattet werden und so als Wärme- oder Kältequelle bzw. Wärme-Pendelspeicher dienen. Auch Abwasser wird inzwischen als Wärmequelle für Wärmepumpen eingesetzt, indem in größere Abwasserkanäle spezielle Wärmeübertrager eingebaut werden (Koenigsdorff 2010).

Die Abhängigkeit der Leistungszahl von Wärmepumpen von den äußeren Betriebsrandbedingungen bildet sich in den im praktischen Betrieb erreichten Jahresarbeitszahlen ab. Tabelle 7.1 enthält in zwei Monitoring-Projekten (Neubauten und Bestandsgebäude) gemessene Jahresarbeitszahlen von Wärmepumpenanlagen mit verschiedenen Wärmequellen (Miara 2009). Erwartungsgemäß schneiden die Außenluft-Wärmepumpen am schlechtesten ab, wobei sich die höheren Heizwassertemperaturen in den Bestandsbauten nochmals negativ auswirken. Die besten Jahresarbeitszahlen werden in Neubauten (niedrige Heizwassertemperaturen) mit der Wärmequelle Erdreich erreicht. Aufgrund der Wärmequellentemperatur wären die Bestwerte allerdings bei der Wärmequelle Grundwasser zu erwarten gewesen. Wegen des verhältnismäßig hohen Strombedarfs der Brunnenpumpen bei den untersuchten Kleinanlagen liegen die Jahresarbeitszahlen der Grundwasser-Wärmepumpen in dieser Untersuchung jedoch geringfügig unter denen der Anlagen mit der Wärmequelle Erdreich.

Eine Bewertung dieser Ergebnisse wird durch die Bildung der zugehörigen Primärenergie-Aufwandszahlen möglich. Laut aktueller Energieeinsparverordnung (EnEV 2009) beträgt der Primärenergiefaktor (nicht erneuerbarer Anteil) für Strom in Deutschland derzeit $f_P = 2{,}6$. Die auf die Endenergie Strom bezogene Endenergie-Aufwandszahl für Wärmepumpenanlagen ist der Kehrwert der Jahresarbeitszahl. Damit ist die Primärenergie-Aufwandszahl:

$$e_P = \frac{1}{\beta} \cdot f_P \tag{7.5}$$

Für die in Tabelle 7.1 aufgeführten Wärmepumpenanlagen liegt damit e_P zwischen 1,0 (Außenluft-Wärmepumpe im Bestandsgebäude) und 0,684 (Erdreich-Wärmepumpen in Neubauten). Im Vergleich dazu kann ein Gas-Brennwertkessel bestenfalls einen minimalen Wert von 1 erreichen (f_P für Erdgas: 1,1 geteilt durch

Tabelle 7.1 Messerergebnisse der Jahresarbeitszahlen unterschiedlicher Wärmepumpenanlagen zur Gebäudebeheizung und Brauchwassererwärmung (Miara 2009), jeweils Mittelwerte über mehrere Anlagen jedes Typs

Gebäudeart	Wärmequelle		
	Erdreich	Grundwasser	Außenluft
Neubauten	3,8	3,5	3
Bestandsgebäude	3,3	–	2,6

einen Normnutzungsgrad von 109%,), wobei in der Praxis 5 bis 10% höhere Aufwandszahlen auftreten. Eine Außenluft-Wärmepumpe ist nach diesen Ergebnissen nur geringfügig energieeffizienter als ein Gas-Brennwertkessel, während erdreichgekoppelte Wärmepumpen demgegenüber derzeit eine maximal um ein Drittel bessere Effizienz aufweisen.

7.2.4 Wärmeverteilung: Hydraulik und Hocheffizienzpumpen[1]

Heizungswasser muss vom Kessel zu den Heizkörpern gelangen. Umwälzpumpen transportieren das Wasser durch die Rohrleitungen und überwinden die Strömungswiderstände in den verschiedenen Heizungskomponenten wie Wärmetauschern, Ventilen und Heizkörpern. Nach Schätzungen des Bundes der Energieverbraucher beträgt der Energieverbrauch der Umwälzpumpen in deutschen Heizungsanlagen jährlich ca. 15 Mrd. kWh, was 3% des gesamten Stromverbrauchs in der Bundesrepublik ausmacht. Dies ist die gleiche Größenordnung, die der gesamte Schienenverkehr in Deutschland benötigt.

Das Energie-Einsparpotenzial gegenüber herkömmlichen hydraulischen Systemen mit alter Technologie wird dabei auf bis zu 90% geschätzt (Floß 2007). Dieses Potenzial lässt sich nur durch den Einsatz optimaler Komponenten und optimal abgestimmter hydraulische Gesamtsysteme realisieren. Im Einzelnen liegen die Einsparpotenziale in

- der Verwendung effizienter Umwälzpumpe(n),
- einer optimalen Leistungsauslegung der Pumpe(n),
- einer geeigneten Regelung der Pumpe(n),
- der Reduzierung von Strömungswiderständen und Volumenströmen,
- einem hydraulischen Abgleich sowie
- einer optimierten Auslegung der Regelventile.

Bedeutende Fortschritte wurden in den zurückliegenden 15 Jahren bei den Pumpen und deren Antrieb selbst erreicht. Während der Wirkungsgrad der Pumpe samt elektrischem Antriebsmotor η_{Pu} unzähliger heute noch im Einsatz befindlicher Nassläufer-Standardpumpen meist bei maximal zehn bis 15% liegt, schaffen moderne Elektronikpumpen Wirkungsgrade von 30 bis 35%. Die neuesten Hocheffizienzpumpen mit Permanent-Magnet-Motoren erreichen im Bereich der Nassläuferpumpen Wirkungsgrade von über 50%. Trotz deutlich höherer Anschaffungskosten der Hocheffizienzpumpen verkürzen sich die Amortisationszeiten mit steigenden Strompreisen zunehmend. Aufgrund der meist hohen Laufzeiten in der Heizungstechnik sind die Hocheffizienzpumpen mittlerweile selbst im kleinsten Leistungsbereich (6 Watt) wirtschaftlich. Bei Anlagen im größeren Leistungsbereich (1 000 kW

[1] Siehe auch Floß (2007).

thermisch, bzw. 50 m^3/h) lässt sich durch den Einsatz von Trockenläuferpumpen (Wirkungsgrade bis zu 85%) ebenfalls eine sehr wirtschaftliche Einsparung erreichen, die bislang noch viel zu selten in Betracht gezogen wird.

7.2.4.1 Leistungsauslegung von Pumpen

Während herkömmliche Umwälzpumpen ungeregelt, d. h. mit konstanter Drehzahl betrieben werden, die bestenfalls in Stufen manuell eingestellt werden kann, werden zunehmend drehzahlgeregelte Pumpen eingesetzt. Das Vorhandensein einer Drehzahlregelung führt mitunter zu der irrigen Auffassung, dass die Leistung dieser Pumpen nicht sorgfältig auf die jeweilige Aufgabe angepasst gewählt werden muss. Vielmehr ist auch für selbstregelnde Pumpen eine sorgfältige Leistungsauslegung erforderlich, damit sowohl bei Volllast als auch im Teillastbetrieb des hydraulischen Systems eine möglichst hohe Energieeffizienz erreicht wird.

Das Pumpendiagramm in Abb. 7.6 beschreibt das gemessene Kennfeld der Pumpe und stellt den Druckverlust (bzw. die sogenannte Förderhöhe, die proportional zum Druckverlust ist und die auf die Flüssigkeit übertragene Energie bezogen auf die Gewichtskraft beschreibt) als Funktion des geförderten Volumenstroms dar. Die Anlagenkennlinie hingegen charakterisiert den Druckverlust als Funktion des Förderstroms; gemäß Gl. (7.6) ist es eine Parabel. Im Schnittpunkt beider Kennlinien liegt der Betriebspunkt der Pumpe. Ebenfalls in Abb. 7.6 ist der Wirkungsgrad der Pumpe dargestellt. Pumpen samt Antrieb besitzen demnach ein Wirkungsgrad-Maximum, welches in etwa bei halber Maximalförderleistung (Volumenstrom) und Nenndrehzahl liegt. In diesem Betriebspunkt sind die Verluste der Pumpe, die sich aus interner Reibung (wächst mit steigendem Volumenstrom) und Rückströmung (wächst mit sinkendem Volumenstrom, d. h. steigendem Druck) zusammensetzen, minimal. Sowohl bei höheren als auch bei niedrigeren Förderleistungen fällt der Wirkungsgrad ab, da entweder die interne Reibung oder die inneren Rückströmungen überproportional ansteigen.

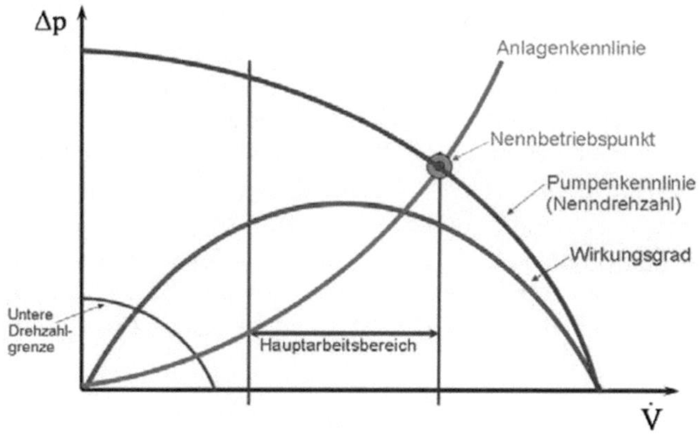

Abb. 7.6 Pumpendiagramm mit Wirkungsgradverlauf und Anlagenkennlinie

Ist eine Pumpe, wie sehr häufig üblich, überdimensioniert, kann eine Leistungsanpassung bestenfalls über eine Drehzahlreduzierung vorgenommen werden. Damit arbeitet die Pumpe jedoch in der Regel deutlich außerhalb des Wirkungsgradmaximums. Bei einer optimalen Pumpenauslegung ist daher darauf zu achten, dass der Hauptarbeitsbereich der Pumpe im Bereich hoher Wirkungsgrade liegt (Abb. 7.6). Bei mengenvariablen Hydrauliksystemen sollte der Nennbetriebspunkt hierzu möglichst nahe bei etwa 2/3 der Maximalfördermenge liegen. Wird die hydraulische Anlage im Teillastbereich (häufigste Anwendung) betrieben, arbeitet die Pumpe im Bereich hoher Wirkungsgrade.

Wie in Abb. 7.6 weiterhin dargestellt, besitzen alle Pumpen eine untere Drehzahlgrenze. Muss die Pumpe in Folge einer Überdimensionierung im Nennbetriebspunkt des Systems bereits mit stark reduzierter Drehzahl betrieben werden, ist eine weitere Leistungseinsparung im Teillastbetrieb des hydraulischen Systems aufgrund der unteren Drehzahlgrenze der Pumpe kaum noch möglich, was die Effizienzeinbuße durch eine Überdimensionierung noch verstärkt.

Der Vorteil einer (korrekt dimensionierten) drehzahlgeregelten Pumpe kommt allerdings erst in Verbindung mit einer geeigneten Regelung (Führungsgröße und Regelstrategie) zum Tragen.

7.2.4.2 Pumpenregelung

Das theoretische Einsparpotenzial durch eine Anpassung der Pumpendrehzahl bei abgesenktem Volumenstrom ist sehr hoch, weil in einem hydraulischen System die Druckverluste quadratisch mit der Strömungsgeschwindigkeit (Transportgeschwindigkeit) ansteigen, die bei einem gegebenen hydraulischen System proportional zum Volumenstrom ist. Damit sind die Druckverluste proportional zum Quadrat sowohl der Strömungsgeschwindigkeit v als auch des Volumenstroms $\dot{V}$:

$$\Delta p \sim v^2 \sim \dot{V}^2 \tag{7.6}$$

Dieser als Anlagenkennlinie bekannte Zusammenhang ist in Abb. 7.7 dargestellt. Der Betriebspunkt ergibt sich aus dem Schnittpunkt von Anlagenkennlinie und Pumpenkennlinie.

Wird die Pumpe mit Nenndrehzahl (n = 100%) betrieben, erhält man den (Nenn-)Betriebspunkt B_1 in der Anlagenkennlinie in Abb. 7.7. In der Abbildung sind der Fördervolumenstrom $\dot{V}$, der Förderdruck Δp (der gleich dem gesamten Druckverlust ist) und der Leistungsbedarf der Pumpe in diesem Nenn-Betriebspunkt auf 100% gesetzt. Werden im Teillastbetrieb nur noch 50% Volumenstrom benötigt, kann die Pumpendrehzahl auf 50% reduziert werden. Hierbei reduzieren sich der Förderdruck auf ein Viertel (quadratischer Zusammenhang) und die notwendige Antriebsleistung auf ein Achtel (12,5%), weil die erforderliche Antriebsleistung dem Produkt aus Förderdruck und Volumenstrom proportional ist:

$$P_{Antr} = \frac{\dot{V} \cdot \Delta p}{\eta_{Pu}} \sim \dot{V} \cdot \Delta p \tag{7.7}$$

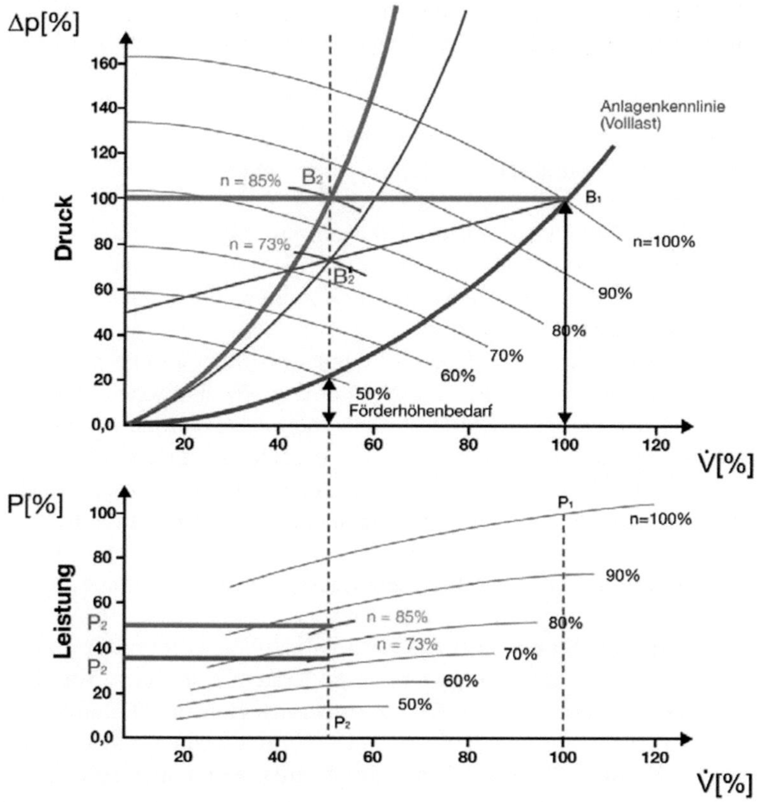

Abb. 7.7 Betrieb eines hydraulischen Systems mit drehzahlgeregelter Pumpe

und mit Gl. (7.6)

$$P_{Antr} \sim \dot{V}^3 \sim \nu^3 \tag{7.8}$$

Das Einsparpotenzial bei einer Halbierung des Volumenstroms beträgt somit 87,5%. Welcher Anteil dieser theoretisch möglichen Einsparung tatsächlich realisiert wird, hängt allerdings von der Art der Regelung der Pumpendrehzahl (Führungsgröße und Regelstrategie) ab und setzt eine korrekt dimensionierte Pumpe voraus.

In der Gebäudetechnik werden heute überwiegend differenzdruckgeregelte Pumpen eingesetzt. Wird der Volumenstrom in einem hydraulischen System gedrosselt (z. B. durch sich schließende Thermostatventile, wenn die Heizung in Teillast läuft), steigt bei einer ungeregelten Pumpe (Drehzahl bleibt konstant auf n = 100%) der Förderdruck an. Differenzdruckgeregelte Pumpen regeln dagegen den Förderdruck durch Anpassung der Pumpendrehzahl. Derzeit sind bei differenzdruckgeregelten Pumpen zwei Regelstrategien verbreitet:

- Konstantdruck-Regelung: Die Pumpe hält den Förderdruck stets konstant.
- Proportionaldruck-Regelung: Die Pumpe senkt den Förderdruck im Teillastbetrieb bis auf 50% gegenüber der Volllast ab.

Die Leistungseinsparung bei beiden Regelungsarten ist ebenfalls in Abb. 7.7 dargestellt. Bei der Konstantdruck-Regelung wird die Drehzahl auf ca. 85% reduziert, was den theoretischen Leistungsbedarf auf 50% im Punkt B_2 senkt. Im Fall der Proportionaldruck-Regelung kann die Drehzahl auf ca. 73% zurückgefahren werden, was zu ca. 33% theoretischer Leistungsanforderung im Betriebspunkt B_2' führt. Die meisten im Handel erhältlichen regelbaren Pumpen können nach diesen beiden Regelstrategien betrieben werden.

Das Einsparpotenzial von regelbaren Pumpen mit der Führungsgröße Druck ist zwar beachtlich, liegt aber noch deutlich unter den physikalischen Möglichkeiten, da ein Großteil der Pumpenleistung an den Thermostatventilen abgebaut werden muss, um die Information „Pumpendrehzahl reduzieren" zu übertragen. Bei neuen, weiterführenden Konzepten einer Systemregelung von Heizungsanlagen wird im Teillastbereich nicht nur die Vorlauftemperatur, sondern zusätzlich auch der Fördervolumenstrom der Pumpe angepasst. Durch das gesteuerte Abfahren der Anlagenkennlinie lässt sich der Jahresenergieverbrauch der Pumpe noch einmal halbieren.

Die in der Gebäudetechnik nach wie vor dominierende Differenzdruck-Regelung von Pumpen greift allerdings nur, wenn es im System eine durch Volumenstrom-Änderung hervorgerufene Differenzdruck-Änderung gibt. In Hydraulikkreisen mit konstantem Volumenstrom, wie zum Beispiel Einrohrheizungen oder Heizkreisen mit Einspritzschaltung, machen differenzdruckgeregelte Pumpen keinen Sinn, weil diese Regelung dort nicht funktionieren kann. In solchen Fällen ist eine andere Führungsgröße zu verwenden. Beispielsweise bietet sich in den angesprochenen Fällen die Rücklauftemperatur an, die im Teillastfall ansteigt und somit als Informationsträger genutzt werden kann. Einige Pumpenhersteller haben solche Optionen im Programm, die bislang jedoch nur selten genutzt werden.

7.2.4.3 Minimierung von Druckverlusten und Volumenströmen

Mindestens genauso wichtig wie die richtige Auswahl, Auslegung und Einstellung der Pumpen ist die Auslegung des hydraulischen Netzes. Nach den Gln. (7.6), (7.7), und (7.8) kann eine Absenkung der erforderlichen Antriebsleistung durch eine Absenkung des Volumenstroms erfolgen. Ebenso verringern aber auch niedrigere Strömungsgeschwindigkeiten bei unverändertem Volumenstrom die Druckverluste und damit die benötigte Antriebsleistung. Dies lässt sich durch größere Strömungsquerschnitte (z. B. Rohrdurchmesser) erreichen. Vergrößert man bei Konstantem Volumenstrom den Rohrdurchmesser nur um 20%, sinkt die Strömungsgeschwindigkeit um 30% und die Druckverluste sowie die Antriebsleistung halbieren sich.

Auch ist es lohnenswert, sich Gedanken über den für die thermische Leistungsübertragung notwendigen Volumen- bzw. Massenstrom zu machen. Die in einem hydraulischen System übertragene Wärmeleistung hängt vom Volumenstrom, der

Dichte und der spezifischen Wärmekapazität des umgewälzten Fluids sowie von der Temperaturspreizung (Differenz zwischen Vor- und Rücklauftemperatur) ab:

$$\dot{Q} = \dot{V} \cdot \rho \cdot c_p \cdot \Delta T \tag{7.9}$$

Bei vorgegebenem Leistungsbedarf kann der Volumenstrom gesenkt werden, wenn die Temperaturspreizung zwischen Vor- und Rücklauf vergrößert wird. Die hierdurch erzielbare Einsparung an Antriebsleistung beläuft sich bei einer Halbierung des Volumenstroms auf knapp 90%. Aber bereits eine Volumenstromreduzierung von nur 20% führt zu einer Einsparung der notwendigen Antriebsleistung von 50%. Hierbei ist zu beachten, dass gerade LowEx-Systeme, die Fußbodenheizungen, Wärmepumpen usw. verwenden, mit geringeren Temperaturspreizungen arbeiten als herkömmliche Heizungssysteme. Bei ungünstiger oder mangelhafter hydraulischer Bemessung wird der Effizienzgewinn dieser Systeme durch einen unverhältnismäßig hohen Energieverbrauch der Umwälzpumpen teilweise aufgezehrt. In Extremfällen kann es sogar zu einer Verschlechterung der Gesamteffizienz kommen, weil der Effizienzgewinn des LowEx-Systems selbst durch den Mehrverbrauch an Pumpenergie überkompensiert wird.

7.2.4.4 Hydraulischer Abgleich

Eine weitere wesentliche Vorraussetzung für die Vermeidung unnötig hoher Volumenströme ist der hydraulische Abgleich. Obwohl nach anerkannten Regeln der Technik gefordert, wird ihm in der Praxis sehr wenig Aufmerksamkeit geschenkt.

In einem hydraulischen System kann die Pumpe nur die Größe des Volumen- bzw. Massenstroms beeinflussen, nicht aber das Ziel, sprich die Aufteilung auf die einzelnen Verbraucher, die in der Regel – zumindest teilweise – parallel geschaltet sind. Der von der Pumpe geförderte Volumenstrom nimmt den Weg des geringsten Widerstandes und teilt sich so auf, dass der Druckverlust über alle parallelen Verbraucher gleich groß ist. Damit sind die pumpennahen Verbraucher in der Regel überversorgt, die weit entfernten Verbraucher dagegen unterversorgt. Wird diese Unterversorgung durch eine Anhebung der Pumpenleistung „behoben", so werden in der Folge die pumpennahen Verbraucher noch stärker überversorgt, da der Volumenstrom in allen Verbrauchern proportional ansteigt. In der Praxis ist hierbei mitunter eine Verdoppelung des Volumenstroms, d. h. eine Verachtfachung der Leistungsaufnahme der Umwälzpumpe anzutreffen.

Beim hydraulischen Abgleich werden einregulierbare Drosselventile an jedem Verbraucher so eingestellt, dass nur der jeweils gewünschte Volumenstrom beim vorgegebenen Druckabfall durch den Verbraucher fließt. Diese Drosselventile verursachen zwar einen zusätzlichen Druckverlust und erhöhen damit den Energieverbrauch der Pumpe. Doch ist dieses gezielte Vorgehen um Klassen effizienter als eine bloße Anhebung der Pumpenleistung im nicht abgeglichenen Netz, bis auch der am ungünstigsten Punkt liegende Verbraucher nicht mehr unterversorgt ist.

7.2.4.5 Ventilauslegung

Um den unterschiedlichen Anforderungen der Verbraucher an Betriebszeit und Temperaturniveau gerecht zu werden, sind die meisten Hydrauliknetze in verschiedene Heizkreise aufgeteilt. Die dazu notwendigen Regelarmaturen (Ventile und Mischer) in den hydraulischen Anlagen haben jedoch mit ihrem Druckverlust einen nicht unerheblichen Einfluss auf den Energiebedarf der Pumpe und sollten im Hinblick auf die Effizienz des Gesamtsystems sorgfältig ausgelegt werden.

Eine wichtige Kenngröße zur hydraulischen Auslegung von Ventilen ist die Ventilautorität a. Sie ist definiert als der Druckverlust im Nenn-Betriebszustand (100% Volumenstrom) über das voll geöffnete Ventil $\Delta p_{V,100}$, dividiert durch den Druckabfall des mengenvariablen hydraulischen Kreises $\Delta p_{ges,100}$, welcher sich aus dem Druckverlust in der Anlage $\Delta p_{Anl,100}$ und dem Druckverlust am Ventil $\Delta p_{V,100}$ zusammensetzt:

$$a = \frac{\Delta p_{V,100}}{\Delta p_{ges,100}} = \frac{\Delta p_{V,100}}{\Delta p_{Anl,100} + \Delta p_{V,100}} \tag{7.10}$$

Die Bedeutung der Ventilautorität lässt am sich einfachsten an folgendem Gedankenexperiment für eine Anlage mit Konstantdruck-Regelung veranschaulichen:

Werden im Teillastbetrieb in einer Anlage beispielsweise nur noch 10% des Nenn-Volumenstroms benötigt, geht die Ventilöffnung ebenfalls auf etwa 10% zurück. Der Druckverlust in der Anlage ist wegen der quadratischen Abhängigkeit vom Volumenstrom dann nahezu vernachlässigbar. Dies bedeutet, dass nun nahezu der gesamte (unveränderte) Druckverlust am Ventil abgebaut werden muss. Liegt die Ventilautorität (im Nennzustand) nahe bei 1, verändert sich im Teillastbetrieb der Druckabfall am Ventil kaum und bei 10% Ventilöffnung strömen tatsächlich etwa 10% Volumenstrom durch das Ventil. Ist die Ventilautorität (im Nennzustand) sehr klein, z. B. 0,2, steigt der Druckabfall am Ventil bei sehr geringem Volumenstrom deutlich an, z. B. auf nahezu das Fünffache (100% durch 20%), wodurch bei z. B. 10% Ventilöffnung nicht 10% Volumenstrom durch das Ventil strömen, sondern ein Mehrfaches (Wurzel aus fünf $\cong$ 2,236).

Daraus wird klar, dass eine hohe Ventilautorität zwar in einer guten Regelgüte resultiert, aber gleichzeitig einen hohen Leistungsbedarf der Pumpe mit entsprechend hohem Energieverbrauch mit sich bringt. In der Praxis hat sich ein Kompromiss mit Ventilautoritäten zwischen 0,3 und 0,7 bewährt.

Deutliche Einsparungen kann man erzielen, wenn man im Teillastbereich den Pumpendruck zurücknimmt. Um die gleiche Regelgüte zu erhalten, können die Ventile dann mit einer geringeren Ventilautorität und damit niedrigerem Druckverlust ausgelegt werden. Anbieter, die Pumpe, Regelventil und Regelung als System anbieten, arbeiten heute mit Ventilautoritäten zwischen 0,05 und 0,1 bei unverminderter Regelgüte. Das hierdurch erreichte Energieeinsparpotential bei den Umwälzpumpen beträgt zwischen 25 und 60%. Es ist zu erwarten und zu wünschen, dass derartige, optimal vorkonfektionierte „Plug-and-Play-Systemlösungen" künftig noch verstärkt auf den Markt kommen und eingesetzt werden.

7.3 Energieeffiziente raumlufttechnische Anlagen (RLT-Anlagen)

Raumlufttechnische Anlagen (RLT-Anlagen) leisten heute einen nicht zu unterschätzenden Beitrag zur Funktionsfähigkeit und zur Nutzbarkeit von Gebäuden, haben häufig aber auch einen erheblichen Anteil am Energieverbrauch der Gebäude. RLT-Anlagen dienen in erster Linie dazu, Wasserdampf (Feuchte), Geruchs- und Schadstoffe aus Räumen und Gebäuden gezielt und quantitativ definiert so abzuführen, dass die Luftqualität in den Innenräumen den jeweiligen Anforderungen genügt.

In Wohn-, Büro-, und vergleichbaren Bereichen ist neben Wasserdampf vor allem Kohlendioxid abzuführen. Der Gehalt an Kohlendioxid in der Raumluft ist der wesentliche Indikator für „verbrauche Luft". Ein zu geringer Feuchteaustrag kann zu hoher relativer Luftfeuchte und sogar zu Kondenswasseranfall auf bzw. in Bauteilen führen. Dies begünstigt die Bildung von Nährböden für Mikroorganismen wie zum Beispiel Schimmelpilze mit allen bekannten Folgen. Ein weiteres Risiko bei zu geringer Luftabfuhr aus Räumen besteht darin, dass gasförmige Schadstoffe, die aus dem Baukörper und aus der Raumausstattung permanent in kleinen bis kleinsten Dosen ausdiffundieren, auf ein gesundheitsrelevantes Maß aufkonzentriert werden können. Bei anderen Nutzungen, z. B. in Produktionsbereichen, sind ggf. noch weitere Schadstoffe, wie z. B. Stäube, Abgase bis hin zu ätzenden oder toxischen Substanzen wie Schwefelsäure, Chromsäure, Ammoniak, Reinigungs- und Lösungsmittel abzuführen.

Daneben dienen raumlufttechnische Anlagen – entweder alleine oder im Verbund mit anderen Heiz- und Kühlsystemen – der bestimmungsgemäßen Temperierung von Räumen und Gebäuden. In diesem Zusammenhang sind RLT-Anlagen luftgestützte Systeme zur Klimatisierung und dienen umfassend der Schaffung von Behaglichkeit und Wohlbefinden der Nutzer.

Technisch erfüllen raumlufttechnische Anlagen, je nach Aufgabenstellung, eine Auswahl aus folgenden Funktionen:

- *Lufttransport*: Ansaugung von Außenluft, Transport der aufbereiteten Zuluft zu den Räumen, Einbringung der Zuluft in die Räume, Absaugung von Raumluft aus den Räumen (Abluft), Abtransport und Ausbringung der Abluft nach außen;
- *Lufttemperierung*: Erwärmung bzw. Kühlung der angesaugten Außenluft auf die erforderlichen Zulufttemperaturen;
- *Feuchteregulation*: Befeuchten oder Entfeuchten der angesaugten Außenluft auf den erforderlichen Feuchtegehalt der Zuluft.

Alle diese Funktionen sind naturgemäß mit dem Verbrauch von Energie verknüpft. Bei allen Anstrengungen zur Energieeffizienz von RLT-Anlagen darf aber die originäre Hauptaufgabe, nämlich die Sicherstellung einer hinreichenden Luftqualität durch einen ausreichenden Luftaustausch in den betroffenen Innenräumen, nicht gefährdet werden. Ansonsten drohen fatale Folgen für die Funktion und Nutzbarkeit der Gebäude sowie den Gesundheitsschutz der Nutzer. Die

Energieeffizienz von RLT-Anlagen ist stets bei gleichzeitiger Aufrechterhaltung aller notwendigen Funktionalitäten zu optimieren.

7.3.1 Lufttransport

Der Energiebedarf für den Lufttransport E_{LT} in kWh, der an den Ventilatoren in den RLT-Anlagen anfällt, berechnet sich zu:

$$E_{LT} = \left(P_{el,ZU} + P_{el,AB}\right) \cdot t_{op} = \left(\frac{\Delta p_{ZU} \cdot \dot{V}_{ZU}}{\eta_{tot,ZU}} + \frac{\Delta p_{AB} \cdot \dot{V}_{AB}}{\eta_{tot,AB}}\right) \cdot \frac{t_{op}}{36000} \tag{7.11}$$

(Indizes: ZU = Zuluft, AB = Abluft), mit:

P_{el}: elektrische Leistungsaufnahme Ventilator [kW],
Δp: Druckverlust im jeweiligen Kanalsystem [Pa],
$\dot{V}$: Volumenstrom [m^3/h],
η_{tot}: Gesamtwirkungsgrad der jeweiligen Ventilatoreinheit [%],
t_{op}: Betriebszeit der Ventilatoren [h].

Der Energiebedarf für den Lufttransport bestimmt sich damit aus der Betriebszeit t_{op} und den elektrischen Leistungsaufnahmen P_{el} der Ventilatoren. Die elektrischen Leistungsaufnahmen wiederum resultieren aus den Druckverlusten Δp im Kanalsystem, den Luftvolumenströmen $\dot{V}$ und den Gesamtwirkungsgraden der Ventilatoreinheiten η_{tot}. Im Folgenden werden die einzelnen Parameter für den Lufttransportenergiebedarf und deren Potenziale zur Erhöhung der Energieeffizienz betrachtet.

7.3.2 Druckverluste

Sowohl die Druckverluste im Zuluftkanalnetz als auch die Druckverluste im Abluftkanalnetz haben keinen Nutzen für den Lufttransport oder die Raumklimatisierung, sondern sind ausschließlich induzierte Verluste aufgrund der Strömungsvorgänge in den Kanälen, so dass eine Reduktion dieser Druckverluste auch keine negativen Auswirkungen auf die originären Aufgaben der RLT-Anlagen hat. Für Luftkanalnetze gelten grundsätzlich dieselben Zusammenhänge wie bei hydraulischen Netzen (vgl. Abschn. 7.2.4). Der Leistungs- bzw. Energiebedarf zur Förderung ist gemäß Gl. (7.11) dem Druckverlust und dem geförderten Volumenstrom proportional. Dies bedeutet, dass eine 30-%ige Reduktion der Druckverluste zu einer Senkung des Energiebedarfs von 30% führt usw. Die Druckverluste im Kanalsystem hängen nach Gl. (7.6) quadratisch von der Transportgeschwindigkeit der Luft in den Kanälen ab. Eine Verdoppelung der Kanalquerschnitte beispielsweise würde zu einer Reduktion der Energiebedarfe für den Lufttransport auf ein Viertel, d. h. um 75% führen.

Luftkanäle müssen jedoch häufig gemäß Vorgabe so in Gebäude integriert werden, dass sie möglichst wenig auffallen und dass durch die Kanaltrassen möglichst wenig Gebäudevolumen „verbraucht" wird. Derartige Vorgaben führen in der Praxis häufig zu Kanälen möglichst geringen Querschnitts sowie zu einer aufwändigen und verschlungenen Trassenführung. Daraus resultieren jedoch unnötig hohe Strömungsdruckverluste und ein hoher Leistungs- und Energiebedarf für den Lufttransport. Es sollte daher darauf geachtet werden, dass die Trassen möglichst einfach verlaufen, Strömungsumlenkungen auf ein notwendiges Mindestmaß beschränkt bleiben und die Strömungsgeschwindigkeiten der Luft in den Kanälen durch große Kanalquerschnittsflächen möglichst gering gehalten werden. Dies ist zwar aufgrund des nicht unerheblichen Platzbedarfs im Gebäude in der Regel nur mit entsprechendem Nachdruck durchsetzbar, bewirkt aber auch eine signifikante Erhöhung der Energieeffizienz.

7.3.3 SFP-Wert

Der SFP-Wert ist ein allgemeines Qualitätskriterium zur Bewertung der Energieeffizienz der Luftförderung. Er beschreibt die spezifische Ventilatorleistung (SFP = specific fan power), also den Bedarf an elektrischer Leistung am Ventilatorantrieb pro gefördertem Luftvolumenstrom. Beeinflusst wird der SFP-Wert sowohl durch die Qualität des verwendeten Ventilators und dessen Motor im RLT-Gerät als auch durch die luftseitigen Druckverluste im Gerät selbst, in den Lüftungskanälen sowie den Luftein- und -auslässen. Um dieses Qualitäts- und Effizienzkriterium einfach fassbar zu machen, werden die SFP-Werte in Kategorien von SFP 1 (hohe Energieeffizienz) bis SFP 7 (geringe Energieeffizienz) eingeteilt, siehe Tabelle 7.2. Für raumlufttechnische Anlagen mit einem Auslegungsvolumenstrom von 4 000 m^3/h oder mehr ist in §15 der Energieeinsparverordnung (EnEV 2009) grundsätzlich die Einhaltung der Kategorie SFP 4 als Mindesteffizienz vorgeschrieben.

Tabelle 7.2 Einteilung der SFP-Werte in Kategorien (DIN EN 13779, 2007)

Kategorie	spezifische Ventilatorleistung [W/(m^3/s) = Ws/m^3]
SFP 1	< 500
SFP 2	500 bis 750
SFP 3	750 bis 1250
SFP 4	1 250 bis 2 000
SFP 5	2 000 bis 3 000
SFP 6	3 000 bis 4 500
SFP 7	> 4 500

7.3.4 Ventilatorwirkungsgrad

Neben den Druckverlusten stellt der Gesamtwirkungsgrad der Ventilatoren einen Optimierungsbereich dar, der keine negativen Auswirkungen auf die originären

Aufgaben der RLT-Anlagen hat. Der Gesamtwirkungsgrad η_{tot} setzt sich multiplikativ aus den Einzelwirkungsgraden des Ventilators η_{Vent}, des Antriebsmotors η_{Mot}, des Riementriebs η_{Antr} und der Einbausituation in der RLT-Anlage η_{Einbau} zusammen:

$$\eta_{tot} = \eta_{Vent} \cdot \eta_{Mot} \cdot \eta_{Antr} \cdot \eta_{Einbau} \tag{7.12}$$

Dies bedeutet, dass neben der Auswahl hocheffizienter Komponenten (Ventilator, Motor, Antrieb) auch die Einbausituation der Ventilatoreinheit energetisch optimiert werden sollte. Dazu gehört in erster Linie, dass bei den meist eingesetzten Radialventilatoren ein Abstand zwischen dem seitlichen Luftansaug und der Seitenwand des RLT-Geräts oder des Kanals von mindestens dem halben Laufraddurchmesser des Ventilators einzuhalten ist. Wird dieser Abstand signifikant unterschritten, was aufgrund von Platzmangel häufig vorkommt, kann sich dies dramatisch negativ auswirken. Trotz hochwertiger Ventilatoren und Motoren kann es bei falschem Einbau der Ventilatoreinheit in die RLT-Anlage zu einem Abfall des Gesamtwirkungsgrads von 75% und mehr auf 25% und weniger kommen, was den Energiebedarf zur Luftförderung entsprechend erhöht. Hinsichtlich des Riementriebs ist darauf zu achten, dass möglichst anstatt klassischer Keilriementriebe energetisch günstigere Flachriementriebe eingesetzt werden. Dabei ist dann jedoch auf einen fachgerechten Einbau und eine regelmäßige Wartung des Riementriebs zu achten. Ist der Einbau direkt angetriebener Ventilatoren ohne Riementrieb möglich und sinnvoll, können mit einer solchen Ventilatoreinheit die Energieverluste durch den Riementrieb komplett vermieden werden.

7.3.5 Luftvolumenstrom

Ein weiterer Ansatzpunkt zur energetischen Optimierung des Lufttransports liegt im Luftvolumenstrom selbst. Dieser darf zwar nicht zu Lasten der originären Aufgaben der RLT-Anlage reduziert werden, jedoch wird nicht zu allen Zeitpunkten während des Betriebs der Anlage die gesamte Luftmenge gemäß Auslegungsfall benötigt. Vielmehr schwanken die Raumlasten über den Tages- und Jahresgang bisweilen sehr stark, so dass auch der tatsächliche Luftbedarf deutlichen Schwankungen unterliegt. Ist dies der Fall, sollte der Luftvolumenstrom an den jeweils aktuellen Bedarf angepasst werden. RLT-Anlagen, die den Volumenstrom dem Bedarf anpassen, heißen „variable Volumenstromsysteme (VVS)“. VVS-Anlagen können in entsprechenden Anwendungsfällen bei korrekter Implementierung Energieeinsparungen von bis zu 70% und mehr gegenüber Konstantvolumenstromsystemen aufweisen.

7.3.6 Wärme- und Kälterückgewinnung

Der Energiebedarf für die Temperierung der Luft, d.h. für ihre Erwärmung und Kühlung, fällt im zugehörigen Wärmeübertrager der RLT-Anlagen an. Dieser thermische Energiebedarf lässt sich mit Hilfe der sogenannten

Wärmerückgewinnung deutlich reduzieren. Hierbei wird über zusätzliche spezielle Wärmeübertragersysteme, die in die RLT-Anlage integriert sind, thermische Energie zwischen dem Zuluftstrom und dem Abluftstrom der RLT-Anlage ausgetauscht (siehe Kap. 9). Im Winter funktioniert dieses System so, dass kalte Außenluft über die RLT-Anlage angesaugt wird und in die Wärmerückgewinnung gelangt. Dort gibt der warme Abluftstrom einen Teil seiner thermischen Energie an den kalten Zuluftstrom ab, wodurch sich der Abluftstrom abkühlt und gleichzeitig der Zuluftstrom erwärmt. Durch dieses Verfahren kann ein Großteil der thermischen Energie, die zur Temperierung der Luft ursprünglich aufgewendet wurde, zurückgewonnen und genutzt werden. Als Maßstab für die Güte der Wärmerückgewinnung wird in der Regel die sogenannte Rückwärmzahl Φ angegeben. Diese gibt an, wie viel Wärmeenergie von der Abluft in die Zuluft übertragen wird. Dabei ist wichtig zu bedenken, dass die Rückwärmzahl keine unverrückbar feste Konstante ist, sondern von einer Reihe von Geräteparametern, aber auch von einigen Betriebsparametern abhängt. Heute übliche Wärmerückgewinnungssysteme erreichen Rückwärmzahlen und damit Wärmerückgewinnungsgrade von 70% und mehr. Dies bedeutet, dass der Energiebedarf für die thermische Luftbehandlung um 70% und mehr gesenkt werden kann, was selbstredend massive Auswirkungen auf die Energieeffizienz hat.

Im Kühlfall im Sommer können Wärmerückgewinnungssysteme ebenfalls eingesetzt werden: zur Vorkühlung der Außenluft, wenn die Abluft aus dem Gebäude kühler ist als die Außenluft. Im konkreten Fall ist der Nutzen einer Kälterückgewinnung allerdings energetisch zu prüfen, da die zusätzlichen luftseitigen Druckverluste der Wärmerückgewinnungssysteme im Sommerfall die Netto-Energieeinsparung signifikant belasten könnten.

Ein energetisch sehr interessantes Verfahren für den Sommerfall ist die sogenannte adiabate Kühlung, auch indirekte Kühlung genannt. Dabei wird die Abluft im RLT-System maximal mit Wasser befeuchtet. Bei dieser Befeuchtung nimmt die Lufttemperatur der Abluft stark ab. Die so gekühlte Abluft passiert anschließend das Wärmerückgewinnungssystem und kühlt die warme Luft im Außen- bzw. Zuluftstrom.

7.3.7 Feuchterückgewinnung

Falls gefordert und implementiert, erfolgt die Feuchteregulation der Zuluft in RLT-Anlagen über geeignete Systeme zur Luftbefeuchtung und zur Luftentfeuchtung. Der Energieaufwand zur Be- und Entfeuchtung ist nicht unerheblich, da bei der Befeuchtung die Verdampfungsenthalpie des zugeführten Wassers und bei der Entfeuchtung die entsprechende Kühlenergie (Wärmeabfuhr) zur Kondensation aufzubringen ist. Wie bei der thermischen Energie gibt es auch für die Feuchte geeignete Rückgewinnungssysteme. Bei diesen sogenannten Feuchterückgewinnungssystemen erfolgt ein Feuchteaustausch zwischen dem Zuluft- und dem Abluftstrom. Dies bedeutet, dass im Winter die trockene Außenluft durch die Abluft vorbefeuchtet wird, während im Sommer die Abluft der feuchteren Außenluft Feuchte entzieht. Die Rückfeuchtezahlen liegen je nach verwendetem System bei bis zu 60% und mehr, so dass eine signifikante Steigerung der Energieeffizienz erzielt werden kann. Meist sind Wärme- und Feuchterückgewinnung in kombinierten Systemen implementiert.

7.3.8 Luftdichtheit des Kanalsystems

In Kanalsystemen von RLT-Anlagen kann die Leckagerate je nach Dichtheitsklasse 4% und mehr betragen, ohne dass von einem Mangel gesprochen werden kann. Durch die Wahl einer höheren Dichtheitsklasse des Kanalsystems können die Leckageraten auf Werte unter 1% gesenkt werden. Um das gleiche Maß, um das die Leckagerate gesenkt wird, sinkt der Energiebedarf für den Lufttransport und die thermische und hygrische Luftaufbereitung. Dies bedeutet, dass sich beispielsweise bei der Reduzierung der Leckage von 4% auf 1%, also um 3%-Punkte, der Gesamtenergiebedarf für die RLT-Anlage um 3% reduziert.

7.3.9 Anlagenbetrieb

Neben einer energieeffizienten Anlagentechnik spielt auch der strategische und operative Anlagenbetrieb für die Energieeffizienz eine entscheidende Rolle. Als eine derartige Maßnahme wurde bereits die bedarfsgerechte Anpassung des Volumenstroms (VVS-System) angesprochen.

Weitere wichtige Punkte sind die regelmäßige Reinigung, Wartung und Instandsetzung der Anlagen. Dazu gehören auch der regelmäßige Austausch aller Luftfilter und die Einstellung der Riementriebe aller Ventilatoren. Als Beispiel sei hier nur aufgeführt, dass ein alter, beladener Luftfilter im Gegensatz zu einem neu ausgetauschten Luftfilter je nach Filterklasse einen höheren Druckverlust zwischen 120 Pa bis 200 Pa aufweist. Dies bedeutet, dass eine RLT-Anlage mit voll beladenen Luftfiltern einen ca. 10 bis 20% höheren Energiebedarf für den Lufttransport aufweist als eine Anlage mit neu ausgetauschten Luftfiltern.

Neben den laufenden Wartungs- und Reinigungsmaßnahmen ist aber auch von sehr hoher Wichtigkeit und Relevanz, dass RLT-Anlagen an die sich im Laufe der Zeit verändernde Gebäudenutzung und die tatsächlichen Nutzerbedarfe angepasst werden. Im Bestand finden sich häufig RLT-Anlagen, die in einem Leistungsprofil und Betriebsschema arbeiten, welches von den aktuellen Anforderungen des Gebäudes und der Gebäudenutzer stark abweicht. Hierdurch werden zum Teil erhebliche Energiemengen verschwendet, die sich durch eine sachgemäße Adaptierung einsparen ließen.

Die dargestellten Maßnahmen und Methoden lassen erkennen, dass es eine ganze Reihe von Möglichkeiten gibt, den Energiebedarf von raumlufttechnischen Anlagen und Systemen signifikant zu senken, ohne dabei die Qualität der originären Aufgabe dieser Anlagen, nämlich die Schaffung und Aufrechterhaltung angepasster und behaglicher raumklimatischer Zustände, zu verringern. Durch Nutzung aller genannten Optimierungspotenziale lassen sich die Energiebedarfe von RLT-Systemen auf einen Bruchteil gegenüber Anlagen reduzieren, in denen die genannten Maßnahmen nicht umgesetzt wurden.

7.4 Energieeffiziente Kälteanlagen in Gebäuden

Grundsätzlich sollte durch eine klimagerechte Bauweise die Notwendigkeit einer Kühlung von Gebäuden im Sommer vermieden, zumindest aber auf ein Mindestmaß beschränkt werden. Aus diesem Grund enthält die Energieeinsparverordnung (EnEV 2009) Mindestanforderungen an den sommerlichen Wärmeschutz von Gebäuden. Dieser bauliche sommerliche Wärmeschutz wird in erster Linie durch Sonnenschutzvorrichtungen erreicht. In sinnvoller Größe und Ausrichtung gewählte Fensterflächen, eine hohe thermische Speichermasse („Bauschwere") des Gebäudes und zusätzliche Maßnahmen wie z. B. eine nächtliche Fensterlüftung sind hierbei eine wirkungsvolle Unterstützung. Wenn diese Maßnahmen nicht ausreichen, beispielsweise aufgrund hoher interner Wärmelasten (Personenzahl, Geräte) im Gebäude oder streng einzuhaltender Temperatur- und/oder Feuchteanforderungen, muss Kälte auf anlagentechnischem Wege bereitgestellt werden.

Der Großteil der heutigen Kälteerzeugung erfolgt mit elektrisch angetriebenen Kompressionskältemaschinen. Diese sind grundsätzlich gleich aufgebaut wie Kompressionswärmepumpen (vgl. Abschn. 7.2.3), lediglich die Nutzung sowie die Anwendungs- und Betriebsrandbedingungen unterscheiden sich. Die Kälteerzeugung geschieht durch die Wärmeaufnahme am Verdampfer des Aggregates. Diese Wärme, zuzüglich der ebenfalls in Wärme umgewandelten Antriebsenergie, wird im Kondensator als Abwärme an die Umgebung abgegeben (Wärmesenke).

Analog zur Leistungszahl *COP* bei Wärmepumpen ist die Leistungszahl *EER* (Energy Efficiency Ratio) von Kältemaschinen das Verhältnis aus Kälteleistung (Nutzen) und Antriebsleistung (Aufwand) bei vorgegebenen Nennbedingungen auf dem Prüfstand:

$$EER = \frac{\dot{Q}_K}{P_{el}} \tag{7.13}$$

Wird das Teillastverhalten mit berücksichtigt, erweitert sich die Kenngröße nach EUROVENT für Kältemaschinen zum *ESEER* (European Seasonal Energy Efficiency Ratio), indem mehrere *EER*-Werte bei unterschiedlichen Teillastnennbedingungen zu einem resultierenden *SEER*-Wert gemittelt und zusammengefasst werden.

Ebenso wie bei Wärmepumpen ist die im instationären Anlagenbetrieb über einen längeren Zeitraum tatsächlich erreichte Effizienz der Kältemaschinen bzw. des gesamten Kälteversorgungssystems (Erzeugung inkl. Verteilung und Übergabe) hiervon zu unterscheiden. Bei Kälteanlagen gibt es bislang zur Bewertung der Energieeffizienz im laufenden Betrieb noch keine eindeutigen Definitionen. In Becker (2008) wird als Leistungskenngröße der *TEER* (Total Energy Efficiency Ratio) als Verhältnis zwischen der aktuell gemessenen Kälteleistung und der Summe aller elektrischen Leistungen für die Kälteerzeugung inklusive aller Hilfsenergien wie Ventilatoren und Pumpen in der Kälteverteilung eingeführt:

$$TEER = \frac{\dot{Q}_K}{\sum P_{el}} \tag{7.14}$$

Als ein der Wärmepumpen-Jahresarbeitszahl β ähnliches Verhältnis von Nutzen zu Aufwand als Kenngröße für die Energieeffizienz wurde von Becker der Total Seasonal Performance Factor *TSPF* vorgeschlagen (Becker 2008):

$$TSPF = \frac{Q_K}{E_{el}} \tag{7.15}$$

Als Nutzen ist die Kälteenergie Q_K mit Wahl einer Bilanzgrenze zu messen, die bei indirekten Kälteanlagen über Kältemengenzähler vergleichsweise einfach erfasst werden kann. Bei der Erfassung der (elektrischen) Aufwandsenergien ist darauf zu achten, dass neben dem Aufwand für die Verdichterenergie auch aller Hilfs- und Nebenaggregate (z. B. Pumpen, Ventilatoren, ...) enthalten sind. Die Gesamt-Energieeffizienz der Kältebereitstellung ist umso höher, je größer der Wert des *TSPF* ist. Um eine möglichst hohe Effizienz zu erreichen, ist wiederum die gesamte Prozesskette der Kältebereitstellung zu betrachten (Abb. 7.8). Beim energetischen Vergleich von Kälteanlagen untereinander ist auf eine eindeutige Festlegung der Bilanzgrenze (z. B. vor oder nach dem Kältespeicher, mit oder ohne Verteilpumpen) zu achten.

Da Anlagen zur Kälteerzeugung und -verteilung grundsätzlich dieselben Antriebe (Elektromotoren, Ventilatoren, Kompressoren, Pumpen) und Medien (Luft,

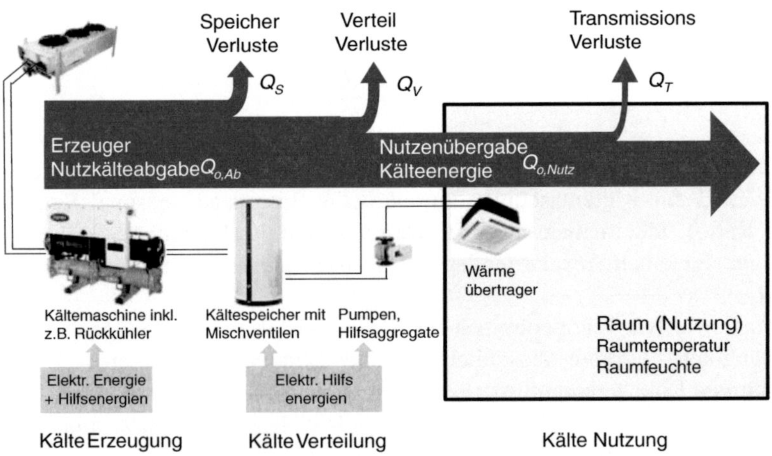

Abb. 7.8 Prozesskette der Kältebereitstellung der Kälteerzeugung über die Kälteverteilung zur Kältenutzung (Becker 2008)

Wasser, Sole) benötigen wie heiz- und raumlufttechnische Anlagen, gelten die Ausführungen zur Energieeffizienz bei Heizungssystemen (Abschn. 7.2) und raumlufttechnischen Anlagen (Abschn. 7.3) in analoger Weise für die Kältetechnik. Auf darüber hinausgehende Besonderheiten wird im Folgenden eingegangen.

Aus der Charakteristik des Kältemaschinenprozesses (vgl. Wärmepumpe) ergibt sich mit Blick auf die Energieeffizienz als eine zentrale Anforderung, den Temperaturhub zwischen der Nutzenseite (Kälte) und der Wärmesenke (Abgabe der Abwärme) möglichst gering zu halten. Die Temperatur der Kältebereitstellung sollte also möglichst hoch und die der Abwärmeabgabe möglichst tief liegen.

Das erforderliche Temperaturniveau der Kältebereitstellung hängt sowohl vom zu kühlenden Prozess als auch von der darauf aufbauenden Wahl und Auslegung der Einrichtungen und Anlagen zur Nutzenübergabe der Kälte (Kälteverbraucher) ab. Bei der Kühlung und Klimatisierung von Aufenthaltsräumen in Gebäuden liegen übliche Kaltwassertemperaturen für die Kälteversorgung (Vorlauf zum Verbraucher) im Bereich von etwa 6 bis 20°C. Ist Luft in raumlufttechnischen Anlagen zu entfeuchten, werden Wassertemperaturen nahe der unteren Grenze dieses Bereichs benötigt. Soll die Luft lediglich auf eine moderate Temperatur (z. B. 18 oder 20°C) gekühlt werden, sind bei entsprechender Auslegung auch höhere Kaltwassertemperaturen, z. B. um 10°C, ausreichend. Flächenkühlsysteme (die grundsätzlich auch zum Heizen verwendet werden können, vgl. Abschn. 7.2.1) arbeiten mit höheren Wassertemperaturen, abgehängte Kühldecken häufig mit 16°C und thermoaktive Bauteilsysteme mit 18 bis maximal 20°C.

Neben Räumen, in denen sich Menschen aufhalten, bzw. der Zuluft für diese Räume müssen zunehmend auch nutzungsspezifische Einrichtungen von den gebäudetechnischen Kälteanlagen gekühlt werden. Die wahrscheinlich häufigste Anwendung dieser Art dürfte inzwischen die Kühlung von Rechner- und Serverräumen sein. Angesichts des zum Teil drastischen Anstiegs des Kältebedarfs für diese EDV-Kühlung ist hierbei zuallererst auf energiesparende Rechner sowie effiziente Betriebskonzepte von Rechnern und Servern zu achten (siehe Abschn. 5.2.5). Ein Beispiel sind virtuelle Serverkonzepte, bei denen die Zahl der arbeitenden Hardware-Komponenten nur von der Gesamtauslastung der Software-Prozesse, nicht aber von deren Anzahl abhängt. Ist der Kühlbedarf derart minimiert, ist auch hier eine möglichst effiziente Kälteversorgung zu wählen, die jedoch stark von den jeweiligen Anforderungen der zu kühlenden Geräte abhängt. Rechenzentren lassen sich häufig mit moderaten Wassertemperaturen kühlen, z. B. über Umluftkühlgeräte, die mit Kaltwasser von 12°C betrieben werden.

Die bei der Kältebereitstellung anfallende Abwärme wird meist über Rückkühlwerke (in Abb. 7.8 oben links) an die Außenluft abgeführt. Diese lassen sich in drei Haupttypen klassifizieren:

1. (Geschlossene) Trockenkühler, bei denen das zu kühlende Medium (Kühlwasser, Kältemittel-Kondensator) durch Rohre strömt, die außen mit Rippen oder Lamellen versehenen sind und von der Umgebungsluft gekühlt werden (Beispiel: Kühler für KfZ-Motoren).

2. Offene Verdunstungskühler, in denen das zu kühlende Wasser in unmittelbarem Kontakt mit der durchströmenden Luft steht. Ein Teil des Kühlwassers verdampft dabei, was einen erheblichen Anteil am Kühleffekt ausmacht (Beispiel: Kühltürme in Großkraftwerken).
3. Geschlossene Verdunstungskühler sind grundsätzlich wie geschlossene Trockenkühler aufgebaut, nutzen aber zusätzlich den Effekt der Verdunstungskühlung, indem die Rohre mit Sekundärwasser berieselt werden.

Welcher Rückkühlwerktyp optimal ist, hängt von der Art der Kühlaufgabe, deren Leistungs- und Betriebsbereich, den Energie- und ggf. Wasserkosten am Standort sowie den gewünschten Optimierungskriterien ab. Da die Randbedingungen der Wärmesenke, d. h. die Außenluftzustände Temperatur und Feuchte, in einem weiten Bereich variieren (Wetter, Klima, Jahresgang), werden neben den drei genannten Typen sogenannte Hybridkühler angeboten, die flexibel zwischen den Betriebsarten Trockenkühlung und geschlossene Verdunstungskühlung wechseln können.

Der Energieverbrauch von Rückkühlwerken wird maßgeblich von den Ventilatoren verursacht, welche die Luft durch das Rückkühlwerk fördern. Die Leistung und die Energieeffizienz eines Rückkühlwerks steigen mit steigendem Temperaturunterschied zwischen dem zu kühlenden Medium und der Außenluft an. Bezogen auf das Rückkühlwerk an sich ist somit eine möglichst hohe Betriebstemperatur (Rückkühltemperatur) erwünscht. Wird eine Kältemaschine rückgekühlt, sinkt allerdings deren Effizienz mit steigender Rückkühltemperatur (großer Temperaturhub). Kältemaschine und Rückkühlwerk sind also im Sinne einer Optimierungsaufgabe aufeinander abzustimmen. Hinzu kommt bei Verdunstungskühlern der Wasserverbrauch, der ebenfalls eine kostenträchtige Ressourcennutzung darstellt. Die Betriebspunkte mit der höchsten Energieeffizienz und mit den minimalen Betriebskosten (Strom + Wasser) sind dabei häufig nicht identisch.

Ein großes, aber bislang nur unzureichend ausgeschöpftes Optimierungspotenzial bei Kühlaufgaben ergibt sich immer dann, wenn die benötigte Kühltemperatur höher liegt als die Temperatur der Wärmesenke für die Abwärme. Bei außenluftgekühlten Rückkühlwerken tritt dies zum Einen bei Kühlaufgaben auf, die nicht nur auf den Sommer beschränkt sind, sondern u. U. sogar ganzjährig anfallen. Zum Anderen sinkt die Außentemperatur an sehr heißen und klaren Sommertagen mit hoher Sonneneinstrahlung nachts meist deutlich ab. Daraus ergeben sich einige Anwendungen, bei denen entsprechend ausgelegte und betriebene Rückkühlwerke die Kühlaufgabe zeitweise direkt, d. h. ohne Kältemaschinenbetrieb, übernehmen können. Einige Beispiele für diese „*Freikühlbetrieb*" oder „freie Kühlung" genannte Betriebsweise:

- Der Jahresmittelwert der Außenlufttemperatur in Deutschland liegt bei etwa 9°C mit den bekannten regionalen Unterschieden und Variationen von Jahr zu Jahr. Die häufige und meist ganzjährig anfallende Kühlaufgabe der EDV-Kühlung kann deshalb i. d. R. mindestens einen großen Teil des Winterhalbjahres im Freikühlbetrieb erfolgen, wenn entsprechende Kaltwassertemperaturen von 12°C oder – falls möglich – noch höher gewählt werden.

- Die regelmäßigen Temperaturunterschiede zwischen Tag und Nacht lassen sich dann für eine bessere Energieeffizienz der Kühlung nutzen, wenn die am Tag abgeführte Wärme bis in die Nacht zwischengespeichert werden kann. Bei Gebäuden mit großer Speichermasse ist die *natürliche oder mechanische Nachtluftkühlung* eine solche Strategie, mit der eine spürbare Abkühlung erreichbar ist, aber keine bestimmten Temperaturgrenzen garantiert werden können. Thermoaktive Bauteilsysteme, welche mit eingelegten Rohrschlangen ganze Betondecken als Heiz-Kühl-Fläche und Tag-Nacht-Speicher nutzen, arbeiten ähnlich, aber wesentlich wirkungsvoller (BINE 2007).
- Kälteversorgungsanlagen sind mitunter mit *Wasser- oder Eisspeichern* ausgestattet (Abb. 7.8). Diese erlauben eine gewisse Entkopplung von Kältebedarf und Kälteerzeugung. Die Speicherung von Kälte/Wärme geht allerdings mit zusätzlichen Energie- oder zumindest Exergieverlusten einher. Trotzdem kann durch die Verschiebung der Kälteerzeugung vom Tag in die Nacht u. U. die Energieeffizienz sogar erhöht werden, weil nachts das Temperaturniveau für die Rückkühlung tiefer und damit günstiger liegt (Stuhlenmiller & Koenigsdorff 2010). Außerdem lässt sich ein thermischer Pufferspeicher bei Bedarf in ein Lastmanagement einbinden, z. B. durch Verschiebung der Kältemaschinen-Laufzeiten in günstige Strom-Tarifzeiten.

Alternativen zur Außenluft als Wärmesenke bei der Kälteerzeugung sind Grund- und Flusswasser sowie das Erdreich. Die Rückkühlung mit Flusswasser, wie sie bei Kraftwerken üblich ist, wird in der Gebäudetechnik nur noch selten angewendet. Grundwasser zu Kühlzwecken zu nutzen ist eine Nutzungsform oberflächennaher Geothermie (vgl. Abschn. 7.2.3). Diese ist vor allem bei Großanlagen und gleichzeitiger Nutzung des Grundwassers als Wärmequelle für eine Wärmepumpe sowohl wegen der Energieeffizienz als auch wirtschaftlich attraktiv (Koenigsdorff 2010). Die Grundwassertemperatur von i. d. R. zwischen 8 und 12°C erlaubt bei vielen Anwendungen eine sogenannte direkte geothermische Kühlung ohne Kältemaschine.

Auch das Erdreich selbst, v. a. wenn es mit Erdwärmesonden oder Gründungspfählen erschlossen wird, kann in einem weiten Bereich für die direkte geothermische Kühlung genutzt werden. Allerdings verändert der Wärmeeintrag die Erdreichtemperatur am Erschließungsort, so dass nach einer bestimmten Nutzungsdauer und -intensität das direkte Kühlpotenzial erschöpft ist. In diesem Fall kann das Erdreich (oder auch das Grundwasser) als Wärmesenke für einen Kältemaschinenbetrieb anstelle eines Außenluft-Rückkühlwerkes dienen.

Da Wärmepumpen und Kältemaschinen im Grundsatz dasselbe sind, können, bei geeigneten Verbrauchern und sonstigen Randbedingungen, die Heizung mit einer Wärmepumpe und die Kühlung mit einer Kältemaschine mit ein und demselben Aggregat erfolgen. Liegen Heiz- und Kühlbedarf im zeitlichen Wechsel an, wechselt die Wärmequelle zyklisch ihre Funktion in Wärmesenke und vice versa. Erdreich kann hierbei in gewissem Umfang als Wärmespeicher dienen.

Häufig noch nicht hinreichend beachtet sind Fälle, in denen Heiz- und Kühlbedarf zeitlich simultan auftreten. Beispiele hierfür sind:

- Warmwasserbereitung im Sommer bei gleichzeitigem Kühlbedarf,
- Nacherhitzung von Luft in raumlufttechnischen Anlagen nach einer „Unterkühlung“ zum Zwecke der Entfeuchtung,
- ganzjährige Kühlung von Lebensmitteln sowie
- viele industrielle Anwendungen mit ganzjähriger Prozesskühlung.

In der Praxis ist festzustellen, dass die Gesamt-Energieeffizienz bei der Kälteversorgung häufig hinter dem zurückbleibt, was inzwischen bei der Wärmeversorgung und mit baulichen Maßnahmen erreicht wird. Dementsprechend ist bei der Kälteversorgung nach wie vor ein sehr großes Potenzial zur Steigerung der Energieeffizienz vorhanden.

Kapitel 8
Passivhäuser

Wolfgang Feist

8.1 Bedeutung der Raumwärme

Der Energieverbrauch für die Heizung von Gebäuden macht gut ein Drittel der gesamten in Europa verkauften Energie aus; es ist der größte Einzelposten in der europäischen Energiebilanz. Nicht nur Wohngebäude werden beheizt: auch Schulen, Büros und Gaststätten. Das Beispiel der Gebäudeheizung lässt die Möglichkeiten der effizienten Energienutzung gut erkennen.

Das „Passivhaus" ist ein Musterbeispiel für diese Möglichkeiten. In einem Passivhaus wird die Dienstleistung warmer Raum vor allem durch Effizienz bereitgestellt (siehe Abb. 8.1). Sehr gute Wärmedämmung und Wärmerückgewinnung verringern die noch erforderliche Heizwärme auf etwa ein Zehntel im Vergleich zu durchschnittlichen Gebäuden. Das hat sich in wissenschaftlich begleiteten Siedlungsprojekten erwiesen.

Entscheidend ist, dass dabei der Komfort nicht verringert, sondern sogar erhöht wird. Der verbleibende Verbrauch ist so gering, dass es kein Problem darstellt, die

Abb. 8.1 Gegenüber herkömmlichen bestehenden Gebäuden wird in einem Passivhaus der Energieverbrauch für Raumwärme durch bessere Effizienz um 90% reduziert

W. Feist (✉)
Universität Innsbruck, 6020 Innsbruck, Österreich
e-mail: wolfang.feist@uibk.ac.at

M. Pehnt (ed.), *Energieeffizienz*, DOI 10.1007/978-3-642-14251-2_8,

noch benötigten Energiemengen z. B. über eine nachhaltige Land- und Forstwirtschaft bereitzustellen. Allein mit dem in der Forstwirtschaft nutzbar zu machenden Brennholz wären selbst in Deutschland alle Gebäude dauerhaft beheizbar, wenn ihre Effizienz dem Passivhausstandard entspricht. Darüber hinaus gibt es aber viele weitere Potenziale von nicht versiegenden Energiequellen, die in Europa genutzt werden können.

Dieses Kapitel beschreibt Grundlagen, Funktion und Praxis des Baus von Passivhäusern und der Sanierung mit Passivhaus-Komponenten.

8.2 Thermische Behaglichkeit

Die Energiedienstleistung „Heizen" besteht in der Bereitstellung thermisch komfortabler Wohnräume. Die hierfür international eingeführte Norm ist (ISO 7730). Diese Norm baut im Wesentlichen auf grundlegenden Arbeiten von Ole Fanger auf (Fanger 1970) und hat sich immer wieder hervorragend bewährt.

Die Hauptbedingung in der Behaglichkeitsnorm ist, dass eine gefühlte Temperatur im Gebäude von 22°C überall im Raum erreicht werden kann. Die Komfortgleichung nach (Fanger 1970) wird dann für übliche Winterkleidung im Innenraum erfüllt. Allerdings stellt (ISO 7730) Nebenbedingungen, nämlich **(a)** bis **(e)**:

(a) Die *Schwankungen der operativen Temperatur* in Raum und Zeit müssen

$$\Delta\vartheta_{op} \leq \pm 1{,}1\,\mathrm{K}.$$

unterschreiten. Es wurde nachgewiesen, dass diese Bedingung in Passivhäusern allein durch passive Maßnahmen unabhängig von der Art der Wärmezufuhr in Raum (Pfluger 2003) und Zeit (Schnieders 2004) eingehalten wird. Näheres dazu findet sich zusammenfassend in (Feist 2007).

(b) Das *Zugluftrisiko* muss auf DR < 8% („Draft-Risk", Prozentsatz der mit Zugluft unzufriedenen Personen) begrenzt werden: Für die Luftgeschwindigkeit im Aufenthaltsraum muss dann für die Luftgeschwindigkeit v_{Luft} gelten

$$|v_{Luft}| \leq 0{,}1\,\mathrm{m/s}.$$

Ebenfalls in Pfluger (2003) wurde mit Hilfe von Simulationen gezeigt, dass in einem ausreichend luftdichten Raum die Strömungsgeschwindigkeiten von den Oberflächentemperaturen im Raum abhängen und, da diese in Passivhäusern auf Werte unter 4,2 K begrenzt werden, unter allen relevanten Bedingungen geringer als 0,1 m/s bleiben. Diese Analyse umfasst auch die durch den deckennahen Lufteinlass induzierte Luftbewegung (Coanda-Effekt, vgl. Schwarz 1999, Schnieders und Betschart 2002, Haas 2003, Nowak 2005).

(c) An die *Strahlungstemperatur-Asymmetrie* $\Delta\vartheta_{r\_as}$ zwischen Decke und Boden wird nach (ISO 7730) eine strenge Anforderung gestellt:

$$|\Delta\vartheta_{r\_as}| \leq 5\,\mathrm{K}.$$

Die Strahlungstemperatur-Asymmetrie ist die Differenz der Strahlungstemperaturen aus entgegengesetzten Halbräumen. Unter den vorliegenden Bedingungen tritt die höchste Strahlungstemperatur-Differenz dann auf, wenn der 1. Halbraum vollständig mit einem Außenbauteil der schlechtesten zulässigen Wärmedämmung belegt ist. Wird keine Fläche im Raum beheizt, so kann die Strahlungstemperaturdifferenz nicht größer als die Untertemperatur dieses Außenbauteils werden, welche durch die Verwendung von Passivhaus-Bauteilen auf 4,2 K begrenzt ist. Höhere Strahlungstemperatur-Differenzen könnten auftreten, wenn Bauteiloberflächen im Raum beheizt werden. Der Extremfall tritt ein, wenn die Messung der Strahlungstemperaturen in den beiden Halbräumen in unmittelbarer Nähe der heißesten Oberfläche durchgeführt wird – deren reguläre Übertemperatur ist wiederum auf +4,2 K begrenzt. Im Ergebnis resultiert daraus eine maximale Strahlungstemperatur-Asymmetrie von 5 K (Beweis in Feist 2007).

(d) *Temperaturschichtung*: Für den Kaltluftabfall an kalten vertikalen Oberflächen ist die erlaubte Temperaturdifferenz zwischen Fußboden (0,1 m über dem Boden) und Kopfhöhe einer sitzenden Person (1,1 m) begrenzt (Gefahr kalter Füße). In DIN1946 Teil 2 werden hier 2 K gefordert:

$$|\Delta\vartheta_{1.1\_0.1\mathrm{m}}| \leq 2\,\mathrm{K}.$$

Wenn in der Außenfassade nur Bauteile verwendet werden, welche die Bedingung $\Delta\vartheta_{si} < 4{,}2$ K gerade erfüllen, dann stellt sich eine weitgehend vom Abstand des Fensters unabhängige vertikale Temperaturschichtung ein, welche die obige Komfortanforderung überall erfüllt. In Pfluger (2003) wurden zahlreiche Varianten zur Anordnung des kalten Bauteils gerechnet (Abb. 8.2). Solange

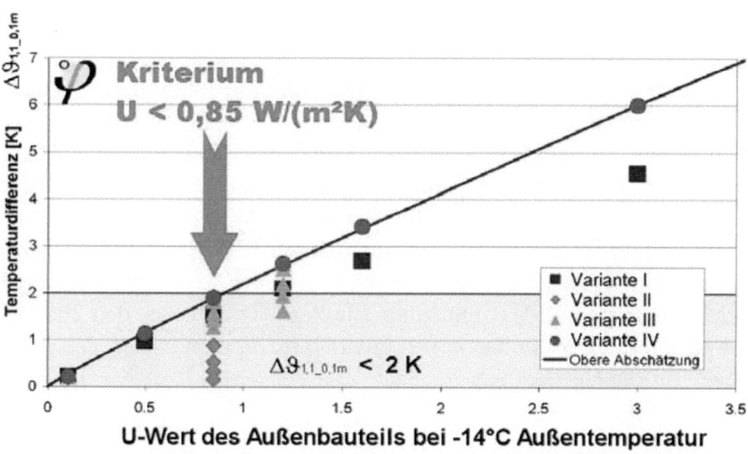

Abb. 8.2 Lufttemperaturdifferenz zwischen Kopf und Knöchel bei Außenbauteilen mit ansteigendem U-Wert und verschiedenen Positionen des Bauteils in einer Außenfassade; die Heizung erfolgt über Luft oder durch Heizflächen in der Nähe von Innenbauteilen (nach Pfluger 2003)

das Kriterium $\Delta\vartheta_{si} < 4{,}2$ K erfüllt war, ergaben sich in keinem Fall unzulässige Temperaturschichtungen, auch nicht, wenn die Raum- und Fensterhöhe vergrößert wurde.

(e) *Fußbodentemperatur*: Die Fußbodenoberfläche soll nach (ISO 7730) zwischen 19 und 29°C liegen, in (Schramek 2003) wird die Obergrenze mit 27°C angegeben. Dieses Kriterium wird bei Passivhauskonstruktion explizit gestellt.

Infobox 8.1 Bedingungen an ein qualitätsgesichertes Passivhaus (Feist 2007)

Heizlastkriterium: Die maximale Gebäudeheizlast beträgt weniger als 300 W/Person.
Kühllastkriterium: Die maximale Gebäudekühllast beträgt weniger als 300 W/Person.
Behaglichkeitskriterium Bauteile: Die regulären inneren Oberflächentemperaturen sollen gegenüber der mittleren Raumtemperatur um nicht mehr als 4,2 K abweichen; an keiner Stelle darf die Oberflächentemperatur geringer als 13°C oder höher als 55°C sein, die Fußboden-Oberflächentemperatur muss überall zwischen 19 und 27°C liegen.
Auslegungskriterium Luft: Die Lüftung im Gebäude ist so zu projektieren, dass sich in Aufenthaltsräumen eine ausreichende Luftqualität ergibt. Das ist bei üblichen Anwendungsfällen bei einer Frischluftmenge von 30 m^3/Pers/h der Fall.
Behaglichkeitskriterien Luft: Die Zuluft wird maximal 25 cm unter der Decke mit überwiegend horizontalen Geschwindigkeitskomponenten zugeführt. Die Zulufttemperatur darf die mittlere Raumtemperatur um nicht mehr als 10 K unterschreiten und nicht oberhalb von 52,5°C liegen. Die relative Luftfeuchtigkeit im Aufenthaltsraum darf i.d.R. 30% nicht unter- und 60% nicht überschreiten. Zugeführt wird ausschließlich Außenluft. Die Restleckage des Gebäudes darf 0,6 h^{-1} bezogen auf das eingeschlossene Luftvolumen bei 50 Pa nicht überschreiten (gemessen gemäß (EN 13829) mit Leckageaufnahme).

In Feist (2007) wurde gezeigt: Wenn die Bedingung „Qualitätsgesichertes Passivhaus“ erfüllt ist, dann werden automatisch und unabhängig von der Anordnung der Außenflächen sowie unabhängig vom Wärmeübergabesystem alle Behaglichkeitskriterien erfüllt. Außerdem ist das Gebäude dann allein über die für eine gute Raumluftqualität erforderliche Frischluft beheizbar (Infobox 8.1).

Für verschiedene Gebäudenutzungsarten und Klimate lässt sich auf Basis der allgemeinen Definition jeweils ein angepasstes Passivhaus-Konzept darstellen. Für das Beispiel Mitteleuropa und Wohnnutzung erhalten wir z. B. aus den 300 W/Person und einer spezifischen Wohnfläche von etwa 30 m^2/Person eine wohnflächenbezogene Grenze für die Heizlast von

$$10\,\mathrm{W/m^2}.$$

Diesen Wert kann man auch auf folgendem Weg erhalten: Die minimale Luftwechselrate in Räumen für den Aufenthalt von Menschen sollte, auch wenn diese

Räume nicht belegt sind (außer es wird vor der Belegung ein mindestens zweifacher Spülluftwechsel durchgeführt) eine Rate von 0,4 h^{-1} nicht unterschreiten. Diese Grundlüftung dient der gesicherten Verdünnung und Abführung ausrüstungsbedingter Innenraumluftverunreinigungen. Bei einer mittleren Raumhöhe von 2,5 m im Wohngebäude ergibt sich daraus bei einer Zulufttemperatur von 52,5°C eine flächenbezogene Heizleistung von

$$P_{zuluft} = 0,4\,\text{h}^{-1} \times 2,5\,\text{m}^3/\text{m}^2 \times 1,187\,\text{kg/m}^3 \times (52,5 - 22)\,\text{K} \times 1\,004\,\text{kJ/(kgK)} = 10,1\text{W/m}^2.$$

8.3 Die Komponenten des Passivhauses

8.3.1 Wärmedämmung der Außenwände

Allein die Wärmeverluste üblicher Außenwände übersteigen die „10 W/m²“ um gut einen Faktor zwei. Es ist aber vergleichsweise einfach, die Wärmedämmung über die heutigen Durchschnitte hinaus deutlich zu erhöhen – dies ist eine der wirtschaftlich attraktivsten Möglichkeiten der Energieeinsparung. Diese Aussage gilt generell und nicht nur für Passivhäuser. Aus den vorliegenden Erfahrungen zeigt sich, dass die Wärmedurchgangskoeffizienten opaker Außenbauteile im Bereich von

$$0,08\,\text{W}/(\text{m}^2\,\text{K}) \leq U_{opak} \leq 0,15\,\text{W}/(\text{m}^2\,\text{K})$$

liegen sollten. In Abhängigkeit vom jeweiligen Bauprojekt sind sowohl kleinere (teuer!) als auch größere (dann nur Teilflächen) U-Werte möglich. Diese Werte sind mit allen Bauweisen wirtschaftlich zu erreichen (Kah/Feist 2005).

8.3.1.1 Außenwände in Massivbauweise

Da der überwiegende Teil der heutigen Bausubstanz in Deutschland zwischen 1950 und 1980 errichtet worden ist und diese Gebäude fast ausschließlich in Massivbauweise und mit einem vergleichsweise schlechten Wärmeschutz realisiert wurden, kommt der Möglichkeit einer nachträglichen Wärmedämmung solcher Außenwände eine hohe Bedeutung zu. Eine kostengünstige und bewährte Möglichkeit stellt das Wärmedämmverbundsystem (WdVS) dar. Solche Systeme haben sich seit über 40 Jahren bewährt und sind in verschiedensten Ausführungen und Materialien in für Passivhäuser geeigneter Dämmstärke verfügbar (vgl. Abb. 8.3).

Selbstverständlich kann die außenliegende Wärmedämmung auch in Form einer Vorhangfassade erfolgen (AkkP 35). Passivhaus-Außenwände sind auch in zweischaliger Bauweise mit Kerndämmung realisierbar. Verwendet werden Edelstahlanker und Anker aus Basalt-Fasern. Traditionell werden Betonfertigbauteile mit tragender Innenschale und vorgehängter Außenschale inkl. der zugehörigen Wärmedämmung vollständig im Betonwerk gefertigt. Dies ist auch bei Passivhaus geeigneten Bauteilen möglich. Durch die Verfügbarkeit von neuen Produktionsverfahren sowohl für den porosierten Ziegel als auch für Porenbeton ist es in den letzten

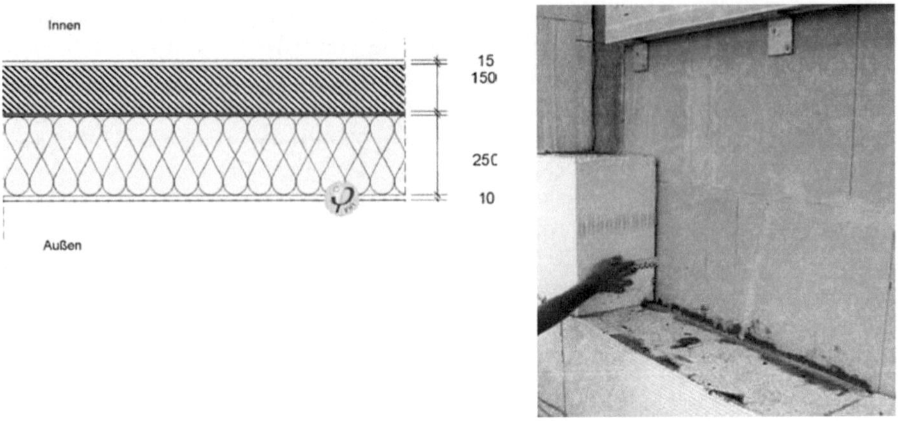

Abb. 8.3 Massivmauerwerk (150 mm tragende Außenwand aus Beton, Ziegeln oder Kalksandsteinen) mit Wärmedämmverbundsystem. Ab einer Dämmstärke von 250 mm wird ein U-Wert $\leq 0{,}15\,\text{W/(m}^2\text{K)}$ erreicht (bei WLF 040, rechts ein Ausführungsbeispiel)

Jahren gelungen, die Wärmeleitfähigkeiten dieser tragenden Baustoffe in den Bereich der Dämmstoffe hinein zu verringern: die besten marktverfügbaren geklebten Mauersteine liegen bei $\lambda_M = 0{,}08\,\text{W/(mK)}$. Damit lässt sich mit einer einschaligen Wand ein U-Wert von $0{,}16\,\text{W/(m}^2\text{K)}$ bei 50 cm Wandstärke erreichen. Auch möglich ist eine Konstruktion aus dem Material Kalziumsilikat mit einer tragenden Innenschale aus Porenbeton und einer außenliegenden Dämmung (resultierend $U = 0{,}12\,\text{W/(m}^2\text{K)}$).

8.3.1.2 Außenwände in Holzbauweise

Häufig werden Holzbaukonstruktionen heute auf der Außenseite mit einer Putzträgerplatte versehen und verputzt. Die Dämmdicke kann wie im Massivbau deutlich gegenüber heutigen Durchschnittswerten erhöht werden (Borsch-Laaks 2000), eine oft verwendete Lösung zeigt Abb. 8.4.

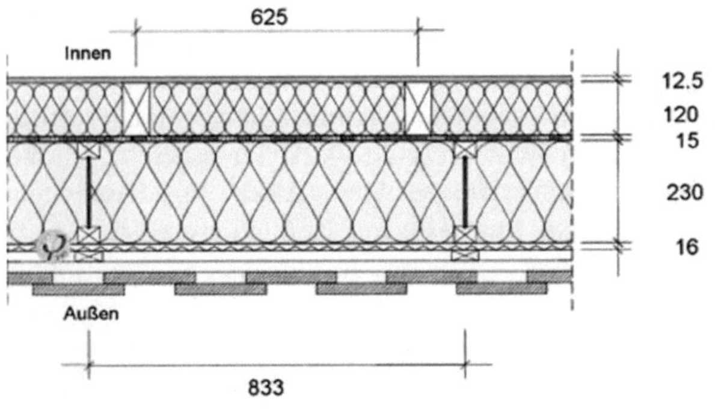

Abb. 8.4 Holzbauaußenwand mit außenliegender Dämmung in Form einer Vorhangfassade (Kaufmann 2002)

Der kostengünstigste Außenwandaufbau bei Holzbauweise resultiert aber aus einer einschaligen Konstruktion. Um ausreichend Platz für die Wärmedämmung zu schaffen, wird hierfür ein Stiel mit großer Tiefe (hier: 36 cm) benötigt, es gibt eine Vielzahl unterschiedlicher Leichtbauträger, die eingesetzt werden können, z. B. Doppel-T-Träger (oder I-Träger) aus Holzwerkstoffen (Horn 2004).

8.3.1.3 Außenwände in Stahlbauweise

Stahlbaukonstruktionen, bei denen Stahlteile von der Innen- bis zur Außenseite durch die Gebäudehülle treten, sind für Passivhäuser ungeeignet. Bereits mit einer vor der Konstruktion durchgehenden Dämmlage sind Wandaufbauten im Stahlbau möglich, die für das Passivhaus geeignet sind (Abb. 8.5).

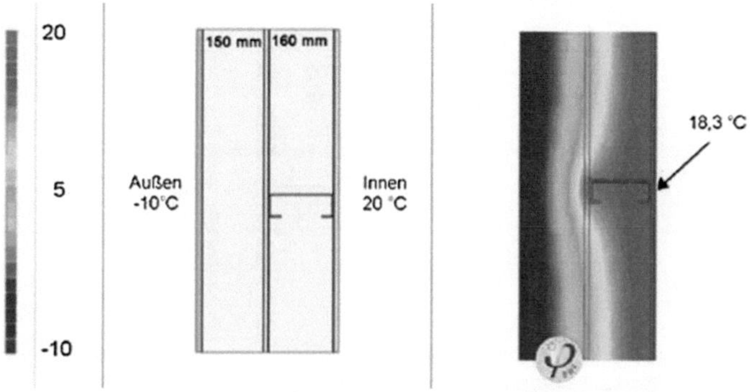

Abb. 8.5 Durch Aufbringung einer durchgehenden Außendämmung auf die tragende Wand mit C-Profil-Stahlträger wird ein effektiver U-Wert von 0,146 W/(m^{2}K) erreicht

8.3.1.4 Außenwände in Schalungselementetechnik

Passivhaus-Außenwände in Schalungselementetechnik gehörten zu den ersten kompletten Systemen. Die Elemente bestehen meist aus Wärmedämmstoffen gefertigten Schalungsteilen, die Hohlräume werden armiert und mit Ortbeton aufgefüllt. Für diese Bausysteme gibt es einen vollständigen Katalog für die Ausführung aller Anschlussdetails und die dafür erforderlichen Spezialelemente.

8.3.2 Passivhaus-Dachkonstruktionen

Für Passivhäuser sind in realisierten Projekten die unterschiedlichsten Dachkonstruktionen verwendet worden: Sparrendächer mit Sparren aus Vollholz, Leimholz oder Holzleichtbauträgern – dabei kann die Dämmung auf, zwischen und unter den Sparren liegen oder eine Kombination davon; Massivdächer aus Beton, Leichtbeton oder Porenbeton mit außen aufliegender Wärmedämmung; Pfettendächer sowie Dächer aus vorgefertigten gedämmten Dachelementen.

Unkritisch ist der auf der kalten Seite diffusionsoffene Aufbau. Hier kann eingedrungene Feuchtigkeit auf der Außenseite abgeführt werden, solange sich die Mengen in Maßen halten. Die durch Wasserdampfdiffusion zugeführte Feuchtigkeit ist bei diesem Aufbau kein Problem, solange die Innenseite eine gewisse dampfbremsende Wirkung ($s_d \geq 2$ m) hat. Ökonomische Gründe sprechen bei Passivhäusern für Dach-U-Werte zwischen 0,08 und 0,16 W/(m^{2}K) (AkkP 29). Wenn auf der Außenseite eine mehr oder weniger diffusionsdichte Schicht verwendet werden muss, wird eine Dampfbremse (am besten: feuchteadaptiv) erforderlich.

Auch die üblichen *Flachdachkonstruktionen* eignen sich bei ausreichender Dämmstärke für Passivhäuser. Die Aufgabe besteht hier vor allem darin, Bauschäden durch sorgfältige Konstruktionswahl, Planung und Ausführung zu vermeiden. Dazu trägt ein luftdichter und gut gedämmter Aufbau bei. Dampfbremse/-sperre

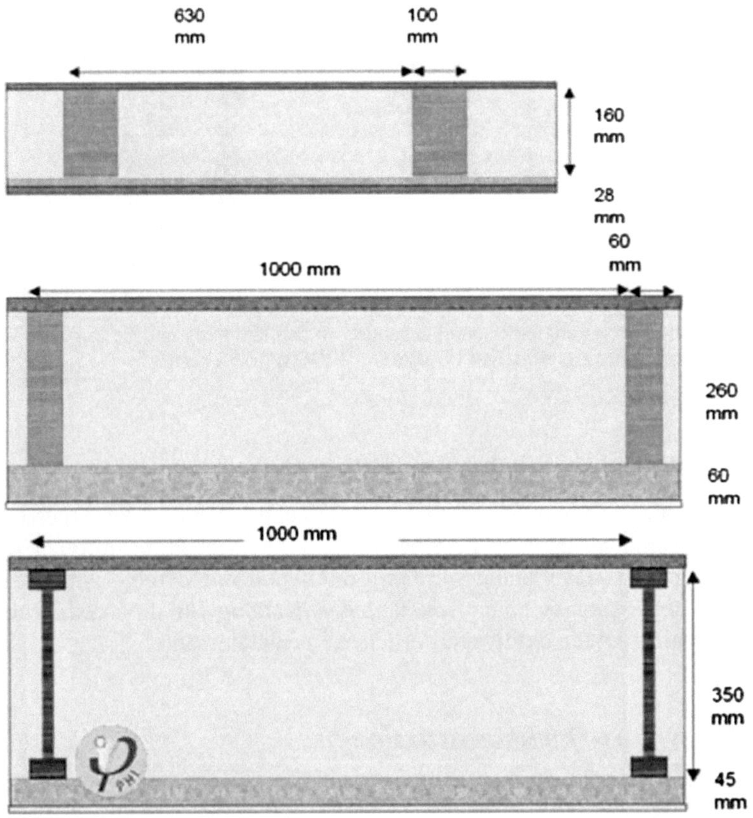

Abb. 8.6 **(Oben)** Herkömmliches Sparrendach. Der U-Wert beträgt 0,25 W/(m^{2}K). **(Mitte)** Ohne Verteuerung ist mit 60 x 260 mm Sparren und einer 60 x 60 mm Lattung bei Vergrößerung des Achsabstandes auf 1 000 mm ein U-Wert von 0,14 W/(m^{2}K) zu erreichen. **(Unten)** Mit modernen Leichtbauträgern sind Sparrenhöhen sogar bis 600 mm möglich. Bei 350 mm Trägerhöhe wird ein U-Wert von 0,11 W/(m^{2}K) erreicht. (AkkP 29)

und (ein Teil der) Dämmung auf der warmen Seite können auch durch absolut dampf- und luftdichte Dämmstoffe ausgeführt werden. Das ist eine Möglichkeit, auch das Umkehrdach durch eine Schaumglasunterlage „passivhaustauglich" zu machen.

Eine verbesserte Wärmedämmung von Dachkonstruktionen erweist sich unter allen Umständen auch bei einer Renovierung als empfehlenswert:

- Bei herkömmlichen Konstruktionen mit üblichen kostengünstigen Dämmstoffen sollten U-Werte um 0,15 W/(m^{2}K) nicht überschritten und Werte um und unter 0,11 W/(m^{2}K) angestrebt werden – auch ohne zusätzliche Förderung.
- Auch bei teureren Dämmstoffen sollte regelmäßig $U < 0{,}15$ W/(m^{2}K) erreicht werden. Die dazu erforderlichen Mehrinvestitionen sind gering und tragbar.
- Luftdichtheit und wärmebrückenfreie Anschlüsse sind eine unverzichtbare Notwendigkeit, wenn Bauschäden vermieden werden sollen. Für das Passivhaus geeignete Details bieten sichere und praktikable Lösungen.

8.3.3 Passivhaus-Bodenplatten

Der Wärmeverlust durch das Erdreich hängt außer vom Gebäude auch von den Eigenschaften des Erdreichs ab. Das eingeführte Rechenverfahren nach (ISO 13370) teilt die Wärmeverluste in einen stationären und einen harmonischen Anteil auf (AkkP 27). Es gibt zwei Möglichkeiten für die Wärmedämmung der Bodenplatte:

8.3.3.1 Dämmung unter der Bodenplatte

Diese Konstruktion ist bauphysikalisch unproblematisch. Ein vollkommen wärmebrückenfreier Anschluss an die Außendämmung ist häufig möglich. Allerdings sind bei Lastabtragung oder im Grundwasser relativ teure Dämmstoffe erforderlich. Ohne Lastabtragung (z. B. zwischen Streifenfundamenten) sind auch EPS- und PU-Dämmstoffe möglich. Ein Nagerschutz ist erforderlich.

8.3.3.2 Dämmung auf der Bodenplatte

Bei einer Dämmung auf der Bodenplatte kann ein kostengünstiger Dämmstoff verwendet werden. Auch hier ist ein sorgfältiger Feuchteschutz erforderlich. Vor Einbau der Dämmung ist die Oberfläche zu reinigen.

Die Dämmung ist in der Dicke auf ca. 250 mm begrenzt. Zum Feuchteschutz, d.h. für ausreichende Bauteiltemperaturen unterhalb der Dämmung, sind zumindest kleine Dämmschürzen unverzichtbar.

Prinzipiell sind beim Passivhaus alle Nutzungsvarianten für Keller möglich:

- Kalter Keller (dann liegt die Dämmebene im Bereich der Kellerdecken);
- Keller innerhalb der thermischen Hülle (dann wird der Keller gedämmt und für den Kellerboden greifen die oben behandelten Grundsätze);

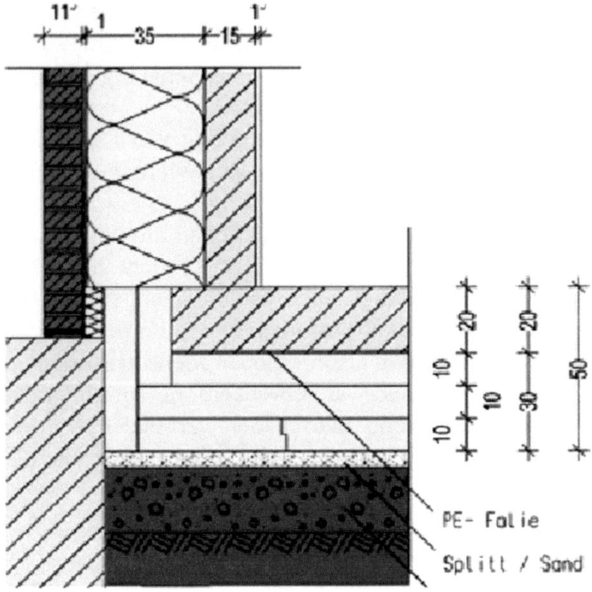

Abb. 8.7 Betonbodenplatte auf druckfester XPS-Hartschaumdämmung (Gesamtdicke 30 cm) mit wärmebrückenfreiem Anschluss der zweischaligen Außenwand (AkkP 27)

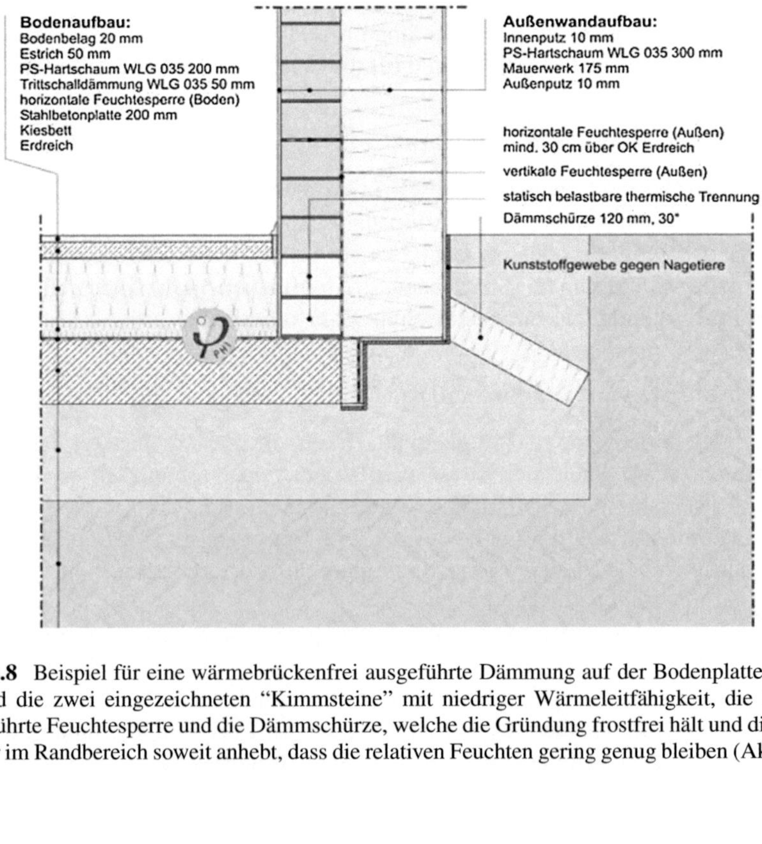

Abb. 8.8 Beispiel für eine wärmebrückenfrei ausgeführte Dämmung auf der Bodenplatte; wichtig sind die zwei eingezeichneten "Kimmsteine" mit niedriger Wärmeleitfähigkeit, die korrekt ausgeführte Feuchtesperre und die Dämmschürze, welche die Gründung frostfrei hält und die Temperatur im Randbereich soweit anhebt, dass die relativen Feuchten gering genug bleiben (AkkP 27)

- Aufteilung der Dämmung zwischen Kellerdecke und Kellerboden (teiltemperierter Keller)

Bei den Kellerdecken sind wiederum die beiden Varianten

- Dämmung auf der Kellerdecke, vorzugsweise oberhalb und in Verstärkung der Trittschalldämmung (vgl. (AkkP 27)) und
- Dämmung unter der Kellerdecke

möglich. Dämmschichten unter der Kellerdecke müssen grundsätzlich von der Unterseite einen luftdichten Abschluss (z. B. Spachtelung) erhalten. Es ist auch möglich, die Gesamtdämmdicke unter- und oberhalb der Kellerdecke aufzuteilen, jedoch jeweils an die Dämmung der Außenwände anzuschließen.

8.4 Wärmebrückenfreies Konstruieren

Eine Gebäudehülle heißt *wärmebrückenfrei*, wenn der Transmissionswärmeverlust unter Berücksichtigung aller Wärmebrücken nicht höher ist, als es die Berechnung allein mit den Außenoberflächen und den U-Werten der Regelbauteile ergibt.

Regelmäßige Wärmebrücken in den Regelbauteilen müssen dabei schon in den Regel-U-Werten berücksichtigt werden (AkkP 16).

Der gesamte temperaturspezifische Transmissionsleitwert H_T charakterisiert die Wärmeverluste durch die Gebäudehülle (siehe Abschn. 6.4.1). Er setzt sich aus den regulären Verlusten aller Flächen A mit ihren regulären Wärmedurchgangskoeffizienten U_{reg}

$$U_{reg} \cdot A$$

und den Wärmebrückenbeiträgen $\Psi \cdot l$ sowie χ zusammen (Ψ ist der lineare, χ der punktförmige Wärmebrückenverlustkoeffizient). Die Definition für das „Wärmebrückenfreie Konstruieren“ ist dann gleichwertig zu: Die durch die „Wärmebrückenterme“ gegebenen Beiträge sind kleiner oder gleich Null,

$$\sum\nolimits_{Hülle} \Psi_i \cdot l_i + \sum\nolimits_{Hülle} \chi_i \leq 0$$

Dann ist es zulässig, die Wärmebrückeneffekte zu vernachlässigen und damit die Rechnung erheblich zu vereinfachen.

Die Intention beim Ansatz „Wärmebrückenfreies Konstruieren“ ist, dass sich dabei eine substantielle Verbesserung der Details ergibt – das ist für heute noch übliche Wärmebrückenzuschläge wie 0,05 W/(m^{2}K) nicht der Fall. Eine vielleicht etwas teurere substantielle Verbesserung ist immer einer kostenerzeugenden Nachrechnung weniger guter Anschlüsse vorzuziehen.

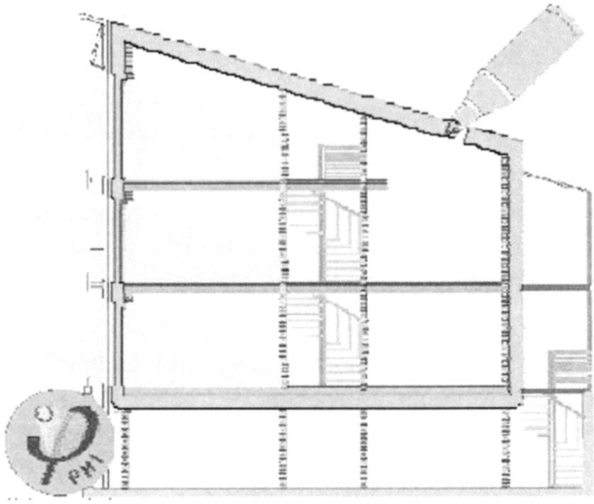

Abb. 8.9 Eine rundum geschlossene Dämmhülle: wärmebrückenfreies Konstruieren

Für den Massivbau, den Holzbau und die Schalungselemente sind darüber hinaus wärmebrückenfreie Details in (AkkP 16) zusammengestellt. Holzbaudetails finden sich auch in der Holzbaubroschüre (Kaufmann 2002).

8.4.1 Beispiele für das wärmebrückenfreie Konstruieren

Der wärmebrückenfreie Anschluss eines aufsteigenden Außenmauerwerkes an die gedämmte Bodenplatte ist ein typisches Detail mit Vorbildcharakter (Abb. 8.10). Das Beispiel zeigt, dass „wärmebrückenfreies Konstruieren“ oft mit wenigen, einfachen Änderungen erreicht werden kann und keine hohen Kosten erzeugen muss.

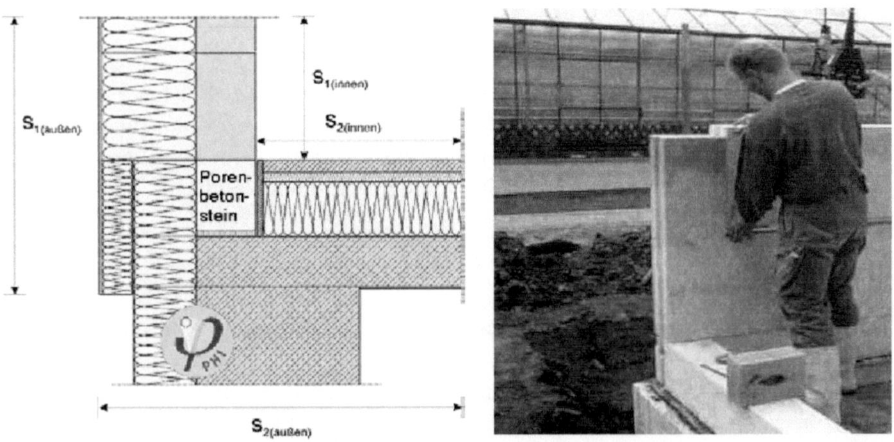

Abb. 8.10 Beispiel für einen wärmebrückenfreien Anschluss des aufsteigenden Außenmauerwerkes an die wärmegedämmte Bodenplatte. Bei einem Neubau ist der Einbau der Porenbetonsteine als unterste Reihe ganz einfach auszuführen. Die Zusatzkosten sind unerheblich

Wird ein Neubau *nicht* nach dem Prinzip des wärmebrückenfreien Konstruierens geplant, so können durch verbleibende Wärmebrücken beträchtliche zusätzliche Wärmeverluste entstehen. Am Beispiel verschiedener Bauprojekte ergaben sich Erhöhungen beim Jahresheizwärmebedarf um bis zu 14 kWh/(m^2a). Eine sorgfältige Planung bzgl. der Wärmebrücken kann daher entscheidend dafür sein, ob bei einem Bauprojekt der Passivhausstandard überhaupt erreicht wird.

8.5 Luftdichtheit

Gebäude-Außenhüllen müssen luftdicht sein. Die Vorstellung, dass durch Gebäudefugen eine ausreichende Be- und Entlüftung von Wohnungen gewährleistet werden könnte, ist illusorisch. Der Luftaustausch durch Außenfugen ändert sich nämlich mit dem Winddruck und dem Temperaturauftrieb zu stark: Selbst bei sehr undichten Gebäuden, in denen es bei mäßigem Wind bereits beträchtlich zieht, ist in windstillen Perioden der Luftaustausch unzureichend (Feist 1995).

Dagegen hat die Luftströmung durch Fugen viele Nachteile: z. B. wird ein hoher Prozentsatz aller Bauschäden durch undichte Gebäudehüllen verursacht. Weitere Nachteile von Fugen sind mangelnder Schallschutz, Zugerscheinungen und überflüssig hohe Wärmeverluste.

Die Vorteile einer sehr guten Luftdichtheit sind heute in der Bauforschung nicht mehr umstritten (siehe auch Peper und Feist 2006):

- Vermeidung *von feuchtebedingten Bauschäden*
  Im Winter ist die in einem Kubikmeter Innenluft enthaltene absolute Feuchtigkeit erheblich höher als in der Außenluft. Tritt diese Luft durch eine Fuge nach außen, so muss sie sich auf dem Weg abkühlen: Es entsteht Tauwasser in der Fuge.
- *Vermeiden von Zugluft und Fußkälte*
  Windbedingter Zug durch Bauteilfugen kann sehr unangenehm sein, weil Strömungsgeschwindigkeit und -richtung stark schwanken.
- *Vermeiden von hohen Infiltrationswärmeverlusten*
  In das Gebäude einströmende Infiltrationsluftströme müssen von Außenlufttemperatur auf Raumlufttemperatur erwärmt werden, sind also mit einem zusätzlichen Wärmeverlust verbunden.
- *Grundlage für die Funktion der Wärmedämmung*
  Wird eine Wärmedämmschicht in bedeutendem Umfang durchströmt, so kann neben den erhöhten Lüftungswärmeverlusten auch noch die Funktion der Wärmedämmung gestört sein.
- *Verbesserung des Schallschutzes*
  Sehr guter Schallschutz ist nur mit wirklich luftdichten Konstruktionen möglich.
- *Verbesserte Innenraumluftqualität*
  Eine gute Luftdichtheit trägt in Verbindung mit einer kontrollierten Wohnungslüftung unmittelbar zu guter Luftqualität bei. Die Verbesserung der Luftdichtheit zum Keller oder Erdreich ist die wichtigste Maßnahme zur Radonprophylaxe (Feist 2004).

Um die gesamte Restleckage eines Hauses zu bestimmen, ist die Gebäudedichtheitsprüfung (Drucktest) die eingeführte Methode. Für einen solchen Test wird in eine Tür- oder Fensteröffnung ein Gebläse eingebaut, mit welchem im ganzen Haus ein Über- oder Unterdruck erzeugt werden kann. Mit dem Gebläse wird der geförderte Volumenstrom bei unterschiedlichen Druckdifferenzen zwischen 10 bis ca. 70 Pa gemessen und mittels logarithmischer Ausgleichsrechnung ausgewertet. Daraus wird dann als charakteristischer Wert der Volumenstrom V_{50} bei einer Druckdifferenz von 50 Pa ermittelt (ISO 9972, DIN EN 13829). Die Leckagerate n_{50} mit der Einheit [h^{-1}] bei der Prüfdruckdifferenz von 50 Pa stellt das Ergebnis der Untersuchung dar. Sie errechnet sich aus dem Volumenstrom V_{50} bei 50 Pa Druckdifferenz (Mittelwert aus Unter- und Überdruck), geteilt durch das Gebäudeluftvolumen V_L. Manchmal wird auch der auf die Hüllfläche A des Gebäudes bezogene Wert q_{50}-Wert ermittelt (V_{50}/A, Einheit [m/h]).

Bzgl. der *Bauschadensvermeidung* sind bei gut gedämmten, diffusionsoffenen Bauteilen q_{50}-Werte bis zu 2 m/h noch zulässig, für nach außen hin diffusionsdichte Bauteile sollten die q_{50} – Werte unter 0,5 m/h liegen (AkkP 29). Das Passivhaus *als Gesamtsystem* ist dicht genug, wenn $n_{50} \leq 0{,}6\ h^{-1}$ gilt.

8.5.1 Luftdichtes Konstruieren

Eine gute Luftdichtheit ist nur durch eine konsequente Planung und sorgfältige Umsetzung zu erreichen. Gefordert ist die Erstellung *einer luftdichten Ebene*. Das ist zugleich das wichtigste Planungsprinzip für Luftdichtheit (nach Feist 1995a):

Grundprinzip Luftdichtheit: Eine dauerhafte luftdichte Ebene muss das Gebäude geschlossen umgeben. In jedem Gebäudeschnitt muss die Luftdichtungsebene im Plan mit einem Stift ohne abzusetzen rund um das Gebäude abgefahren werden können. Eine Ausnahme stellen nur bewusst projektierte Lüftungsöffnungen dar.

Die Betonung liegt bei diesem Grundsatz auf „*einer*“ („1“) Dichtebene. Undichtheiten können nämlich *nicht* durch weitere Dichtebenen an vor- oder nachgelagerter Stelle (z. B. Windfangtür hinter der Haustür) behoben werden, solange diese nicht ebenfalls sauber an die *eine gültige Dichtebene* angeschlossen werden – dann bildet das Ganze aber wieder *eine* Dichtebene.

In drei Planungsschritten müssen folgende baulichen Elemente projektiert werden:

(1) Konstruktionen für die Luftdichtheit in allen Regelflächen,
(2) luftdichte Verbindungen der Bauteile untereinander und
(3) Luftdichtheit bei Durchstoßungen von Bauteilen bzw. in Ecken von mehr als zwei aneinanderstoßenden Bauteilen.

Jedes Außenbauteil muss über eine eindeutig spezifizierte luftdichte Schicht verfügen. Letztendlich eignen sich vier Materialgruppen für die luftdichte Ebene:

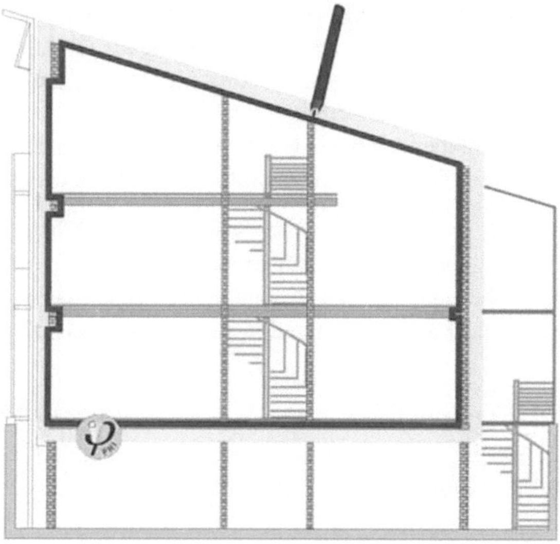

Abb. 8.11 Die luftdichte Hülle umgibt das beheizte Volumen lückenlos (nach Peper 1999)

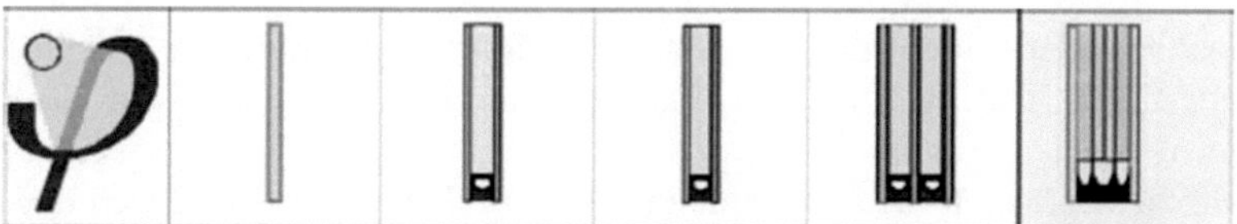

Verglasung	1-Scheibe	2-Isolier	2- Wärme-Schutz	3-Wärme-schutz	Zukunft: Vakuum oder Multifolie
U_g-Wert (W/(m²K))	5.60	2.80	1.20	0.65	0.35
Ob.-Temp.	-1.8 °C	9.1 °C	15.3 °C	17.5 °C	18.6 °C
g-Wert	0.92	0.80	0.62	0.50	0.45 bis 0.66

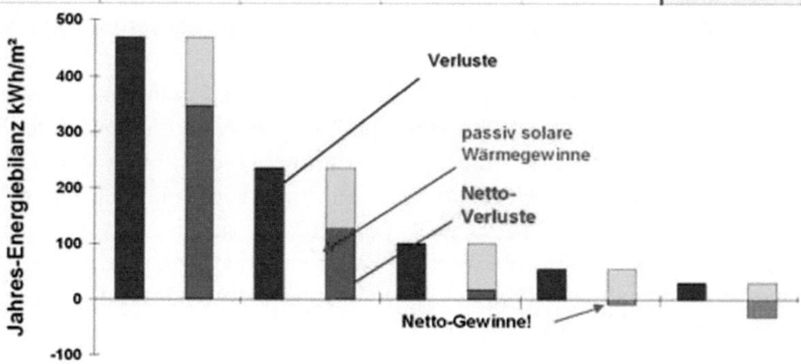

Abb. 8.12 Entwicklung der thermischen Qualität von Verglasungen im vergangenen Jahrhundert

- Luftdichtungsbahnen (z. B. qualifizierte Folien / armierte Baupappen);
- Durchgehender Innenputz (alle heute üblichen Arten). *Nicht* geeignet sind Gipskartonplatten, da sich diese nicht risssicher verbinden lassen.
- Durchgehender Ortbeton;
- Durchgehend luftdichte Werkstoffplatten (z. B. Spanplatten, auch OSB-Platten), die mittels Klebebändern luftdicht angeschlossen werden.

Auch wenn ein einzelner Stein (meist) dicht ist, so ist doch unverputztes Mauerwerk generell nicht annähernd luftdicht. Ausreichend luftdicht ist dagegen im Massivbau die klassische gemauerte Außenwand, wenn sie einen durchgehenden, nicht unterbrochenen Innenputz trägt und kraftschlüssig verbunden ist.

8.6 Fenster

8.6.1 Verglasungen

Der Wärmedurchgangskoeffizient der marktverfügbaren Fensterscheiben hat sich in den letzten 50 Jahren um einen Faktor 8 verringert und weitere Verbesserungen sind in naher Zukunft zu erwarten.

Anfang der 70er Jahre waren die meisten Fenster in Deutschland noch einfachverglast: Der U-Wert betrug etwa 5,5 W/(m^{2}K). Nicht nur die Energieverluste sind hoch, sondern durch die schlechte Dämmung kann die Kälte direkt auf die Innenoberfläche durchgreifen und das ist unmittelbar in Form von Eisblumen sichtbar.

Etwas besser waren die sogenannten „Isolierglasscheiben“, die nach der ersten Ölkrise in Neubauten und bei Modernisierungen eingesetzt wurden. Zwischen zwei Scheiben wird eine dämmende Luftschicht eingeschlossen. Der Wärmedurchgangskoeffizient sinkt dadurch auf etwa 2,8 W/(m^{2}K). Die Fensteroberfläche wird immer noch unangenehm kalt. Die überwiegende Zahl der Fenster in Deutschland besteht derzeit (2009) aus Isolierverglasungen, die im Zuge des Energiesparprogramms der Bundesregierung 1974–1976 eingewechselt wurden. Einen bedeutenden Fortschritt brachte die Verwendung von aufgedampften Metallschichten zum Scheibenzwischenraum hin (englisch „low-e“-Schicht genannt).

Darüber hinaus ist es sinnvoll, das Füllgas Luft durch weniger wärmeleitende Edelgase (Argon, Krypton) zu ersetzen. Die so am Markt eingeführten „Wärmeschutzverglasungen“ wurden mit der Wärmeschutzverordnung von 1995 zum Standardprodukt bei Neubau und Modernisierung. Ein heute übliches Fenster (2009) mit Holz- oder Kunststoffrahmen kommt auf einen U-Wert zwischen etwa 1,3 und 1,7 W/(m^{2}K). Damit hat sich der Wärmeverlust gegenüber dem „Isolierglas“ noch einmal halbiert. Die durchschnittliche innere Oberflächentemperatur liegt nun bei strengem Frost bei etwa 13°C. Jedoch ist auch jetzt der Kaltluftabfall am Fenster noch bemerkbar und eine störende Temperaturschichtung im Raum nicht ausgeschlossen.

Den Durchbruch für das energiesparende Bauen in Deutschland schafft erst die Dreischeiben-Wärmeschutzverglasung. Indem zwei Scheibenzwischenräume mit low-e-Schichten und Edelgasfüllung hintereinander geschaltet werden, werden U-Werte von 0,5 bis 0,8 W/(m^{2}K) erreicht. Mit einem besser gedämmten Fensterrahmen ist das Ergebnis ein „Warmfenster“ oder „Passivhausfenster“, bei welchem der jährliche Energieverlust noch ein Achtel des Ausgangswertes beträgt.

Mit der Dreischeiben-Wärmeschutzverglasung ist das Ende der technischen Möglichkeiten für den Wärmschutz von Verglasungen noch nicht erreicht. Verglasungen mit mehreren low-e-beschichteten Folien im Scheibenzwischenraum sind bereits am Markt erhältlich. Auch Vakuum-Verglasungen werden bereits industriell hergestellt und sind für Spezialanwendungen im Einsatz. Bei der Vakuumverglasung wird der Scheibenzwischenraum (der dann i.a. kleiner als 0,5 mm gewählt wird) so weit evakuiert, dass die freie Weglänge der Restgasmoleküle größer als der Scheibenabstand wird. Die Realisierung von Passivhäusern wird durch eine solche Innovation erheblich vereinfacht. Ein weiterer Vorteil der Mehrfachfolien- und der Vakuum-Verglasungen liegt in ihrem gegenüber Dreischeiben-Wärmeschutzverglasung wieder verringerten Gewicht.

8.6.2 Fensterrahmen

Der U-Wert der Fenster sollte unter Berücksichtigung eventueller Einbauwärmebrücken 0,85 W/(m^{2}K) nicht überschreiten. Die Einzelscheiben eines Isolierglases müssen am Rand durch Abstandhalter fixiert werden, dieser bildet eine beachtliche Wärmebrücke, besonders gravierend bei Aluminium-Abstandhaltern. Im Passivhaus werden daher meist Abstandhalter aus anderen Werkstoffen eingesetzt. Die weitere Betrachtung geht von einem Passivhaus geeigneten Rahmen aus, der gerade alle Kriterien an ein Passivhausfenster erfüllt (Abb. 8.13). Unter den Abbildungen sind jeweils die thermischen Kennwerte der EN 10077 sowie der U-Wert des gesamten Fensters angegeben.

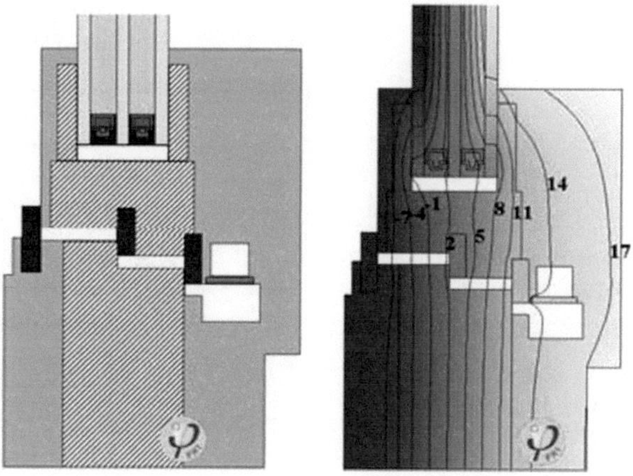

Abb. 8.13 Passivhaus geeignetes Rahmenprofil (Schnieders 2000): $U_f = 0{,}78$ W/(m^{2}K); $\Psi = 0{,}03$ W/(mK); $U_W = 0{,}80$ W/(m^{2}K)

Für das 1991 fertiggestellte erste Passivhaus in Darmstadt mussten die Fensterrahmen noch einzelhandwerklich angefertigt werden (Feist 1997). Seit 1997 sind jedoch Verglasungen und Rahmen auf dem Markt erhältlich, die den Kriterien für Passivhäuser entsprechen. Der jeweils aktuelle Stand kann aus der im Internet publizierten Liste des Passivhaus Instituts eingesehen werden (www.passiv.de).

8.6.3 Fenstereinbau

Ein geeigneter Fenstereinbau ist wichtig, um die thermischen Qualitäten der hochwärmegedämmten Verglasungen und Rahmen auch zur Wirkung zu bringen. Die Dämmschichten sollten ohne Versatz durchlaufen und vollflächig aneinander anstoßen (Feist 1999).

Auch im Holzleichtbau ist der korrekte Fenstereinbau von Bedeutung. Der U-Wert des Fensters nimmt mit wachsender Überdämmung des Rahmens linear ab. Eine Abschrägung der gedämmten Laibung stört den Isothermenverlauf nicht wesentlich, vergrößert aber die solaren Gewinne.

Ideal für geringe Wärmeverluste wäre eine Positionierung des Fensters etwa in der Mitte der Dämmebene. Der Fensterrahmen sollte in jedem Fall so weit wie möglich überdämmt werden. Leichte Abschrägungen der Laibung sind sinnvoll. Unerlässlich ist eine Positionierung des Fensters in der Dämmebene. In diesem Zusammenhang ist noch ein anderer Aspekt zu bedenken: In (Feist 1998) wurde gezeigt, dass sich eine etwas breitere Laibung und ein über dem (südorientierten) Fenster angeordnetes Verschattungselement von ca. 1 m Tiefe ausgesprochen positiv auf ein komfortables Sommerklima auswirken, während der Heizenergiebedarf noch nicht stark beeinflusst wird. Aus diesem Grund sollte das Fenster also auch nicht zu weit außen in der Laibung eingebaut werden.

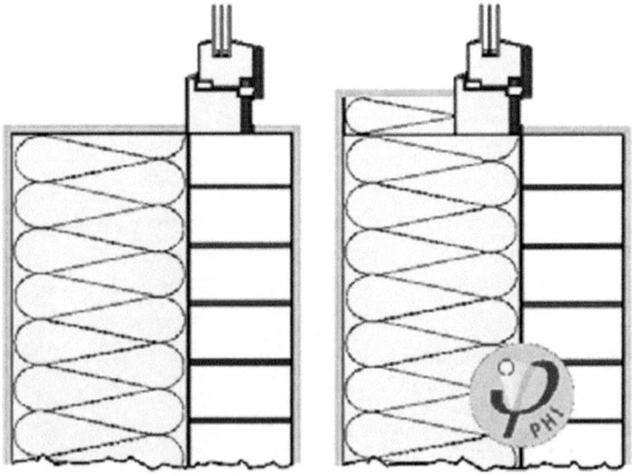

Abb. 8.14 Extrem ungünstiger (links) und empfohlener (rechts) seitlicher Einbau (Horizontalschnitte) in eine Kalksandsteinwand mit Wärmedämmverbundsystem. Der effektive Fenster-U-Wert beim linken Einbau ist um etwa 0,4 W/(m^{2}K) größer als beim rechten!

8.7 Wohnungslüftung

8.7.1 Aufgaben der Komfortlüftung

Die Aufgabe der Wohnungslüftung ist grundsätzlich die Bereitstellung einer guten Luftqualität. Dies ist die einzige wesentliche Aufgabe – weitere Aufgaben können mit der Lüftung zwar bei Bedarf übernommen werden, sie sind jedoch immer zweitrangig gegenüber dem genannten primären Ziel. Was genau ist unter „guter Luftqualität" zu verstehen? Die Raumluft darf

- keine Stoffe enthalten, die für Menschen unangenehme oder störende Folgen haben können und
- keine Zusammensetzung haben, welche die Bausubstanz gefährdet.

Ein wichtiges Indiz für eine unzureichende Lufterneuerung ist das Auftreten von Feuchteschäden und Schimmelwachstum an inneren Oberflächen von Außenbauteilen. Hierfür kann es zahlreiche Ursachen geben (wie z. B. defekte Wasser-, Regenwasser- oder Abwassersysteme). Eine wichtige und heute leider sehr häufige Ursache ist das Schimmelwachstum an inneren Oberflächen von kalten Außenbauteilen, an denen wegen einer zu hohen Raumluftfeuchtigkeit zu hohe Wasseraktivitätswerte vorliegen.

Die Analysen in (AkkP 23) haben gezeigt, dass es weitere, gesundheitlich relevante Raumluftverunreinigungen gibt, die durch eine angemessene Wohnungslüftung in ausreichendem Maß verringert werden müssen. Dies wird an drei Innenraumluftverunreinigungen diskutiert:

- *Formaldehyd HCHO*: Die Emissionen von HCHO aus Baustoffen sind stark reduziert worden. Allerdings wird HCHO auch aus Mobiliar und Einrichtungsgegenständen emittiert.
- *Flüchtige Organische Verbindungen (VOC)*: Hierfür wurde ein Zielwert formuliert, der in Wohnungen unterschritten werden sollte. Auch VOC stammen heute überwiegend aus Einrichtungsgegenständen und Haushaltschemikalien. Eine ausreichende Grundlüftung, die in der Lage sein muss, heute übliche VOC-Emissionen im Wohnraum auf ein vertretbares Maß zu verdünnen, ist daher unverzichtbar.
- *Radon (Rn)*: Für die kanzerogene Wirkung von Radon gibt es nach heutigem Erkenntnisstand keinen Schwellwert. Eine Reduktion der Rn-Aktivität in der Raumluft auf "Null" ist nicht möglich, weil auch die Umgebungsluft messbare Radonkonzentrationen enthält; durch nicht vermeidbare Quellen im Raum wird die Raumluftaktivität darüber hinaus erhöht. Die Lüftung hat die Aufgabe, die dadurch bestehende gesundheitliche Gefährdung so weit wie *vernünftig realisierbar* zu verringern. Radonäquivalente wurden in Passivhäusern mehrfach messtechnisch untersucht:

Passivhaus	Radon-Äquivalent	Literatur
Darmstadt	23,5 Bq/m^3	Diel (1994)
Nürnberg	20 Bq/m^3	Münzenberg (2002)

Vergleichswerte für konventionell gebaute Häuser liegen in Darmstadt bei 45 Bq/m^3, in Nürnberg bei 36 Bq/m^3. Die Messwerte aus den Passivhäusern sind jeweils etwa halb so hoch.

Darüber hinaus müssen auch die Störungen des Wohlbefindens durch eine Geruchsbelästigung ernst genommen werden. Dies ist nicht allein eine Komfortfrage, denn die subjektive Empfindung „schlechte Luft" ist ein Warnsignal der menschlichen Wahrnehmung. Eine auf den Frischluftbedarf eingestellte Komfortlüftung ist unverzichtbar in jedem Passivhaus. Die Gründe dafür sind:

- Ein regelmäßiger, gesicherter und ausreichender Luftaustausch in der kalten Jahreszeit ist nur mit einer gezielten Komfortlüftung möglich.
- In keinem Fall zufriedenstellend ist eine Fugenlüftung durch Undichtheiten: Wind und Temperaturantrieb schwanken nämlich in Mitteleuropa viel zu stark.
- Ohne Komfortlüftung kann in Neubauwohnungen ein ausreichender Luftaustausch nur durch eine regelmäßige Stoßlüftung versucht werden: Um einen etwa 0,33-fachen Luftwechsel zu erreichen, müsste man mindestens alle drei bis fünf Stunden die Fenster für 5 bis 10 Minuten ganz öffnen – auch in der Nacht!

Frischluft in „gerade richtiger" Menge regelmäßig dem Wohnraum zuzuführen ist die Aufgabe der Komfortlüftung. Die einfachste Lösung besteht in einer Abluftanlage, die verbrauchte und feuchte Luft aus Küche, WC und Bad abzieht. Dabei strömt (im Winter kalte) Frischluft durch Außenluftdurchlässe in die Wohnräume nach. Diese einfachen Systeme sind inzwischen in Frankreich eine Selbstverständlichkeit; in Schweden besteht seit über 50 Jahren Erfahrung mit Abluftanlagen. In Deutschland handelt es sich um eine brauchbare Lösung für Neubauten nach der EnEV und für modernisierte (und damit luftdichter gewordene) Altbauten. Für das Passivhaus kommt dieses simple System aber nicht in Betracht: Weil nach wie vor kalte Luft in die Räume kommt, ist der Lüftungswärmeverlust zu hoch. Zum einen wird deshalb eine entsprechend hohe Heizleistung mit Wärmeabgabe in der Nähe der Außenluftdurchlässe gebraucht, zum anderen ist allein der Jahreslüftungswärmeverlust dann etwa doppelt so hoch wie der Heizwärmebedarf in einem Passivhaus.

8.7.2 Grundprinzipien der Lüftung

Systematische Untersuchungen in Wohnungen haben gezeigt, dass eine gute Luftverteilung auf alle Räume mit Frischluftbedarf und eine gesicherte Entlüftung von

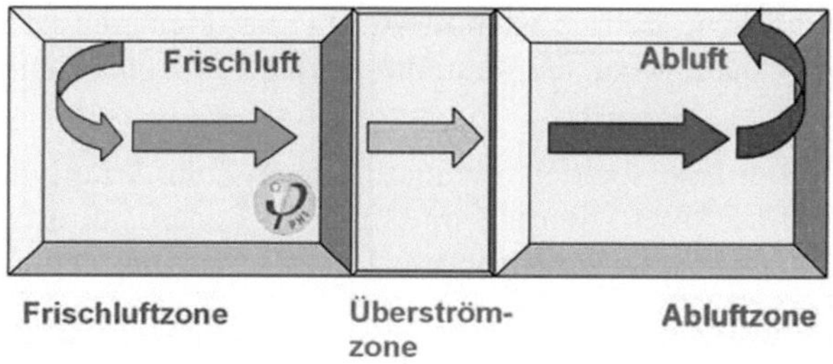

Abb. 8.15 Prinzip der gerichteten Durchströmung einer Wohnungslüftungsanlage

Feuchträumen am besten durch eine geregelte Be- und Entlüftung möglich ist (Michael 2000). Dabei wird die frische Zuluft gezielt den Wohn-, Arbeits-, Kinder- und Schlafzimmern zugeführt. In diesen Räumen gibt es jeweils mindestens einen Zuluftauslass. Wie bei den Abluftanlagen werden Küchen, Bäder, WCs und andere belastete Räume gezielt entlüftet: Dort gibt es jeweils Abluftauslässe. In der Wohnung stellt sich eine gerichtete Durchströmung ein: Die Frischluft kommt zunächst in die Hauptaufenthaltsräume (Abb. 8.15). Sie strömt dann durch Überströmzonen in die Feuchträume. Dort herrscht ein relativ hoher Luftwechsel, so dass z. B. Handtücher schnell trocknen. Durch dieses Grundprinzip der gerichteten Durchströmung wird die Frischluft optimal genutzt: Sie führt zunächst zu hoher Luftqualität in den Aufenthaltsräumen, nimmt die Luftbelastungen aus den Überströmzonen auf (z. B. Gerüche aus abgelegter Kleidung) und dient zuletzt der Entfeuchtung in den Feuchträumen.

Zu- und Abluftführung erlauben es, Wärme aus der verbrauchten Abluft zurückzugewinnen. In Wohnungen beträgt der Lüftungswärmeverlust bei ausreichender Lüftung ohne Wärmerückgewinnung zwischen 20 und 35 kWh/(m^{2}a). Moderne Wärmeübertrager gewinnen 75 bis 95% dieser Abluftwärme wieder zurück. Diese hocheffizienten Geräte sind speziell für den Einsatz in Passivhäusern entwickelt worden; sie sorgen für eine saubere Trennung zwischen Abluft und Frischluft, verbrauchen nur wenig Strom und arbeiten sehr leise.

Mit einer hohen Wärmerückgewinnung werden die verbleibenden Lüftungswärmeverluste vernachlässigbar klein: Sie liegen dann nur noch zwischen 2 und 7 kWh/(m^{2}a), eine gute Voraussetzung für ein funktionierendes Passivhaus. Zusätzlich wird durch die Wärmerückgewinnung die Temperatur der Zuluft auf einen Wert nahe der Raumlufttemperatur angehoben.

8.7.3 Luftmengen für Wohnungen, Büros und andere Gebäudearten

Bewährt hat sich die Projektierung nach DIN 1946 für den Auslegungsfall – angenommen wird das Maximum der erforderlichen Zuluft- bzw. Abluftmenge oder der Außenluftmenge, die einem Grundluftwechsel von 0,3 h^{-1} entspricht. Der praktische Betrieb kann meist mit eher kleineren Luftmengen erfolgen, insbesondere dann, wenn die Raumluft sonst als zu trocken empfunden wird:

- Der Praxisbetrieb orientiert sich am Zuluftkriterium von 30 m^3/(Pers·h).
- Das Abluftkriterium muss nur im Bedarfsfall erfüllt werden können (Stellung „stark"). So kann trockene Luft über längere Zeiträume vermieden werden.

Im Betrieb ist eine Steuerung durch den Nutzer, im einfachsten Fall über eine 3- Stufen-Einstellung (Grundlüftung 54%, Normal 77%, Stark 100%) möglich, wobei sich dann „stark" nach der Abluftbedingung von DIN 1946 richten kann.

8.7.4 Luftführung und -verteilung

Von Bedeutung ist nicht nur der Luftwechsel, sondern auch der Luftaustauschwirkungsgrad (Definition siehe Pfluger 1999). Um Kurzschlussströmung zu vermeiden gibt es zwei Möglichkeiten: Setzt man Tellerventile als Zuluftöffnung ein, so sind diese an einer Wand in ausreichender Entfernung von Überströmöffnungen anzuordnen. Mit Hilfe von Weitwurfdüsen unter der Zimmerdecke kann die Zuluft aber auch in der Nähe der Überströmöffnung eingebracht werden. Die Strömung legt sich dann an der Decke an und durchmischt sich fast vollständig mit der Raumluft. Auf diese Weise kann mit relativ kurzem Zuluftkanalnetz gearbeitet werden. Bei der Anordnung der Zu- und Abluftöffnungen ist vor allem auf Zugfreiheit zu achten, d.h. Luftströmungen sollten nicht direkt in den Aufenthaltsraum gerichtet werden. Ein wichtiges Komfortkriterium für die Lüftungsanlage ist der Schallschutz. Dieser wird nicht nur vom Zentralgerät, sondern maßgeblich auch von der Luftführung beeinflusst Otte (2000).

Bei der Planung der Luftführung darf zunächst nicht die Energieeffizienz, sondern muss der eigentliche Zweck der Lüftungsanlage im Vordergrund stehen: Die Außenluft soll möglichst vollständig in die Aufenthaltszone gelangen und Innenraumluftverunreinigungen sollen möglichst rasch ohne Belästigung der Bewohner in die Abluft transportiert werden. Überströmöffnungen ermöglichen die Belüftung aus den Frischlufträumen bzw. die Entlüftung in die Ablufträume. Für das Zuluftkanalnetz sind Schalldämpfer sowohl für die Hauptleitung als auch Telephonieschalldämpfer in den Einzelsträngen (je mindestens einer zwischen zwei unterschiedlichen Räumen) erforderlich.

Wohnungsweise Anlagen werden bevorzugt für Einfamilien- und Reihenhäuser eingesetzt. Jede Wohnung wird jeweils über einen eigenen Wärmeübertrager versorgt. Das Lüftungszentralgerät kann sowohl innerhalb als auch außerhalb der wärmegedämmten Hülle aufgestellt werden, muss jedoch möglichst nahe am Durchtrittspunkt der Kanäle durch die wärmegedämmte Hülle liegen. Wohnungsweise Anlagen können auch im Mehrfamilienhaus und im Geschosswohnungsbau eingesetzt werden. Bei zentralen Anlagen werden mehrere Wohneinheiten mit einem Wärmeübertrager versorgt. Im Volumenstrombereich über 1 000 m^3/h sind

Abb. 8.16 Zu- und Abluftführung in der abgehängten Decke inkl. der erforderlichen Schalldämpfer (Ausführung im Objekt Passivhaus Marbachshöhe) (Pfluger 2001)

hochwertige Gegenstrom- und Rotationswärmeübertrager aus der Klimatechnik in verschiedenen Baugrößen verfügbar. Diese können entweder im Keller oder im Dachbereich bzw. einem separaten Technikraum angeordnet werden. Frostschutz und Filter können ebenfalls zentral angeordnet werden und sind für das Wartungspersonal erreichbar, ohne dass die Wohneinheiten betreten werden müssen. Eine evtl. Zuluftnachheizung erfolgt grundsätzlich dezentral über wohnungsweise Heizregister, die Raumluftsolltemperatur muss für jede Wohneinheit individuell eingestellt werden können. Die individuelle Volumenstromregelung der Wohneinheiten wird mit Klappen realisiert, welche jedoch einen nicht unwesentlichen Druckabfall aufweisen und wartungsanfällig sind.

Als semizentrale Anlagen werden Anlagen mit gemeinsamem Wärmetauscher, aber dezentralen Ventilatoren bezeichnet. Diese Variante der zentralen Anlage nutzt die Vorzüge des geringeren Aufwandes gemeinsam genützter Komponenten wie Wärmetauscher, Filter und evtl. Schalldämpfer, führt aber die Volumenstromregelung über die Einzelventilatoren aus. Wie die Erfahrungen im CEPHEUS-Projekt gezeigt haben, ist diese Variante für den Geschosswohnungsbau gut geeignet. Um den Schallschutz und die Stromeffizienz weiter zu verbessern, können zentrale Stützventilatoren in den Sammelkanälen zur Überwindung des Hauptdruckverlusts (Wärmeübertrager und Hauptkanalnetz) eingesetzt werden. Die Einzelventilatoren in den Wohneinheiten werden dann lediglich zur Volumenstromregelung eingesetzt.

8.7.5 Hocheffiziente Lüftungs-Wärmerückgewinnung

Will man den Heizwärmebedarf unter 15 kWh/(m^{2}a) senken, so reichen mittelmäßige Lüftungsanlagen (z. B. Kreuzstromwärmetauscher mit Wärmebereitstellungsgrad von ca. 50%) nicht aus. Erst mit Hilfe von hocheffizienten Wärmerückgewinnungsanlagen kann der Grenzwert mit vertretbarem baulichem Aufwand beim derzeitigen Stand der Technik unterschritten werden. Hohe Effizienz wird aber nur dann erreicht, wenn die Reduktion der Lüftungswärmeverluste nicht mit einem hohen Einsatz an Strom erkauft wird. Voraussetzung hierfür sind sowohl stromsparende Ventilatoren als auch geringe Druckverluste in der Anlage. Unter diesen Voraussetzungen erreichen effiziente Anlagen Jahresarbeitszahlen von 10 bis 15 (Verhältnis von eingesparter Heizwärme zu eingesetztem Strom). Hocheffiziente Wärmerückgewinnungsanlagen setzen heute fast ausschließlich Gegenstromwärmeübertrager ein. Mit ihrer Hilfe können in heutigen Anlagen Wärmebereitstellungsgrade deutlich über 75% im praktischen Betrieb erreicht werden.

Neben der Verbesserung der Wärmeübertrager tragen die Einführung von elektronisch kommutierten Gleichstrommotoren als Ventilatorantrieb sowie verbesserte Laufradgeometrien wesentlich zur Effizienzverbesserung bei. Gegenüber herkömmlichen Asynchronmotoren konnte eine erhebliche Reduzierung der Leistungsaufnahme erreicht werden. Erstmals eingesetzt wurden diese Motoren für die Wohnungslüftung im Forschungsprojekt „Passivhaus Darmstadt-Kranichstein“ (Feist 1992, Feist 1994a). Der Wirkungsgrad elektronisch kommutierter Gleichstrommotoren liegt meist um 80%, fällt aber niemals unter 60%.

Elektroeffizienz. Als Grenzwert für passivhaustaugliche Lüftungsanlagen gilt 0,4 kWh/(m^3 geförderter Luft), wobei eine externe Pressung von 100 Pa angesetzt wird. Hinzu kommt noch der zusätzliche Energieaufwand für den Frostschutz, falls kein Erdwärmetauscher vorgesehen ist. Hocheffiziente Wärmerückgewinnungsgeräte sind das Kernstück der Passivhaus-Lüftungsanlage. Entsprechend dem Gebäudetyp, dem Aufstellort und den jeweiligen lüftungstechnischen Anforderungen kommen unterschiedliche Gerätetypen zum Einsatz. Für die Geräteaufstellung muss dann häufig innerhalb der wärmegedämmten Hülle wertvoller Raum zur Verfügung gestellt werden. Dieser Platzbedarf stellt auch einen erheblichen Kostenfaktor dar und sollte bei der Planung berücksichtigt werden.

8.7.6 Lüftung ist nicht Klimatisierung

Bei der hier behandelten Technik handelt es sich soweit um reine Lüftungsanlagen oder Luftersatzanlagen, nicht um Vollklimaanlagen. Die in die Räume eingebrachte Zuluft ist reine Außenluft und diese wird weder be- noch entfeuchtet und auch nicht gekühlt. Möglicherweise wird die Zuluft zusätzlich erwärmt. Dadurch sind Luftfeuchtigkeiten über 80% im gesamten Zuluftnetz ausgeschlossen – ein hygienischer Betrieb der Anlage ist somit auch ohne ständige Wartung sichergestellt, da die Wachstumsbedingungen für Mikroorganismen nicht erfüllt werden. Andererseits muss die Tatsache, dass es sich um reine Frischluftanlagen handelt, den Nutzern bekannt sein, damit diese vom Lüftungssystem nicht etwa die Erwartung haben, dass dieses eine Kühlung im Sommer erlaubt. Dies ist bei den hier beschriebenen Systemen nicht möglich.

Nach Möglichkeit hat jeder Raum im Passivhaus mindestens ein öffenbares Fenster, optimal ist ein Dreh/Kipp-Beschlag. Es gibt viele unterschiedliche Gründe, aus denen Bewohner eines Hauses gern ein Fenster öffnen möchten. Diese Wünsche der

Bewohner sind vorrangig, auch dann, wenn sie zu einem erhöhten Energieverbrauch führen sollten. Es stellt sich jedoch heraus, dass dies in einem Passivhaus nur in geringem Maße der Fall ist. Passivhäuser in Wohngebäuden in Mitteleuropa benötigen im Sommer keine aktive Kühlung (keine Klimaanlage). Sie bleiben dennoch in Hitzeperioden behaglich kühl; allerdings setzt das voraus, dass ein hoher Luftwechsel in der Nacht möglich ist – dies lässt sich am einfachsten mit geöffneten Fenstern realisieren. Ein Gebäude ohne in der Nacht öffenbare Fenster braucht entweder eine sehr starke maschinelle Lüftung (2 bis 5 facher Luftwechsel) oder eine andere Form von zusätzlicher Kühlung (Deckentemperierung, Klimaanlage); auch dies gilt nicht nur für Passivhäuser.

Bei typischem Wetter in Mitteleuropa muss auch in einem traditionellen Haus im Juni nicht mehr geheizt werden. Zwar liegt die durchschnittliche Außentemperatur nur um 17°C, aber innere Wärmequellen und die Sonneneinstrahlung durch die Fenster heizen ein Haus innen auf komfortable Temperaturen auf. Sollte es zu warm werden, dann machen die Nutzer die Fenster auf. In einem Passivhaus ist dieser Jahresabschnitt, in dem das Haus ganz ohne Heizung funktioniert, auf einen viel längeren Zeitraum ausgedehnt. Je nach Standort, Nutzung und Besonnung beginnt der Zeitraum im März oder April und endet im Oktober oder November. In diesem Zeitraum wird man in einem Passivhaus die Fenster so nutzen, wie in traditionellen Häusern im Juni allgemein üblich.

8.7.7 Situation im Winter

Im Passivhaus fällt die Zeit, in der ein Heizbetrieb stattfindet, ziemlich genau mit dem "Winter" nach dem Kalender zusammen: Die Heizung wird ab Mitte Dezember gebraucht und geht Mitte März außer Betrieb (je nach regionalem Klima, Nutzung und Baudetails kann sich der Zeitpunkt um einen Monat verschieben). In der übrigen Zeit ist die Heizung ausgeschaltet. Zahlreiche in den letzten Jahren publizierte Untersuchungen zeigen, dass in der Kernzeit des Winters die Bewohner Fenster sehr viel seltener öffnen als zu anderen Zeiten (vgl. Ebel und Kah (2003)). Das ist gut verständlich, denn ein geöffnetes Fenster bei Frost oder Sturm oder während Niederschlägen verbessert die Behaglichkeit nicht. Das „normale“ winterliche Fensteröffnungsverhalten sorgt nicht einmal für einen ausreichenden Luftwechsel. Im Passivhaus ist das Lüftungsproblem gelöst: Eine ausreichende Versorgung mit frischer Luft ist immer gewährleistet. Die im Haus erzeugte Feuchtigkeit und die Innenraumluftbelastungen werden garantiert abgeführt – ob die Bewohner nun Fenster öffnen oder nicht. Die Fenster werden jetzt nur noch geöffnet, wenn die Nutzer dies aus irgendeinem Grund wirklich wollen.

Ein zusätzliches Fensteröffnen im Winter erhöht die Wärmeverluste und bei Heizbetrieb auch den Wärmebedarf eines Hauses - beim Passivhaus genau wie bei einem traditionellen Haus. Ein überraschendes Ergebnis der Begleitforschung war jedoch, dass dieser Zusatzverlust in 95% aller Nutzungsfälle vernachlässigbar ist und in 100% aller Fälle nicht so hoch ist, dass die Funktion des Passivhauses in Frage gestellt wird. Der Energieverbrauch wird höher — in der Regel um

1 bis 2 kWh/(m^2a) und in extremen Fällen um bis zu 17 kWh/(m^2a) — er bleibt aber immer niedrig im Vergleich zu den in anderen Häusern üblichen Verbrauchswerten. Die Verbrauchsunterschiede, die durch verschiedene Temperaturwünsche in der Wohnung entstehen, sind deutlich höher. Ein signifikanter Einfluss der Fensteröffnungszeit auf den Heizwärmeverbrauch in Passivhäusern war in statistischen Analysen nicht feststellbar (Ebel und Kah 2003). Die geringe Auswirkung der zusätzlichen Fensteröffnung wird durch neue Ergebnisse zur Geometrie bei gekippten Fenstern ebenso erklärt wie die unzureichenden Luftwechsel in auf Fensterlüftung angewiesenen Wohnungen (Knissel 2003).

8.8 Heizung

Nur im Passivhaus bietet sich eine besondere Option: die Möglichkeit zur Heizung mit der Zuluft. Da frische Luft ohnehin in Wohn-, Arbeits-, Kinder- und Schlafzimmer zugeführt wird, kann diese Luft auch zugleich zur Wärmezufuhr verwendet werden. Da es sich nur um Frischluft (keine Umluft!) handelt, die Frischluftmenge begrenzt ist (sonst wird die Innenluft zu trocken) und die Temperatur der Luft nur begrenzt erhöht werden darf, funktioniert die Zuluftheizung nur bei Häusern mit einem sehr kleinen Wärmebedarf – eben bei Passivhäusern. Dadurch werden sehr elegante und platzsparende Lösungen für die Haustechnik möglich, z. B. das Lüftungskompaktgerät.

Das Passivhaus zeichnet sich dadurch aus, dass die aktive Heizung gegenüber den passiven Energieeffizienz-Maßnahmen deutlich in den Hintergrund tritt. Allerdings ist auch im Passivhaus immer noch eine Heizung vorgesehen und durch die besonderen Bedingungen des Passivhauses ergeben sich auch besonders interessante Ansätze für die Auslegung und Projektierung des Systems (AkkP 6). Entscheidend ist, dass sich die Heizlast so stark verringert, dass bedeutende Vereinfachungen bei der Heizung möglich werden und es auf die spezielle Form der Wärmeübergabe nicht mehr ankommt. Eine Übersicht über die verschiedenen in Passivhäusern eingesetzten Versorgungssysteme und ihre Eigenschaften enthält (AkkP 20). Dort werden auch Beispiele für realisierte Konzepte behandelt. Einen entscheidenden Fortschritt für die Sicherheit der Auslegung der Wärmeversorgung in Passivhäusern bot das von Carsten Bisanz gemeinsam mit dem Passivhaus Institut entwickelte Heizlast-Verfahren mit zwei Auslegungstagen (Bisanz 1999). Mit diesem Verfahren ist es möglich, dieselben Daten des Gebäudes, die schon für die Jahresheizwärmebilanz benötigt wurden, auch zur Auslegung der Heizlast zu verwenden. Es stellte sich heraus, dass dazu bei gut wärmegedämmten Gebäuden zwei typische Auslegungssituationen heranzuziehen sind: Eine besonders kalte, aber strahlungsreiche Periode und eine extrem strahlungsarme, jedoch weniger kalte Zeitperiode.

Ein Thema, über das viel diskutiert wurde, betrifft die Temperaturdifferenzierung im Passivhaus. Wie eine solche möglich ist, welche Anforderungen überhaupt diesbezüglich bestehen und welche Erfahrungen es bisher gibt, wird in (AkkP 25) dargestellt. Die (nur virtuell definierten) Wärmeübergabeverluste hatten es bis in die aktuellen Normwerke geschafft. Dass solche Verluste bei sehr gut gedämmten Gebäuden praktisch keine Bedeutung mehr haben, wird im Protokollband 28 „Wärmeübergabe- und Verteilverluste im Passivhaus“ bewiesen (AkkP 28).

Der Name „Passivhaus“ leitet sich aus der überwiegenden (jedoch nicht unbedingt ausschließlichen) Verwendung von passiven Systemen zur Herstellung thermisch behaglicher Innenraumbedingungen her. Passive Systeme reduzieren die Zufuhr von Exergie zum Erreichen eines Zwecks.

Keineswegs sind passive Systeme für die Gebäudeheizung allein auf die passive Nutzung von Sonnenenergie beschränkt. Vielmehr sind auch folgende Komponenten ausschließlich passiv wirksam:

- Wärmedämmung der Gebäudehülle inkl. der Fenster,
- Wärmerückgewinnung im natürlichen Temperaturgefälle,
- Wärmespeicherladungs- und Entladungsprozesse,
- Sorptions- und Desorptionsvorgänge.

Jedes Gebäude bedient sich in mehr oder weniger großem Umfang auch passiver Maßnahmen zur Gewährleistung der thermischen Behaglichkeit. In der Tat lässt sich in der historischen Entwicklung erkennen, dass der Beitrag der passiven Techniken für diese Dienstleistung anteilig immer mehr zugenommen hat. Dennoch wird bis heute in konventionellen Gebäuden der überwiegende Anteil der Heizdienstleistung aus aktiven Quellen (Wärmeerzeugern) erbracht. Dies ändert sich mit dem Passivhaus grundlegend: Zwar ist auch hier noch eine gewisse thermische Energiezufuhr zur aktiven Kontrolle der Stabilität des behaglichen Innenklimas erforderlich – aber dieser Energiestrom ist so gering, dass er gegenüber den passiven Komponenten in den Hintergrund tritt. Die maximale Heizlast ist so weit reduziert, dass es noch nicht einmal eines separaten Systems für die Heizung bedarf, vielmehr kann die Wärmeverteilung von der Frischluftverteilung mit übernommen werden. Alle technischen und ökonomischen Vorteile eines „Nullheizlastbedarfs“ werden so schon von einem Passivhaus erreicht, ohne dass die maximale Heizlast wirklich auf Null reduziert werden müsste – das nämlich würde den Aufwand ganz erheblich erhöhen. Entscheidend für den Passivhausstandard ist die hohe bauphysikalische Qualität der Gebäudehülle und die Effizienz der Lüftungstechnik. Wenn durch eine geeignete Bemessung dieser Komponenten die Passivhaus-Grenze unterschritten wird, wird die Systemwahl für Wärmeübergabe, Wärmeverteilung und Wärmeerzeugung nebensächlich (von einer elektrischen Direktheizung abgesehen, die durch das Primärenergiekriterium ausgeschlossen wird).

Bis auf das Primärenergiekriterium ist die Auswahl der technischen Systeme zur Heizung und Kühlung in einem Passivhaus daher vollkommen frei. Es können alle Formen der heute üblichen Heiztechnik Anwendung finden, darüber hinaus aber auch viele weitere Varianten, die in konventionellen Gebäuden nicht immer eine optimale Behaglichkeit garantieren können: Heizkörper an Innenwänden, Konvektoren, teilbelegte Bauteilflächen, Bauteiltemperierungen u.v.m. Für das Passivhaus ist nicht zwingend vorgeschrieben, eine Beheizung durch die Zuluft einzusetzen –

dies wird oft missverstanden. Es ist vielmehr so, dass das Passivhaus so projektiert wird, dass die Leistungsgrenze für eine solche Frischluftheizung unterschritten wird, die Wahl des Systems wird aber dem Bauherrn und seinen Planern offen gelassen.

8.9 Energiebilanzen

Das Konzept des Passivhauses stellt hohe Ansprüche an die Qualität des Wärmeschutzes der Gebäudehülle und die Effizienz der Lüftung. Für die Wirtschaftlichkeit der Baumaßnahme ist es wichtig, z. B. die Dämmniveaus nicht unnötig scharf zu projektieren. Andererseits muss der Grenzwert für den Passivhausstandard mindestens erreicht werden, damit die Funktionalität sicher gestellt bleibt. Dies zeigt, wie wichtig eine Projektierung der Gebäudeenergiebilanz im Fall des Passivhauses wird: Hier wird das Gebäude möglichst genau auf die Einhaltung der Kriterien projektiert – und dies betrifft die Heizwärmebilanz. Diese Bilanz stellt für ein Passivhaus das entscheidende Instrument für die Planung dar. Aus diesem Grund ist es sehr wichtig, dass die Bestimmung der Heizwärmebilanz mit einem möglichst zielgenauen Verfahren erfolgt.

8.9.1 Bilanzierungsverfahren

Bei den ersten Passivhäusern war es noch unverzichtbar, die Gebäude mit zeitlich hochaufgelösten numerischen Simulationen zu projektieren. Mit einer Simulation, die sich an den physikalischen Grundgesetzen orientiert, kann das Verhalten der Gebäude sehr genau vorausberechnet werden. Ein Problem dabei ist, das die Eingabedaten für ein instationäres Simulationsprogramm umfangreich sind. Soll die Simulation zuverlässige Ergebnisse liefern, dann müssen diese Daten korrekt gemäß der tatsächlichen Geometrie und der Materialkennwerte des Gebäudes bestimmt werden. Das ist möglich, wie der Vergleich zwischen Simulation und Messergebnissen zeigt (AkkP 5). Aber der Aufwand für ein solches Modell ist groß.

Durch Vergleiche verschiedener Simulationsmodelle konnte festgestellt werden, worauf es wirklich ankommt, um auch mit vereinfachten Modellen und vertretbarem Aufwand bei der Datenaufnahme zuverlässige Bilanzen zu erstellen. Der Weg zu den zulässigen Vereinfachungen ist in den Publikationen (Feist 1994b) und (AkkP 13) beschrieben. Es mag überraschen, dass mit einem sehr einfachen Modell, nämlich durch

- Behandlung des ganzen Hauses als eine Zone und
- Berechnung von Monatsenergiebilanzen statt zeitaufgelöster instationärer Simulation

bereits eine für praktische Planungszwecke ausreichende Genauigkeit erzielt werden kann (vgl. Abb. 8.17).

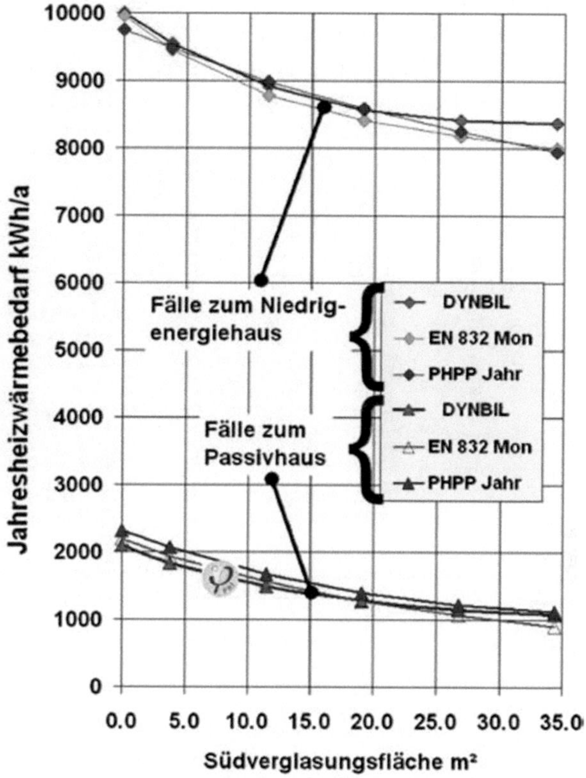

Abb. 8.17 Vergleich von Berechnungsverfahren für den Jahresheizwärmebedarf. Berechnet wurden sowohl Fälle zum Niveau des Niedrigenergiehauses (oben, Rauten) als auch des Passivhauses (unten, Dreiecke). Drei Verfahren wurden verglichen: Die validierte instationäre Simulation mit dem Programm Dynbil (rote Symbole und Kurven), die quasistationäre Berechnung nach dem EN 832 Monatsverfahren (grün) und die Jahresbilanz nach dem Passivhaus Projektierungs-Paket (blau) (PHPP 2007). Im Rahmen der überhaupt möglichen Rechengenauigkeiten stimmen die einfachen Bilanzverfahren ziemlich gut mit der dynamischen Simulation überein

Die Vorteile einer weitgehenden Vereinfachung liegen nicht nur im übersichtlicheren Berechnungsgang: Die meisten hochentwickelten Simulationsprogramme sind zwar bei bestimmten physikalischen Prozessen sehr genau (z. B. bei der instationären Wärmeleitung oder beim Strahlungswärmeaustausch), aber sie vergröbern das Modell an anderer Stelle.

Wirklich „alle" relevanten Prozesse „physikalisch angemessen genau" behandeln zu wollen, schafft bisher kein einzelnes Programm. Natürlich ist jede Vereinfachung mit einem Verlust an Genauigkeit verbunden – jedes nicht ganz korrekte Eingabedatum in ein komplexes Modell führt aber ebenso zu Genauigkeitsverlusten. Für den praktischen Planungsprozess bei einem bereits bewährten Baukonzept kann aber die Verwendung vereinfachter, an die Planungsaufgabe optimal angepasster Rechenverfahren wegen der geringeren Fehlermöglichkeiten sogar genauer sein. Das für den Bau von Passivhäusern in Europa optimal eingestellte Verfahren ist inzwischen tausendfach bewährt: eine Monatsenergiebilanz nach ISO 13790 (früher EN 832) mit optimaler Einstellung der Randbedingungen der Berechnung. Dieses Verfahren wurde an Simulationsrechnungen mit instationären Modellen kalibriert. Das Verfahren wurde systematisch durch Abgleich der Ausnutzungsgradfunktion auf die

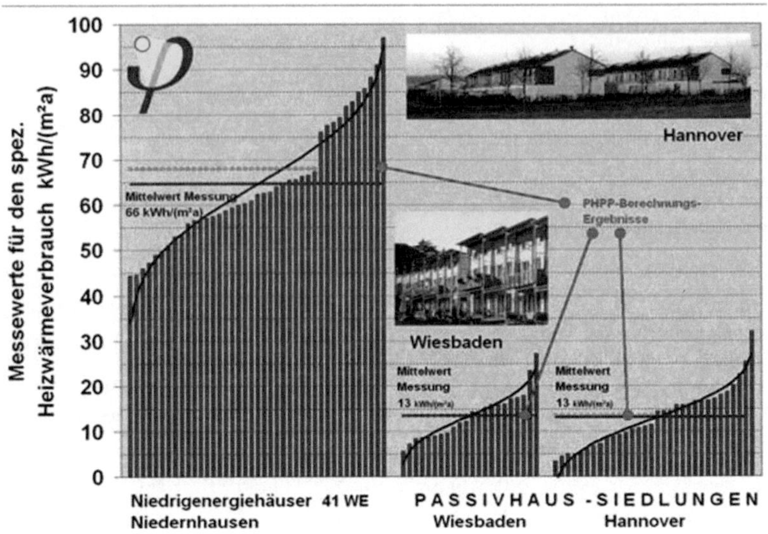

Abb. 8.18 Vergleich von Messwerten aus 54 Passivhäusern und 41 Niedrigenergiehäusern mit den Berechnungsergebnissen nach dem vereinfachten Bilanzverfahren (PHPP 2007)

Ergebnisse der Simulation entwickelt (AkkP 13). Die Ergebnisse des Verfahrens wurden in der Folge mit Messwerten aus hinreichend großen Stichproben gebauter Passivhäuser verglichen (vgl. Abb. 8.17). Dieser Vergleich zeigt regelmäßig eine sehr gute Korrelation.

Im Verfahren sind eine Reihe von Randbedingungen anders gewählt als z. B. im Berechnungsgang der deutschen Energieeinsparverordnung. Für diese Änderungen gibt es wichtige Gründe, die im Einzelnen in (Feist 2001) diskutiert werden:

- Für die inneren Wärmequellen sind bei Wohngebäuden mit effizienten Hausgeräten in der Heizperiode Werte um 2.1 W/m^2 ($\pm$0.3) realistisch (und nicht 5 W/m^2, wie häufig angenommen).
- Für die mittlere Raumtemperatur ist derzeit ein Wert von 20°C eine praxisgerechte Annahme (und nicht 19°C).
- Für die Solargewinne sind realistische Verschattungsfaktoren und Ansätze für die immer vorhandene Verschmutzung zu berücksichtigen.
- Die pauschalen Temperaturkorrekturfaktoren werden oft für gut gedämmte Gebäude zu niedrig angesetzt. Z. B. für Dachgeschossdecken liegen realistische Werte nicht bei 0,8, sondern bei 1,0.
- Der Ansatz für eine „zusätzliche Luftwechselrate infolge Undichtheiten und Fensteröffnen" beträgt bei der EnEV pauschal 0,15 h^{-1} bei Abluftanlagen und 0,2 h^{-1} für balancierte Anlagen mit Wärmerückgewinnung – jeweils viel zu hohe Werte.

Diese und weitere Punkte führen zu Unterschieden bei den Berechnungen, die für energieeffiziente Gebäude relevant sind (PHPP 2007). Mit sachgerechten Ansätzen ist andererseits eine für die Praxis zuverlässige Projektierung möglich.

8.9.2 *Typische Energiebilanz für das Niveau des Passivhausstandards*

Die berechneten Energiebilanzen erlauben eine gute Einschätzung des für Passivhäuser erforderlichen baulichen und anlagentechnischen Standards. Abbildung 8.19 zeigt auf der linken Seite die Energiebilanz eines Reihenendhauses nach den Anforderungen der bis 2007 gültigen Energieeinsparverordnung. Es wurde davon ausgegangen, dass die Heizung und Warmwasserbereitung mit einem zentralen Gas-Brennwertkessel und einer gut gedämmten Warmwasser-Zentralheizung mit Brauchwasserzirkulation erfolgt (typische aktuelle Anlagenkonfiguration). Um die EnEV zu erfüllen, kann ein solches Haus mit einer einfachen Abluft-Lüftungsanlage ausgerüstet werden. Die Fenster sind normale Holzfenster mit Zweischeiben-Wärmeschutzverglasung (U_w=1,4 W/(m^{2}K)), die Außenwände können monolithische gemauerte Porenbeton oder -ziegelwände sein (oder ein schweres Mauerwerk mit ca. 10 cm Außendämmung), das Dach hat eine Wärmedämmung von ca. 20 cm, die Kellerdecke muss über die ohnehin erforderliche Trittschalldämmung hinaus

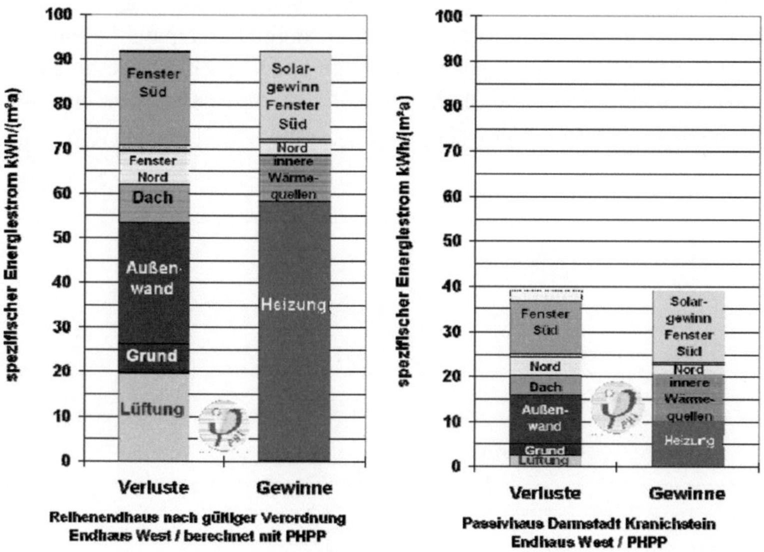

Abb. 8.19 Wärmebilanzen eines typischen Reihenendhauses (Heizzeitbilanz) für den Standard nach Energieeinsparverordnung von 2002 (links) und als Passivhaus (rechts). Um das funktionale Passivhaus-Kriterium erfüllen zu können, müssen die Wärmeverluste aller Komponenten deutlich reduziert werden (in der Größenordnung um einen Faktor 2 bis 3). Dadurch ergibt sich die Reduktion des Jahresheizwärmebedarfs um einen Faktor 4 bis 5

nicht wärmegedämmt werden. Mit diesen Daten hat das Reihenendhaus mit den beschriebenen Randbedingungen bilanziert einen spezifischen Heizzeit-Wärmeverlust von 92 kWh/(m^{2}a). Durch die Beiträge an freien Wärmegewinnen sind davon jedoch nur 58 kWh/(m^{2}a) durch das Heizsystem aufzubringen. Große Beiträge zu den Wärmeverlusten kommen von den Fenstern (allerdings fast kompensiert durch die den Fenstern zu verdankenden passiven Solareinträge), durch die Außenwände und durch die Lüftung. In dieser Bauqualität ist das Objekt weit davon entfernt, die Kriterien des Passivhausstandards zu erfüllen. Auf der rechten Seite von Abb. 8.19 ist die Energiebilanz für ein Reihenendhaus mit exakt gleichem Grundriss und gleichen Fassadenflächen, jedoch mit konsequent verbesserten Details dargestellt: Es werden eine Lüftung mit hocheffizienter Wärmerückgewinnung verwendet und die Luftdichtheit verbessert, die Fenster sind mit Dreischeiben-Wärmeschutzverglasung und gedämmtem Rahmen (U_w= 0,78 W/(m^{2}K)) ausgestattet, die Außenwand mit 27,5 cm Wärmedämmverbundsystem, das Dach mit 40 cm Wärmedämmung zwischen Leichtbausparren, die Kellerdecke mit insgesamt 28 cm Wärmedämmung. Die Wärmeverluste reduzieren sich durch diese Maßnahmen auf ca. 37 kWh/(m^{2}a), das sind 40% des ursprünglichen Wertes. Das Wärmschutzniveau dieses Hauses ist damit etwa um einen Faktor 2,5 besser als beim EnEV-Haus.

Der Vergleich der beiden Energiebilanzen zeigt auch, wie die Physik der effizienten Energienutzung bei der Heizung entgegenkommt: Die Posten „Solargewinn" und „Innere Wärmequellen" verändern sich zwischen den beiden Varianten kaum. Das bedeutet aber, dass der relative Anteil dieser passiven Wärmegewinne an der Deckung des gesamten Wärmeverlustes stark zunimmt: Beträgt er bei einem Reihenendhaus nach EnEV etwa 37%, so werden beim Passivhaus bereits 74% des Heizzeit-Wärmeverlustes durch passive Quellen gedeckt. Durch diesen Effekt wird der Heizwärmebedarf vom ursprünglichen Entwurf zum Passivhaus in diesem Fall um mehr als einen Faktor 5 reduziert.

Kapitel 9
Industrielle Abwärme

Martin Pehnt

9.1 Was ist Abwärme?

Neben dem Wärmebedarf für Raumwärme und Warmwasser, der im Mittelpunkt der Kap. 6, 7, und 8 gestanden hat, gibt es einen weiteren großen Bereich des Wärmemarktes: die Prozesswärme.

Prozesswärme wird für verschiedene Prozesse eingesetzt, beispielsweise die Bereitstellung von Heißwasser und Dampf, Trocknungs- und Entwässerungsprozesse, die Erwärmung von Einsatzstoffen und Materialien, Destillation und Eindampfen, Pasteurisieren, Waschen und Reinigen. Der Endenergieeinsatz für Prozesswärme beträgt mit 1 984 PJ im Jahr 2007 43% des gesamten Energiebedarfs für Wärme und ist damit ein entscheidender Nachfragesektor (Abb. 9.1).

Über 80% dieses Wärmebedarfs fallen dabei im Sektor Industrie an, 13% im Sektor Gewerbe, Handel, Dienstleistungen und nur 6% im Haushalt (vornehmlich Kochen). In der Industrie wird der überwiegende Teil des Wärmebedarfs für Prozesswärme aufgewendet. Ungefähr ein Drittel des Prozesswärmebedarfs (573 PJ/Jahr) in Deutschland fällt im niedrigen und mittleren Temperaturniveau bis 500°C an.

Die wärmeführenden Stoffe – beispielsweise Luft, Wasser oder Materialien – tragen nach den Prozessen einen Teil der Wärme noch „in sich“. Diese Wärme könnte für weitere Prozesse genutzt werden, für die ein niedrigeres Temperaturniveau ausreichend wäre. Diese Wärme, die ansonsten nicht genutzt worden wäre, wird mit „Abwärme“ bezeichnet.

Definitionen zum Abwärmebegriff sind sowohl in zahlreichen Publikationen als auch in deutschsprachigen Rechtsvorschriften zu finden. Im Entwurf einer Wärmenutzungs-Verordnung für Deutschland aus dem Jahr 1991 wird Abwärme bezeichnet als *„die eine Anlage verlassende Wärme, ausgenommen die Wärme, deren Erzeugung der Zweckbestimmung der Anlage entspricht“*.

M. Pehnt (✉)
Institut für Energie- und Umweltforschung, 69120 Heidelberg, Deutschland
e-mail: martin.pehnt@ifeu.de

M. Pehnt (ed.), *Energieeffizienz*, DOI 10.1007/978-3-642-14251-2_9,

Abb. 9.1 Vergleich des Prozesswärmebedarfs mit dem Gesamtwärmebedarf (BMWi 2008, Darstellung Pehnt und Frisch 2009)

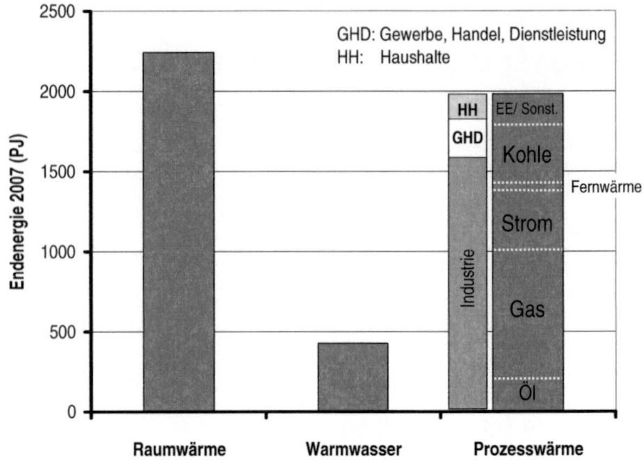

Abwärme umfasst demnach alle das System verlassenden fühlbaren und latenten Wärmeströme einschließlich der Verluste, aber mit Ausnahme der erzeugten Zielenergie. Sofern sie nicht genutzt wird, geht sie ungenutzt in die Umgebung und ist dann Fortwärme.

Abwärmequellen können Produktionsmaschinen sein, die Verlustwärme an die Umgebung abstrahlen, Öfen, Abwässer aus Kühlungsprozessen, aber auch Kühlanlagen, Motoren oder die in Produktionshallen anfallende Abluft.

Die Abwärmemenge Q wird beschrieben durch

$$Q = c \cdot m \cdot \Delta T, \tag{9.1}$$

wobei m die Masse des wärmetragenden Mediums, c die spezifische Wärmekapazität des Mediums und ΔT die Temperaturdifferenz ist. Hinzu kommen ggf. mögliche Wärmemengen aus Phasenumwandlungen (latente Wärme) beispielsweise bei der Kondensation eines Gases oder dem Erstarren einer Flüssigkeit.

Je höher also der Massenstrom bzw. die nutzbare Temperaturdifferenz, desto größer die Abwärmemenge. Ein weiteres wichtiges Entscheidungskriterium für die Nutzbarkeit von Abwärme ist die *zeitliche Verteilung* über den Tag, die Woche und das Jahr. Je kontinuierlicher ein Abwärmestrom anfällt, desto günstiger ist dies für eine wirtschaftliche Nutzung. Zudem ist zu prüfen, in wie weit *Verschmutzungen* des Wärmemediums die Nutzungsmöglichkeiten einschränken. Auch die *räumliche Entfernung* zwischen Wärmequelle und -senke kann das Potenzial einschränken.

Bei der Abwärmenutzung wird die bei einem Prozess entstehende Abwärme an andere Prozesse weitergeführt (betriebsinterne Eigenverwendung oder Weitergabe an Dritte, z. B. durch Einspeisung in ein Wärmenetz). Davon abzugrenzen ist die *Wärmerückgewinnung*, bei der die Abwärme an den selben Prozess zurückgeführt wird, wie zum Beispiel in Lüftungsanlagen.

Auch die Wärme aus KWK-Anlagen wird nicht zur Abwärme gezählt, weil in diesen Anlagen die Wärme eines der zwei Zielprodukte ist. In der betrieblichen Praxis ergeben sich gleichwohl häufig Möglichkeiten, Abwärme und Wärme aus einem KWK-Prozess zugleich zu nutzen.

Tabelle 9.1 Beispiele für industrielle Abwärmenutzung

Branche	Beschreibung des Prozesses	Beispielhafte Maßnahmen
Lebensmittelindustrie	Abgase eines Produktionsprozesses gelangen in eine thermische Nachverbrennung, in der unverbrannter Kohlenstoff und Luftschadstoffe verbrannt werden.	Einbau von Abgas/Wasser-Wärmetauschern in die Abgasstränge der einzelnen Prozesse.
Waschmittelproduktion	Bei der Herstellung von pulverförmigen Waschmitteln durch Dampftrocknung fällt Abwärme an.	Der Großteil der Kondensationswärme des Trocknungsprozesses wird über einen Wärmetauscher an die Fernwärme abgegeben.
Lebensmittelindustrie	Kältebereitstellung zur Kühlung von Lebensmitteln	Abwärme der Kältemaschinen wird mittels Wärmepumpe auf ein höheres Temperaturniveau gehoben; Wärmeeinspeisung in das Fernwärmenetz.
Textilindustrie/ Wäschereien	Dampf zur Kondensation im Waschprozess	In einem Sammelbecken werden warme Abwässer zusammengeführt, die zur Erwärmung des enthärteten Frischwassers durch einen speziellen Abwasserwärmetauscher genutzt werden.
Automobilindustrie	Abwärme aus diversen Prozessen	Die Abwärme der Kompressoren wird firmenintern für die Motorenvorwärmung genutzt.
Kläranlage	Abführung warmen Abwassers	Bau eines neuen Kanals, in dem ein Abwasserwärmetauscher integriert wird.
Gießerei	Abwärme aus Hauptschmelz- und Prozessöfen	Einbau eines Abgas/Wasser-Wärmetauschers in den Hauptkanal und Einspeisung in ein Nahwärmenetz.
Lackiererei	Mit der thermischen Nachverbrennung werden	Das Abgas der thermischen Nachverbrennung wird per

Tabelle 9.1 (Fortsetzung)

Branche	Beschreibung des Prozesses	Beispielhafte Maßnahmen
	Lösemitteldämpfe, die aus der Lackieranlage bzw. Trocknungsräumen abgesaugt werden, verbrannt.	Abgas/Wasser-Wärmetauscher abgekühlt. Abwärme wird direkt über die am Rande des Werkgeländes gelegene Fernwärmeheizzentrale in das Fernwärmenetz eingespeist.
Zementindustrie	Abwärme aus der Klinkerkühlanlage	Stromerzeugung mit ORC-Prozess
Metallverarbeitende Industrie	Abgaswärme im Schmelzofen	Stromerzeugung mit ORC-Prozess
Verpackungsindustrie	Abwärme aus diversen Prozessen	Abwärme wird mit Prozessdampf vorgeheizt und ins Fernwärmenetz eingespeist.
Stahlindustrie	Abwärme aus Öfen	Abwärme wird ins Nahwärmenetz eingespeist.
Lebensmittelindustrie	Abwärme aus Kühlprozessen	Gasmotor-Wärmepumpe heizt Kühlturmwasser vor; Abwärme wird ins Nahwärmenetz eingespeist.
Chemieindustrie	Abwärme aus Schwefelsäureanlage	Abwärme wird ins Nahwärmenetz eingespeist.

In der Diskussion um Abwärmenutzungspotenziale ist zu berücksichtigen, dass zunächst eine Optimierung der Prozesse erfolgen sollte, indem

- der Nutzenergiebedarf auf das notwendige Maß reduziert wird, beispielsweise durch bedarfsgerechte Regelung der Prozesse oder Umstieg auf modernere Produktionsverfahren;
- der verbleibende Nutzenergiebedarf mit einer Wärmebereitstellungsanlage möglichst effizient gedeckt wird. Dazu sollte der Kessel einen hohen Nutzungsgrad haben und die Anlage gut isoliert sein.
- Erst dann geht es darum, die Abwärme, die nicht anlagenintern genutzt werden kann, betriebsintern zu nutzen oder, wenn dies nicht geht,
- die Wärme auszukoppeln und außerhalb des Betriebes zu nutzen.

9.2 Wärmeauskopplung mit Wärmetauschern

Mittels Wärmetauschern kann Wärme von einem Medium auf ein anderes übertragen werden. Wärmetauscher sind zentral für die Auskopplung der Abwärme aus den wärmeführenden Stoffströmen.

Das Verfahren der Wärmerückgewinnung und Abwärmenutzung lässt sich bei Gasen, Flüssigkeiten oder festen Stoffen einsetzen. Die Systeme lassen sich nach ihrem Wärmeübertrager oder Wärmetauscher einteilen in rekuperative und regenerative Wärmetauscher:

9.2.1 Rekuperative Wärmetauscher

In rekuperativen Wärmetauschern fließen das wärmetragende Medium und das zu erwärmende Medium in getrennten Räumen. Der Wärmeübertrag geschieht über feste Trennwände. Die Wärmeaustauscher unterscheiden sich hinsichtlich der Führung der Stoffströme (Abb. 9.2). Bei Gegenstromwärmetauschern verlaufen die beiden Stoffströme in entgegengesetzter Fließrichtung. Dadurch ergeben sich hohe Wirkungsgrade. Bei Gleichstromwärmetauschern fließen die beiden Stoffströme parallel, wobei sich die Temperaturen immer weiter annähern. Kreuzstromwärmetauscher sind eine Mischung aus diesen Konzepten: die Ströme fließen im rechten Winkel zueinander.

Der übertragene Wärmestrom ist proportional zur Wärmeaustauscherfläche A und zur mittleren Temperaturdifferenz ΔT_m:

$$\dot{Q} = U \cdot A \cdot \Delta T_m \tag{9.2}$$

Dabei ist U der Wärmedurchgangskoeffizient (siehe Abschn. 6.4.1) des Tauschermaterials. Dieser Wert hängt stark davon ab, ob es sich um einen Gas-Gas-, Flüssigkeit-Gas- oder Flüssigkeit-Flüssigkeit-Wärmetauscher handelt. Für erstere sind Werte zwischen 5 und 35 W/m^{2}K, für zweitere 15 bis 70 und für letztere 150 bis 1 200 W/m^{2}K erreichbar (Petzold 1996). ΔT_m wird dabei in Analogie zu Gl. (4.19) als logarithmisches Mittel aus großer Temperaturdifferenz ΔT_g und kleiner Temperaturdifferenz ΔT_k zwischen den Medienströmen berechnet – diese Größen erläutert Abb. 9.2:

$$\Delta T_m = \frac{\Delta T_g - \Delta T_k}{\ln \frac{\Delta T_g}{\Delta T_k}} \tag{9.3}$$

Ein Maß für die Qualität eines Wärmeaustauschers ist der Temperaturänderungsgrad Φ, der als Quotient aus Temperaturänderung eines Mediums und anfänglichem Temperaturunterschied definiert ist. Letztendlich beschreibt er also den Prozentsatz

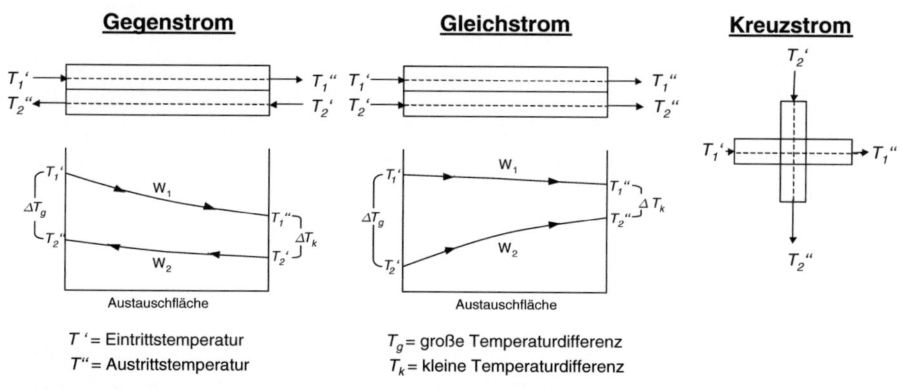

Abb. 9.2 Gegen-, Gleichstrom- und Kreuzstromwärmeaustauscher und deren Temperaturverlauf (Petzold 1996)

an Temperaturerhöhung, der durch eine gegebene Temperaturdifferenz erreicht werden kann. In der Lüftungstechnik bezeichnet man diesen Wert als Rückwärmezahl (siehe Kap. 7).

Verschiedene Bauformen für Wärmeaustauscher werden eingesetzt:

- Plattenwärmetauscher bestehen aus „Sandwichs" von dünnen, wärmeleitenden Platten beispielsweise aus Aluminium, die abwechselnd vom warmen und vom kalten Medium durchflossen werden.
- Wärmerohre übertragen Wärme durch Verdampfen einer Flüssigkeit im wärmeren Teil eines Rohrs. Der Dampf steigt im Inneren des Rohres auf, kondensiert im oberen Teil, gibt dabei die Kondensationswärme wieder ab und fließt durch die Schwerkraft wieder zurück. Bei Wärmerohren wird also die Energie des Phasenwechsels flüssig/gasförmig zum Wärmeaustausch genutzt.
- Ein Sonderfall eines Systems aus Rekuperatoren sind Kreislaufverbundsysteme, in denen der Wärmetransport zwischen warmen und zu erwärmendem Medium über eine Wärmeträgerflüssigkeit (beispielsweise Wasser oder Wasser-Glykol-Gemische) erfolgt. Dadurch ist ein Wärmeaustausch auch über eine größere räumliche Entfernung zwischen Quelle und Senke möglich.

Bei Wärmetauschern sind viele Formen von Medienkombinationen realisierbar. Dazu zählen Luft/Luft- (Abgas/Luft-) Wärmetauscher, Luft/Wasser- (Abgas/Wasser) und Wasser/Wasser- (Wasser/Sonstige Flüssigkeit) Wärmeübertrager.

9.2.2 Regenerative Wärmetauscher

Regenerative Wärmetauscher, beispielsweise Rotationswärmetauscher, erlauben neben dem Austausch von Wärme auch geringfügige Vermischungen der Ströme sowie Feuchtigkeitsaustausch. Der Wärmeaustausch geschieht mit Speichermedien, die entweder feststehend sind und periodisch be- und entladen werden, oder die periodisch zwischen den Medien bewegt werden.

Die am häufigsten verwendete Technologie sind Rotationswärmetauscher, bei denen ein Wärmetauscherrad mit langsamer Drehzahl rotiert, während es von zwei Medien durchströmt wird. Der warme Stoffstrom gibt seine Energie an das Rad ab. Durch die Drehung gelangt die erwärmte Oberfläche des Rades in den anderen Stoffstrom, wo sie wieder abgegeben wird. Zusätzlich kann auch die Feuchte des warmen Stoffstroms übertragen werden. Diese Wärmetauscher werden häufig in raumlufttechnischen Geräten eingesetzt.

9.2.3 Wärmespeicher

Eine zeitliche Verschiebung von Wärmeangebot und Wärmebedarf kann es notwendig machen, Wärmespeichersysteme einzusetzen. Für die Wärmespeicherung sind vor allem zwei Speicherprinzipien relevant:

- Speicherung als fühlbare bzw. sensible Wärme. Bei dieser Speicherform wird ein Medium verwendet, das als Folge der Einspeicherung seine Temperatur verändert, beispielsweise Warmwasserspeicher. Dies ist das am häufigsten verwendete Prinzip für die Wärmeversorgung von Gebäuden.
- Speicherung als latente Wärme: Durch die Wärmezufuhr wechselt das Speichermedium seinen Aggregatzustand, meist von fest zu flüssig, ohne dass sich die Temperatur dabei ändert. Gängige Materialien sind Salze oder Salzhydrate, die bei Temperaturen zwischen 50 und 80°C schmelzen, aber auch überhitzt werden können. Beim Erstarren der Schmelze wird die Latentwärme wieder abgegeben. Gängige Speicherdichten liegen bei rund 100 kWh_{th} pro Tonne (Ohl et al. 2009).

Größere Wärmemengen können in Heißwasser-, Kies-Wasser- oder Erdsonden-Wärmespeichern gelagert werden.

Speicher können auch dazu dienen, dass dem Energiewandler ein vergleichmäßigter, konstanter Wärmestrom mit konstanten Temperaturen geliefert und dadurch ein An- und Abfahren verhindert wird.

Wärmespeicher können auch als mobile Container konfiguriert werden. Dann eignen sie sich für den Wärmetransport per LKW oder Bahn zu möglichen Wärmesenken. In diesen Wärmecontainern sind Latentwärmespeicher beispielsweise mit Wärmeölen oder Speichersalzen enthalten (s. u.), die bis zu 3 MWh pro Container speichern und in rund 3 Stunden entladen werden können (BLU 2009).

Infobox 9.1 Wärmecontainer

Wie industrielle Abwärme sinnvoll und effizient genutzt werden kann, wird am Beispiel des Industrieparks Höchst bei Frankfurt deutlich. Dort wird mittels eines mobilen Latentwärmespeichers die Abwärme, die im Industriepark anfällt, gespeichert, in das 15 Kilometer entfernte Sulzbach transportiert und dort dem Nahwärmenetz eines Verwaltungskomplexes zugeführt. Der 2001 erstmals in Betrieb genommene Latentwärmespeicher speichert die Wärme mit Hilfe von Natriumacetat-Trihydrat, das im Vergleich zu Wasserspeichern deutlich weniger Speicherverluste aufweist. Dieses Speichermaterial wird auch bei den handelsüblichen Wärmekissen eingesetzt. Es beginnt, bei 58°C zu schmelzen.

Der Speicher verfügt über eine Kapazität von 3,5 MWh_{th} (bei einer Ladeleistung von 1 MW und einer Entladeleistung von ca. 0,5 MW). Durch logistische Abstimmung kann der Wärmebedarf des Gebäudekomplexes vollständig durch die Abwärme des Industrieparks genutzt werden. Neben den im Vergleich zur konventionellen Wärmebedarfsdeckung niedrigeren Wärmekosten bietet der Latentwärmespeicher zusätzlich erhebliche Umweltvorteile. Zu einer Brennstoffeinsparung von 3 900 MWh (Heizöl) jährlich kommt eine Stromeinsparung von 5 400 MWh_{el} (4 500 MWh_{el} Strom für Rückkühlung, 900 MWh_{el} Strom für Klimaanlage) hinzu, was einer gesamten CO_2-Eisparung von 5 000 Tonnen jährlich entspricht. Quelle: http://www.energie-industrie.de/html/wrg/transheat.htm

9.3 Technologien der Abwärmenutzung

Eine Abwärmenutzung kann erfolgen, indem ein Wärmetauscher in den Abluft- oder Abwasserstrom geschaltet wird. In diesem Wärmetauscher wird die Wärme an das Heizwasser übertragen und mit einer Umwälzpumpe zu den Verbrauchern transportiert (Abb. 9.3 oben). Ein zusätzlicher parallel oder in Reihe geschalteter Heizkessel kann eine weitere Erwärmung des Heizwassers vornehmen.

Eine solche Abwärmenutzung heißt *passiv*, weil sie im Wesentlichen ohne zusätzliche externe Energiezufuhr erfolgt – abgesehen vom Hilfsstrombedarf des Verdichters oder der Pumpe.

Nicht nur die Abwärme von Abluft, sondern auch das Abwasser beispielsweise aus Kläranlagen oder Industrieprozessen oder der Abgasstrom aus Wärmeerzeugern und Kesseln kann genutzt werden. Im letzteren Fall ist durch Filter oder Abscheider im Abgasweg sicherzustellen, dass die Wärmetauscher nicht durch Verunreinigung schnell an Wärmeaustauschfähigkeit verlieren. Auch ist zu berücksichtigen, dass eine Abkühlung unter eine Mindesttemperatur zu einer Kondensation des im Abgas enthaltenen Wasserdampfes führen kann.

Energetisch stehen der zusätzlichen Wärmenutzung erhöhte Energieaufwendungen für die Ventilatoren bzw. Pumpen entgegen, da der zusätzliche Druckverlust in den Leitungen ausgeglichen und die Transportdistanz zum Wärmekunden überwunden werden müssen.

Neben diesen passiven Wärmenutzungen gibt es weitere Nutzungsstrategien: Aus der Abwärme kann Strom erzeugt werden (Abb. 9.3 Fall 3), oder es kann zusätzliche hochwertige Energie (beispielsweise Strom oder Gas) zugeführt werden, um mittels einer Wärmepumpe die Temperatur auf ein nutzbares Niveau zu heben (Abb. 9.3 Fall 4). Darüber hinaus gibt es als weitere Möglichkeiten der Abwärmenutzung die Kälteerzeugung.

9.3.1 Wärmenetze

Um die Abwärme außerhalb des Betriebes nutzen zu können, muss sie zu den Wärmekunden transportiert werden. Dies geschieht mittels gedämmter Rohrleitungen, die je nach zu überbrückender Distanz mit höheren Temperaturen und Drücken (Fernwärmeleitungen; Vorlauftemperaturen bis zu 130°C) oder niedrigeren Temperaturen und Drücken operieren (Nahwärmenetze; Vorlauftemperatur bis zu 90°C). Durch die Vielzahl der angeschlossenen Wärmekunden ergibt sich in solchen Wärmenetzen eine gleichmäßigere tägliche, aber auch saisonale Wärmenachfrage.

9.3.2 Stromerzeugung aus Abwärme

Unter bestimmten Voraussetzungen ist es möglich, die Energie von Hochtemperaturabwärme in Elektrizität umzuwandeln. Hier finden in der Regel ORC- (Organic

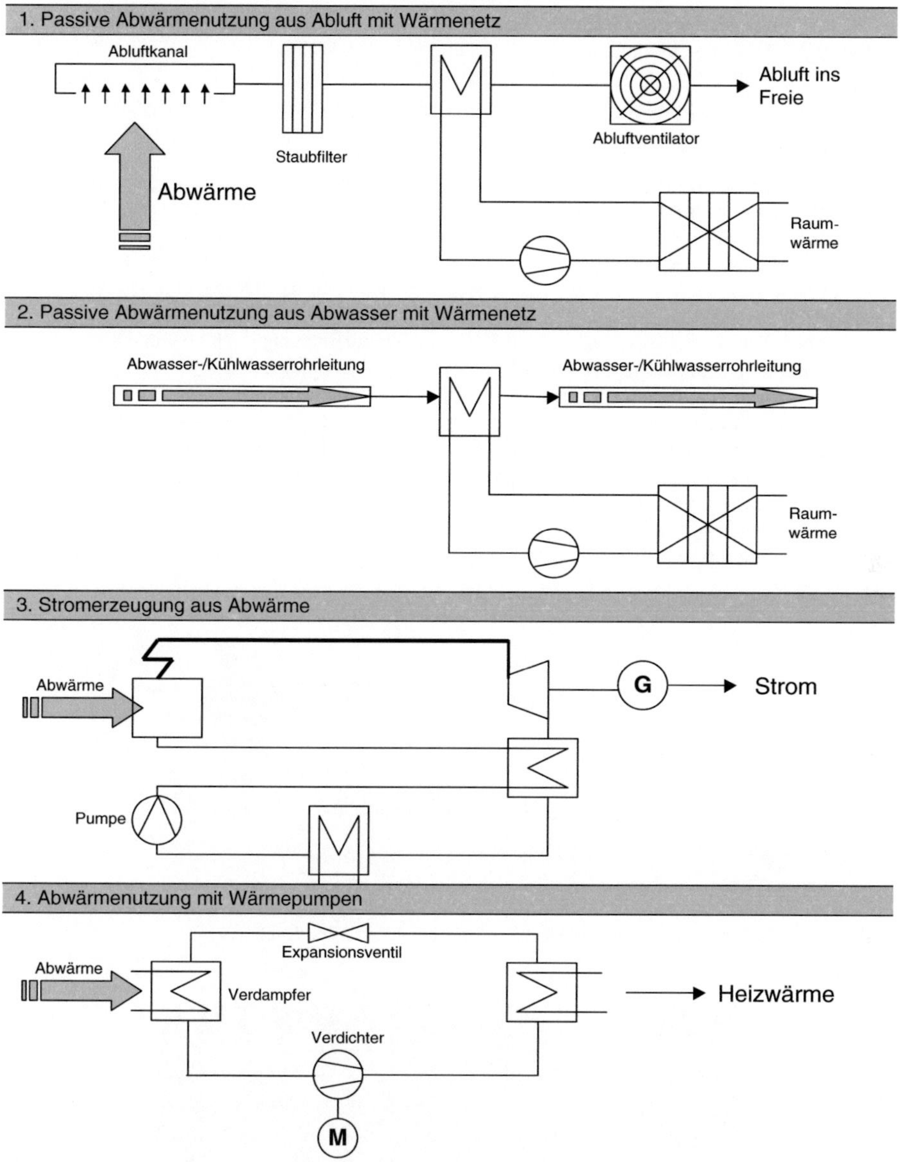

Abb. 9.3 Pfade der Abwärmenutzung (eigene Darstellung)

Rankine Cycle) Systeme Anwendung. In diesen thermodynamischen Kreisprozessen werden anstelle von Wasserdampf ein organisches Medium wie beispielsweise Butan, Pentan etc. oder Silikonöle eingesetzt, das eine wesentlich niedrigere Verdampfungstemperatur hat. ORC-Turbinen werden auch in Geothermie- und Biomasse-Kraftwerken eingesetzt (siehe Abschn. 4.5).

Infobox 9.2 Abwärmenutzung aus einer Druckerei in einem Wohngebiet

Die Firma Körner Rotationsdruck in Sindelfingen verwendet vier moderne Offset-Rotationsdruckmaschinen. Hierbei ist die Trocknung von Papierbahnen im Anschluss an den Druckprozess notwendig. Sie erfolgt mittels erdgasbefeuerter Trockner, die eine integrierte Nachverbrennung der kohlenwasserstoffhaltigen Abluft beinhalten. Das daraus entstehende Reingas, das eine Temperatur von 400°C aufweist, wurde bislang ungenutzt an die Umgebung abgegeben. Nun wird die Abwärme mittels Wärmetauschern auf dem Dach der Produktionshalle zur Aufheizung von Wasser verwendet. Über eine Sammelleitung wird das aufgeheizte Wasser an eine zentrale Übergabestation transportiert. Dort wird die Wärme über zwei weitere Wärmetauscher in das Fernwärmenetz der Stadtwerke eingeleitet. Die insgesamt auskoppelbare Wärmeleistung beträgt 2 500 kW. Die Kosten des Projektes lagen bei rund 1,5 Millionen Euro. Die Wärme, die in das Fernwärmenetz eingespeist wird, wurde bislang in Kesselanlagen und Blockheizkraftwerken erzeugt. Die Abwärmenutzung in Höhe von 6 000 Megawattstunden jährlich reduziert die CO_2-Emissionen von 980 Tonnen jährlich auf 154 Tonnen – das entspricht einer Reduktion der CO_2-Emissionen um 84%.

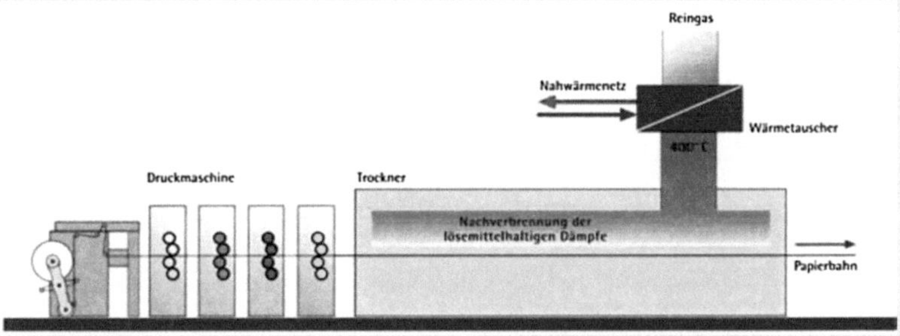

Abb. 9.4 Abwärmenutzung in der Druckerei (Bild: Stadtwerke Sindelfingen)

Abb. 9.5 Wärmetauscher und -leitungen auf dem Dach der Druckerei (Bild: Stadtwerke Sindelfingen)

In einem solchen ORC-Kraftwerk (Abb. 9.3 Fall 3) wird durch den zugeführten Abwärmestrom das Medium verdampft. Wie in einem konventionellen Dampfkraftwerk (siehe Abschn. 3.3) wird der Dampf bis auf Kondensationsdruck entspannt und vollständig verflüssigt. Mit der Arbeit, die dabei abgegeben wird, wird eine Turbine angetrieben. Eine Pumpe bringt das Kondensat anschließend wieder auf Verdampfungsdruck.

Eine Variante des ORC-Prozesses ist der Kalina-Prozess, in dem als Arbeitsmedium ein Ammoniak-Wasser-Gemisch verwendet wird. Vorteilhaft ist der durch unterschiedliche Mischungsverhältnisse variable Siedepunkt, mit dem Schwankungen in der Temperatur des Wärmestroms einfacher ausgeglichen werden können. Zudem weisen Kalina-Prozesse gegenüber ORC-Anlagen höhere Wirkungsgrade im Temperaturbereich um 100°C auf.

Kalina-Anlagen sind jedoch anlagentechnisch komplexer und damit kapitalintensiver. Typische Leistung liegen daher ab 1 MW, wobei es auch einige wenige Anlagen mit 500 kW gibt. Weltweit gibt es etwa 200 kommerzielle ORC-Anlagen, die in Betrieb sind; von Kalina-Anlagen wurden bisher weniger als 10 Stück gebaut, von denen nur einige aktuell in Betrieb sind.

Auf Grund des niedrigeren Temperaturniveaus, bei denen ORC-Anlagen in Abwärmenutzungen betrieben werden, ist – den thermodynamischen Gesetzmäßigkeiten (Carnot-Wirkungsgrad) folgend – der Wirkungsgrad niedriger als in konventionellen Kraftwerksanwendungen (Abb. 9.6).

ORC-Anlagen gibt es ab einer elektrischen Leistung von 300 kW_{el} (Arens 2009). In der Praxis wurden sie verschiedentlich mit Abwärmenutzung kombiniert, beispielsweise in einem Klinkerkühler der Firma Heidelberger Cement mit einer elektrischen Leistung von 1,1 MW (seit 1999 in Betrieb) oder der Gerresheimer Essen GmbH mit einer Abwärmenutzung aus zwei Schmelzöfen mit 500 kW (Steinmann 2007).

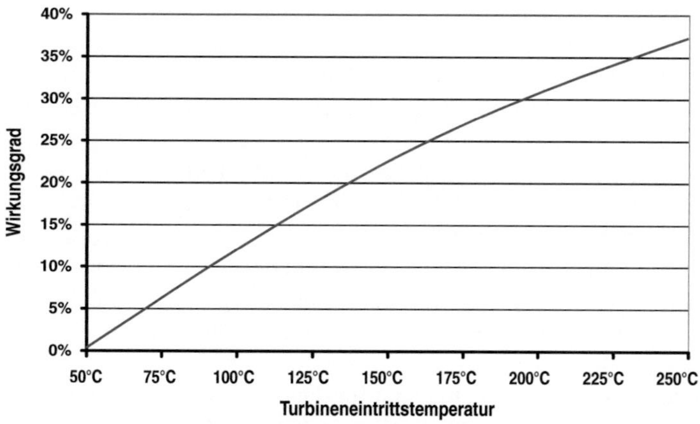

Abb. 9.6 Elektrischer Wirkungsgrad einer ORC-Anlage als Funktion der Temperatur (Brandstätter 2008)

Die Abwärme der ORC-Turbine kann auch zur weiteren Wärmenutzung herangezogen werden, so dass sich eine Nutzungskaskade ergibt. In weiterer Zukunft wird es auch möglich sein, mit anderen Verfahren aus Wärme Strom zu erzeugen, beispielsweise mit Stirlingmotoren oder mittels der Thermoelektrik, die auf dem Seebeck-Effekt beruht und bei geringen Wärmestromdichten geeignet sind.

Infobox 9.3 Stromerzeugung in einem Zementwerk

Im Zementwerk Lengfurt werden rund 3 150 Tonnen Klinker pro Tag in einem Drehofen bei Flammentemperaturen von rund 2 000°C gebrannt. Dabei entstehen heiße Ofenabgase (350°C, Wärmestrom etwa 8 MW) und Abwärme des Klinkerkühlers (275°C, ca. 60 MW). Ein Teil der Abwärme des Klinkerkühlers wird dem Ofen wieder zugeführt. Bis zur Installation der ORC-Anlage wurde der Rest, ca. 30%, ungenutzt an die Atmosphäre abgegeben.

Durch die Installation der ORC-Anlage wird nun eine elektrische Leistung von 1,1 MW bereitgestellt – damit reduziert sich der Strombedarf des Klinkerbrenn-Prozesses um rund ein Viertel. Vorher muss die Klinkerkühlluft entstaubt werden. Theoretisch könnte man auch die Ofenabgase noch verstromen. Allerdings ist die Staubbelastung des Abgases hoch; entsprechende staub-unempfindliche Wärmetauscher sind kostenintensiv.

9.3.3 Wärmepumpen

Wärmepumpen bieten die Möglichkeit, Abwärme niedrigen Temperaturniveaus durch Zufuhr höherwertiger Energie (beispielsweise elektrischer Strom oder Gas) auf nutzbare Temperaturniveaus zu bringen (siehe Abschn. 7.2.3).

Der Wärmepumpen-Prozess ist vierstufig (Abb. 9.3 unten): zunächst verdampft die zugeführte Abwärme ein im Kreislauf geführtes Kältemittel. In einem Verdichter wird es dann auf hohen Druck gebracht. Dieser Verdichter kann von einem Elektromotor angetrieben werden, aber auch von einem Gasmotor. Dessen Abwärme kann im Prozess genutzt werden.

Im Kondensator kondensiert das Kältemittel und gibt die Wärme auf höherem Temperaturniveau wieder ab. In einem Expansionsventil wird dann das Kondensat entspannt. Die Temperatur fällt unter das Temperaturniveau der zugeführten Abwärme.

Da das Temperaturniveau von Abwärme bereits deutlich höher ist als das von üblichen Wärmequellen von Wärmepumpen (Umgebungsluft, Grundwasser oder Erdwärme), ist die erforderliche Energie zum „ Pumpen“ auf ein höheres Temperaturniveau deutlich niedriger (Abb. 9.7). Möglich sind Coefficients of Performance (COP) (Quotient aus abgegebener Heizwärmeleistung und zugeführter elektrischer oder Brennstoff-Energie, siehe Gl. 7.2) von über 4 bei 30°C und über 5 bei 45°C (Brandstätter 2008).

Der Markt für kleine Wärmepumpen für den Einsatz als Heizung hat sich in den letzten Jahren dynamisch entwickelt; aber auch im großen Leistungssegment stehen Wärmepumpen mit einer Heizleistung bis zu 34 MW zur Verfügung (Lambauer und

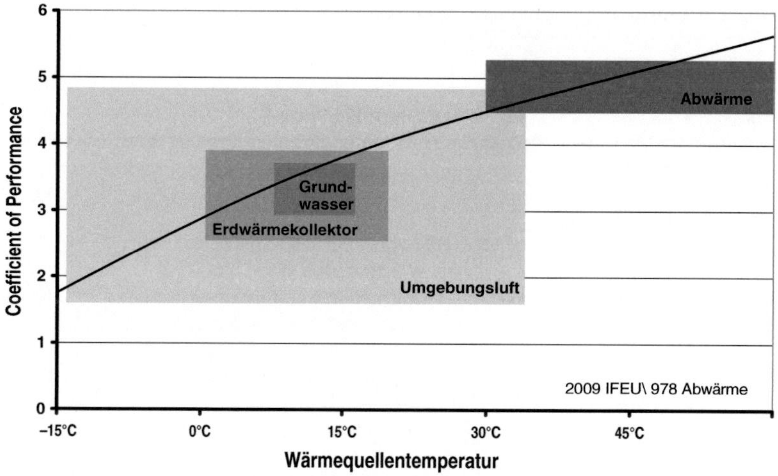

Abb. 9.7 Coefficient of Performance von Wärmepumpen als Funktion der Quellentemperatur (Brandstätter 2008)

Blesl 2008), die Heiztemperaturen von derzeit bis zu 75°C, zukünftig bis zu 90°C bereitstellen können.

Anstelle einer Wärmepumpe können auch Kälteanlagen mit Abwärme betrieben werden, beispielsweise in Absorptionskältemaschinen.

9.4 Potenziale und Hemmnisse der Abwärmenutzung

Das gesamte Potenzial der Abwärmenutzung ist schwer zu bestimmen, da es keine Studie gibt, die systematisch die einzelnen Branchen, Temperaturniveaus und Einsatzzwecke untersucht hat. Verschiedene internationale Studien etwa aus Norwegen, den USA oder Österreich zeigen allerdings auf, dass in bestimmten Branchen ein sehr hohes Potenzial zu heben wäre. Beispielsweise liegt der Anteil der Abwärme mit einem Temperaturniveau über 140°C, der in einer norwegischen Studie erhoben wurde, für die Zement-Industrie bei 40% (Arens 2010), für Eisenlegierungen 30%. Das Abwärmepotenzial der chemischen Industrie wird in dieser wie auch in einer amerikanischen Studie auf 8% geschätzt.

Erschwert wird die Nutzung dieser Potenziale durch zahlreiche Hemmnisse. Einige der Hemmnisse gelten generell für viele Effizienzmaßnahmen, insbesondere finanzielle und informatorische Hemmnisse. Andere, vor allem technologische Hemmnisse sind spezifisch für industrielle Abwärme (Tabelle 9.2).

9.4.1 Technologische Hemmnisse

Wird die Abwärme betriebsintern genutzt, muss zunächst überhaupt ein zusätzlicher *Wärmebedarf* nahe des Ortes der Abwärme-Entstehung *vorhanden* sein. Ist dies

Tabelle 9.2 Hemmnisse der Abwärmenutzung (IFEU/ISI 2010)

Hemmnis	Lösungsmöglichkeit	Spezifisch für Abwärme?
Technologische Hemmnisse		
Keine Wärmesenke in der Nähe		Ja
bei betriebsinterner Nutzung		
bei Wärmeabgabe an Dritte	Bau von Wärmeleitungen, Wärmetransport	
Keine Information über Wärmesenke in der Nähe	Abwärmebörse (Informationsportal) Suche nach Nachbarunternehmen, z. B. in Industriegebieten	Ja
Zeitliche Diskrepanz Wärmeanfall/-bedarf	Andere Art von Wärmenutzung (z. B. Stromerzeugung oder Netzeinspeisung), Speicherung	Ja
Temperaturniveau		
zu niedrig	Einsatz von Wärmepumpen	Ja
zu hoch	Zumischen von Dampf o. ä., Kaskadennutzung	Ja
Betriebsablauf wird gestört		Ja
Produktionssicherheit		
während der Umrüstphase		Ja
andauernd		Ja
Ausfallsicherheit in Heizzentrale	Redundante Heizkessel	Nein
Finanzielle und administrative Hemmnisse		
Verfügbarkeit von Investitionsmitteln	Förderprogramme, Kredite	Nein
Priorität bei Kerngeschäft	Einsatz von Dienstleistern, Abwärme-Contracting	Nein
Zu hohe Amortisationserwartungen	Information über Lebenszykluskosten	Nein
Unsicherheit bezügl. wirtschaftlicher Zukunft		
für das investierende Unternehmen		Nein
für potenzielle Wärmekunden		Ja
Administrativer Aufwand für Genehmigung, Durchführung und Abrechnung		Nein
Information		
Mangel an betrieblichem Wissen und Personalkapazität	Spezielle Informationskampagnen und technikspezifische Fortbildungsangebote für ausgewählte Zielgruppen	Nein
Zu hohe Suchkosten	Entwicklung Investitionsberechnungshilfen für beratende Ingenieure und Energiemanager in den Betrieben	Nein

nicht der Fall, so bleibt lediglich die Möglichkeit der Abwärmeabgabe an externe Dritte. Ist eine Wärmesenke vorhanden, so muss der Anfall von Abwärme an der Quelle und der Wärmebedarf am Ort des Zielprozesses gleichzeitig anfallen. Eine *zeitliche Abweichung* lässt folglich nur die Option einer zeitweiligen Speicherung der Abwärme zu.

Auch das *Temperaturniveau* muss zu der erforderlichen Anwendung passen. Ggf. kann es durch Zumischen von Dampf, Nacherhitzung oder Wärmepumpen angepasst werden, wobei dies zusätzlichen technologischen Aufwand erfordert, oder die Abwärme wird lediglich zur Vorwärmung eingesetzt.

Darüber hinaus existieren Hemmnisse bei der Weitergabe der Abwärme an Dritte außerhalb des Unternehmens. Zum einen können *Transportwege* zum Ort der Wärmesenke zu lang sein. Zum anderen wirkt sich hemmend aus, wenn eine geeignete Leitungstrasse nicht oder nur mit erheblichem Aufwand realisiert werden kann. Auch muss hier der Wärmebedarf mit der Abgabe der Abwärme zeitlich kongruent sein.

Zudem können in Unternehmen Bedenken bezüglich des Betriebsablaufs und der Produktionssicherheit während der technischen Installations-/Umrüstungsphase bestehen, die hemmend auf die Umsetzung von Maßnahmen zur Abwärmepotenzialerschließung wirken können.

9.4.2 Finanzielle Restriktionen

Um Abwärmepotenziale heben zu können, sind Mehrinvestitionen in neue Technologien erforderlich. Häufig sind es jedoch *finanzielle Restriktionen* der Unternehmen, die dazu führen, dass Maßnahmen zur Realisierung von Abwärmepotenzialen nicht durchgeführt werden können; entweder weil keine ausreichenden Eigenkapitalmittel zur Verfügung stehen oder weil die Finanzierung durch Kredite nicht in Anspruch genommen wird oder Kredite nicht verfügbar sind. Hiervon dürften insbesondere kleinere, bis zu einem gewissen Grad auch mittelständische Unternehmen betroffen sein.

In der Industrie spielen darüber hinaus eher investive Maßnahmen eine Rolle, die das eigentliche *Kerngeschäft* des Unternehmens betreffen und damit im Hauptinteresse der Unternehmen liegen (z. B. Produktionssteigerung zur Erzielung größerer Marktanteile, Verbesserung der Qualität der Produkte). Investitionen in Technologien zur Abwärmenutzung stehen demzufolge stets in Konkurrenz zu anderen Investitionen.

Die Entscheidung über Investitionen ist auch abhängig davon, ob sich eine technologische Umsetzung zur Abwärmenutzung bzw. Abwärmerückgewinnung in einem vom Investor gewünschten Zeitraum *amortisiert* oder nicht. In Unternehmen werden allerdings häufig sehr kurze Kapitalwiedereinbringungszeiten vorgegeben, so dass Kosteneinsparungen durch Abwärmetechnologien, die über die vorgegebene Amortisationszeit hinausgehen, bei Investitionsentscheidungen nicht im ausreichenden Maß Berücksichtigung finden. Somit wird die zu erzielende Rendite einer verbesserten Abwärmenutzung oftmals vernachlässigt.

Bei der Abgabe von Abwärme an Dritte entstehen weitere Hemmnisse. Aus Sicht der Unternehmen stellen die Erwartung an *Investitionssicherheit* und aus Sicht der Abnehmer die Erwartung an Versorgungssicherheit Hemmnisse dar. Einerseits wollen die Unternehmen sicherstellen, dass Abwärme auch abgenommen und abgekauft wird. Die Insolvenz eines Wärmekunden gefährdet die Wirtschaftlichkeit der Infrastruktur. Anderseits möchte natürlich auch der Abnehmer, der von der Wärmelieferung abhängig ist, eine kontinuierliche Versorgung gewährleistet sehen. Zum Beispiel könnten bei verringerter Produktionsleistung des abwärmeliefernden Unternehmens Versorgungsengpässe entstehen.

9.4.3 Informationsdefizite

Defizite im informationellen Bereich stellen eine weitere wichtige Gruppe von Umsetzungshemmnissen dar. Den Unternehmen kann ein Überblick darüber fehlen, welche Möglichkeiten einer Abwärmenutzung innerbetrieblich überhaupt vorhanden sind. Es kann aber auch sein, dass trotz der Kenntnis bezüglich technologischer Möglichkeiten diese schlichtweg noch nicht vollständig analysiert und bewertet wurden. Eine Analyse ist unabdingbar, da im Bereich der Abwärme bestimmte Voraussetzungen gegeben sein müssen. So stellen Kenntnisse über notwendige Temperaturniveaus, das zeitliche Zusammenfallen von Wärmeabgabe und Wärmebedarf, geeignete Speichersysteme oder Möglichkeiten zur Weitergabe an Dritte bei einer Bewertung der Abwärmepotenziale wichtige Parameter dar.

Ferner schätzen viele Betriebe die Such-/Informationskosten für Effizienzpotenziale im Verhältnis zu den ökonomischen Vorteilen der Abwärmetechnologien als zu hoch ein (KfW 2008).

9.4.4 Personelle Hemmnisse

Personelle Hemmnisse ergeben sich vor allem daraus, dass kein spezielles Personal für Effizienztechnologien im Allgemeinen und Abwärmetechnologien im Speziellen in den Unternehmen vorhanden ist. Eine Untersuchung hat gezeigt, dass „Unternehmen mit Energiefachpersonal in der Tendenz ihr Energieeinsparpotenzial höher einschätzen und häufiger Energieeffizienzmaßnahmen umgesetzt haben als die anderen Unternehmen ohne solches Fachpersonal"(KfW 2008).

9.4.5 Administrative Hemmnisse

Sobald Abnehmer und Lieferant von Abwärme nicht dieselbe Person sind, entstehen oft Hemmnisse, eine optimierte Nutzung der Abwärme technologisch zu realisieren. Die Einrichtung der Infrastruktur (wie beispielsweise Abrechnungszähler, Übergabestellen) sowie die Bearbeitung der Abrechnung und Rechnungsstellung gehören vielfach nicht zu den Kerninteressen der Unternehmen.

Zudem ergeben sich bei der Umrüstung auf Abwärmenutzungstechnologien Hemmnisse, denn die Einhaltung der rechtlichen Vorgaben (v.a. umweltrechtliche, beispielsweise immissionsschutzrechtliche Vorgaben) bedarf eines zusätzlichen bürokratischen, d.h. zeitlich und personellen Aufwands.

Zur Überwindung dieser Hemmnisse sind *politische Unterstützungsmaßnahmen* erforderlich, beispielsweise Förder- und Beratungsprogramme oder ordnungsrechtliche Vorgaben, die Unternehmen zu einer Analyse und eventuellen Nutzung von Abwärmemengen verpflichten.

Kapitel 10
Energieeffizienz im Verkehr

Hinrich Helms, Udo Lambrecht, und Jan Hanusch

10.1 Was bedeutet Energieeffizienz im Verkehr?

Mobilität – also Beweglichkeit – kennzeichnet unsere Gesellschaft heute mehr als je zuvor. So können und müssen viele individuelle Bedürfnisse nicht mehr direkt am Wohnort, sondern an anderen Orten erfüllt werden. Mobilität kann in diesem Kontext auch definiert werden als „ die Möglichkeit, durch Ortsveränderung Interessen realisieren zu können." (SRU 2005). Oft führt eine hohe Mobilität auch zu hohem Verkehrsaufkommen, wobei Verkehr dabei als tatsächliche Ortsveränderung verstanden wird (realisierte Mobilität).

Dies ist allerdings nicht zwangsläufig der Fall, da nicht nur die durch Bedürfnisse ausgelöste Anzahl von Bewegungen eine Rolle spielt, sondern auch die Entfernungen zwischen den Orten. Beispielsweise können Bewohner einer stark funktionsdurchmischten „Stadt der kurzen Wege" vielen Interessen nachgehen, ohne dazu weite Wege zurücklegen zu müssen (SRU 2005). Tatsächlich reicht das soziale Beziehungsgeflecht heute aber oft weit über die eigene Stadt hinaus und auch Produktionsprozesse sind immer stärker weltweit vernetzt. Als Folge der hohen Mobilität und einer Ausdehnung von Transportwegen ist der Verkehr in den letzten Jahrzehnten stark angestiegen.

So hat sich die Güterverkehrsleistung des Straßenverkehrs in Deutschland seit 1980 verdreifacht und die Personenverkehrsleistung ist um etwa 50% angestiegen (Abb. 10.1 links). Im gleichen Zeitraum hat sich der Endenergieverbrauch des deutschen Straßengüterverkehrs jedoch lediglich verdoppelt und der des Personenverkehrs liegt um gut 20% höher als 1980 (Abb. 10.1 rechts). Der Anstieg des Energieverbrauchs durch wachsende Verkehrsleistungen konnte also durch Effizienzverbesserungen teilweise kompensiert werden.

Der Straßenverkehr dominiert den Endenergieverbrauch des gesamten Verkehrs in Deutschland, wobei der Personenverkehr einen besonders großen Anteil hat.

H. Helms, U. Lambrecht, J. Hanusch (✉)
Institut für Energie- und Umweltforschung, 69120 Heidelberg, Deutschland
e-mail: hinrich.helmes@ifeu.de, udo.lambrecht@ifeu.de, jan.hanusch@ifeu.de

M. Pehnt (ed.), *Energieeffizienz*, DOI 10.1007/978-3-642-14251-2_10,

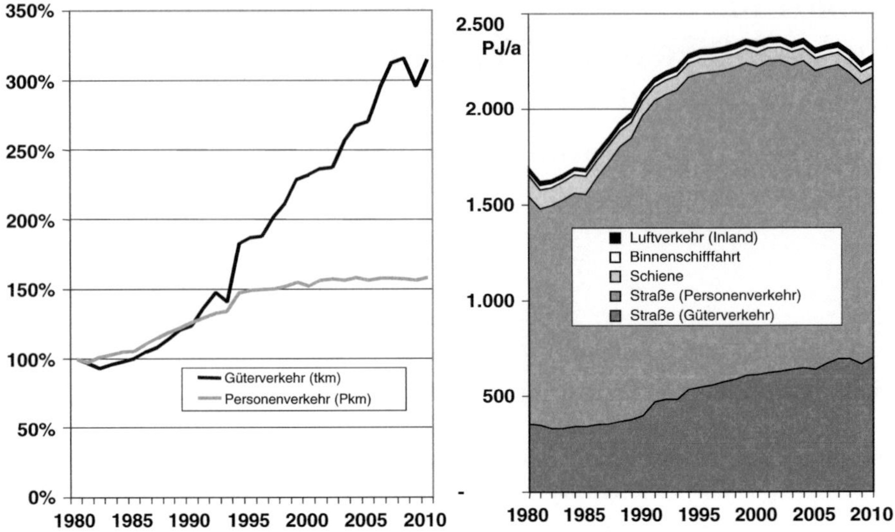

Abb. 10.1 Straßenverkehrsleistung (links) und Endenergieverbrauch des Verkehrs (rechts) (Quelle: TREMOD 2009)

Binnenschifffahrt und Schienenverkehr sowie der inländische Luftverkehr haben dagegen in Deutschland einen deutlich geringeren Anteil. Auch im Vergleich mit anderen Sektoren spielt der Verkehr eine bedeutende Rolle: In der EU-27 ist er für ein knappes Drittel (2006: 31,4% gemäß EU 2009) des Endenergieverbrauchs

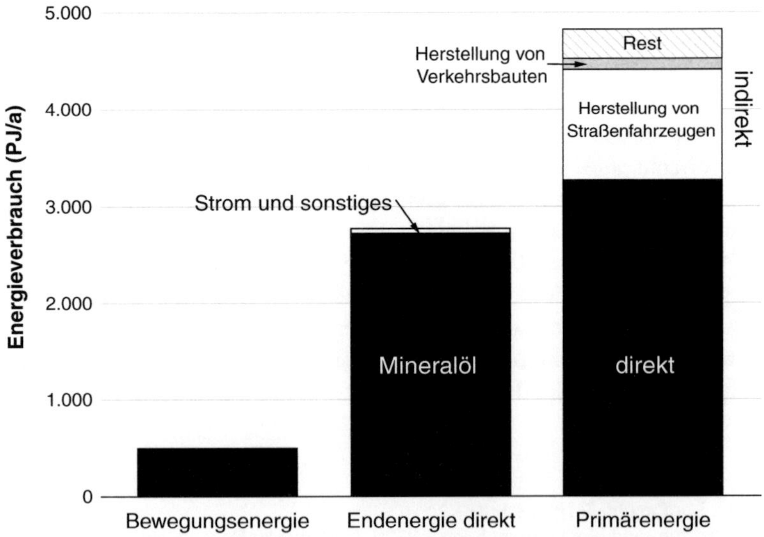

Abb. 10.2 Bewegungsenergie, direkter Endenergieverbrauch und Primärenergieverbrauch im Aktivitätsfeld Verkehr (Pehnt 2001)

verantwortlich, davon entfallen über 80% auf den Straßenverkehr. Fossiler Kraftstoff ist hier nach wie vor der dominierende Energieträger.

Die mit der Nutzung fossilen Kraftstoffs zusammenhängenden Treibhausgasemissionen, hohe Ölpreise und das unvermeidliche Erreichen des Ölfördermaximums (Peak Oil) gebieten es, den Verbrauch fossiler Kraftstoffe zu senken. Erneuerbare Energien werden im Verkehr bisher nur in geringen Mengen eingesetzt. Da auch sie ein knappes Gut sind, gilt es, auch sie möglichst effektiv einzusetzen. Zudem wird im Verkehr nur ein sehr geringer Teil der eingesetzten Energie tatsächlich in Bewegungsenergie umgesetzt (Abb. 10.2). Energieeffizienz im Verkehr ist somit ein wichtiger Baustein für eine nachhaltige Entwicklung.

In diesem Kapitel werden zunächst die allgemeinen Einflussfaktoren auf den Energieverbrauch des Verkehrs erläutert und es wird auf die verschiedenen Ebenen von Effizienzvergleichen im Verkehr eingegangen. Danach werden die Möglichkeiten zur Verbesserung der Energieeffizienz des Verkehrs auf Systemebene und abschließend die konkreten Maßnahmen zur Energieeffizienz auf Fahrzeugebene dargestellt.

10.1.1 Einflussfaktoren auf den Energieverbrauch des Verkehrs

Der Energieverbrauch des Verkehrs hängt von einer Reihe von Randbedingungen und Parametern ab. Ursächlich gilt es, eine bestimmte Menge an Personen oder Waren von einem Ort zu einem anderen zu befördern (Abb. 10.3). Die dafür notwendige *Verkehrsleistung* kann als Personen- oder Tonnenkilometer quantifiziert werden und beschreibt, wie viele Personen bzw. Güter über welche Entfernungen transportiert werden. Ein Tonnenkilometer entspricht dabei der Gütermenge von einer Tonne, die über die Entfernung von einem Kilometer transportiert wird; ein Personenkilometer entspricht einer Person, die über einen Kilometer transportiert wird.

Um diese Verkehrsleistung zu erbringen, sind Fahrzeugbewegungen erforderlich, die als *Fahrleistung* (in [Fzg-km]) gemessen werden. Die notwendige Fahrleistung kann in Abhängigkeit von Verkehrsträger, Fahrzeug und Auslastung sehr unterschiedlich sein. Für diese Fahrzeugbewegung wird dann Energie in Form

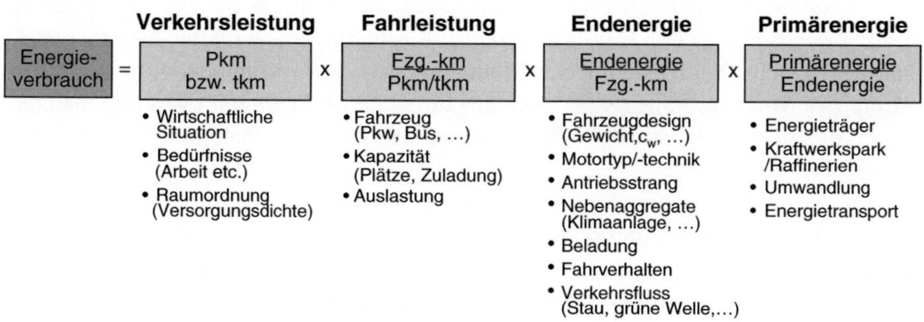

Abb. 10.3 Einflussparameter auf den Energieverbrauch des Verkehrs

verschiedener Energieträger verbraucht (**Endenergie**). Auch dieser Endenergieverbrauch für eine gegebene Strecke kann in Abhängigkeit von Fahrzeug und Antriebskonzept sehr unterschiedlich sein. Zusätzliche Energie muss dann noch für die Bereitstellung dieser Endenergie, z. B. in Raffinerien und Kraftwerken, aufgewendet werden (Vorkette). Die Summe aus beiden wird als **Primärenergie** bezeichnet. Diese Einflussparameter auf den Energieverbrauch im Verkehr sind in Abb. 10.3 vereinfacht dargestellt.

Um den Energieverbrauch des Verkehrs zu reduzieren, existiert daher eine Reihe von Möglichkeiten, die den folgenden Kategorien zugeordnet werden können:

- Verkehrsvermeidung,
- Verlagerung auf effizientere Verkehrsmittel bzw. Erhöhung der Auslastung und
- Verbesserung der Effizienz der Verkehrsmittel.

Die nachgefragte Verkehrsleistung hängt von Rahmenbedingungen wie der wirtschaftlichen Situation (Wirtschaftswachstum, Einkommen etc.), individuellen Bedürfnissen (Arbeit, Versorgung, Freizeit etc.) und der Raumstruktur ab, die im Sinne einer *Verkehrsvermeidung* beeinflusst werden können. Die zur Bewältigung einer gegebenen Verkehrsleistung konkret notwendige Fahrleistung hängt dann zunächst vom gewählten Verkehrsträger (Straße, Schiene, Wasser, Luft) und dem gewählten Fahrzeug ab. So bieten die verschiedenen Verkehrsträger und Fahrzeuge unterschiedliche Kapazitäten. Zusätzlich ist auch die tatsächlich realisierte Auslastung der Fahrzeuge für die notwendige Fahrleistung entscheidend. So kann der Energieverbrauch zur Bewältigung einer gegebenen Verkehrsleistung allein durch *Verlagerung auf effizientere Verkehrsmittel* oder einer *Erhöhung der Auslastung* eines Verkehrsmittels stark verringert werden (siehe Abschn. 10.2).

Effizientere Verkehrsmittel in diesem Zusammenhang sind solche, die einen geringeren spezifischen Primärenergieverbrauch pro transportierter Person (Pkm) bzw. Tonne (tkm) aufweisen. Dafür ist nicht allein ein absolut niedriger Energieverbrauch des Fahrzeugs entscheidend, vielmehr muss der spezifische Energieverbrauch in Relation zur Transportkapazität (Bus, Güterzug, Binnenschiff) und der Auslastung beurteilt werden. Auch nicht motorisierte Verkehrsmittel (z. B. das Fahrrad) können eine Alternative darstellen.

Ist keine Vermeidung oder Verlagerung möglich, bleibt die Möglichkeit einer *Erhöhung der Effizienz des Verkehrsmittels* auf Fahrzeugebene (siehe Abschn. 10.3). Dafür kommen sowohl technische Maßnahmen (z. B. Gewichtsreduktion, Verbesserung des Motorwirkungsgrads), organisatorische Maßnahmen (Verkehrsmanagement) als auch informatorische Maßnahmen (Kurse in spritsparendem Fahren) in Frage.

Der physikalische Energiebedarf zur Bewegung eines Fahrzeugs auf einer konkreten Fahrt hängt von technischen Parametern wie dem Fahrzeuggewicht, Frontfläche sowie Luft- und Rollwiderstandsbeiwert ab. Auf den Endenergieverbrauch des Fahrzeugs wirkt zusätzlich noch die Effizienz des Motors und Getriebes. Weiterhin ist zu beachten, dass auch der Betrieb von Nebenaggregaten (Klimaanlage, Licht, Navigationsgerät, Musikanlage etc.) den Energiebedarf erhöht.

Der Energieverbrauch eines Fahrzeugs ist zusätzlich vom Einsatzgebiet und vom Verkehrsfluss abhängig. So muss im Stadtgebiet und in Stausituationen häufiger gebremst und beschleunigt werden, was den Energiebedarf erhöht. Bei verbrennungsmotorischem Antrieb wirkt die Verkehrssituation zusätzlich auf die Effizienz des Motors, da Verbrennungsmotoren insbesondere im Teillastbetrieb nicht effizient arbeiten. Hier kann der Energieverbrauch teilweise durch vorausschauende und energieeffiziente Fahrweise (‚eco-driving') und die Beseitigung von Verkehrsflusshemmnissen erhöht werden.

Zusätzlich zum Endenergieverbrauch am Fahrzeug entstehen auch Energieaufwendungen in der Vorkette der Energieträger. Diese variieren je nach Antriebskonzept des betrachteten Verkehrsmittels. So weisen bei elektrischen Antrieben die Motoren sehr geringe Energieverluste im Fahrzeug auf, der Energieaufwand für die Strombereitstellung ist jedoch verhältnismäßig hoch. Bei Verbrennungsmotoren sind die Aufwendungen für die Bereitstellung des fossilen Kraftstoffs dagegen verhältnismäßig gering, die Energieverluste am Motor im Fahrzeug aber sehr hoch.

Von großer Bedeutung in der Vorkette ist neben der grundlegenden Zusammensetzung des Kraftwerksparks die Effizienz der Kraftwerke und Raffinerien sowie der Konversion und des Transportes (siehe a.a.O. in diesem Buch).

10.2 Energieeffizienz auf Systemebene

10.2.1 Verkehrsvermeidung

Dem Verkehr liegen in der Regel Bedürfnisse zu Grunde, die nicht vor Ort befriedigt werden können. Verkehr ist also auch eine Folge der Raumstruktur. Ein wichtiges Mittel der Senkung des Energieverbrauchs des Verkehrs ist daher die strukturelle Verkehrsvermeidung. Zur Verkehrsvermeidung zählen eine ganze Reihe von Ansätzen. Im *Güterverkehr* sind dies vor allem regionale Stoffkreisläufe (z. B. regionale Landwirtschaft und Verkauf) und die Bildung regionaler Unternehmenscluster, die zu einer Verminderung des erforderlichen globalen Waren- und Dienstleistungsaustauschs führen, oder ein verbessertes Flottenmanagement, das nicht die transportierten Güter, aber die notwendigen Entfernungen oder Fahrzeuge reduziert. Dem stehen allerdings gegenläufige Tendenzen entgegen, wie beispielsweise eine flexible und zeitgerechte Belieferung der Unternehmen und eine Zentralisierung der Güterverteilung. Zentrale Einflussgröße für die Unternehmensentscheidungen sind die Transportkosten, die wesentlich von den Treibstoffkosten abhängen.

Weitgehend offen ist die Frage, in wieweit Informations- und Kommunikationstechnologien zu einer Verringerung des Verkehrs beitragen. Ein komplexes Geflecht aus positiven und negativen Einflussfaktoren erschwert eine eindeutige Aussage. Auf der einen Seite kann durch Telearbeit, Substitution materieller durch immaterielle Produkte, Ersatz von Geschäftsreisen durch Telefon- und

Videokonferenzen etc. Verkehrsleistung gemindert werden. Auf der anderen Seite werden diese Einsparungen durch Rebound-Effekte (Abschn. 1.1.3), erhöhte Transportleistungen durch Internet-Shopping usw. teilkompensiert.

Entscheidend für eine Vermeidung von *Personenverkehr* ist eine Änderung der Struktur- und Baupolitik (Infobox 10.1). Hier stehen zwei unterschiedliche Ansatzpunkte zur Verfügung (Enquete 1994):

- Durch eine *andere räumliche Anordnung* der bedürfnisbefriedigenden Einrichtungen reduziert sich die Zahl der erforderlichen Wege bzw. deren Entfernungen. Eine Raumplanung, die stärker auf Verdichtung der Bebauung und Funktionsdurchmischung im Nahraum setzt, mildert die Notwendigkeit zusätzlicher Fahrten. Beispielsweise ist die erforderliche werktägliche Verkehrsleistung in dörflichen Strukturen rund drei mal höher als in städtischen Kernbezirken (Enquete 1994). Allerdings muss die Bestimmung einer „optimalen Kompaktheit" in der Raumplanung viele Aspekte einbeziehen. Den höheren werktäglichen Distanzen und Häufigkeiten in ländlichen Regionen steht beispielsweise der sogenannte wochenendliche „Fluchtverkehr" entgegen – Freizeitfahrten, die verstärkt in Metropolen ausgeübt werden. Raumplanung muss also gleichermaßen die Dezentralisierung von Versorgungs-, Arbeits- und Freizeiteinrichtungen berücksichtigen (Enquete 1994). Dies gilt auch für neue Touristikkonzepte, die auf Nähe oder gute Erreichbarkeit mit dem öffentlichen Verkehr fokussieren.
- Zur Verkehrsvermeidung zählen aber gleichermaßen Ansätze, die auf einen *Bewusstseinswandel* setzen und damit auf eine Reduktion der als notwendig erachteten Reisedistanzen und Mobilitätsbedürfnissen. Dieser Ansatzpunkt setzt also an der Reaktionsweise der Menschen an.

Infobox 10.1 Stadt der kurzen Wege

Das *Leitbild* der „Stadt der kurzen Wege" in der Stadtplanung gibt es seit den 1980ern. Es zielt darauf ab die Entfernungen zwischen Orten zur Erfüllung verschiedener Bedürfnisse (Arbeitsplatz, Wohnort, Einkauf etc.) zu verringern. Zudem soll ein höherer Anteil an nicht-motorisiertem Verkehr (Fußgänger und Radfahrer) sowie öffentlichem Personennahverkehr (ÖPNV) erreicht werden.

Die *Umsetzung* der „Stadt der kurzen Wege" erfolgt häufig durch eine Verdichtung des Wohnraums sowie gemischte Quartiere, in denen Wohnen, Arbeiten und Versorgung gleichermaßen möglich sind.

10.2.2 Verkehrsverlagerung und Auslastungserhöhung

Geht man von einer gegebenen Verkehrsnachfrage aus, ergeben sich bereits auf der Ebene des Verkehrssystems verschiedene Ansätze, die Energieeffizienz zu steigern. So sollten vorrangig diejenigen Verkehrsmittel gewählt werden, die die geringsten spezifischen Energieaufwendungen pro transportierter Person bzw. Tonne Gut aufweisen. Dies hängt einerseits von der potenziellen Transportkapazität ab, anderseits aber auch von der tatsächlich erreichten Auslastung. *Verkehrsverlagerung* und *Auslastungserhöhung* sind deshalb geeignete Ansätze, die Energieeffizienz des Verkehrs zu erhöhen.

Der berücksichtigte verkehrliche Nutzen kann – je nach Betrachtungsebene und Fragestellung – auf verschiedene Weise bewertet werden. So können als verkehrlicher Nutzen

- die Befriedigung von Bedürfnissen (individuell, kommunal, national),
- die über eine bestimmte Strecke potenziell transportierbare oder tatsächlich transportierte Personenanzahl oder Gütermenge (*Verkehrsleistung*) oder
- die mit einem Verkehrsmittel zurückgelegte Strecke an sich (*Fahrleistung*)

dargestellt werden.

Fahrzeuge weisen unterschiedliche Eigenschaften auf. So hat ein ICE pro gefahrenen Kilometer zwar einen wesentlich höheren Energieverbrauch als ein Pkw, er bietet aber auch deutlich mehr Personen Platz. Ein objektiver, theoretischer Vergleich zwischen zwei Verkehrsträgern oder unterschiedlichen Fahrzeugtypen setzt daher diese Größen in ein Verhältnis. Dabei wird zwischen Potenzial- und Systemanalyse unterschieden.

- Die *Potenzialanalyse* betrachtet den Energieverbrauch pro Platzangebot und gefahrenem Kilometer. So kann ein Pkw in der Regel maximal 5 Personen befördern, während ein ICE über 400 Sitzplätze bietet. Die Betrachtung auf Basis der (angebotenen) Platz-km eignet sich insbesondere für Systemvergleiche, in denen gezeigt werden soll, was das jeweilige System aus technischer Sicht leisten kann (Potenzial). In der Realität werden allerdings nur selten alle angebotenen Plätze im Personenverkehr bzw. die maximale Zuladung im Güterverkehr tatsächlich genutzt.
- Die *Systembetrachtung* berücksichtigt daher die tatsächliche Anzahl an Personen im Verkehrsmittel bzw. das tatsächlich geladene Gütergewicht (den Auslastungsgrad[1]). Die Betrachtung auf Basis der realen Personen- bzw. Tonnenkilometer erlaubt einen praxisnahen Vergleich zwischen verschiedenen Verkehrsträgern und Verkehrsmitteln.

10.2.2.1 Potenzialanalyse

Die Transportkapazität (Anzahl der Plätze) der im öffentlichen Verkehr eingesetzten Fahrzeuge Bus und Bahn liegt deutlich über der von Pkw. Zwar haben Bus und Bahn im Gegenzug einen deutlich höheren Primärenergieverbrauch pro Kilometer,

[1]Der Auslastungsgrad für eine konkrete Verkehrssituation errechnet sich aus dem Verhältnis der beförderten Personen zur Platzkapazität bzw. dem tatsächlich transportierten Gewicht zur maximalen Zuladung des jeweiligen Verkehrsmittels. Er kann dabei stark mit der Tageszeit und dem Wochentag schwanken. Für Vergleiche von Verkehrssystemen eignen sich vor allem Durchschnittswerte.

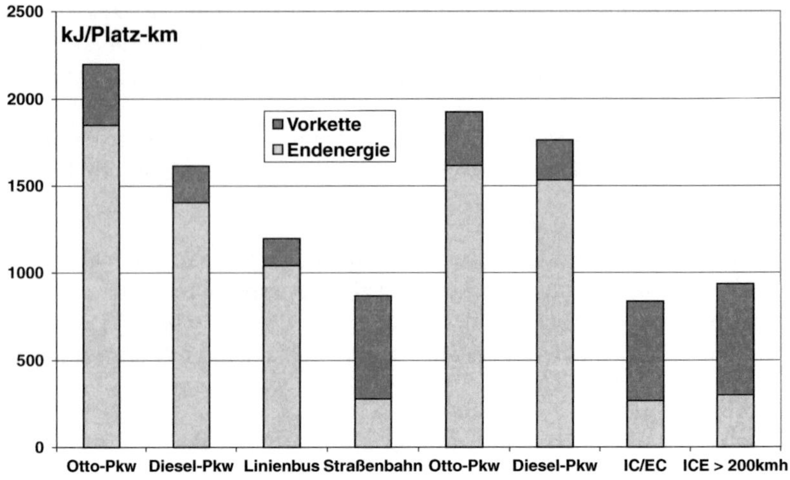

Abb. 10.4 Potenzialbetrachtung des Verkehrs in Deutschland (basierend auf IFEU 2008)

doch pro Platz-km schneiden die Verkehrsmittel des öffentlichen Verkehrs deutlich günstiger ab als Pkw, wie das Beispiel in Abb. 10.4 zeigt. Im Nahverkehr liegt der durchschnittliche Primärenergieverbrauch pro Platz-km beim Pkw etwa doppelt so hoch wie beim Bus oder bei der Bahn. Auch im Fernverkehr hat die Bahn das Potenzial zu einem deutlich niedrigeren spezifischem Energieverbrauch. Abbildung 10.4 zeigt jedoch auch, dass der Vorsprung der Bahn gegenüber dem Pkw insbesondere bei hohen Geschwindigkeiten (ICE < 200 km/h) geringer wird. Alles in allem kann eine Verbesserung der Energieeffizienz des Verkehrs aber häufig durch eine Verlagerung vom motorisierten Individualverkehr hin zum öffentlichen Verkehr erreicht werden.

10.2.2.2 Systembetrachtung

In der Praxis werden nur selten alle angebotenen Plätze tatsächlich genutzt. Der Pkw ist im Durchschnitt nur mit 1,4 Personen (entsprechend knapp 30%

Infobox 10.2 Maßnahmen zur Verkehrsverlagerung

Attraktivität des ÖPNV
Maßnahmen zur Verkehrsverlagerung versuchen in der Regel den öffentlichen Verkehr attraktiver zu machen. Wesentliche Ansatzpunkte sind Reisezeit, Taktdichte und Betriebszeiten sowie Komfort, Sicherheit, Anschlussgarantien und Tarifoptionen (Jobticket, Gruppenticket etc.).

Restriktionen für den Pkw
Auch Einschränkungen für die Nutzung des Pkw können den ÖPNV attraktiver machen und eine Verkehrsverlagerung bewirken. Beispiele sind Fahrverbote (z. B. Umweltzonen), Maut-zonen, Parkraumbewirtschaftung etc.

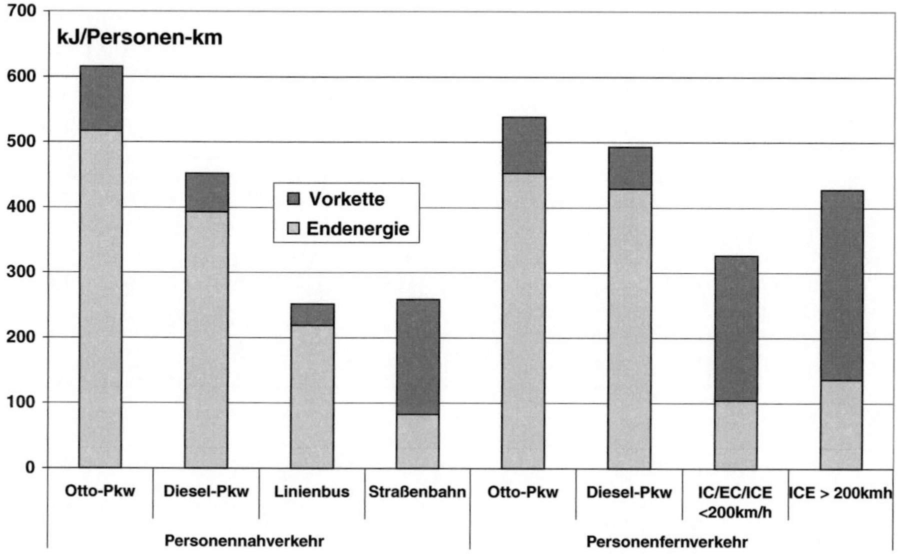

Abb. 10.5 Systemvergleich des Verkehrs in Deutschland (basierend auf IFEU 2008)

Auslastungsgrad) besetzt und auch beim öffentlichen Personennahverkehr ist der durchschnittliche Auslastungsgrad häufig nicht besser. Lediglich im Personenfernverkehr der Bahn werden durchschnittliche Auslastungen von knapp 40% (IC/EC) oder sogar über 45% (ICE) erreicht (IFEU 2008). Pro Personenkilometer hat die Bahn im deutschen Fernverkehr gegenüber der Betrachtung pro Platz-Kilometer also noch einen zusätzlichen Vorteil.

Auch im Güterverkehr unterscheidet sich der spezifische Energieverbrauch deutlich zwischen den Verkehrsträgern. Der auf den Tonnenkilometer bezogene Primärenergieverbrauch liegt in Deutschland bei einem Sattelzug auf der Autobahn mehr als doppelt so hoch wie auf der Schiene oder Wasserstraße (Abb. 10.6). Dabei ist zu beachten, dass Bahn und Binnenschiff keine flächendeckende Versorgung gewährleisten können. Einem ‚Hauptlauf' mit dem Güterzug oder Binnenschiff geht häufig ein Vor- bzw. Nachlauf mit einem Lkw voraus. Die Energieeffizienz eines solchen kombinierten Verkehrs muss daher immer anhand konkreter Fälle betrachtet werden (siehe Infobox 10.3). In vielen Fällen – insbesondere auf längeren Strecken – kann die Energieeffizienz eines Transportes durch eine Verlagerung von der Straße auf Schiene und Wasserstraße jedoch gesteigert werden.

Nicht nur durch Verlagerung auf ein effizienteres Fahrzeug, sondern auch durch eine *Erhöhung der Auslastung* von Fahrzeugen kann die Energieeffizienz des Verkehrs erhöht werden. Die oben angeführten Auslastungs-Beispiele zeigen, dass die Auslastung in vielen Bereichen des öffentlichen und des Individualverkehrs noch deutlich erhöht werden kann. Der spezifische Energieaufwand pro Personen- bzw. Tonnen-Kilometer sinkt mit steigender Auslastung deutlich.

Infobox 10.3 Internettools zur Ermittlung der Emissionen und des Energieverbrauchs

Vergleiche des streckenbezogenen Energieverbrauchs und der Umweltwirkungen nehmen an Bedeutung zu. Für den Personen- und Güterverkehr stehen verschiedene Tools im Internet zur Verfügung. Auf der Homepage der Deutschen Bahn (www.bahn.de) wird auf Wunsch der Energieverbrauch der gewählten Verbindung in einem Umweltmobilcheck angezeigt und mit den Alternativen (z. B. Pkw oder Flugzeug) verglichen.

- Für Reisen in zahlreichen europäischen Ländern können der Energieverbrauch und weitere Angaben streckenspezifisch mit EcoPassenger (www.ecopassenger.com) ermittelt werden.
- Umweltkennzahlen für ausgewählte Transportrelationen können für den Güterverkehr mit EcoTransIT berechnet werden (www.ecotransit.org).

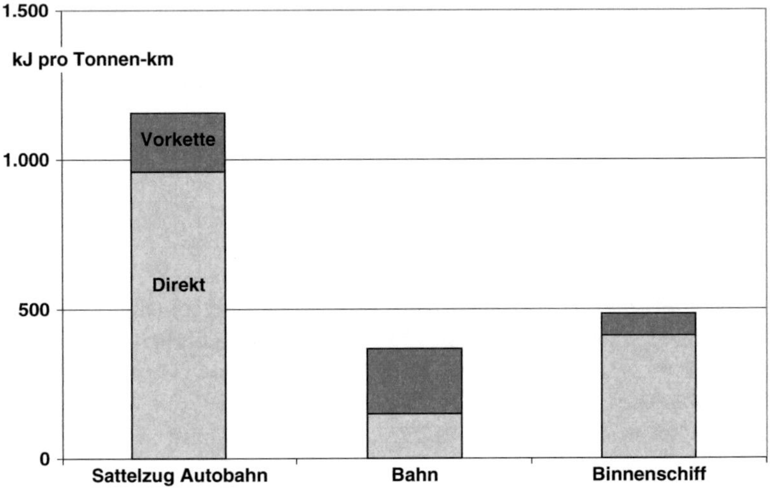

Abb. 10.6 Energieverbrauch pro Tonnen-km (Deutschland 2009) (Quelle: TREMOD 2009)

Abbildung 10.7 zeigt dies anhand von Pkw und Linienbus im Nahverkehr: Bei beiden Verkehrsmitteln kann der spezifische Energieverbrauch pro Personenkilometer durch eine Steigerung des durchschnittlichen Auslastungsgrades deutlich verringert werden. Bei gleichem Auslastungsgrad hat der Linienbus dabei immer einen Vorteil gegenüber dem Pkw. Ist der Pkw dagegen mit 5 Personen besetzt, kann er durchaus auch einen niedrigeren spezifischen Energieverbrauch als der Linienbus erreichen. Mitfahrzentralen, Fahrgemeinschaften oder reservierte Fahrspuren für Fahrzeuge ab einem gewissen Besetzungsgrad tragen dazu bei, die Auslastung des motorisierten Individualverkehrs zu steigern.

10.3 Energieeffizienz auf Fahrzeugebene

Fahrzeugseitige technische Maßnahmen zur Absenkung des spezifischen Energieverbrauchs werden maßgeblich durch die physikalischen Fahrwiderstände und den Systemwirkungsgrad der Energiewandler bestimmt (Abschn. 10.3.1 und 10.3.2).

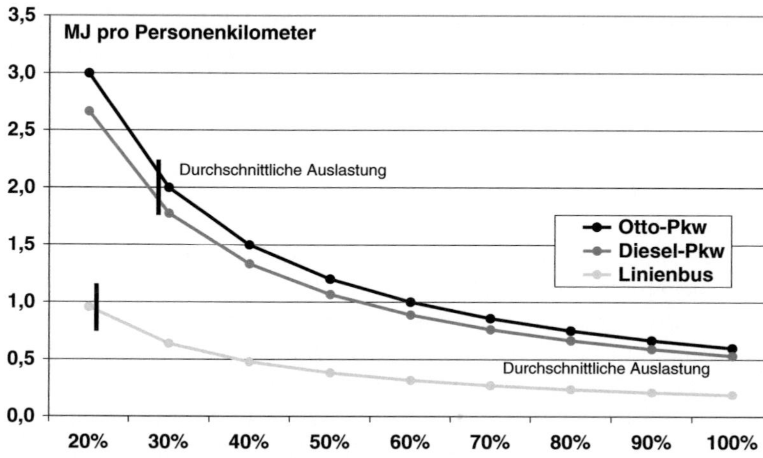

Abb. 10.7 Spezifischer Energieverbrauch in Abhängigkeit der Auslastung (nach TREMOD 2009)

Beide Parameter können durch technische Verbesserungen im Hinblick auf eine Senkung des Energieverbrauchs optimiert werden. Aber auch Nebenverbraucher (Abschn. 10.3.3) sowie Fahrsituation und -verhalten (Abschn. 10.3.4) haben einen bedeutsamen Einfluss auf den Gesamtenergieverbrauch.

10.3.1 Energieeffizienz durch Reduktion der Fahrwiderstände

Grundsätzlich muss für jede Bewegung eine bestimmte Menge Antriebsenergie aufgewendet werden, um die physikalischen Widerstände zu überwinden. Insbesondere bei Mobilitätskonzepten, deren Energiewandler ausgereift (z. B. Elektromotoren im Schienenverkehr) oder alternativlos (z. B. Flugzeuge) sind, ist die Reduzierung der Fahrwiderstände oft der einzig mögliche Optimierungsansatz.

Die zur Überwindung der physikalischen Fahrwiderstände notwendige Antriebsenergie muss daher von der Antriebstechnik möglichst effizient erzeugt werden; dabei bedeutet eine Verringerung dieser Widerstände eine direkte Energieeinsparung bei gleichbleibendem Fahrverhalten.

Natürlich ist der Energieverbrauch abhängig vom jeweiligen Fahrzeugtyp und dessen Nutzungsmuster. Die am häufigsten vorkommenden Fahrzeugtypen sind Straßen- und Schienenfahrzeuge, die hauptsächlich folgende Widerstände überwinden müssen:

- Beschleunigungswiderstand (Trägheit),
- Steigungswiderstand,
- Luftwiderstand und
- Rollwiderstand.

Gleichung (10.1) stellt die zu berücksichtigenden Größen für den Energieverbrauch eines Fahrzeugs der Masse m detailliert dar. Der Energieverbrauch E für die zurückgelegte Strecke s beträgt

$$E = \frac{1}{2} m \Delta v^2 + mg\Delta h + \frac{1}{2} \rho c_w A v^2 s + c_r mgs \tag{10.1}$$

Dabei sind Δv die Geschwindigkeitsdifferenz, um die das Fahrzeug beschleunigt wird, Δh die Höhendifferenz, g die Gravitationskonstante und ρ die Luftdichte sowie A die Frontfläche des Fahrzeugs, c_w der Luftwiderstandskoeffizient und c_r der Rollwiderstandskoeffizient. Die Terme von Gl. (10.1) beschreiben den Energieaufwand zur Überwindung des Beschleunigungswiderstands, des Steigungswiderstands, des Luftwiderstands und des Rollwiderstands.

Es fällt auf, dass die Widerstände – bis auf den Luftwiderstand – von der Fahrzeugmasse abhängen. Daher ist die Verringerung der Fahrzeugmasse ein zentrales Element der Anstrengungen, Fahrwiderstände zu optimieren. *Leichtbau* ist daher insbesondere für die Optimierung von Stadtfahrzeugen (Pkw, Bus, S- und U-Bahn) aufgrund der häufigen Beschleunigungen interessant und birgt gleichfalls Einsparpotenzial für den Flugverkehr.

Der *Luftwiderstand* hingegen lässt sich über die Größen Geschwindigkeit, Frontfläche sowie weitere Oberflächeneigenschaften (Luftwiderstandskoeffizient c_w) beeinflussen. Aus der Formel ist ersichtlich, dass eine Verbesserung dieser Größen insbesondere bei schnellen bzw. großen Fahrzeugen Einsparpotenzial birgt.

Straßen- und Schienenfahrzeuge müssen außerdem noch den *Rollwiderstand* überwinden, der außer von der Fahrzeugmasse auch noch durch die Reibungseigenschaften (Rollwiderstandskoeffizient c_r) bestimmt wird. Allerdings setzen hier Sicherheitsaspekte den Optimierungsmöglichkeiten enge Grenzen (z. B. Reifenrollwiderstand versus Haftung).

10.3.1.1 Leichtbau

Durch Leichtbau wird versucht, bei identischen Sicherheitsstandards eine Verringerung des Fahrzeuggewichts zu erreichen. Bei gleichbleibendem Verhältnis von der Motorleistung zum Gewicht des Fahrzeugs kann dann auch ein schwächerer und somit sparsamerer Motor eingesetzt werden, der mit dem daraus folgenden kleineren benötigten Tankvolumen zusätzlich zur Gewichtsreduktion beiträgt. Zur Gewichtseinsparung gibt es verschiedene Ansatzpunkte: erstens kann konventionelles Material durch leichteres ersetzt (*stofflicher Ansatz*), zweitens kann der Materialeinsatz minimiert (*formbezogener Ansatz*) und drittens kann die absolute Teilezahl reduziert werden (*konzeptioneller Ansatz*).

Für den stofflichen Ansatz sind heute Materialien wie Aluminium, Magnesium und Titan von besonderer Bedeutung, allerdings werden aufgrund sinkender Preise zunehmend auch Kunststoffe, insbesondere Faserverbundwerkstoffe, eingesetzt. Im Gegensatz zu Metallen bieten diese mehr Gestaltungsmöglichkeiten in der Verarbeitung, so dass sie auch für formbezogene Optimierungen interessanter sind. Allerdings ist die Herstellung einiger Leichtbaumaterialien im Vergleich

Tabelle 10.1 Geschätzte Einsparungen durch Leichtbau

Fahrzeugart	Energieeinsparung durch Leichtbau
Pkw-Otto	0,35 l/100 km pro 100 kg Gewichtsreduktion
Pkw-Diesel	0,3 l/100 km pro 100 kg Gewichtsreduktion
Lkw (40 t)	0,06 l/100 km pro 100 kg Gewichtsreduktion
Liefer-Lkw	9% pro 10% Gewichtsreduktion
U-Bahn	6,6% pro 10% Gewichtsreduktion
Regionalzug	7% pro 10% Gewichtsreduktion
ICE	3,2% pro 10% Gewichtsreduktion
Flugzeug (Kurzstrecke)	117–134 kg Kerosin p.a. pro kg Gewichtsreduktion
Flugzeug (Langstrecke)	172–212 kg Kerosin p.a. pro kg Gewichtsreduktion

Quellen: Helms und Lambrecht (2006), DoE (2000), Büttner und Heyn (1999), Lufthansa 2003.

zu herkömmlichen Materialien komplexer, so dass der einhergehende höhere Energieaufwand und die damit höheren CO_2-Emissionen im Rahmen einer Ökobilanz auf ihren (Umwelt-)Nutzen hin überprüft werden sollten. Tabelle 10.1 verdeutlicht das Potenzial der möglichen Einsparungen durch Leichtbau.

10.3.1.2 Luftwiderstand

Der Einfluss des Luftwiderstandes auf den Energieverbrauch steigt mit zunehmender Geschwindigkeit. Während im Stadtverkehr Roll- und Beschleunigungswiderstand den Energieverbrauch maßgeblich beeinflussen, ist der Luftwiderstand im Fernverkehr, vor allem bei hohen Geschwindigkeiten, die dominante Größe. Die Fahrzeuge des Fernverkehrs (Sattelschlepper, Hochgeschwindigkeitszüge, Flugzeuge) sollten daher mit Blick auf einen möglichst geringen Luftwiderstand konstruiert werden. Aus der Formel für den Luftwiderstand lässt sich erkennen, dass die Frontfläche (A) und der Luftwiderstandskoeffizient (c_w), der die aerodynamische Güte des Fahrzeugs (vereinfacht auch Windschlüpfrigkeit) beschreibt, Ansatzpunkte zur Verbesserung bieten. Allerdings sind die Änderungsmöglichkeiten der Frontfläche

Tabelle 10.2 Geschätzte Einsparungen durch Luftwiderstandssenkung

Fahrzeugart	Mögliche Luftwiderstandssenkung	Mögliche Kraftstoffeinsparung	Quelle
Pkw	10–20%	2–4%	OECD/IEA (2005)
Leichte Nfz	10%	1–2%	NRC (2002)
Schwere Nfz	20%	10%	DoE (2004)
Personenzug (Verkleidung Drehgestell)	n/a	5–10%	UIC (2005)
Personenzug (Verkleidung Seite & Dach)	n/a	2–5%	UIC (2005)

ohne Komforteinbußen gering, da sie indirekt durch den Fahrzeuginnenraum mitbestimmt wird. Auch sind die c_W-Werte moderner Fahrzeuge bereits weitgehend minimiert. Es können aber durchaus noch weitere Verbesserungen durch eine geänderte Fahrzeugformgebung (Dachwölbung, Unterbodenverkleidung, Spoiler etc.) erreicht werden. Tabelle 10.2 stellt einige mögliche Einsparungen dar.

10.3.1.3 Rollwiderstand

Schienen- sowie Straßenfahrzeuge haben den Rollwiderstand der Radkränze bzw. Reifen zu überwinden; dieser entsteht hautsächlich aus elastischer Verformung. Radkränze können bezüglich ihrer Verformungsfestigkeit nicht weiter verbessert werden. Für Straßenfahrzeuge birgt dieser Ansatz jedoch weitere Einsparmöglichkeiten, wie bereits heute auf dem Markt befindliche Leichtlaufreifen demonstrieren. Allerdings muss dabei beachtet werden, dass eine Reduzierung des Rollwiderstandes gleichzeitig eine Abnahme der Haftung des Reifens beim Beschleunigen, Kurvenfahren und Bremsen bedeutet. Somit setzen hier Sicherheitsaspekte der Optimierung Grenzen. In Tabelle 10.3 werden die möglichen Einsparungen unter Einhaltung heutiger Sicherheitsmaßstäbe gezeigt.

Tabelle 10.3 Geschätzte Einsparungen durch Rollwiderstandssenkung

Fahrzeugart	Mögliche Rollwiderstandssenkung	Mögliche Kraftstoffeinsparung	Quelle
Pkw	30%	2–6%	SRU (2005)
Nfz	n/a	4–12%	Friedrich (2002)

10.3.2 Energieeffizienz durch effiziente Antriebe

Abschnitt 10.3.1 hat die technischen Maßnahmen der Fahrzeuggestaltung beschrieben, die helfen können, den Energieverbrauch zu senken. Gleichwohl ist der eigentliche Energieverbraucher vieler Fahrzeuge der Energiewandler, also in den meisten Fällen der Motor. Während die Fahrwiderstände als mehr oder weniger gegeben gesehen werden müssen, sind die Wahlmöglichkeiten der Antriebstechnologie wesentlich vielfältiger. Da der Straßenverkehr die höchste Transportleistung aufweist und dort momentan die größten Anstrengungen unternommen werden, alternative Antriebstechniken zu erforschen und konventionelle Antriebe zu verbessern, werden im Folgenden diese Antriebe betrachtet. Neben Verbesserungen bei den heute noch stark dominierenden Diesel- und Ottomotoren werden auch alternative Treibstoffe, Hybrid- und reine Elektroantriebe betrachtet.

10.3.2.1 Optimierung des Dieselantriebs

Der Dieselmotor hat aufgrund seines Funktionsprinzips einen generellen Verbrauchsvorteil gegenüber Ottomotoren, der je nach Fahrzeuggröße 20 (Kleinwagen)

bis 30 (Mittelklasse) Prozent betragen kann (DLR 2003). Obwohl die Kfz-Steuer für Dieselfahrzeuge wesentlich höher ist, hat sich dieser Antrieb aufgrund des niedrigeren Kraftstoffpreises und des geringeren Verbrauchs insbesondere bei Pkw-Vielfahrern durchgesetzt. Neben diesen wirtschaftlichen Aspekten führten die Leistungscharakteristik und Haltbarkeit zu einer Quasi-Monopolstellung des Diesels bei Nutzfahrzeugen.

Mit der Entwicklung der elektronischen Dieseldirekteinspritzung hat diese Antriebsart einen sehr ausgereiften Entwicklungsstand erreicht (SRU 2005), so dass in naher Zukunft keine weiteren nennenswerten Effizienzsteigerungen zu erwarten sind. Bestenfalls können durch weitere Verfeinerungen bestehender Techniken (z. B. Minimierung der Motorreibung, verbesserte Abgasrückführung) wie auch beim Ottomotor kleine Verbesserungen erzielt werden.

Außerdem existiert ein Zielkonflikt zwischen weiteren Effizienzsteigerungen und dem Ausstoß von Luftschadstoffen. Die gesetzlichen Grenzwerte bezüglich der Emissionen von Kohlenmonoxid, Kohlenwasserstoffen, Stickoxiden und Partikeln setzen weiteren technischen Möglichkeiten zur Effizienzsteigerung Schranken. Im Gegensatz zum Drei-Wege-Katalysator beim Ottomotor muss beim Diesel die Abgasnachbehandlung aus prozesstechnischen Gründen durch Oxidationskatalysatoren (zur Minderung von Kohlenwasserstoff- bzw. Kohlenmonoxidemissionen) und Partikelfilter erfolgen. Dadurch steigt der Verbrauch um durchschnittlich 4% (CONCAWE et al. 2003).

Ähnlich werden in Zukunft auch die Reduktionssysteme für NO_x (Speicherkatalysatoren, SCR-Filter) ausgelegt werden müssen. Noch können die gesetzlich vorgegebenen Emissionsziele durch innermotorische Maßnahmen eingehalten werden, eine weitere Absenkung der Grenzwerte (Euro 6 ab 2014) wird aber wohl nur noch durch eine nachgelagerte Abgasreinigung zu bewältigen sein. Zwar wird damit das Gesamtsystem etwas teurer, jedoch können dann weitere Effizienzsteigerungen im Motor vorgenommen werden, die durch die innermotorischen Reduktionstechniken vorher nicht realisierbar waren. Für ein System mit SCR (Selective Catalytic Reduction) werden Energieeinsparpotenziale von 3–5% geschätzt (SRU 2005), NO_x-Speicherkatalysatoren können hingegen zu einem Mehrverbrauch von cirka 2% führen.

10.3.2.2 Optimierung des benzinbetriebenen Ottomotors

Im Gegensatz zum Dieselmotor wurde in der historischen Entwicklung des Ottomotors der Schwerpunkt auf Maximalleistung und nicht auf Energieeffizienz gelegt. Daher ist das Optimierungspotenzial bei dieser Antriebsart etwas größer. Folgende Maßnahmen können kurz- bis mittelfristig zu einer Effizienzsteigerung beitragen (Stan 2005):

- Als *Downsizing* wird eine Verkleinerung des Hubraumes bei gleichbleibender Leistung bezeichnet, eventuell verbunden mit der Reduzierung der Zylinderanzahl. Durch den kleineren Hubraum wird der Betrieb im Teillastbereich und somit mit einem schlechten Wirkungsgrad häufiger vermieden. Zusätzlich wird durch die Verkleinerung die innermotorische Reibung reduziert. Meist werden zur Kompensation der Hubraumverkleinerung Aufladesysteme (Abgasturbolader, drehzahlabhängiger Druckwellenlader, Kompressor, Ladeluftkühler) eingesetzt, die den systemischen Luftdruck erhöhen, so dass bei höherem Leistungsbedarf mehr Luft-Kraftstoff-Gemisch in den Brennraum eingebracht werden kann.

- Die *Kraftstoffeinspritzung* gehört bei Dieselmotoren mittlerweile zum Standard und wird auch bei Ottomotoren immer häufiger eingesetzt. Insbesondere durch die elektronisch gesteuerte Direkteinspritzung und die damit einhergehende Möglichkeit der Anpassung des Lastzustandes an verschiedene Betriebsarten kann der Wirkungsgrad des Motors deutlich erhöht werden.
- Eine *variable Ventilsteuerung* erlaubt die optimale Anpassung von Öffnungszeitpunkt und -dauer der Zylindereinlassventile sowie des Ventilhubes an den momentanen Lastzustand des Motors, wodurch die Verbrennung des Kraftstoff-Luft-Gemisches besser gesteuert werden kann.
- Eine *variable Zylinderabschaltung* verkleinert kurzfristig den Hubraum im Teillastbereich, so dass die restlichen Zylinder in einem höheren und somit effizienteren Lastbereich betrieben werden können. Die Vorteile ähneln denen des Downsizing.
- Das *Verdichtungsverhältnis* ist eigentlich durch die geometrische Konstruktion des Motors fest vorgegeben, kann aber beispielsweise durch variable Führung des Kolbenbodens begrenzt an den Lastzustand des Motors angepasst werden. Je höher das Verdichtungsverhältnis, desto besser ist der Wirkungsgrad des Motors.

10.3.2.3 Alternative Kraftstoffe

Das Funktionsprinzip der Verbrennungsmotoren ist nicht ausschließlich an die Treibstoffe Diesel oder Benzin gekoppelt. Speziell Ottomotoren können, mit geringen technischen Änderungen, beispielsweise Erd- und Flüssiggas (CNG, LPG) oder Wasserstoff als Treibstoff einsetzen.

Erdgas hat eine höhere Klopffestigkeit als Benzin, weshalb rein auf Gas ausgelegte Motoren mit einer höheren Verdichtung und daher effizienter betrieben werden können. Bivalente Fahrzeuge (Benzin/Gas) weisen hingegen teils sogar schlechtere Wirkungsgrade als monovalente Fahrzeuge aus (UBA 2003).

Vereinzelt werden schon ab Werk auf Erdgas umgerüstete Fahrzeuge angeboten, die meisten wurden aber nachträglich auf Gasbetrieb umgerüstet. Da bis jetzt von der Autoindustrie kaum von vornherein auf Gasbetrieb ausgelegte Motoren entwickelt wurden, verwundert es nicht, dass hier noch erhebliche Verbrauchseinsparpotenziale vermutet werden können - gleiches gilt für Wasserstoff.

Wasserstoff kann bei großem Luftüberschuss verbrannt werden und hat im Vergleich zu Benzin eine große Zündgrenze. Nachteilig wirkt sich aus, dass Wasserstoff in Fahrzeugen nur gasförmig unter hohem Druck (bis zu 750 bar) oder – extrem tiefgekühlt – flüssig transportiert werden kann. Dies erfordert einen hohen technischen und finanziellen Aufwand im Vergleich zu Benzin.

Die Einführung dieser alternativen Antriebe ist eng an das Versorgungsnetz der jeweiligen Kraftstoffe gebunden. Während die Infrastruktur zur Erdgasbetankung von Fahrzeugen langsam, aber kontinuierlich zunimmt, ist eine Wasserstoffinfrastruktur noch nicht einmal rudimentär vorhanden. Weiterhin darf bei der Energieeffizienzbetrachtung des Antriebes zumindest aus ökologischer Sicht nicht nur auf den Verbrauch im Fahrzeug geachtet werden, vielmehr muss die jeweilige Erzeugungskette der verschiedenen Kraftstoffe mit einbezogen werden. Auch hier offenbart sich bei der Wasserstofferzeugung noch großer Entwicklungsbedarf, da der energetische Aufwand zur Erzeugung weiterhin zu hoch ist (Pehnt 2003).

10.3.2.4 Hybridantrieb und Elektrofahrzeuge

Ein Hybridfahrzeug besitzt mindestens zwei Antriebssysteme, die getrennt oder in Kombination arbeiten können. In aller Regel handelt es sich dabei um einen Elektro- und einen Verbrennungsmotor mit den zugehörigen Energiespeichern Batterie und (Benzin-, Diesel-, Gas- etc.)Tank. Während bei einem parallelen Hybrid der Antrieb von jedem System einzeln oder in Kombination bereitgestellt wird, erfolgt dieser bei seriellen Hybriden generell über den Elektromotor, dessen Batterie hauptsächlich über eine Verbrennungskraftmaschine, also einen Motor und Generator, geladen wird. Daneben gibt es Mischhybride, bei denen die Aufgabe der VKM (Rad- und/oder Generatorantrieb) variabel an den jeweiligen Fahrzustand angepasst wird. Außerhalb der Definition finden sich noch sogenannte Mikrohybride, deren Systemkomponenten lediglich zu einer leichten Unterstützung durch elektrischen Strom ausgelegt sind (z. B. Start-Stopp-Automatiken).

Die Elektrifizierung des Antriebsstranges eröffnet gegenüber dem herkömmlichen VKM-Antrieb folgende technische Möglichkeiten, die sich verbrauchssenkend auswirken:

- *Rekuperation* ist die anteilige Rückgewinnung und Speicherung der beim Bremsen zu vernichtenden Bewegungsenergie. Insbesondere im Stadtverkehr und mit einer bedarfsabhängigen Lichtmaschinensteuerung kann diese Technik schon bei milden Hybriden (bei dem der Elektromotor den Verbrennungsmotor lediglich unterstützt, aber nicht alleiniger Antrieb ist) einen spürbaren Verbrauchsvorteil erzielen.
- Eine *intelligente Lastverteilung* zwischen den Systemen Elektro- und Verbrennungsmotor sorgt dafür, dass im unteren Lastbereich hauptsächlich bis ausschließlich der Elektroantrieb eingesetzt wird. Der Verbrennungsmotor, dessen optimaler Betriebsbereich erst unter höherer Last erreicht ist, wird erst bei kritischer Abnahme der Batterieladung oder bei hoher Leistungsanforderung zugeschaltet.
- *Downsizing* führt dazu, dass der kleinere und von sich aus verbrauchsärmere Motor schneller seinen optimalen Betriebsbereich erreicht und somit effizienter in das Zusammenspiel der beiden Antriebskonzepte eines Hybrids eingebunden werden kann.

Allerdings sind die Vorteile der Hybridkonzepte begrenzt. Neben den höheren Kosten für die zusätzlichen Komponenten und deren Wartung sowie Verlusten durch Energieumwandlung insbesondere bei seriellen Hybriden steigt auch unweigerlich das Fahrzeuggewicht. Wenn im Stadtverkehr noch eindeutig die Vorteile der genanten Einsparpotenziale überwiegen, kann sich die Hybridtechnik außerorts durch das Mehrgewicht sogar zu einem Nachteil wandeln und zu einem Mehrverbrauch bei hohen Geschwindigkeiten gegenüber konventionellen Pkw führen. Daher ist die Effizienz eines Hybridfahrzeuges eng an den Einsatzzweck und das Nutzungsprofil gebunden. Deutlich wird dies unter anderem auch durch die verschiedenen Ergebnisse zahlreicher Studien zu den möglichen Einsparpotenzialen durch Hybridtechnologie (AEA 2001, Argonne 2002, CARB 2004, CONCAWE 2003, GM 2005, Kolke 2004, Ricardo 2003, Stan 2005). Obwohl diese Studien teilweise schwer vergleichbar sind und zu unterschiedlichen Ergebnissen kommen, ist die generelle Aussage unstrittig, dass Hybridantriebe zur Steigerung der Energieeffizienz beitragen können und erst am Anfang ihrer technischen Entwicklung stehen.

Trotz der angesprochenen Nachteile stellen Hybridfahrzeuge einen wichtigen evolutorischen Schritt zum reinen Elektrofahrzeug dar. Diese werden zwar derzeit häufig diskutiert, allerdings sind noch dringende Fragen insbesondere zur Ladeinfrastruktur und (kostengünstigen und ausreichenden) Speicherung der Energie im Fahrzeug zu lösen. Prinzipiell arbeiten reine Elektrofahrzeuge äußerst effizient, da kaum Umwandlungs- oder Wärmeverluste entstehen; auch sind Fahrzeuggewicht und Komplexität geringer als bei Hybridfahrzeugen. Demgegenüber stehen aber Verluste und Schadstoffemissionen bei der Stromerzeugung, die für eine umfassende Effizienzbeurteilung eines Fahrzeuges mit betrachtet werden müssen. Der mögliche Effizienzvorteil lässt sich also nur unter Einbeziehung der primärenergetischen Vorkette beurteilen.

Die Entwicklung von ersten Mikrohybriden zum reinen Elektrofahrzeug wird langfristig über den immer geringer werdenden Anteil des Verbrennungsmotors am Antriebskonzept zu beobachten sein, wobei die Batteriekapazitäten zwangsläufig immer weiter zunehmen müssen. Mit der steigenden Speicherkapazität der Batterien werden reine Stromfahrten möglich, aber auch externe Lademöglichkeiten notwendig. Erste Systeme, sogenannte Plug-In Hybride, setzen diese Idee der Batteriewiederaufladung über das Stromnetz bereits heute um. Allerdings besteht in Hinblick auf Mobilität, Geschwindigkeit, Tarifierung und Rückspeisemöglichkeiten in das Stromnetz („V2G“) noch weitreichender Forschungsbedarf.

10.3.3 Nebenverbraucher

Die Energiebilanz eines Fahrzeuges ist durch die reine Betrachtung der Motorleistungs- und Verbrauchsdaten nicht befriedigend zu erstellen. In einem modernen Fahrzeug finden sich zahlreiche weitere Nebenverbraucher, die berücksichtigt werden müssen. Dazu zählen:

- technische Systeme (z. B. Lichtmaschine, Servolenkung, Motorkühllüfter),
- Überwachungssysteme (z. B. ABS, ESP, Crashsensoren),

- Komfortsysteme (z. B. Klimaanlage, Sitzheizung, Fensterheber),
- Unterhaltungssysteme (Radio, Navigation, Telefon)

Die technischen und sicherheitsrelevanten Überwachungssysteme sind zum Betrieb unabdingbar; Komfort- und Unterhaltungssysteme hingegen nicht. Diese sind daher auch nicht in den Verbrauchsangaben der Hersteller enthalten, da der Neue Europäische Fahrzyklus NEFZ, der den Verbrauchsangaben zu Grunde liegt, den Betrieb dieser Nebenverbraucher nicht vorsieht. Angaben zum Energiebedarf dieser Nebenverbraucher können daher meist nur über Schätzungen und Erfahrungswerte ermittelt werden. Somit verwundert es auch nicht, dass die Energieaufnahme der Nebenverbraucher bei der Verbrauchsreduktion von Fahrzeugen bisher kaum berücksichtigt wurde. Natürlich muss bei Optimierungsanstrengungen nicht nur der absolute Energiebedarf eines Verbrauchers berücksichtigt werden, sondern auch die Häufigkeit beziehungsweise Dauer des Einsatzes. Beispielsweise hat ein Motoranlasser eine Leistung von etwa 2 kW, diese wird aber nur sehr kurz zu Beginn einer Fahrt benötigt. Fensterheber wie auch Heckscheiben- oder Sitzheizung haben hingegen nur eine durchschnittliche Leistungsaufnahme von 150 W, werden im Vergleich zum Anlasser aber wesentlich häufiger beziehungsweise länger benutzt.

Der mit Abstand größte Energieverbrauch wird durch Klimaanlagen verursacht. Die Leistungsaufnahme liegt in der Spitze bei 4 kW, im Durchschnitt wird 1 kW Last abgefragt (Wallentowitz 2006). In Einzelfällen kann der Strombedarf auch bis zu 10 kW betragen, was bereits zu einem durchschnittlichen Kraftstoffmehrverbrauch von etwa 5% in Europa führt (EU-Kommission 2003). Die meisten heutigen Klimaanlagen in Kfz sind starr, das heißt, dass deren Kühlleistung über die Drosselung des Kühlmediums geregelt wird. Durch bereits vorhandene technische Lösungen (variable Kompressorsteuerung, Rezirkulation der Innenraumluft etc.) könnten die in einem starren System auftretenden hohen energetischen Verluste deutlich reduziert werden. Steigt im Zuge der mittelfristigen Kfz-Entwicklung die Bordspannung bzw. finden Elektroautos eine nennenswerte Verbreitung, können weitere energiesparende Techniken wie beispielsweise effizientere Wärmepumpen eingesetzt werden. Langfristig werden Brennstoffzellen als APU (Auxiliary Power Unit) zur Strombereitstellung für Nebenverbraucher diskutiert. Diese befinden sich aber erst in einem frühen Forschungsstadium, so dass an dieser Stelle noch keine Aussagen über mögliche Verbrauchseinsparungen durch diese Technik gemacht werden können.

10.3.4 Energieeffizienz durch Verkehrsmanagement und Fahrerschulung

Die Fahrsituation und das Verhalten des Fahrers haben zunächst grundlegenden Einfluss auf den physikalischen Energiebedarf am Rad und somit die Energieeffizienz eines Fahrzeuges. Eine offensive Fahrweise oder stop-and-go Verkehr mit vielen Beschleunigungs- und Bremsvorgängen ist wesentlich verbrauchsintensiver als eine defensive Fahrweise, bei der der Fahrer versucht, eine möglichst konstante Geschwindigkeit zu halten. Im Innerortsverkehr macht sich zusätzlich der ineffiziente Teillastbetrieb bei Verbrennungsmotoren negativ bemerkbar.

Der Energiebedarf eines Fahrzeuges wird bestimmt durch physikalische Faktoren wie beispielsweise Gewicht oder Windschlüpfrigkeit (vgl. Gl. 10.1), aber auch durch den Umgang mit dem Fahrzeug durch den Fahrer und die Verkehrssituation (Geschwindigkeit, Beschleunigung, Verzögerung etc.). Dementsprechend können standardisierte Testzyklen den wirklichen Energieverbrauch nur unzureichend abbilden.

Beispielsweise führt der Innerortsteil des NEFZ (Neuer Europäischer FahrZyklus) für einen Kompaktwagen mit angenommenen 1 300 kg Gesamtgewicht zu einem Energiebedarf am Rad von knapp 100 Wh pro Kilometer, der dynamischere CADC (Common Artemis Driving Cycle) jedoch für den Innerortsanteil zu rund 140 Wh Energiebedarf am Rad. Die Durchschnittsgeschwindigkeit ist in beiden Zyklen mit knapp 18 km/h nahezu gleich, jedoch liegt dem CADC ein dynamischeres Abbild des Fahralltags zu Grunde (Abb. 10.8). Die häufigeren Geschwindigkeitsänderungen im CADC sind die Ursache des erhöhten Energieverbrauches am Rad. Verkehrsmanagement, vorausschauendes Fahren und Fahrerschulungen können die Energieeffizienz der Nutzung von Fahrzeugen deshalb weiter erhöhen.

Verkehrsmanagement fängt bei der grünen Welle an und geht bis hin zu integrierten, telematikgestützten Verkehrsmanagementsystemen. Diese können aktuelle Verkehrsinformationen bereitstellen und auch direkt in temporäre Geschwindigkeitsbegrenzungen übersetzen, um den Verkehrsfluss zu erhöhen. Integrierte Verkehrsmanagementsysteme orientieren sich dabei am Gesamtnutzen für das Verkehrssystem und sind somit unter dieser Prämisse für die Lenkung, Steuerung und Navigation der gesamten Verkehrsströme optimiert.

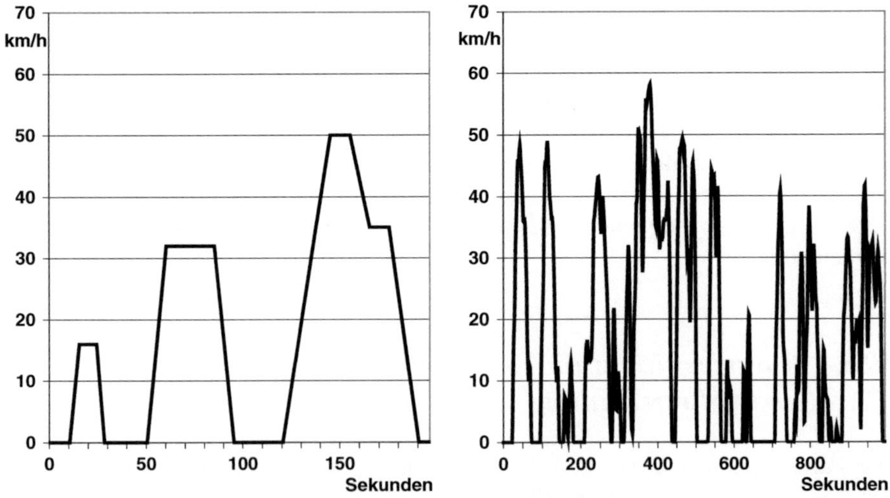

Abb. 10.8 Vergleich der Beschleunigungs- und Bremsvorgänge im Innerortszyklus des NEFZ (linkes Diagramm) und CADC (rechts)

Auf individueller Ebene kann der Energieverbrauch durch entsprechende Fahrweise um bis zu 30% reduziert werden (UBA 2009). 1999 wurden daher umweltschonende Fahrtechniken als Pflichtbestandteil in die Fahrerlaubnisausbildung und -prüfung integriert (neue Fahrerlaubnisverordnung 1999). Zur Verbreitung des energiesparenden Fahrens bei Führerscheininhabern werden zusätzlich so genannte Spritsparkurse angeboten. Ein großes Potenzial bieten hier die Berufskraftfahrer (Lkw-, Bus- und Taxifahrer). Durch die Erhöhung der Kraftstoffkosten und der Kostensensibilität z. B. bei Speditionen werden für diese Zielgruppen immer mehr Kurse durchgeführt.

Kapitel 11
Anhang

11.1 Literatur

Vorwort

Kaltschmitt M, Streicher W, Wiese A (Hrsg.) (2009) Erneuerbare Energien: Systemtechnik, Wirtschaftlichkeit, Umweltaspekte. Springer, Berlin

Pehnt M, Otter P, Vogt R, Krewitt W, Nast M, Nitsch J, Trieb F (2009) Erneuerbare Energien – Innovationen für eine nachhaltige Energiezukunft. Herausgegeben vom Bundesumweltministerium. Download www.bmu.de.

Quaschning V (2009) Regenerative Energiesysteme. Erneuerbare Energien und Klimaschutz: Hintergründe – Techniken – Anlagenplanung – Wirtschaftlichkeit. Hanser Fachbuch

Kapitel 1

Adelphi (2007) Die sicherheitspolitische Bedeutung Erneuerbarer Energien. Adelphi Consult, Wuppertal Institut für Klima, Umwelt, Energie, Berlin, Wuppertal

Baehr HD (2009) Thermodynamik: Thermodynamik: Grundlagen und technische Anwendungen. Springer, Berlin

Behrendt S, Pfitzner R, et al. (1998) Innovationen zur Nachhaltigkeit. Ökologische Aspekte der Informations- und Kommunikationstechniken. Springer, Heidelberg, Berlin

Berger R (2007) Umweltpolitische Innovations- und Wachstumsmärkte aus Sicht der Unternehmen. Roland Berger Strategy Consultants. Im Auftrag des Umweltbundesamtes, Nr. 02/07 der Reihe Umwelt, Innovation, Beschäftigung, Dessau

BMU, UBA (2009) Umweltwirtschaftsbericht 2009. Bundesumweltministerium, Umweltbundesamt Berlin, Dessau

BMWi (2009) Energiedaten. Nationale und internationale Entwicklung. Download www.bmwi.de, Zugriff 1.12.2009

Destatis (2009) Armutsgefährdung in den Bundesländern unterschiedlich. Pressemitteilung Nr. 189 vom 18.05.2009. Statistisches Bundesamt, Wiesbaden

Defra, BERR (2008) UK Fuel Poverty Strategy: 6th Annual Progress Report, 2008. London: Department for Environment, Food and Rural Affairs & Department for Business, Enterprise and Regulatory Reform

DIW, ISI (1997) Energie-Effizienz-Indikatoren: Statistische Grundlagen, theoretische Fundierung und Orientierungsbasis für die politische Praxis, Kurzfassung des Abschlußberichtes. Forschungsbericht BMWi 23/97. Deutsches Institut für Wirtschaftsforschung, Fraunhofer Institut für System- und Innovationsforschung Berlin, Karlsruhe

M. Pehnt (ed.), *Energieeffizienz*, DOI 10.1007/978-3-642-14251-2_11,

Dünnhoff E, Gigli M (2008) Zur Diskussion um die Einführung von Energie-Sozialtarifen in Deutschland. Diskussionspapier im Rahmen des Projekts Energieeffizienz und Energieeinsparung in ALG II- und Sozialhilfehaushalten. IFEU, Heidelberg

Dünnhoff E, Stieß I, Gigli M, Birzle-Harder B (2009) Evaluation des Cariteam-Energiesparservice in Frankfurt/M. Im Auftrag des Bundesministeriums für Umwelt, Naturschutz und Reaktorsicherheit. IFEU, ISOE, Heidelberg, Frankfurt am Main

Eichhammer W, Schlomann B, et al. (2008) Energy Efficiency Policies and Measures in Germany 2006. Nationaler Bericht im Rahmen des Projektes Odyssee. Fraunhofer Institut für System- und Innovationsforschung, Karlsruhe

Erdmann G, Zweifel P (2007) Energieökonomik: Theorie und Anwendungen. Springer, Berlin

EU (2006) Richtlinie 2006/32/EG des europäischen Parlaments und des Rates vom 5. April 2006 über Endenergieeffizienz und Energiedienstleistungen und zur Aufhebung der Richtlinie 93/76/ EWG des Rates

Europäische Kommission (2008) EU-Kommission will Energieeffizienz und erneuerbare Energien in Haushalten mit geringem Einkommen fördern. Pressemitteilung vom 03.12.2008. http://europa.eu/rapid/pressReleasesAction.do?reference=IP/08/1874&format=HTML&aged=0&language=DE&guiLanguage=en. Letzter Zugriff 16.03.2010

Feist W (2002) Energieeffizienz. In: Rebhan E (Hrsg.) Energiehandbuch: Gewinnung, Wandlung und Nutzung von Energie. Springer, Berlin

FhG-ISI, BSR, et al. (2008) Investitionen für ein klimafreundliches Deutschland. Bericht im Auftrag des Bundesumweltministeriums. Karlsruhe

FiFo (2007) Auswirkungen stark steigender Preise für Öl und Gas auf Verbraucherinnen und Verbraucher in NRW. Endfassung. Finanzwissenschaftliches Forschungsinstitut an der Universität zu Köln, Köln

Gronemeyer R (1998) Die neue Lust an der Askese. Rowohlt, Berlin

Huber J (2000) Industrielle Ökologie: Über Konsistenz, Effizienz und Suffizienz. In: Kreibich R, Simonis UE (Hrsg.) Global Change – Globaler Wandel. Ursachenkomplexe und Lösungsansätze. Berlin Verlag, Berlin

IEA (2008) World Energy Outlook 2008. International Energy Agency, Paris

Irrek W, Thomas S (2005) Der EnergieSparFonds für Deutschland. edition der Hans Böckler Stiftung, Wuppertal

Irrek W, Thomas S (2007) Definition Energieeffizienz. Arbeitspapier. Wuppertal Institut Klima Umwelt Energie, Wuppertal

Jagnow K, Wolff D (2005) Umweltkommunikation in der mittelständischen Wirtschaft am Beispiel der Optimierung von Heizungssystemen durch Information und Qualifikation zur nachhaltigen Nutzung von Energieeinsparpotenzialen. Band 2: Technische Optimierung und Energieeinsparung. Optimus-Projekt, gefördert von der Deutschen Bundesstiftung Umwelt, Osnabrück

Jevons WS (1866) The Coal Question. Macmillan and Co, London

Lehr U, Lutz C (2009) Volkswirtschaftliche Effekte der Energieeffizienz. In: Pehnt M (Hrsg.) Energieeffizienz, Klimaschutz und Wachstum. Volkswirtschaftliche Effekte der Energieeffizienz. Studie im Auftrag des Bundesumweltministeriums. Osnabrück, Heidelberg, Berlin

Linz M (2006) Was wird denn aus der Wirtschaft? Über Suffizienz, Wirtschaftswachstum und Arbeitslosigkeit. Wuppertal Institut für Klima, Umwelt, Energie, Wuppertal

Madlener R, Alcott B (2007) Steigerung der Energieeffizienz – Problem oder Lösung. Energiewirtschaftliche Tagesfragen 57, 70–71

Paech N (2006) Nachhaltigkeitsprinzipien jenseits des Drei-Säulen-Paradigmas. Natur und Kultur 7/1, 42–62

Pehnt M, Nast M (2001) Unzerstörlich, wandelbar, imponderabel: Der Erkenntnisweg zum Energieerhaltungssatz. In: Pehnt OLM. (Hrsg.) Energie im Wandel. Politik, Technik und Szenarien einer nachhaltigen Energiewirtschaft. Heidelberg

Pehnt M, Lutz C, et al. (2009a) Klimaschutz, Energieeffizienz und Beschäftigung: Potenziale und volkswirtschaftliche Effekte einer ambitionierten Energieeffizienzstrategie für Deutschland. IFEU, Prognos, GWS, Fraunhofer ISI, Heidelberg,

Pehnt M, Paar A, et al. (2009b) Energiebalance. Optimale Systemlösungen für erneuerbare Energien und Energieeffizienz. Studie im Auftrag des Bundesumweltministeriums. IFEU Heidelberg, Wuppertal Institut, Heidelberg, Wuppertal

Scherhorn G (2002) Die Logik der Suffizienz. In: Linz M, et al. (Hrsg.) Von nichts zuviel. Suffizienz gehört zur Zukunftsfähigkeit. Wuppertal Papers Nr. 125. Wuppertal Institut für Klima Umwelt Energie, Wuppertal

Schriefl E (Hrsg.) (2008) Steigender Energieverbrauch trotz verbesserter Energieeffizienz? Der „ Rebound-Effekt" und andere verbrauchstreibende Faktoren. Energiezukunft. Wissenschaft und Umwelt interdisziplinär. forum wissenschaft & umwelt, Wien

Seefeldt F (2007) Wirtschaftliche Endenergie-Potenziale in Deutschland. Präsentation bei der Deutschen Energieagentur. Prognos, Berlin

SRU (2008) Umweltgutachten 2008 des Sachverständigenrats für Umweltfragen. Berlin, Sachverständigenrat für Umweltfragen

UKERC (2008) The rebound effect: an assessment of the evidence for economy-wide energy savings from improved energy efficiency. UK Energy Research Centre, London

Winterfeld Uv (2007) Keine Nachhaltigkeit ohne Suffizienz. vorgänge 3, 46–54

Kapitel 2

Bertoldi P, Boza-Kiss B, Rezessy S (2007) Latest Development of Energy Service Companies across Europe, A European ESCO Update. JRC Scientific and Technical Reports, Ispra

BMWi (2007) Nationaler Energieeffizienz-Aktionsplan (EEAP) der Bundesrepublik Deutschland gemäß EU-Richtlinie über „ Endenergieeffizienz und Energiedienstleistungen" (2006/32/EG), Stand: 27. September 2007. Bundesministerium für Wirtschaft und Technologie, Bonn

Böde U, Gruber E (Hrsg.) (2000) Klimaschutz als sozialer Prozess. Erfolgsfaktoren für die Umsetzung auf kommunaler Ebene. Band 44 der Schriftenreihe „Technik, Wirtschaft und Politik" des Fraunhofer-Instituts für Systemtechnik und Innovationsforschung (ISI). Heidelberg

Bongardt D (2006) Evaluation of the ACEA agreement, Bericht des Projektes AID-EE im Rahmen des Intelligent Energy Europe-Programms, Wuppertal

Borg N, et al. (2003) Harnessing the power of the public purse, Final report from the European PROST study on energy efficiency in the public sector, Report within the European Commission's SAVE programme, Stockholm

Brennan G, Buchanan JM (1993) Die Begründung von Regeln. J. C. B. Mohr, Tübingen

Buchanan JM, Tullock G (1962) The calculus of consent. Logival Foundations of Constitutional Democracy. University of Michigan Press, Ann Arbor

Dalkmann H, et al. (2005) Review of Voluntary Approaches in the European Union, Final Report. Wuppertal

Diekmann J, Horn M (2007) Abschlussbericht zum Vorhaben „Fachgespräch zur Bestandsaufnahme und methodischen Bewertung vorliegender Ansätze zur Quantifizierung der Förderung erneuerbarer Energien im Vergleich zur Förderung der Atomenergie in Deutschland" im Auftrag des BMU. Deutsches Institut für Wirtschaftsforschung, Berlin

Dimitropoulos J (2007) Energy productivity improvements and the rebound effect: An overview of the state of knowledge, Energy Policy, 35, 12, 5965–6558

Drillisch J (1996) Der Einfluss wettbewerblicher Strukturen in der US-Elektrizitätswirtschaft auf Demand-Side Management, Zeitschrift für Energiewirtschaft, 1, 37–52

Ecofys, et al. (2006) Guidelines for the monitoring, evaluation and design of energy efficiency policies – How policy theory can guide monitoring & evaluation efforts and support the design of SMART policies, Bericht des Projektes AID-EE im Rahmen des Intelligent Energy Europe-Programms, Uetrecht

ECU (1997) DECADE, Transforming the UK Cold Market, 1997, Boardman B, et al. Energy and Environment Programme, Environmental Change Unit, University of Oxford, Oxford

Eichhammer W, Schlomann B (2005) Guidelines for the description of the measures in the MURE Measure Database, Karlsruhe. www.mure2.com

Energy+ (Hrsg.) (2005) 2E+, Procurement on very energy efficient white goods, Final report (2nd edition) for SAVE project, Contract no. 4.1031/Z/01-033, Sicom Ref. SI2.327137, Uetrecht

Enquete (Hrsg.) (2002) Endbericht, Bundestagsdrucksache 14/9400. Enquete-Kommission „Nachhaltige Energieversorgung unter den Bedingungen der Globalisierung und Liberalisierung“ des Deutschen Bundestages, Berlin

Enquete (Hrsg.) (1995) Mehr Zukunft für die Erde, Nachhaltige Energiepolitik für dauerhaften Klimaschutz. Enquete-Kommission „Schutz der Erdatmosphäre“ des Deutschen Bundestages, Bonn

Eyre N, Pavan, M, Bodineau L (2009) Energy company obligations to save energy in Italy, the UK and France: what have we learnt? ECEEE Summer Study Proceedings, 429–439

FhG-ISI, et al. (2009) Study on the Energy Savings Potentials in EU Member States, Candidate Countries and EEA Countries, Final Report for the European Commission, Directorate-General Energy and Transport, EC Service Contract Number TREN/D1/239-2006/S07.66640. Fraunhofer Institut Systemtechnik und Innovationsforschung, Karlsruhe et al.

FhG-ISI, FFE (2003) Möglichkeiten, Potenziale, Hemmnisse und Instrumente zur Senkung des Energieverbrauchs branchenübergreifender Techniken in den Bereichen Industrie und Kleinverbrauch, Endbericht im Auftrag des BMU, Ufoplan FKZ 201 41 136. Fraunhofer Institut Systemtechnik und Innovationsforschung, Forschungsstelle für Energiewirtschaft e.V. Karlsruhe, München

Harmelink M, et al. (2007) From Theory Based Policy Evaluation to SMART Policy De-sign. Summary report of the AID-EE project. Final report by Ecofys, et al. within the Intelligent Energy Europe Programme. Utrecht

Hennicke P, Seifried D (1996) Das Einsparkraftwerk – eingesparte Energie neu nutzen. Berlin, Basel, Boston

Holloman B, et al. (2002) Seven Years Since SERP: Successes and Setbacks in Technology Procurement, In: ACEEE 2002 Summer Study on Energy Efficiency in Buildings, Proceedings, Washington, DC, S. 6125–6138

IEA/OECD (2000) Experience Curves for Energy Technology Policy. International Energy Agency, Organisation for Economic Co-operation and Development, Paris

IEA (2008) World Energy Outlook 2008. Internationale Energieagentur, Paris

IEA (2005) Learning from the Critics – The experience with energy efficiency policies and programmes in IEA countries, IEA information paper by Howard Geller (Southwest Energy Efficiency Project) and Sophie Attali (ICE Consultants). International Energy Agency, Paris

IPCC (2007) Climate Change 2007 – Synthesis Report, Fourth Assessment Report of the IPCC. Intergovernmental Panel On Climate Change, Genf

Irrek W, Thomas S (2006) Der EnergieSparFonds für Deutschland. Edition der Hans Böckler Stiftung 169, Düsseldorf

Irrek W (2004) Controlling der Energiedienstleistungsunternehmen. Lohmar und Köln

Irrek W, Jarczynski L (2007) Overall impact assessment of current energy efficiency policies and potential ‚good practice’ policies, Bericht des Projektes AID-EE im Rahmen des Intelligent Energy Europe-Programms. Wuppertal

Jann W, Wegrich K (2009) Phasenmodelle und Politikprozesse: Der Policy Cycle, In: Schubert/Bandelow 2009, a.a.O., 75–113

Joosen S, Harmelink M (2006) Guidelines for the ex-post evaluation of 20 energy efficiency instruments applied across Europe, Bericht des Projektes AID-EE im Rahmen des Intelligent Energy Europe-Programms. Uetrecht

Lechtenböhmer S, et al. (2005) Target 2020: Policies and measures to reduce Greenhouse gas emissions in the EU, Report on behalf of WWF European Policy Office. Wuppertal Institute, Wuppertal

Lechtenböhmer S, Kristof K, Irrek W (2004) Braunkohle – ein subventionsfreier Energieträger? Studie im Auftrag des Umweltbundesamtes, FKZ 363 01 080. Wuppertal Institut, Wuppertal

Lechtenböhmer S, Perrels A, et al. (2006) Security of Energy Supply. The potential and reserves of various energy sources, technologies furthering self-reliance and the impact of policy decisions, Study on behalf of the European Parliament, IP/A/ITRE/ST/2006-3. Brussels

Lees E-W (2008) Evaluation of the Energy Efficiency Committment 2005–2008, Report to DECC. Oxon

Leprich U (2009) Zur Erschließung der Energieeffizienzpotenziale in Deutschland, unveröffentlichtes Arbeitspapier für die Diskussionsrunde „Optionen für ein ambitioniertes Energieeffizienzgesetz" am 26. Juni 2009 im Bundesministerium für Umwelt, Naturschutz und Reaktorsicherheit in Berlin, Saarbrücken

Luhmann H-J (2007) Erderwärmung: Brühwarmer Winter. Rheinischer Merkur. www.rheinischer-merkur.de Letzter Zugriff 08.11.2010

Mayntz R, Scharpf F-W (Hrsg.) (1995) Gesellschaftliche Selbstregelung und politische Steuerung. Frankfurt am Main, New York, NY

McKinsey & Company (2007) Kosten und Potenziale der Vermeidung von Treibhausgasemissionen in Deutschland, Studie im Auftrag von „BDI initiativ – Wirtschaft für Klimaschutz". Berlin

McKinsey & Company (2009) Pathways to a Low-Carbon Economy, Version 2 of the Global Greenhouse Gas Abatement Cost Curve. O.O.

Meyer B, Schmidt S, Eidems V (2009) Staatliche Förderungen der Atomenergie, Studie des FÖS [Forum Ökologisch-Soziale Marktwirtschaft] im Auftrag von Greenpeace. Hamburg

Müller U, Pasche M, Irrek W (1992) Energiestrategien aus Sicht des Systemmanagements. Diskussionspapier Nr. 168 des Fachbereichs Wirtschaftswissenschaften der Universität Hannover. Hannover

MWMTV NRW (1998) Evaluation der „Aktion Helles NRW". Ministerium für Wirtschaft und Mittelstand, Technologie und Verkehr des Landes Nordrhein-Westfalen, Düsseldorf

Nilsson H, Wene C-O (2002) Best Practices in Technology Deployment Policies, In: ACEEE 2002 Summer Study on Energy Efficiency in Buildings, Proceedings. Washington, DC, S. 9.267–9.279

North D-C (1992) Institutionen, institutioneller Wandel und Wirtschaftsleistung. Tübingen

OECD/IEA (2003) Cool Appliances, Policy Strategies for Energy-Efficient Homes. Organisation for Economic Co-operation and Development, International Energy Agency, Paris

OECD/IEA (2000) Energy Labels and Standards. Organisation for Economic Co-operation and Development. International Energy Agency, Paris

Pehnt M, et al. (2009) Energiebalance – Optimale Systemlösungen für erneuerbare Energien und Energieeffizienz, Endbericht im Auftrag des Bundesministeriums für Umwelt, Naturschutz und Reaktorsicherheit, FKZ 0327614, ifeu Institut und Wuppertal Institut für Klima, Umwelt, Energie GmbH, Heidelberg und Wuppertal

Prognos (2006) Potenziale für Energieeinsparung und Energieeffizienz im Lichte aktueller Preisentwicklungen, Endbericht 18/06 im Auftrag des BMWi, bearbeitet von F. Seefeldt et al., Basel und Berlin

Ramesohl S (2001) Entwicklungsbedingungen für Energieeffizienzmärkte im industriellen Mittelstand: Eine empirische Untersuchung der Umsetzung von Energieeffizienzmaßnahmen in kleinen und mittleren Unternehmen, Fortschritt-Berichte VDI-Reihe 16: Technik und Wirtschaft, Nr. 126, Düsseldorf

Richter R (1990) Sichtweise und Fragestellungen der Neuen Institutionenökonomik, Zeitschrift für Wirtschafts- und Sozialwissenschaften 110, 571–591

Rogers E M (2003) Diffusion of Innovations, 5. Auflage, New York, London, Toronto, Sydney, NY

Sabatier P A (Hrsg.) (1999) Theories of the Policy Process. Boulder, Oxford

Sanden J (2009) Die New Governance-Ansätze in der Europäischen Wirtschaftspolitik am Beispiel der Energiepolitik, Wissenschaftliche Beiträge aus dem Tectum Verlag, Reihe: Politikwissenschaften, Band 18. Marburg

Schubert K, Bandelow NC (Hrsg.) (2009) Lehrbuch der Politikfeldanalyse 2.0. München

Stadt Wien (2007a) Technologieleitfaden Umwälzpumpen. Broschüre, Wien

Stadt Wien (2007b) Wie Sie bei der Heizung Strom sparen können, Umwälzpumpe: Der unbekannte Stromfresser im Keller. Faltblatt, Wien

Stern N (2007) The Economics of Climate Change. Cambridge University Press, London

Stiftung Warentest (2007) Sparen beim Pumpen, test Sonderdruck Nr. 9 (September). Berlin

Thomas S (2007) Aktivitäten der Energiewirtschaft zur Förderung der Energieeffizienz auf der Nachfrageseite in liberalisierten Strom- und Gasmärkten europäischer Staaten: Kriteriengestützter Vergleich der politischen Rahmenbedingungen, Kommunalwirtschaftliche Forschung und Praxis 13, Frankfurt am Main.

Thomas S, et al. (2009) Measuring and reporting energy savings for the Energy Services Directive – how it can be done, Results and recommendations from the EMEEES project, Endbericht des Projekts „Evaluation and Monitoring for the EU Directive on Energy End-Use Efficiency and Energy Services (EMEEES)" im Rahmen des Intelligent Energy Europe-Programms. Wuppertal Institut für Klima, Umwelt, Energie GmbH et al., Wuppertal

Williamson O E (1990) Die ökonomischen Institutionen des Kapitalismus. Tübingen

Wuppertal Institut (2000) Selling a Function Instead of a Product: Renting White Goods via Functional Service Contracts (FUNSERVE), SAVE Intermediate Report, bearbeitet von Thomas S (Projektleitung), et al. Wuppertal Institut für Klima, Umwelt, Energie GmbH, Wuppertal

Wuppertal Institut (2002) Die vergessene Säule der Energiepolitik, Energieeffizienz im liberalisierten Strom- und Gasmarkt in Deutschland, Vorschläge des Wuppertal Instituts, erarbeitet von Thomas S, et al., Wuppertal Spezial 24. Wuppertal Institut für Klima, Umwelt, Energie GmbH, Wuppertal

Wuppertal Institut, GTZ (2004) Towards Sustainable Energy Systems: Integrating Renewable Energy and Energy Efficiency is the Key. Wuppertal Institut für Klima, Umwelt, Energie GmbH, Deutsche Gesellschaft für Technische Zusammenarbeit GmbH, Wuppertal, Eschborn

Wuppertal Institut (2006) Optionen und Potenziale für Endenergieeffizienz und Energiedienstleistungen, Kurzfassung, Endbericht im Auftrag der E.ON AG, bearbeitet von Thomas S, et al. Wuppertal Institut für Klima, Umwelt, Energie GmbH, Wuppertal

Wuppertal Institut, ASEW (Hrsg.) (2003) Energieeffizienz im liberalisierten Strom- und Gasmarkt, Wie Energieunternehmen und andere Akteure Energieverbraucher beim Energiesparen unterstützen können und wie die Politik dies fördern kann, Broschüre mit finanzieller Unterstützung der Europäischen Kommission, Generaldirektion Energie und Verkehr, SAVE Programm, bearbeitet von Thomas S, et al. Wuppertal Institut für Klima, Umwelt, Energie GmbH, Arbeitsgemeinschaft kommunaler Versorgungsunternehmen zur Förderung rationeller, sparsamer und umweltschonender Energieverwendung und rationeller Wasserverwendung im VKU, Wuppertal, Köln

Wuppertal Institut, BEM (1995) Evaluierung des KesS-Programms der RWE Energie AG, Wuppertal Institut für Klima, Umwelt, Energie GmbH, Beratungsgruppe Energie+Marketin, Wuppertal/Icking

Wuppertal Institut, CSCP (2007) Dematerialisierung und Ressourceneffizienz in Japan, Detailanalyse von ausgewählten Ansätzen und Instrumenten (Top Runner Approach, Eco Town Program, Green Purchasing, Material Flow Indicators) im Auftrag des Umweltbundesamtes, Förderkennzeichen 206 93 100/06, Geschäftszeichen Z6 – 30 741-1/6, bearbeitet von Bleischwitz R, et al. Wuppertal Institut für Klima, Umwelt, Energie GmbH UNEP/Wuppertal Institute Collaborating Centre for Sustainable Consumption and Production, Wuppertal

Wuppertal Institut, Ecofys (2009) Energy Efficiency Watch (EEW) Final Report on the Evaluation of National Energy Efficiency Action Plans (NEEAPs), bearbeitet von Schüle R, et al., koordiniert von EUFORES im Rahmen des Intelligent Energy Europe-Programms. Wuppertal Institut für Klima, Umwelt, Energie GmbH, Ecofys Germany GmbH, Wuppertal, Köln, Berlin

Ziesing H-J (2008) KWK-Potenziale in Deutschland und ihre Erschließung, Energiewirtschaftliche Tagesfragen 58(3), 50–59

Kapitel 3

AGFW (2009) FW 308 AGFW-Arbeitsblatt: Der Energie-Effizienz-Verband für Wärme, Kälte und Kraft-Wärme-Kopplung e. V., Ausgabe Jan 2009

AGFW (2009) Jahrbuch 2009 Fernwärme. AGFW Energie-Effizienz-Verband für Wärme, Kälte und Kraft-Wärme-Kopplung e. V.

Baehr HD (2009) Thermodynamik: Thermodynamik: Grundlagen und technische Anwendungen. Springer, Berlin

Blohm M, Erdmenger C, Ginzky H, Marty M, Beckers R, Briem S, Clausen U, Lohse C, Rechenberg J, Schäfer L, Sternkopf R (2006) Technische Abscheidung und Speicherung von CO_2 – nur eine Übergangslösung, Positionspapier des Umweltbundesamtes zu möglichen Auswirkungen, Potenzialen und Anforderungen Climate Change 04/06. Umweltbundesamt

Blum R, Bugge J, Kjär S (2009) USC 700°C Power Technology. VGB PowerTech 4/2009

Briem S, Schneider J (2004) Grundlagen der Energieumwandlungstechnik. Vortragsmaterialien des Umweltbundesamtes

Fischedick M, Schüwer D, et al. (2006) Ökologische Einordnung und strukturell-ökonomischer Vergleich regenerativer Energietechnologien mit anderen Optionen zum Klimaschutz, speziell der Rückhaltung und Speicherung von Kohlendioxid be4. Zwischenbericht. Wuppertal Institut, DLR, ZSW, PIK, Wuppertal, Stuttgart, Potsdam

Fischer D, Kruhl J, Radgen P (2009) CO_2-Abscheidung und Speicherung im Spannungsfeld wirtschaftlicher, technischer und politischer Herausforderungen, VGB Power-tech 3-2009

Fischer F (Hrsg.) (1952) Die Geschichte der Stromversorgung, Verlags- und Wirtschaftsgesellschaft der Elektrizitätswerke, 5/1952

IPCC (2005) Carbon Dioxide Capture and Storage. IPCC Special Report. Cambridge University Press, New York, NY

Lanier CD (1894) Thomas Alva Edison. In: Maximilian Harden (Hrsg.): Die Zukunft, Nr. 98 vom 11.08.1894, S. 245

Mühlstein J, Schirmer C (2008) Kraftwerkstechnik + Innovation. Digitalprint München, München

Nitsche S, Schneider J (2009) Kühlwasser – ein limitierender Faktor der Stromversorgung?, BWK 61 (2009), S. 51–53

Pehnt M (2009) Carbon Capture and Storage Technology, In: Praetorius B, Bauknecht D, Cames M, Fischer C, Pehnt M, Schumacher K, Voß JP. Innovation for Sustainable Electricity Systems. Exploring the Dynamics of Energy Transitions. Springer, Berlin

Plass L, Lurgi AG (2004) „Cooretec – CO_2 – Abtrennung, Fachkongress: „Innovative Technologien zur Stromerzeugung auf dem Weg zu CO_2-freien Kohle- und Gaskraftwerken, Berlin

Richtlinie 2004/8(EG des Europ. Parlament und des Rates vom 11.02.2004 über die Förderung einer am Nutzwärmebedarf orientierten Kraft-Wärme-Kopplung im Energiebinnenmarkt und zur Änderung der Richtlinie 92/42/EWG.

Schneider J (2001) Effizienzsteigerung von Kondensations- und Industriekraftwerken, 2. Brasilianisch-Deutsches Energiesymposium (Vorwort), Sao Paulo

Schneider J (2003) Der deutsche Kraftwerkspark, Stand und Perspektiven im Rahmen einer nachhaltigen Entwicklung, BWK 55 (2003) Nr. 7/8, 50–55

Schütz M, Hauk R, Stamatelopoulos G (2009) Stand der Planung für Dampferzeuger der 800-MW-Klasse.VGB PowerTech 3/2009

Strauß K (2006) Kraftwerkstechnik zur Nutzung fossiler, nuklearer und regenerativer Energiequellen, 5. Aufl. Springer-Verlag Berlin, Heidelberg

UBA (2009) UBA-Papier: Klimaschutz und Versorgungssicherheit, Entwicklung einer nachhaltigen Stromversorgung

VDI 3986: 2000-10 Ermittlung des Wirkungsgrades von konventionellen Kraftwerken, Berlin, Beuth-Verlag

VDI 4602 Blatt 1: 2007-10 Energiemanagement, Begriffe, Berlin Beuth-Verlag

VDI 4608 Blatt 1: 2005-03 Energiesysteme; Kraft-Wärmekopplung; Begriffe, Definitionen, Beispiele

VDI 4608 Blatt 2: 2008-07 Energiesysteme; KWK; Allokation Bewertung, Berlin, Beuth-Verlag
VDI 4660 Blatt 2, 2003-05 Ermittlung Zielenergiebezogener Emissionen bei der Energieumwandlung
VDI 4660 Blatt 1, 2000-04 Umrechnung spezifischer Emissionen bei der Energieumwandlung
WBGU (2003) World in Transition: Towards Sustainable Energy Systems. London, Earthscan. German Advisory Council on Global Change, London
Willrodt A, Tschaffon H (2009) 50+ – Volldampf zum Kohlekraftwerk der Zukunft. VGB PowerTech 2/2009
Zahoransky R A (2009) Energietechnik. Friedrich Vieweg & Sohn Verlag/GWV Fachverlage GmbH, Wiesbaden

Kapitel 4

ASUE (2005) BHKW-Kenndaten 2005, Module, Anbieter, Kosten. Energiereferat der Stadt/Frankfurt/Arbeitsgemeinschaft für sparsamen und umweltfreundlichen Energieverbrauch e.V., Frankfurt/Köln
BINE (2006) Kraft und Wärme koppeln. BINE Informationsdienst, basisEnergie21
B.KWK (2005) Kraft-Wärme-Kopplung. Chance für Wirtschaft und Umwelt. Bundesverband Kraft-Wärme-Kopplung, Berlin
DLR, Dienhart H, et al. (1999) Analyse von Einsatzmöglichkeiten und Rahmenbedingungen verschiedener Brennstoffzellensysteme in Industrie und zentraler öffentlicher Stromversorgung. Untersuchung für das Büro für Technikfolgenabschätzung beim Deutschen Bundestag. DLR – Institut für Technische Thermodynamik, Stuttgart
Eikmeier B, Gabriel J, et al. (2006) Analyse des nationalen Potenzials für den Einsatz hocheffizienter Kraft-Wärme-Kopplung. Bremer Energie-Institut, Deutsches Zentrum für Luft- und Raumfahrt, Bremen
IEA (2008) Combined Heat and Power. Evaluating the benefits of greater global investment. International Energy Agency, Paris
Krewitt W, Pehnt M, et al. (2004) Brennstoffzellen in der Kraft-Wärme-Kopplung – Ökobilanzen, Szenarien, Marktpotenziale. Erich Schmidt Verlag, Berlin
Nast M (2004) Chancen und Perspektiven der Nahwärme im zukünftigen Energiemarkt. Fachtagung "Nahwärme 2004", Osnabrück
Pehnt M (2009) Energierevolution Brennstoffzelle? Perspektiven, Fakten, Anwendungen. Wiley-VCH, Weinheim

Kapitel 5

AEA (2008) EuP Preparatory Study “Water Pumps (in commercial buildings, drinking water pumping, food industry, agriculture)” (Lot 11). AEA Energy & Environment. www.ebpg.bam.de Letzter Zugriff 12.11.2009
AGEB (2008) Auswertungstabellen zur Energiebilanz für die Bundesrepublik Deutschland 1990 bis 2007. AG Energiebilanzen. http://ag-energiebilanzen.de/viewpage.php?idpage=139 Letzter Zugriff 20.12.2009
BAM (2009) Bundesanstalt für Materialforschung und -prüfung. www.ebpg.bam.de Letzter Zugriff 24.03.2009
Baer R, Billy H, Carraro U, Eckert M, Gall D, Schnor R (2006) Beleuchtungstechnik. Grundlagen. Huss-Medien, Berlin
Bayrisches Landesamt für Umweltschutz (2004) Klima schützen – Kosten senken. Leitfaden für effiziente Energienutzung in Industrie und Gewerbe. Augsburg, www.bayern.de/lfu Letzter Zugriff 24.08.2009
BDEW (2008) Energie-Info. Endenergieverbrauch in Deutschland 2007. Bundesverband der Energie- und Wasserwirtschaft e.V., Berlin. http://www.ag-energiebilanzen.de/viewpage.php?idpage=65. Letzter Zugriff 23.06.2009

BioIS/IZM (2007) EuP Preparatory Study „Battery chargers and external power supplies" (Lot 7). bio Intelligence Service, Fraunhofer Institut Zuverlässigkeit und Mikrointegration. www.ebpg.bam.de. Letzter Zugriff 24.08.2009

BITKOM (2008a) Energieeffizienz im Rechenzentrum – Ein Leitfaden zur Planung, zur Modernisierung und zum Betrieb von Rechenzentren. In Zusammenarbeit mit dem BMU. Bundesverband Informationswirtschaft, Telekommunikation und neue Medien e.V. Berlin http://www.bitkom.org/de/publikationen/56282_53432.aspx. Letzter Zugriff 12.11.2009

BITKOM (2008b) Server-Virtualisierung. Leitfaden und Glossar. Bundesverband Informationswirtschaft, Telekommunikation und neue Medien e.V., Berlin, http://www.bitkom.org/files/documents/BITKOM_Server-Virtualisierung_Leitfaden%281%29.pdf

BMU (2008) Energieeffiziente Rechenzentren. Best-Practice-Beispiele aus Europa, USA und Asien. Bundesministerium für Umwelt, Naturschutz und Reaktorsicherheit, Berlin. http://www.bmu.de/files/pdfs/allgemein/application/pdf/energieeffiziente_rechenzentren_de.pdf. Letzter Zugriff 03.03.2009

BMWi (2009) Zahlen und Fakten. Energiedaten. Nationale und Internationale Entwicklung. Bundesministerium für Wirtschaft und Technologie, Berlin http://www.bmwi.de/BMWi/Navigation/Energie/energiestatistiken.html. Letzter Zugriff 24.02.2009

Bosch (2009) Bosch Hausgeräte: In der Disziplin sparsames Trocknen eine Klasse für sich. Die ActiveWater Geschirrspüler mit Zeolith-Trocknen von Bosch. http://www.boschhausgeaete.de/Files/Bosch/De/de/AdditionalFiles/specials/pdf/prospekt_SMV65T20EU.pdf. Letzter Zugriff 26.02.2009

CEMEP (1998) Voluntary Agreement of CEMEP. European Committee of Manufacturers of Electrical Machines and Power Electronics

CEMEP (2009a) European Committee of Manufacturers of Electrical Machines and Power Electronics. http://www.cemep.org/fileadmin/downloads/agreement_1998-2007.pdf. Letzter Zugriff 04.05.2009

CEMEP (2009b) European Committee of Manufacturers of Electrical Machines and Power Electronics. http://www.cemep.org/index.php?id=53 Letzter Zugriff 04.05.2009

dena (2007a) Top-Referenzprojekt: Beleuchtungsoptimierung bei PMG. Factsheet der *Initiative EnergieEffizienz* Industrie & Gewerbe. Deutsche Energie-Agentur, Berlin. http://www.industrie-energieeffizienz.de/dena-referenzprojekte.html. Letzter Zugriff 20.12.2009

dena (2007b) Energieeffiziente Geräte professionell beschaffen. Beschaffungskriterien. Vergaberecht. Wirtschaftlichkeit. Beschaffungsleitfaden der *Initiative EnergieEffizienz* Dienstleistungen. Deutsche Energie-Agentur, Berlin. http://www.energieeffizienz-im-service.de/publikationen-auchalt/leitfaden-buerogeraete-professionell-beschaffen.html. Letzter Zugriff 20.12.2009

dena (2007c) Infoblätter Druckluftsysteme der *Initiative EnergieEffizienz* Industrie & Gewerbe. Deutsche Energie-Agentur, Berlin www.druckluft-energieeffizienz.de. Letzter Zugriff 20.12.2009

dena (2008a) Infoblätter Fördertechnik. *Initiative EnergieEffizienz* Industrie & Gewerbe. Deutsche Energie-Agentur, Berlin. www.industrie-energieeffizienz.de. Letzter Zugriff 20.12.2009

dena (2008b) Infoblätter Pumpen und Pumpensysteme. *Initiative EnergieEffizienz* Industrie & Gewerbe. Deutsche Energie-Agentur, Berlin. www.industrie-energieeffizienz.de. Letzter Zugriff 20.12.2009

dena (2008c) TopGeräte – viel Komfort, wenig Kosten. Deutsche Energie-Agentur, Berlin. http://www.stromeffizienz.de/topgeraete.html. Letzter Zugriff 20.12.2009

dena (2008d) Infoblätter Lufttechnik. *Initiative EnergieEffizienz* Industrie & Gewerbe. Deutsche Energie-Agentur, Berlin. www.industrie-energieeffizienz.de

dena (2008e) Infoblätter Kältetechnik. *Initiative EnergieEffizienz* Industrie & Gewerbe. Deutsche Energie-Agentur, Berlin. www.industrie-energieeffizienz.de

dena (2009a): Der Stromsparberater. Effiziente Stromnutzung im Haushalt. Leitfaden für Berater. Deutsche Energie-Agentur, Berlin

dena (2009b) Office-TopTen: Die energieeffizientesten Bürogeräte am Markt. Deutsche Energie-Agentur, Berlin. http://www.office-topten.de/page/index.php?11253. Letzter Zugriff 24.03.2009 dena (2009c) Energiespartipps für TV, HiFi & Co Broschüre der *Initiative EnergieEffizienz*. Deutsche Energie-Agentur, Berlin. www.stromeffizienz.de. Letzter Zugriff 24.03.2009

dena (2009d) Leistung steigern, Kosten senken: Energieeffizienz im Rechenzentrum. Ein Leitfaden für Geschäftsführer und IT-Verantwortliche. Broschüre der *Initiative EnergieEffizienz* Dienstleistungen. Deutsche Energie-Agentur, Berlin. http://www.energieeffizienz-im-service.de/publikationen.html Letzter Zugriff 24.03.2009

dena (2009e) Handbuch für betriebliches Energiemanagement. Systematisch Energiekosten senken. *Initiative EnergieEffizienz* in Industrie und Gewerbe. Deutsche Energie-Agentur, Berlin. http://www.industrie-energieeffizienz.de. Letzter Zugriff 24.03.2009

DIN EN 12464-1 Deutsches Institut für Normung: DIN EN 12464-1:2003-03 (D), Licht und Beleuchtung, Beleuchtung von Arbeitsstätten, Teil 1: Arbeitsstätten in Innenräumen. Deutsche Fassung EN 12464-1:2002. Beuth-Verlag

EA NRW (2007) NRW spart Energie. Informationen für Wirtschaft und Verwaltung. EnergieAgentur.NRW, Wuppertal, Düsseldorf. www.energieagentur.nrw.de. Letzter Zugriff 24.03.2009

EICTA (2007) Oppermann, Wilfried: EICTA's view on the reduction of Stand-by power Consumption for Consumer Electronics. Vortrag auf dem dena-Expertenworkshop „Standby". Berlin. http://www.initiative-energieeffizienz.de/veranstaltungen/stand-by-workshop.html. Letzter Zugriff 26.06.2009

EU-Kom (1999) EU Stand-by Initiative. The European Actions to Improve the Energy Efficiency of Electrical Equipment while either OFF or in Stand-by. EU-Kommission. http://re.jrc.ec.europa.eu/energyefficiency. Letzter Zugriff 24.08.2009

EU-Kom (2002) Richtlinie 2002/40/EG vom 8. Mai 2002 zur Durchführung der Richtlinie 92/75/EWG des Rates betreffend die Energieetikettierung für Elektrobacköfen. EU-Kommission. www.eu-label.de

EU-Kom (2005) Richtlinie 2005/32/EG des Europäischen Parlaments und des Rates vom 6. Juli 2005 zur Schaffung eines Rahmens zur Festlegung von Anforderungen an die umweltgerechte Gestaltung energiebetriebener Produkte. EU-Kommission

EU-Kom (2008a) Verordnung (EG) Nr. 1275/2008 zur Durchführung der Richtlinie 2005/32/EG des Europäischen Parlaments und des Rates im Hinblick auf die Festlegung von Ökodesign-Anforderungen an den Stromverbrauch elektrischer und elektronischer Haushalts- und Bürogeräte im Bereitschafts- und im Aus-Zustand. EU-Kommission. Brüssel. www.ebpg.bam.de. Letzter Zugriff 24.08.2009

EU-Kom (2008b) Verordnung (EG) Nr. 106/2008 des europäischen Parlamentes und des Rates vom 15. Januar 2008 über ein gemeinschaftliches Kennzeichnungsprogramm für Strom sparende Bürogeräte (Neufassung). EU-Kommission . www.eu-energystar.org. Letzter Zugriff 24.08.2009

EU-Kom (2009a) Verordnung (EG) Nr. 244/2009 der Kommission vom 18. März 2009 zur Durchführung der Richtlinie 2005/32/EG des Europäischen Parlaments und des Rates im Hinblick auf die Festlegung von Anforderungen an die umweltgerechte Gestaltung von Haushaltslampen mit ungebündeltem Licht. EU-Kommission

EU-Kom (2009b) Verordnung (EG) Nr. 245/2009 der Kommission vom 18. März 2009 zur Durchführung der Richtlinie 2005/32/EG des Europäischen Parlaments und des Rates im Hinblick auf die Festlegung von Anforderungen an die umweltgerechte Gestaltung von Leuchtstofflampen ohne eingebautes Vorschaltgerät, Hochdruckentladungslampen sowie Vorschaltgeräte und Leuchten zu ihrem Betrieb. EU-Kommission

Europump (2005) Europump Circulators labeling commitment. European Association of Pump Manufacturers, Brüssel. http://www.europump.eu. Letzter Zugriff 25.08.2009

EWI/Prognos (2005) Energiereport IV. Die Entwicklung der Energiemärkte bis zum Jahr 2030. Energiewirtschaftliche Referenzprognose. Energiewirtschaftliches Institut an der Universität zu Köln, Köln, Basel

Fischer C (Hrsg.) (2008) Strom sparen im Haushalt. oekom, München

GfK (2008) Unterhaltungselektronik. Marktentwicklungen und Trends. Vortrag auf dem dena-Expertenworkshop TV-Geräte am 19.11.2008 in Berlin. Gesellschaft für Konsumforschung.

http://www.initiative-energieeffizienz.de/veranstaltungen/experten-workshop-tv-geraete.html. Letzter Zugriff 28.10.2009

Greengrid (2009) http://www.thegreengrid.com. Letzter Zugriff 16.08.2009

HEA (2002a) Grundlagen Haushaltstechnik: Waschmaschinen. HEA – Fachgemeinschaft für effiziente Energieanwendung, Berlin. www.hausgeraete-plus.de. Letzter Zugriff 28.10.2009

HEA (2002b) Grundlagen Haushaltstechnik: Elektroherde. HEA – Fachgemeinschaft für effiziente Energieanwendung, Berlin. www.hausgeraete-plus.de. Letzter Zugriff 28.10.2009

HEA (2009) HEA Fachwissen. Kühl- und Gefriergeräte. HEA – Fachgemeinschaft für effiziente Energieanwendung, Berlin. http://www.hea.de/service/fachwissen/kuehlen-und-gefrieren/betriebswerte-und-energieverbrauchs-kennzeichnung/betriebswerte.php. Letzter Zugriff 22.03.2009

IEE (2009) Intelligent Energy Europe: Energy+ Pumps Project. http://www.energypluspumps.eu/en/cesky/Aboutproject/what_is.html. Letzter Zugriff 4.05.2009

Irrek W, Wohlauf G, Seifried D, Schaumburg D, Köppel E (2009) RLT – Energieeffiziente technische Lösungsansätze. Wuppertal

ISI/FZJ (2001) Systematisierung der Potenziale und Optionen. Endbericht an die Enquête-Kommission „Nachhaltige Energieversorgung unter den Bedingungen der Globalisierung und der Liberalisierung" des Deutschen Bundestages. Fraunhofer Institut Systemtechnik und Innovationsforschung, Forschungszentrum Jülich, Programmgruppe Systemforschung und Technologische Entwicklung, Karlsruhe, Jülich

ISI/FfE (2003) Möglichkeiten, Potenziale, Hemmnisse und Instrumente zur Senkung des Energieverbrauchs branchenübergreifender Techniken in den Bereichen Industrie und Kleinverbrauch. Fraunhofer Institut Systemtechnik und Innovationsforschung, Forschungsstelle für Energiewirtschaft, Karlsruhe, München

IZM (2007a) EuP Preparatory Study „Televisions" (Lot 5). Fraunhofer Institut Zuverlässigkeit und Mikrointegration, Berlin www.ebpg.bam.de. Letzter Zugriff 20.11.2009

IZM (2007b) EuP Preparatory Study „Imaging Equipment" (Lot 4). Fraunhofer Institut Zuverlässigkeit und Mikrointegration, Berlin. www.ebpg.bam.de. Letzter Zugriff 20.11.2009

IZM/ISI (2009) IKT-Stromverbrauch in Deutschland: Status und Prognose bis 2020. Vortragsunterlagen zur CEBIT 2009 Fraunhofer Institut Zuverlässigkeit und Mikrointegration, Fraunhofer Institut System- und Innovationsforschung

Jochem E, Ott V, Weissenbach K (2007) Lernende Netzwerke – einer der Schlüssel zur schnellen Energiekostensenkung. Sonderdruck aus der Energiewirtschaftliche Tagesfragen 57. Jg. (2007) Heft 3

MCP (2003a) EU-Kommission DG TREN: Das europäische Motor Challenge Programm, Modul Antriebe. Brüssel

MCP (2003b) EU-Kommission DG TREN: Das europäische Motor Challenge Programm, Modul Pumpen. Brüssel

Ökoinstitut (2004) Eco-Efficiency Analysis of Washing machines – Life Cycle Assessment and determination of optimal life span. Öko-Institut, Freiburg.

Ökoinstitut (2005) Environmental and economic evaluation of the accelerated replacement of domestic appliances. Case study refrigerators and freezers. Öko-Institut, Freiburg

Ökoinstitut (2006) Ökobilanz und Lebenszykluskostenrechnung Wäschewaschen. Vergleich des Waschens bei durchschnittlichen Waschtemperaturen mit Waschen bei niedrigeren Waschtemperaturen. Öko-Institut, Freiburg/Hamburg

Ökoinstitut (2009) EcoTopTen – new ecology products. Informieren & Kommunizieren. Öko-Institut. http://www.ecotopten.de/produktfeld_informieren.php. Letzter Zugriff 24.03.2009

Philips (2008) Slomski, G: Aktueller Entwicklungsstand bei Power-LEDs in der Allgemeinbeleuchtung. Vortrag im Rahmen des Workshops „LED in der Lichttechnik", Essen, März 2008.

Prognos (2007) Potenziale für Energieeinsparung und Energieeffizienz im Lichte aktueller Preisentwicklungen. Studie 18/06 im Auftrag des BMWi. Prognos, Berlin

SIA (2007) Lüftungs- und Klimaanlagen – Allgemeine Grundlagen und Anforderungen. Schweizerische Norm SIA 382/1. Schweizerischer Ingenieur- und Architektenverein, Zürich strassenlicht.de (2009) Bodenhaupt, Frank: www.strassenlicht.de. Letzter Zugriff 18.04.2009

München TU (2008) Rudolph M, Wagner U: Energieanwendungstechnik. Wege und Techniken zur effizienteren Energienutzung. Springer: Berlin, Heidelberg

Universität Bonn (2006) Definition und Ermittlung verhaltensabhängiger Energieeinsparpotentiale beim Betrieb elektrischer Haushaltswaschmaschinen. Studie 86/05 im Auftrag des BMWi, Bonn

VDE (2008) Effizienz- und Einsparpotentiale elektrischer Energie in Deutschland. Perspektive bis 2025 und Handlungsbedarf. Verband der Elektrotechnik Elektronik Informationstechnik, Frankfurt am Main

ZVEI (2007) Senkung des Energieverbrauchs bei TV-Geräten. Erreichtes, Probleme, Möglichkeiten. Vortrag von Manfred Behringer im Rahmen des dena-Workshops „Ökodesign" am 03.05.2007 in Berlin. Zentralverband Elektrotechnik- und Elektroindustrie http://www.initiative-energieeffizienz.de/fileadmin/InitiativeEnergieEffizienz/dachmarke/downloads/Oekodesign/Vortrag_Behringer.pdf. Letzter Zugriff 30.11.2009

ZVEI (2008) Zentralverband Elektrotechnik- und Elektroindustrie, Fachverband Elektrische Lampen, Arbeitsgemeinschaft Lampenverwertung (AGLV) (Hrsg.): Sammlung und Recycling von Entladungslampen. Frankfurt am Main.

ZVEI (Hrsg.) (2009) Zentralverband Elektrotechnik- und Elektroindustrie. www.licht.de. Letzter Zugriff 13.04.2009

Kapitel 6

Bauer H, Hertle H (2005) Skript Gebäudeenergieberater/in (HWK). Baden-Württembergischer Handwerkstag e.V. (Hrsg.), Stuttgart

BMVBS (2008) CO_2-Gebäudereport 2007, Studie im Auftrag des BMVBS, CO_2-Online und Fraunhofer-Institut für Bauphysik

BMWi (2009) Zahlen und Fakten. Energiedaten. Nationale und Internationale Entwicklung. Bundesministerium für Wirtschaft und Technologie. Berlin. http://www.bmwi.de/BMWi/Navigation/Energie/energiestatistiken.html. Letzter Zugriff 24.02.2009

Fischer HM, Jenisch R, Stohrer M, Häupl P, Richter E, Freymuth H (2008) Lehrbuch der Bauphysik: Schall – Wärme – Feuchte – Licht – Brand – Klima. Vieweg und Teubner, Stuttgart

Irrek W, Wohlauf G, Seifried D, Schaumburg D, Köppel E (2009) RLT – Energieeffiziente technische Lösungsansätze. Wuppertal.

Kleemann M (2008) CO_2-Minderungs- und Energieeinsparpotenziale im Wärmemarkt und Strategien zu ihrer Erschließung. Beratungsbüro für Energieeffizienz und Umweltschutz. Deutsche Wärmekonferenz, Berlin 2007

Kleemann (2008a) Zahlenwerte aus in Deutsche Wärmekonferenz 2008, BDH e.V.

Krimmling J, Preuß A, Deutschmann U, Renner E (2008) Atlas der Gebäudetechnik. Rudolf Müller Verlag

Recknagel H (Hrsg.) (2007) Taschenbuch für Heizung und Klimatechnik. Recknagel H, Sprenger E, Schuramuk R, Oldenbourg Industrieverlag, München

Renner A (2010) Bedeutung energetischer Gebäudesanierung für den Klimaschutz, Vortrag in der Investitionsbank Berlin zum Thema EnEV 2009 am 27. Januar 2010. BMVBS

München TU (2008) Rudolph M, Wagner, U. Energieanwendungstechnik. Wege und Techniken zur effizienteren Energienutzung. Springer, Berlin, Heidelberg

Willems M, Dinter S, Schild K (2006) Handbuch der Bauphysik. Vieweg Verlag

Kapitel 7

Becker M (2008) Energetische Bewertung von Kälteanlagen und optimierte Betriebsführung von Kälteanlagen aus automatisierungstechnischer Sicht, Tagungsband Bd. II, DKV-Tagung Ulm, 19.-21. November 2008

BINE (2007) Themeninfo I/2007: Thermoaktive Bauteilsysteme. FIZ, BINE Informationsdienst (Hrsg.), Karlsruhe, Bonn. www.bine.info/hauptnavigation/publikationen/publikation/thermoaktive-bauteilsysteme. Letzter Zugriff 20.12.2009

DIN EN 13779 (2007) Lüftung von Nichtwohngebäuden – Allgemeine Grundlagen und Anforderungen für Lüftungs- und Klimaanlagen und Raumkühlsysteme. Deutsches Institut für Normung

DIN V 18599-1 Energetische Bewertung von Gebäuden – Berechnung des Nutz-, End- und Primärenergiebedarfs für Heizung, Kühlung, Lüftung, Trinkwarmwasser und Beleuchtung – Teil 1: Allgemeine Bilanzierungsverfahren, Begriffe, Zonierung und Bewertung der Energieträger Deutsches Institut für Normung

DIN V 18599-5 Energetische Bewertung von Gebäuden – Berechnung des Nutz-, End- und Primärenergiebedarfs für Heizung, Kühlung, Lüftung, Trinkwarmwasser und Beleuchtung – Teil 5: Endenergiebedarf von Heizsystemen Deutsches Institut für Normung

EnEV (2009) Energieeinsparverordnung für Gebäude. Verordnung über energiesparenden Wärmeschutz und energiesparende Anlagentechnik bei Gebäuden

Floß A (2006) Qualitätssicherung bei Heizungsanlagen mit Brennwerttechnik. HLK – Heizung, Lüftung, Klimatechnik 1-2/2006, S. 39–41.

Floß A (2007) Energieeinsparung in der Hydraulik. HLK – Heizung, Lüftung, Klimatechnik 5/2007, S. 16–19.

Hirschberg R (2008) Energieeffiziente Gebäude. Bau- und anlagentechnische Lösungen. Vereinfachte Verfahren zur energetischen Bewertung. Verlagsgesellschaft Rudolf Müller GmbH & Co. KG, Köln

Koenigsdorff R (2008) Originäre Ingenieurleistung – Die Nutzung oberflächennaher Geothermie sollte nur mit profunden Kenntnissen geplant werden. Deutsches Ingenieurblatt, Heft 11, November 2008, S. 18–23

Koenigsdorff R (2010) Oberflächennahe Geothermie für Gebäude – Grundlagen und Anwendungen einer zukunftsfähigen Heizung und Kühlung. Fraunhofer IRB Verlag

Miara M (2009) Feldmessungen neuer Wärmepumpen – Zwischenbilanz. Tagungsband (CD) 10. Biberacher Forum Gebäudetechnik – Nachhaltiges Planen, Bauen und Betreiben von Gebäuden und Anlagentechnik, 11.-12.03.2009, Biberach. Reihe „Wissenschaft und Praxis". Bauakademie Biberach (Hrsg.), Bd. 153

Pistohl W (2005) Handbuch der Gebäudetechnik. Planungsgrundlagen und Beispiele. Band 2 – Heizung/Lüftung/Energiesparen. Werner Verlag

Recknagel (Hrsg.) (2007) Taschenbuch für Heizung und Klimatechnik. Recknagel H, Sprenger E, Schramek E R, Oldenbourg Industrieverlag, München

Stuhlenmiller T, Koenigsdorff R (2009) Optimum thermal storage sizing in building services engineering as a contribution to virtual power plants, Journal of Building Performance Simulation, Volume 3 (2001), S. 17–31

VBI (Hrsg.) (2009) VBI-Leitfaden Oberflächennahe Geothermie, Band 18 der VBI-Schriftenreihe, 2. Auflage. Verband Beratender Ingenieure (VBI), Berlin

VDI 2067 (1998–2005) Wirtschaftlichkeit gebäudetechnischer Anlagen. VDI/Beuth Verlag, Berlin

VDI 4650 (2009) Blatt 1: Berechnungen von Wärmepumpen – Kurzverfahren zur Berechnung der Jahresarbeitszahl von Wärmepumpenanlagen – Elektro-Wärmepumpen zur Raumheizung und Warmwasserbereitung. VDI/Beuth Verlag, Berlin

Kapitel 8

AkkP 5 (1997) Energiebilanz und Temperaturverhalten; Protokollband Nr. 5 des Arbeitskreises kostengünstige Passivhäuser, 1. Auflage. Passivhaus Institut, Darmstadt

AkkP 6 (1997) Haustechnik im Passivhaus; Protokollband Nr. 6 des Arbeitskreises kostengünstige Passivhäuser, 1. Auflage. Passivhaus Institut, Darmstadt

AkkP 13 (1998) Energiebilanzen mit dem Passivhaus Projektierungs- Paket; Protokollband Nr. 13 des Arbeitskreises kostengünstige Passivhäuser, 1. Auflage. Passivhaus Institut, Darmstadt

AkkP 16 (1999) Wärmebrückenfreies Konstruieren; Protokollband Nr. 16 des Arbeitskreises kostengünstige Passivhäuser, 1. Auflage. Passivhaus Institut, Darmstadt

AkkP 20 (2000) Passivhaus-Versorgungstechnik; Protokollband Nr. 20 des Arbeitskreises kostengünstige Passivhäuser, 1. Auflage. Passivhaus Institut, Darmstadt

AkkP 23 (2003) Einfluss der Lüftungsstrategie auf die Schadstoffkonzentration und -ausbreitung im Raum, Protokollband Nr. 23 des Arbeitskreises kostengünstige Passivhäuser Phase III. Passivhaus Institut; Darmstadt

AkkP 25 (2003) Temperaturdifferenzierung in der Wohnung, Protokollband Nr. 25 des Arbeitskreises kostengünstige Passivhäuser Phase III. Passivhaus Institut; Darmstadt

AkkP 27 (2004) Wärmeverluste durch das Erdreich, Protokollband Nr. 27 des Arbeitskreises kostengünstige Passivhäuser Phase III. Passivhaus Institut; Darmstadt

AkkP 28 (2004) Wärmeübergabe- und Verteilverluste, Protokollband Nr. 28 des Arbeitskreises kostengünstige Passivhäuser Phase III. Passivhaus Institut; Darmstadt

AkkP 29 (2005) Hochwärmegedämmte Dachkonstruktionen, Arbeitskreis kostengünstige Passivhäuser Phase III, Protokollband Nr. 29. Passivhaus Institut, Darmstadt

AkkP 35 (2007) Protokollband Nr. 35 Wärmebrücken und Tragwerksplanung – die Grenzen des wärmebrückenfreien Konstruierens; Passivhaus Institut Eigenverlag, 1. Auflage, Darmstadt

Bisanz C (1999) Heizlastauslegung im Niedrigenergie- und Passivhaus; Passivhaus Institut; Fachinformation PHI-1999/2; Passivhaus Institut, Darmstadt

Borsch-Laaks R (2000) Ein Passivhaus der besonderen Art, die neue quadriga 6/2000, Verlag Kastner, Wolnzach

Diel F (1995) Bewertung der Luftqualitätsmessungen im Passivhaus Darmstadt aus toxikologischer und umwelttoxikologischer Sicht, In: PH-Bericht Nr. 10: „Luftqualität im Passivhaus“. Institut Wohnen und Umwelt, Darmstadt

Ebel W, Großklos M, Knissel J, Loga T, Müller K (2003) Wohnen in Passiv- und Niedrigenergiehäusern – Eine vergleichende Analyse der Nutzungsfaktoren am Beispiel der „Gartenhofsiedlung Lummerlund“ in Wiesbaden-Dotzheim, Endbericht/Energie. Institut Wohnen und Umwelt; Darmstadt

Ebel W, Kah O (2003) Tracergasmessungen: Auswirkungen von Fensteröffnung bei kontrollierter Lüftung; im Tagungsband der 7. Passivhaustagung Hamburg, 1. Auflage. Passivhaus Institut, Hamburg

EN 13829 (2000) Bestimmung der Luftdurchlässigkeit von Gebäuden – Differenzdruckverfahren. DIN

Fanger P O (1970) Thermal Comfort. Analysis and Applications in Environmental Engineering, USA: New York 1972, © P.O. Fanger, New York, NY

Feist W (Hrsg.) (1992) Bauvorbereitendes Forschungsprojekt Passive Häuser – Endbericht. Passivhaus-Bericht Nr. 2. Institut Wohnen und Umwelt, Darmstadt

Feist W (Hrsg.) (1994a) Lüftung im Passivhaus. Passivhaus-Bericht Nr. 8. Institut Wohnen und Umwelt, Darmstadt

Feist W (1994b) Thermische Gebäudesimulation – Kritische Prüfung unterschiedlicher Modellansätze; Verlag C.F. Müller; Heidelberg

Feist W (1995) Luftqualität im Passivhaus; Passivhaus-Bericht Nr. 10. Institut Wohnen und Umwelt, Darmstadt,

Feist W (1995a) Gute Luft – aber wie? im Reader zur 7. EUZ-Baufachtagung "Gute Luft – wenig Energie" des Energie- und Umweltzentrum am Deister e.V., o. O.

Feist W (1997) Passivhaus Darmstadt Kranichstein, Planung, Bau, Ergebnisse, Fachinformation PHI-1997/4. Passivhaus Institut, Darmstadt

Feist W (1998) Passivhaus Sommerklima Studie, Projektendbericht. Fachinformation PHI-1998/10. Passivhaus Institut, Darmstadt

Feist W (1999) Wärmebrückenfreies Konstruieren beim Massivbau. In: Arbeitskreis kostengünstige Passivhäuser, Protokollband Nr. 16, Wärmebrückenfreies Konstruieren. Passivhaus Institut, Darmstadt

Feist W (2001) Stellungnahme zur Vornorm DIN-V-4108-6:2000 aus Sicht der Passivhausentwicklung, CEPHEUS-Bericht, 1. Auflage. Passivhaus Institut, Darmstadt

Feist W (2004) Einführung – Lüftung bei Bestandssanierung unverzichtbar. In: Lüftung bei Bestandssanierung: Lösungsvarianten. Arbeitskreis kostengünstige Passivhäuser Phase III, Protokollband Nr. 30. Passivhaus Institut, Darmstadt

Feist W (2007) Passivhäuser in der Praxis. Bauphysik-Kalender, Wiesbaden

FLIB (2008) Fachverband Luftdichtheit im Bauwesen e.V. www.flib.de Letzter Zugriff 18.11.2009

Haas A, Dorer V (2003) Aspekte der Wärme- und Luftverteilung im Passivhaus, in 7. Internationale Passivhaustagung Hamburg. Passivhaus Institut, Darmstadt

Horn G (2004) Wärmebrücken bei Holz-Stegträgern; Tagungsband der 7. Internationalen Passivhaustagung, Hamburg – Darmstadt 2004, Seite 591ff

ISO 13370 Wärmetechnisches Verhalten von Gebäuden – Wärmeübertragung über das Erdreich – Berechnungsverfahren (ISO 13370:2007)

ISO 13790 Energieeffizienz von Gebäuden – Berechnung des Energiebedarfs für Heizung und Kühlung (ISO 13790:2008)

ISO 7730, DIN EN ISO 7730 Gemäßigtes Umgebungsklima Ermittlung des PMV und des PPD und Beschreibung der Bedingungen für thermische Behaglichkeit, 1995-09.

ISO 9972 CEN Europäisches Komitee für Normung, ISO 9972: Wärmeschutz – Bestimmung der Luftdichtheit von Gebäuden – Differenzdruckverfahren, Beuth-Verlag GmbH, Berlin, 1996.

Kah O (2006) Schulen im Passivhaus-Standard: Randbedingungen und Anforderungen, in Arbeitskreis kostengünstige Passivhäuser 33 „Passivhaus-Schulen“. Passivhaus Institut, Darmstadt

Kah O, Feist W, et al. (2008) Bewertung energetischer Anforderungen im Lichte steigender Energiepreise für die EnEV und KfW-Förderung . Studie im Auftrag des Bundesamtes für Bauwesen und Raumordnung. BBR-Online-Publikation, Nr. 18/2008 und download unter www.passiv.de[Kaufmann 2002] Das Passivhaus – Energie-Effizientes-Bauen, Holzbau handbuch Reihe 1: Entwurf und Konstruktion Teil 3: Wohn- und Verwaltungsbauten Folge 10: Passivhaus – Energie-Effizientes-Bauen, DGfH Innovations- und Service GmbH. www.passiv.de Letzter Zugriff 10.10.2009

Knissel J (2003) Fenstergeometrie und Luftwechsel – verbesserte Modelle, in Protokollband Nr. 22 „Lüftungsstrategien für den Sommer“ des Arbeitskreises kostengünstige Passivhäuser. Passivhaus Institut, Darmstadt

Michael K, et al. (2000) Effizienz von Lüftungsanlagen in Niedrigenergie-Häusern in NRW; Endbericht F+E-Messprojekt, 1. Auflage, NEI, O.O.

Münzenberg U (2002) Messtechnische Evaluierung und Verifizierung der energetischen Einsparpotentiale und Raumluftqualität an Passivhäusern in Nürnberg, Schulze Darup, B. (Hrsg.). Verlag AnBUS e.V., Fürth

Nowak W (2005) Untersuchungen an einem Modellraum zur thermischen Behaglichkeit, im Tagungsband der 9. Passivhaustagung, Ludwigshafen. PHI, Darmstadt

Otte J, Blume D, Ludwig S (2000) Anforderungen an kostengünstige passivhausgeeignete MFH-Lüftungsanlagen und Überprüfung am Pilotprojekt. Teil 3 des Abschlußberichtes „Das kostengünstige mehrgeschossige Passivhaus in verdichteter Bauweise“, gefördert durch das Bundesamt für Bauwesen und Raumordnung. Bonn

Peper S, Feist W, Sariri V (1999) Luftdichte Projektierung von Passivhäusern, CEPHEUS-Projektinformation Nr. 7. Passivhaus Institut, Darmstadt

Peper S, Feist W (2006) Luftdichtheit – unverzichtbar bei Passivhäusern, im IBO-Konstruktionshandbuch Passivhäuser. Wien

Pfluger R, Feist W, Schnieders J (1999) Luftführung in Passivhäusern, Planungsrichtlinien und Erfahrungen bei Ausführungsplanung und Betrieb. Fachinformation PHI 1999/7, CEPHEUS-Projektinformation Nr. 8. Passivhaus Institut, Darmstadt

Pfluger R, Feist W (20001) Kostengünstiger Passivhaus-Geschoßwohnungsbau in Kassel Marbachshöhe: Projektdokumentation, Qualitätssicherung und Wirtschaftlichkeitsbetrachtung. Endbericht Juni 2001. Fachinformation PHI-2001/3, CEPHEUS-Projektinformation Nr. 16. Passivhaus Institut, Darmstadt

Pfluger R, Schnieders J, Kaufmann B, Feist W (2003) HIWIN – Hochwärmedämmende Fenstersysteme: Untersuchung und Optimierung im eingebauten Zustand; Förderkennzeichen: 032 72 50 des Bundesministerium für Wirtschaft u. Technologie; 1. Auflage, Darmstadt. www.passiv.de. Letzter Zugriff 23.08.2009

PHPP (2007) Feist, W, Pfluger, R, Kaufmann, B, Schnieders, J, Kah, O.: Passivhaus Projektierungs Paket 2007, Passivhaus Institut Darmstadt, 1998–2007

Schnieders J (2000) Passivhausfenster – Stand der Entwicklung, Beitrag zur 4. Passivhaustagung, Kassel/Darmstadt. Passivhaus Institut, Darmstadt, Seiten, 109–129

Schnieders J (2004) Simulationen zur Effizienz der Wärmeübergabe; in Protokollband AkkP Nr. 28; Wärmeübergabe- und Verteilverluste im. Passivhaus. Passivhaus Institut, Darmstadt

Schnieders J, Betschart W, Feist W (2002) Raumluftströmungen im Passivhaus: Messung und Simulation HLH 03-2002, Seite 61

Schramek E-J (2003) Taschenbuch für Heizung und Klimatechnik, 71. Auflage. Recknagel-Sprenger, München, Seite 54

Schwarz M (1999) Numerische Simulation von Luftströmungen in Wohnräumen mit mechanischer Lüftungsanlage, in Protokollband Nr. 17 des Arbeitskreises kostengünstige Passivhäuser – Phase II: „Dimensionierung von Lüftungsanlagen in Passivhäusern“. PHI, Darmstadt

Kapitel 9

BLU (2009) Leitfaden zur Abwärmenutzung in Kommunen. Ludwigshafen, EU-Consult GmbH

Brandstätter R (2008) Industrielle Abwärmenutzung. Beispiele und Technologien. Amt der Oberösterreichischen Landesregierung, Linz

Lambauer J, Ohl M, Blesl AV (2008) Industrielle Großwärmepumpen – Potenziale, Hemmnisse und Best-Practice Beispiele. Institut für Energiewirtschaft und Rationelle Energieanwendung, Stuttgart

Ohl M, Blesl M, et al. (2009) Ganzheitliche Bewertung innovativer thermischer Energiespeicherkonzepte für Baden-Württemberg. Universität Stuttgart, Stuttgart

Pehnt M, Frisch S (2009) Prozesswärme mit erneuerbaren Energien. Zwischenbericht im Rahmen des Projekts „Perspektiven des Marktanreizprogramms“. Heidelberg, IFEU

Petzold D (1996) Abwärmenutzung. In: Berlin TU (Hrsg.) Energiemanagement und Energieberatung. Lehrmaterialien. Berlin

Steinmann W-D (2007) EVA. Thermische Energiespeicher zur Verstromung diskontinuierlicher Abwärme. Teil 1. Projekt im Rahmen des Förderprogramms BWPlus. Deutsches Zentrum für Luft- und Raumfahrt, Stadtwerke Esslingen, Stuttgart, Esslingen

Kapitel 10

AEA (2001) Bates J, Brand C, Davison P, Hill N. Economic Evaluation of Emissions Reductions in the Transport Sector of the EU – Bottom-up analysis. AEA Technology Environment, Abingdon

Argonne (2002) Plotkin S, Greene D, Duleep K G. Examining the Potential for Voluntary Fuel Economy Standards in the United States and Canada. Center for Transportation Research Argonne National Laboratory, Argonne

Büttner A, Heyn J (1999) Umwelt- und Kostenbilanz im Fahrzeugrohbau: Aluminium, Stahl und Edelstahl. In: VDI Berichte 1488, Düsseldorf

CARB (2004) Staff Report: Initial Statement of Reasons for Proposed Rulemaking. Public hearing to consider adoption of regulations to control greenhouse gas emissions from motor vehicles. California Air Resources Board, o.O.

CONCAWE, EUCAR, JRD/IES (2003) Well-to-Wheels analysis of future automotive fuels and powertrains in the European context. Version 1. The Oil Companies′ European Association for Environment, European Council for Automotive R&D, Institute for Environment and Sustainability of the EU Commission′s Joint Research Centre, o.O.

DLR (2003) Mehlin M, et al. Flottenverbrauch 2010 – Aktivierung des Reduktionspotenzials und Beitrag zum Klimaschutz .Deutsches Zentrum für Luft- und Raumfahrt e.V, Berlin u.a.O.

DoE (2000) Technology Roadmap for the 21st Century Truck Program. US Department of Energy, Washington, DC

DoE (2004) Energy Efficiency and Renewable Energy: FreedomCAR and Vehicles Technologies. US Department of Energy, Washington, DC

Enquete (1994) Wege zu einer klimaverträglichen Verkehrspolitik. Bericht der Enquete-Kommission "Schutz der Erdatmosphäre" des Deutschen Bundestags, Bonn

EU (2009) Statistitical pocket book: energy and transport in figures 2009

EU-Kommission (2003) How to considerably reduce greenhouse gas emissions due to mobile air conditioners. Consulting Paper, Generaldirektion Umwelt. Brüssel

Friedrich A (2002) Fuel savings potential from low rolling resistance tires. Workshop on fuel efficient tires. Sacramento

GM (2005) Brinkmann N, Wang M, Weber T, Darlington T. Well-to-Wheels Analysis of Advanced Fuel/Vehicle Systems – A North American Study of Energy Use. Greenhouse Gas Emissions, and Criteria Pollutant Emissions. General Motors, o.O.

Helms H, Lambrecht U (2007) The potential contribution of light-weighting to reduce transport energy consumption. International Journal of Life Cycle Assess 12(2), 140 (2007), 58–64.

IFEU (2008) Umweltmobilcheck im Auftrag der Deutschen Bahn. Siehe: http://www.umweltmobilcheck.de/p/view/mdb/bahnintern/services/umwelt/MDB58033-umc_grundlagen_ifeu_080531.pdf

Kolke R (2004) Vergleich der Umweltverträglichkeit neuer Technologien im Straßenverkehr. Dissertation, Magdeburg

Lufthansa AG (2003) Data via Email Rothmann V. Lufthansa AG, Frankfurt am Main

NRC (2002) Brown D. Effectiveness and Impact of Corporate Average Fuel Economy (CAFE) Standards. National Research Council, Washington, DC

OECD/IEA (2005) Making cars more fuel efficient Organisation of Economic Cooperation and Development. International Energy Agency, Paris

Pehnt M (2001) Ökologische Nachhaltigkeitspotenziale von Verkehrsmitteln und Kraftstoffen. Bericht für das HGF-Projekt „Global zukunftsfähige Entwicklung – Perspektiven für Deutschland". Deutsches Zentrum für Luft- und Raumfahrt, Stuttgart

Ricardo N, Gordon R (2003) Carbon to Hydrogen: Roadmaps for Passenger Cars: Update of the study for the Department for Transport and the Department of Trade and Industry. Ricardo Consulting Engineers, Shoreham

SRU (2005) Umwelt und Straßenverkehr. Hohe Mobilität – Umweltverträglicher Verkehr, Sondergutachten. Sachverständigenrat für Umweltfragen, Berlin

Stan C (2005) Alternative Antriebe für Automobile, Hybridsysteme, Brennstoffzellen, alternative Energieträger. Berlin u.a.O.

UBA (2003) Möglichkeiten zur Reduzierung der Umweltauswirkungen des Flugverkehrs. Umweltbundesamt, Berlin. http://www.umweltdaten.de/verkehr/mglemimind.pdf Letzter Zugriff 30.10.2009

UBA (Hrsg.) (2009) Sprit sparen und mobil sein. Umweltbundesamt, Dessau-Roßlau. 2. überarbeitete Auflage 2009. http://www.umweltdaten.de/publikationen/fpdf-l/3705.pdf. Letzter Zugriff 30.10.2009

UIC (2005) Database for energy efficiency technologies and related projects for railways. Internationaler Eisenbahnverband. http://www.railway-energy.org/tfee/index.php?ID=200. Letzter Zugriff 05.01.2010

Wallentowitz (2006) In: Wallentowitz H, Reif K (Hrsg.) Handbuch Kraftfahrzeugelektronik: Grundlagen, Komponenten, Systeme, Anwendungen. Vieweg und Sohn, Wiesbaden

11.2 Herausgeber und Autoren

Herausgeber

Dr. Martin Pehnt ist Wissenschaftlicher Vorstand und Fachbereichsleiter Energie am Institut für Energie- und Umweltforschung Heidelberg (IFEU). Er studierte Diplom-Physik an den Universitäten Tübingen und Boulder (USA) sowie Energiemanagement in Berlin, wurde in Energietechnik an der Universität Stuttgart promoviert und arbeitete als Wissenschaftler am National Renewable Energy Laboratory (Golden, USA) und am Deutschen Zentrum für Luft- und Raumfahrt. Pehnt ist Berater nationaler und internationaler Organisationen, Unternehmen, Verbände und Behörden sowie Autor zahlreicher Buch- und Fachpublikationen. Schwerpunkte seiner Tätigkeiten sind Energieeffizienz und erneuerbare Energien und deren energiepolitische, -wirtschaftliche und ökologische Bedeutung. Pehnt lehrt an verschiedenen Hochschulen und Universitäten, u. a. an der Universität Kassel, der Universität Heidelberg und der Hochschule für Technik und Wirtschaft in Saarbrücken.

Autoren

Prof. Dr-Ing. Martin Becker studierte Elektrotechnik mit der Vertiefung Systemtechnik an der Universität Kaiserslautern. 1995 promovierte er zum Thema Modellbildung, Simulation und Automation von kältetechnischen Systemen an der Universität Kaiserslautern. Von 1995 bis 1999 war er Geschäftsführer einer Technologietransferstelle im Bereich Automatisierungs- und Informationssysteme. Seit 1999 lehrt er an der Hochschule Biberach in den Studiengängen Gebäudeklimatik und Energiesysteme die Fachgebiete MSR-Technik, Gebäudeautomation und Energie-/Gebäudemanagement. Am Institut für Gebäude- und Energiesysteme der Hochschule Biberach forscht er u. a. auf dem Themengebiet Energieeffizienz und optimierte Betriebsführung von Kälteanlagen. Des Weiteren ist er in mehreren Normen- und Richtliniengremien wie DIN V 18599, VDI 3813 und VDMA 24247 aktiv. Neben seiner Hochschultätigkeit ist er im eigenen Ingenieurbüro als Berater für die Industrie, Wirtschaft und verschiedene Verbände tätig.

Dr.-Ing. Lars-Arvid Brischke ist Wissenschaftler am Institut für Energie- und Umweltforschung. Zuvor war er Projektleiter im Bereich Energiesysteme und Energiedienstleistungen der Deutschen Energie-Agentur (dena) in Berlin. Er studierte Energie- und Verfahrenstechnik an der Technischen Universität Berlin, war Wissenschaftler am Deutschen Zentrum für Luft- und Raumfahrt und promovierte in Energiesystemanalyse und Technikbewertung an der Universität Stuttgart. 2003 bis 2010 war Lars-Arvid Brischke bei der dena als Berater der Bundesregierung sowie nationaler und europäischer Unternehmen und Institutionen tätig. Schwerpunkte seiner Arbeit sind die Energieeffizienz von Produkten und Systemen, Energiedienstleistungen und erneuerbare Energien.

Prof. Dr. Wolfgang Feist studierte Physik an der Universität Tübingen; seit 1975 befasst er sich mit den Fragen einer zukunftsfähigen Energieversorgung. 1981 bis 1985 baute Wolfgang Feist an der Universität Kassel den „Weiterbildenden Studiengang Energietechnik“ auf. Von 1986 bis 1986 war er Wissenschaftlicher Mitarbeiter am Institut Wohnen und Umwelt in Darmstadt (IWU). In diese Zeit fallen Beiträge zur Forschung und Entwicklung an Niedrigenergiehäusern und Gastforschungsaufenthalte am Institut für Baukonstruktionslehre der Universität Lund. Wolfgang Feist war verantwortlicher Leiter des Forschungsprojektes Passivhaus Darmstadt Kranichstein, das die Wirksamkeit von Maßnahmen hoher Energieeffizienz an Gebäuden untersuchte: Mit diesem Projekt konnten die theoretischen und numerischen Methoden der Bauphysik so weit validiert werden, dass allgemein einsetzbare Verfahren für die Planung und den Bau besonders energieeffizienter Gebäude entwickelt werden konnten. 1992 promovierte Wolfgang Feist im Fachbereich Architektur der Universität Kassel mit dem Schwerpunkt thermische Gebäudesimulation. 1996 gründete Wolfgang Feist das Passivhaus Institut in Darmstadt, das er bis heute leitet. U.a. hatte er dort die wissenschaftliche Leitung des Europäischen Demonstrationsprojektes „CEPHEUS“ (Cost Efficient Passive Houses as EUropean Standards) inne, mit dem die praktische Umsetzbarkeit des Passivhausstandards an zahlreichen Europäischen Standorten und für einen breiten Reigen von Architekturansätzen erfolgreich gezeigt werden konnte. Im Jahr 2001 erhielt Wolfgang Feist den Deutschen Umweltpreis, im Jahr 2003 den Internationalen Umweltpreis der Stadt Göteborg. 2008 wurde Wolfgang Feist zum Universitätsprofessor für den Arbeitsbereich Energieeffizientes Bauen/Bauphysik an die Universität Innsbruck berufen.

Prof. Dr.-Ing. Alexander Floß studierte Maschinenbau an der TU München und promovierte dort 1994 auf dem Gebiet der Kältetechnik. 1995 machte er sich mit einem Planungsbüro für TGA selbständig. 1999 folgte er einem Ruf an die Hochschule Biberach, wo er in den Studiengängen Gebäudeklimatik und Energiesysteme die Bereiche thermische Energiesysteme und Anlagenplanung lehrt. Prof. Floß leitet das Institut für Gebäude- und Energiesysteme (IGE) der Hochschule Biberach. Mit seinem Ingenieurbüro widmet er sich heute den Bereichen Gutachten, Beratung und Produktentwicklung.

Prof. Dr.-Ing. Michael Haibel ist Professor für Thermodynamik, Strömungstechnik sowie Lüftungs- und Klimatechnik und wissenschaftlicher Leiter des Labors für Raumluft- und Klimasysteme an der Hochschule Biberach. Er hat an der TU München Maschinenbau studiert und anschließend bei Prof. Mayinger auf dem Gebiet der Hochgeschwindigkeits-Wasserstoffverbrennung promoviert. Danach war er Zentralbereichsleiter für Forschung und Entwicklung bei der AL-KO Lufttechnik GmbH. Prof. Haibel ist bestellter und vereidigter Sachverständiger für Raumluft-, Klima- und Wärmetechnik und beschäftigt sich darüber hinaus mit dem Thema Baubiologie.

Dr. Jan Hanusch, Dr. rer. pol., Dipl.-Vw., ist seit 2009 Mitarbeiter im Bereich „Verkehr und Umwelt“ am Institut für Energie- und Umweltforschung Heidelberg (IFEU). Hanusch studierte Volkswirtschaftslehre und Umweltwissenschaften an der Universität Heidelberg mit den Schwerpunkten Wirtschaftsstatistik und

nachhaltige Ökonomie. Promotion in Wirtschaftsstatistik an der Universität Kassel. Verschiedene wissenschaftliche Veröffentlichungen und Lehraufträge an mehreren Hochschulen. Arbeitsschwerpunkte sind Elektromobilität, nachhaltige Ökonomie, volkswirtschaftliche Folgenabschätzung.
Hinrich Helms ist Wissenschaftler am Institut für Energie- und Umweltforschung in Heidelberg (IFEU). Helms studierte Physik und Geografie an der Universität Heidelberg und der Louisiana State University (USA). Seit 2002 arbeit er in der Abteilung, Verkehr und Umwelt′ des IFEU und ist Autor verschiedener wissenschaftlicher Artikel und zahlreicher Studien und Gutachten zu verkehrlichen Umweltwirkungen. Seine Schwerpunkte sind die Bilanzierung und Bewertung von Verkehrssystemen, Maßnahmen des Klimaschutzes und der Luftreinhaltung im Verkehr sowie alternative Kraftstoffe und Antriebe – insbesondere Elektromobilität.
Prof. Dr. Wolfgang Irrek ist Professor für Energiemanagement und Energiedienstleistungen am Institut Energiesysteme und Energiewirtschaft der im Jahr 2009 gegründeten Hochschule Ruhr West in Mülheim an der Ruhr und Bottrop. Wolfgang Irrek studierte Wirtschaftswissenschaften in Hannover und Bristol/UK. An der Bergischen Universität Wuppertal promovierte er zum Thema „Controlling der Energiedienstleistungsunternehmen". Von 1995 bis 2010 war er für das Wuppertal Institut für Klima, Umwelt, Energie wissenschaftlich tätig, zuletzt als stellvertretender Leiter der Forschungsgruppe Energie-, Verkehrs- und Klimapolitik. Seine Arbeitsschwerpunkte liegen in der Lehre und Mitwirkung am weiter gehenden Aufbau der Hochschule Ruhr West sowie in der Forschung zu nationalen und internationalen Rahmenbedingungen, Strategien und Steuerungsinstrumenten in Energiewirtschaft und Energiepolitik im Spannungsfeld zwischen Liberalisierung und Nachhaltigkeit. Dabei liegt ein besonderer Fokus auf Unternehmensstrategien und Steuerungsinstrumenten sowie förderlichen Rahmenbedingungen für die Steigerung der Endenergieeffizienz und die verstärkte Entwicklung des Marktes für Energieeffizienz-Dienstleistungen. Des Weiteren forscht Wolfgang Irrek zu Themen wie der Energieeinsparung und des Umwelt- und Klimaschutzes im Bereich der öffentlichen Hand sowie ökonomischen Aspekete der Kernenergienutzung.
Prof. Dr. Patrick Jochum ist seit 2009 Professor für energieeffizientes Bauen an der Beuth Hochschule für Technik in Berlin. Er studierte Maschinenbau in Siegen, Delft (NL) und Michigan (USA) und promovierte 1996 an der Technischen Universität Berlin, wo er sich der Simulation solar unterstützter Heizsysteme widmete. Danach war er als Planer und Bauleiter für haustechnische Anlagen tätig. In den Jahren 2003–2006, in denen er wieder wissenschaftlich an der Technischen Universität Berlin arbeitete, hat Jochum maßgeblich an der Planung und Realisierung wasserautarker und energieeffizienter Gebäude gearbeitet. Von 2006–2009 lernte er dann als Referent des Bundesumweltministeriums das Thema der erneuerbaren Energien auch von der politischen Seite kennen.
Prof. Dr.-Ing. Roland Koenigsdorff ist seit 1998 Professor an der Hochschule Biberach und lehrt dort Bauphysik, Simulationstechnik, Energiekonzepte und oberflächennahe Geothermie im Studienfeld Energie und Klima. Er studierte Maschinenwesen an der Universität Stuttgart und war Wissenschaftler am Deutschen Zentrum für Luft- und Raumfahrt DLR. Promotion über Hochtemperatur-Solarthermie an

der TU Hamburg-Harburg. 1994–1998 Leitung der Fachgebiete Energiemanagement sowie Gebäude- und Anlagensimulation bei der DS-Plan GmbH, Stuttgart. Derzeitiger Forschungsschwerpunkt im Institut für Gebäude- und Energiesysteme der Hochschule: Entwicklung, Simulation und Monitoring von Gebäudesystemen in Verbindung mit oberflächennaher Geothermie. Daneben ist er als Berater für private und öffentliche Institutionen sowie in der Richtlinienarbeit des VDI tätig.

Udo Lambrecht ist Wissenschaftlicher Vorstand und Fachbereichsleiter „Verkehr und Umwelt" am Institut für Energie- und Umweltforschung Heidelberg (IFEU).Lambrecht studierte Diplom-Physik an den Universitäten Stuttgart und Freiburg. Seit 1992 Wissenschaftler am IFEU. Im Jahr 2000 Fellow des German Marshall Fund of the U.S Schwerpunkt seiner Arbeiten ist die Analyse der Auswirkungen des Verkehrs auf Umwelt und Gesundheit. Im Auftrag von nationalen und internationalen Organisationen, Behörden und Unternehmen untersucht er Möglichkeiten, Verkehr nachhaltiger zu gestalten. Zahlreiche Studien, Gutachten und Veröffentlichungen auf den Gebieten Luftreinhaltung, Klimaschutz und Instrumenten zur Minderung der Umweltwirkungen des Verkehrs.

PD Dr. Dr. Jörg Schneider studierte Energiewandlung mit der Vertiefung Kraftwerkstechnik an der Technischen Universität Dresden (TUD) und absolvierte ein postgraduales Studium zum Fachingenieur für Kraft-Wärme-Kopplung. An der TUD promovierte er in Energieversorgungstechnik zum Dr.-Ing. und Dr. sc. techn Leiter der Abteilung Prozessforschung und Energetik im Orgreb-Institut für Kraftwerke in Cottbus, Leiter des Energiereferates im Ministerium für Umwelt, Naturschutz, Energie und Reaktorsicherheit in Berlin, tätig in der Energieateilung des Bundeswirtschaftsministeriums in Bonn. Vertritt nunmehr das Umweltbundesamt in internationalen und nationalen Gremien auf den Gebieten der übergreifenden Angelegenheiten der rationellen Energiewandlung. Er ist ferner als Privatdozent an verschiedenen Hochschulen tätig, Autor zahlreicher Fachpublikationen und hat als geehrtes Mitglied des Vereins Deutscher Ingenieure VDI-Richtlinen initiiert und mit erarbeitet.

Dr. Stefan Thomas ist Leiter der Forschungsgruppe Energie-, Verkehrs- und Klimapolitik des Wuppertal Instituts für Klima, Umwelt, Energie. Stefan Thomas studierte Physik in Darmstadt und Marburg. An der Freien Universität Berlin promovierte er im politikwissenschaftlichen Bereich. Seit rund 20 Jahren arbeitet er in der wissenschaftlichen Analyse und Konzeption der Energie- und Klimapolitik. Zu seinen Arbeitsschwerpunkten zählen die Entwicklung, Realisierung und Evaluierung von Instrumenten der Energiepolitik und von Dienstleistungen für mehr Energieeffizienz auf der Nachfrageseite, insbesondere im liberalisierten Strom- und Gasmarkt und im öffentlichen Sektor. Hierzu gehört auch die Leitung von Forschungsvorhaben u.a. der Europäischen Kommission und des Umweltbundesamts zur Energieeffizienzpolitik sowie von Pilotprojekten zur Erprobung von innovativen Politikinstrumenten und Konzepten zur Steigerung der Energieeffizienz. Des Weiteren hat Stefan Thomas beim European Climate Change Programme mitgearbeitet. Er ist Mitglied im Expert Advisory Committee des European Council for an Energy-efficient Economy (eceee) und hat einen Lehrauftrag an der Universität Kassel.

Sachverzeichnis

M. Pehnt (ed.), *Energieeffizienz*, DOI 10.1007/978-3-642-14251-2,

MIX
Papier aus verantwortungsvollen Quellen
Paper from responsible sources
FSC® C105338

If you have any concerns about our products,
you can contact us on
ProductSafety@springernature.com

In case Publisher is established outside the EU,
the EU authorized representative is:
Springer Nature Customer Service Center GmbH
Europaplatz 3, 69115 Heidelberg, Germany

Printed by Libri Plureos GmbH
in Hamburg, Germany